林业公益性行业科研专项（201404301）
北京市自然科学基金（8152031）　　　　研究成果

北京城市森林结构特征及林木树冠覆盖动态变化研究

Urban Forest Structure Characteristics and Urban Tree Canopy Dynamic in Beijing

贾宝全　仇宽彪　马　杰　　等著
李晓婷　刘秀萍　宋宜昊

U0235760

中国环境出版集团·北京

图书在版编目（CIP）数据

北京城市森林结构特征及林木树冠覆盖动态变化研究/贾宝全等著. —北京：中国环境出版集团，2019.12

ISBN 978-7-5111-4244-3

Ⅰ．①北…　Ⅱ．①贾…　Ⅲ．①城市林—林分组成—研究—北京　Ⅳ．①S732.1

中国版本图书馆 CIP 数据核字（2019）第 286408 号

出 版 人　武德凯
责任编辑　陈金华　宾银平
责任校对　任　丽
封面设计　彭　杉

出版发行　中国环境出版集团
　　　　　（100062　北京市东城区广渠门内大街 16 号）
　　　　　网　　　址：http://www.cesp.com.cn
　　　　　电子邮箱：bjgl@cesp.com.cn
　　　　　联系电话：010-67112765（编辑管理部）
　　　　　发行热线：010-67125803，010-67113405（传真）
印　　刷　北京中科印刷有限公司
经　　销　各地新华书店
版　　次　2019 年 12 月第 1 版
印　　次　2019 年 12 月第 1 次印刷
开　　本　787×1092　1/16
印　　张　30
字　　数　570 千字
定　　价　168.00 元

中国环境出版集团郑重承诺：

中国环境出版集团合作的印刷单位、材料单位均具有中国环境标志产品认证；

中国环境出版集团所有图书"禁塑"。

前言

　　城市是人类文明的产物，伴随着城市化进程的不断快速推进，城市大气污染、水体污染、噪声、热岛效应等对人居环境影响巨大的新型环境问题也在愈演愈烈。人类在享受城市化带来的丰富的物质和精神生活的同时，却不得不面对这些日益严峻的城市环境问题的困扰。随着物质生活水平的不断提高，人们需要空气清新、景色优美的城市环境的愿望也越来越迫切，如何协调城市发展与城市环境质量之间的矛盾便成为地球居民不得不时刻面对的现实问题。20世纪六七十年代世界各地掀起了"绿色运动"浪潮，在这一"运动"的影响下，一些发达国家把林业的研究重点转向城市，也由此开启了城市森林研究与建设的新篇章。城市森林起源于60年代森林资源丰富的加拿大，并在美国迅速发展成熟，由此开始了持续至今、愈演愈烈的全球性城市森林研究与建设热潮，到20世纪末，森林城市已经成为被公认的21世纪城市建设模式。目前，城市森林已经成为城市最重要的生态基础设施，城市森林建设既是衡量一个城市生态建设的重要标尺，也是一个城市综合竞争力的集中体现。

　　我国的城市森林研究起步较晚，20世纪90年代初期，国内才开始了城市森林相关概念、理论的引进、吸收等探索性工作，1992年在天津召开了第一次城市林业研讨会，1994年中国林学会成立了城市林业专业委员会，1995年，林业部制定了《中国21世纪议程——林业行动计划》，其中明确提出了我国发展城市林业的依据、目标和行动。

2003 年 4 月，彭镇华先生编著的《中国城市森林》出版，该书提出了我国林网化与水网化结合的现代城市森林建设理念，这是我国第一部全面、系统阐述中国城市森林建设的理论专著。同年，国家林业局组织完成的《中国可持续发展林业战略研究》，首次将城市林业战略列为我国林业可持续发展十二大战略之一。之后，从国家层面陆续开展了"中国森林生态网络体系建设"、科技部"十一五"和"十二五"国家重大科技支撑课题"城市人居生态林构建关键技术研究""城镇景观防护林体系构建技术研究"等全国性的城市森林研究项目。

虽然我国的城市森林起步较晚，但中国的城市森林实践活动，无论是政府的重视程度还是实践规模，都远非欧美发达国家可比拟。自 2004 年贵阳市成为我国首个国家森林城市以来，"让森林走进城市，让城市拥抱森林"已成为提升城市形象、提高市民生活质量的新理念。从 2013 年起，城市森林建设正式成为国家生态战略的重要组成部分，当年国家林业局编制的《推进生态文明建设规划纲要（2013—2020 年）》，明确提出了开展城市林业建设行动；2015 年，国务院正式将"国家森林城市"称号批准列为政府内部审批事项；国民经济和社会发展第十三个五年规划纲要中，森林城市群建设列入 165 项国家重大项目之中；2016 年 1 月 26 日，习近平总书记在主持中央财经小组第 12 次会议时，强调"着力推进国土绿化，着力提高森林质量，着力开展森林城市建设，着力建设国家公园"的重要指示，国家森林城市建设正式由行业战略上升为国家战略；2016 年 9 月国家林业局发布《关于着力开展森林城市建设的指导意见》，将"着力推进森林城市群建设"列为主要任务之一；2018 年 7 月，国家林业和草原局发布《全国森林城市发展规划（2018—2025 年）》，对全国森林城市发展的思路、布局、内容等做出了综合部署。目前，森林城市建设已经成为我国推进国土绿化、践行生态文明和美丽中国建设的一项重要的实践活动，并在全国范围内快速开展起来，建设"森林城市"已经成为我国城市建设的一个新要求。截至 2018 年年底，全国已有 300 多个城市开展了国家森林城市建设，其中 166 个城市已经获得"国家森林城市"称号，城市森林建设呈现出蓬勃发展的强劲势头。但目前的城市森林建设还处在"增绿""扩绿"这一层面，在森林城市建设的实践活动过程中，由于缺乏相关科学理论来指导，对于如何通过科学合理的城市森林评价、结构配置和空间布局，进而实现城市森林对城市环境与市民福祉效应的最大化方面还关注不够，因此城市森林营造过程中出现了空间布局盲目随意、森林斑块空间稳定性差、整体生态服务功能有待强化、城市森林研究成果对建设实践的支撑力度不够等问题。我国的城市森林目前既面临着需要继续加大森林城市建设力度、为满足人民对良好生态环境需求奠定坚实生态基础的生态建设实践需求，同时也面临着在城市森林研究中尽快引进吸收国外基础理论，并作出具有中国特色出众成果的压力。

在国外的城市森林理论与实践上，城市林木树冠覆盖一直是一个最为核心的指标，在城市森林评价、城市森林建设目标确定等方面都占有极其重要的地位。而在国内，由于城市绿化一直由园林部门主导，因此，在城市内部绿地的划分上，主要从大功能管理角度上划分为居住绿地、公园绿地、单位绿地、生产性绿地、防护性绿地等类型，在评价指标上主要采用了绿地率、绿化覆盖率、人均绿地面积等二维的统计指标，这都与国外的城市森林理论与实践有一定的差距存在，在国际交流、交往日渐频繁的形势下，发展国际合作与交流共同语汇便显得尤为重要和必要。2014年，由彭镇华先生主导的国家林业公益性行业科研专项"美丽城镇森林景观的构建技术研究与示范（批准号：201404301）"获得立项，在该项目的先导作用下，我们2015年申报的北京市自然科学基金项目"基于树冠覆盖的北京中心城区城市森林时空动态及其驱动力研究（批准号：8152031）"也获得立项，正是由这两个项目起始，我们才真正开展了以城市林木树冠覆盖为核心的北京城市森林的相关基础研究，该书的出版也是以这两个课题的部分核心成果为基础形成的。北京是我国具有国际影响力的大都市，其在相关领域的示范、引领作用都是其他城市所无法比拟的，在此希望我们在北京的相关初步工作，能够引起国内同行的关注与共鸣。

全书共分19章，各章的撰写分工如下：第1章和第13章撰写人为贾宝全；第2章和第4章撰写人为贾宝全、宋宜昊；第3章、第5章和第8章撰写人为马杰、贾宝全；第6章和第7章撰写人为刘秀萍、贾宝全；第9章和第10章撰写人为李晓婷、贾宝全；第11章撰写人为贾宝全、刘秀萍；第12章和第18章撰写人为贾宝全、仇宽彪；

第 16 章撰写人为贾宝全、李晓婷；第 14 章、第 15 章、第 17 章和第 19 章撰写人为仇宽彪、贾宝全。最后全书由贾宝全负责统稿，李彤负责了全书的文字校对与版面编排工作，张文参与了大部分的外业调查工作。

　　需要说明的是，城市森林研究是一个涉及学科众多、研究手段日渐多样的研究领域，该书的相关内容仅是我们"城市森林景观生态研究"团队近年来的一些探索性研究成果，受成员各自专业背景、学术视野的制约，相关内容也可能存在这样或那样的不足，欢迎读者批评指正。

目录

第1章

城市林木树冠覆盖研究的现状及未来趋势

　　城市森林的概念起源于加拿大，成熟于美国。随着全球城市化浪潮的兴起以及随之而来的城市生态环境问题的不断加剧，城市森林被当成了解决这些城市问题并最终实现城市可持续发展的关键所在，并成为目前发展势头最为迅猛的学科之一。目前的城市森林研究主要集中在城市森林结构与植物引种驯化、城市森林环境价值的货币化评价、城市森林生态系统服务功能研究等方面。随着"3S"技术的普遍应用，城市林木树冠覆盖成为城市森林相关学科领域最为核心的关键语汇，一方面它是城市森林学科内部不同分支领域的最重要沟通基础；另一方面它也成为城市森林学科与其他相关学科相互沟通的桥梁。

1.1 林木树冠覆盖研究的意义

城市是物流、人流、信息流、能流最集中、流动最活跃、创造生产力最大、效益聚集最高的区域，城市景观是城市空间与物质实体的外在表现，是自然景观与人工景观的有机结合（魏向东等，2005），具有人类主导性、生态脆弱性和景观破碎性 3 个主要特点（郭晋平等，2004）。随着全球与区域经济社会的飞速发展，越来越多的人口选择了城市生活。根据联合国预测，到 2050 年时，工业发达国家和发展中国家的城市人口将分别达到世界总人口的 86%和 64%（United Nations，2010）。在世界城市人口迅速增加的同时，城市规模也在不断扩大。据统计，目前世界上人口超过千万的大城市数量与 1950 年相比翻了 10 倍（United Nations，2007），城市用地的变化速率超过了其他任何一种土地利用类型（Antrop M，2000），城市化已经成为现代社会经济发展的必然趋势。当越来越多的人生活在城市时，人与自然互动接触的机会在减少，而这种减少对人类健康与福祉产生了潜在的、严重的冲击作用（Miller J R，2005；Dye C，2008）。我国目前已进入了城市化发展的加速期，城市化率已经由 1993 年的 28%提高到了 2016 年的 57.4%。

城市化在给人类的生产与生活带来巨大便利的同时，也给人类和生态系统带来了非常严重的负面环境影响，像城市河流退化（Elmore et al.，2008；Klocker et al.，2009）、城市地表径流的增加与土壤营养元素的大量流失（Duan et al.，2012；Morgan et al.，2007）、物种的灭绝速率加快（Alberti et al.，2003）、人类在大气污染物中的暴露时间的增大（Zhang et al.，2009）、热岛效应（Imhoff et al.，2010；U.S. EPA，2008）、物质消费与能源使用的增大（Torrey，2004）等。伴随着城市化进程的不断加快，这些负向影响的范围与程度都在不断加深，城市环境污染、景观破碎化、生态用地不足等问题也越来越突出（李秉成，2006；苏伟忠等，2007；贾宝全等，2010）。因此，城市中自然景观与人为景观的矛盾解决与和谐相处，对于城市的健康、可持续发展显得尤为重要（白钰等，2008）。快速的城市化进程及其对人类福祉所带来的影响，已经引起了科学家和政府决策者对于生物多样性保护和人类生活潜在影响的极大关注（Dye C，2008）。在城市化进程的加速与环境问题加剧的矛盾纠葛中，人们在不断寻求缓解或消除生态环境问题的有效途径，开始了对植被生态系统在优化城市生态系统结构与功能中作用的重新审视，人们越来越意识到了城市植被，尤其是城市林木对于改善城市生态环境的重要性（Cook E A，1991；Daniel J N，1993；Frank J M et al.，1997；Mandelker D R，1997；Jim C Y，1999）。正是在这样一种背景下，城市森林学科得以产生，并获得了越来越大的发展空间。以城市森林为主体的这些城市绿色空间既可看作是与改善城市生活相关联的个人和社会问题的最关键性资源,又可作为城市区域支持生物多样性保护和生态系统服务功能的核心所在(Fuller1 R A et al.,2009;Martin Dallimer et al.,2011)。城市森林作为城市生态系统中具有自净功能的组成部分,在改善环境质量、维护生态平衡、保护人类健康、美化城市景观等方面具有其他城市基础设施不可替代的地位,也在现代生态城市建设中发挥着越来越重要的作用,因而国外甚至提出了城市"没有树木就没有未来"(No tree no future)的口号(Tree and Design Action Group, 2008)。

在当前城市建设用地紧张、可供绿化面积相对不大的情况下,如何在有限的土地上科学合理地评价现有的城市森林、规划建设未来的城市森林,以促进城市森林的生态功能、环境效益和社会效益的最大化,进而有效改善城市生态环境、提高人居环境质量,促进城市的健康可持续发展,已经成为森林城市和城市生态学等领域的一个重要课题。如何在城市生态水平上来评价、规划与管理城市森林,直接关系到城市森林建设模式的选择,对其生态功能、系统稳定、投入与经营成本等综合效益的取得也会有重要影响。科学合理的指标体系既是城市森林建设水平的直接反映,也是引导城市森林发展方向的标尺,直接关系着城市森林评价、规划、管理工作的成败得失。

在欧美较早发展城市森林的国家中,他们根据多年的研究与实践探索发现,城市森林的服务功能及生态、社会效益,不仅与城市居民的社会与健康福祉息息相关,更是发展城市森林的最大动力。而监测、量化和评价这些效益是城市森林建设的核心工作,城市林木树冠覆盖率(urban tree canopy,UTC)是与城市森林评价及其健康与稳定性优化关联度最大的指标,也是目前欧美国家评价、监测、规划城市森林的最重要、甚至有时也是唯一有效的指标。他们甚至将树冠覆盖的范围作为城市森林可持续性的指标之一(Clark J R et al.,1997),越高的树冠覆盖率意味着城市森林的可持续性越好(Maco S E et al.,2002)。正是由于城市林木树冠覆盖率指标的无与伦比、无可替代性,故从 20 世纪 60 年代城市森林概念产生与学科建立以来,它一直是指导美欧国家城市森林从理论研究走向实践活动的最重要的桥梁,从而在城市森林建设过程中发挥着重要的作用。

与国外评价、规划与管理城市森林的指标不同,由于我国在管理体制上存在着城乡二元格局,城市规划与建成区的绿化管理工作归市政园林方面管理,城市规划与建成区以外的生态建设与绿化工作又归林业部门管理,而我国的城市行政管辖又在一定程度上存在城乡一体、地域上乡大城小的格局,因此,林业上一直使用森林覆盖率和森林蓄积量这两个指标来评价森林的面积和质量。而在市政园林绿化部门对城市植被的功能效益评价工作中,通常使用绿地率、森林覆盖率、人均绿地面积等二维平面性质的统计指标，这些指标既没有考虑不同植物种类、不同生态型群落的结构差异，也不能反映城市绿色植被的真实功能。城外森林植被的分类基本上实现了与国际接轨，而在城市内部绿地的划分上，我国沿用了苏联的分类方法与体系，主要从大功能管理角度上划分为居住绿地、公园绿地、单位绿地、生产性绿地、防护性绿地等类型（中华人民共和国行业标准，2002），城市植被的规划与建设也是在此基础上进行的。这容易导致两个问题：①城区绿化的分类系统与指标，只有量的核定与要求，而没有质的方面的内容，在我国城市生态用地总量严重不足的前提下，不利于通过提高城市绿化树种中乔木树种、大树冠树种的应用，进而从三维绿量提高的角度来指导目前的城市绿化工作，而这在我国目前的城市城区绿化中又是最为急迫的关键所在；②在目前全球以建设森林城市、生态城市为未来城市生态模式的氛围下，虽然我们也提倡建设森林城市，并结合我国的实际提出了城乡一体、城乡同步等理念，但由于目前的城乡管理二元结构的存在，在具体的城市森林规划与建设过程中，依然是各自为政，难以在城市森林建设中形成最强合力，虽然有部分城市在新的城市生态建设背景下，实现了园林与林业两个部门的合并，但总体数量极少，另外，在实际工作中还是二元结构模式下两套指标各自为政的格局，这在一定程度上阻碍了我国的森林城市的建设与发展，已经不能满足我国城市森林建设实践的现实需求。

为了正确引导我国的森林城市建设，从 2004 年起，国家林业局正式开展了"国家森林城市"创建活动，截至 2018 年年底，已成功举办了 15 届"城市森林论坛"，先后已有 165 个城市获得了"国家森林城市"称号。目前随着"创森"活动的深入开展，许多城市都将扩大城市森林容量作为市政府工作中的"一把手工程""民心工程"，城市森林建设呈现出蓬勃发展的强劲态势，展示出强大的生命力，正在成为实施"身边增绿"的重要载体，成为现代林业建设的新生力量。但从各地的城市森林建设实践过程来看，目前的焦点依然还处在"增绿""扩绿"这一层面。在城市生态用地极端紧张的情况下，对于在有限的城市空间内，如何通过科学合理的规划对城市森林进行布局、配置，进而在有限的城市空间内，使城市森林能够对城市环境与市民健康产生最大的生态效应的问题还关注得很少。其中最重要的原因在于城市森林理论研究赶不上实践活动的步伐，缺乏科学的规划理论来指导森林城市建设实践。众所周知，"十年树木、百年树人"，城市森林建设的长效性、累积性、不可逆特点，要求在其实践活动过程中，必须具有较高的前瞻性、准确度，否则，在目前大力开展城市森林建设的过程中，会不自觉地造成人、财、物的浪费。

在 2012 年颁布的《国家森林城市评价指标》文件中，参照国外城市森林建设的经验，仅提出了将停车场树冠覆盖率和道路树冠覆盖率作为城市内部城市森林建设的重要考核指标（而这只是 UTC 构成中很小的一部分）。而从目前所有做过的"森林城市建设总体规划"文本来看，均未将城市森林树冠覆盖率作为规划、评价或管理指标予以采用。究其原因，这与我们对该指标的引进、消化、吸收等方面的研究工作不够有关。从目前的国内研究上来看，仅有 7 篇与之有关的专门研究文献出现（王近秋等，2011；朱耀军等，2011a，2011b；高美蓉等，2013，2014；姚佳等，2015；贾宝全，2017），因此，在 UTC 相关的理论研究上我们与国外的差距还是显而易见的。

城市林木树冠覆盖既是国际上通用的衡量城市森林建设成效最重要的指标，也是制定城市森林发展规划的最重要目标指标。因此，无论是我国的城市森林研究还是城市森林规划、管理实践，均迫切需要开展城市林木树冠覆盖及相关的研究工作，一方面用来指导我国目前如火如荼的城市森林建设实践；另一方面也可以从理论上丰富我国城市森林学科的理论内涵。

1.2　国内外研究现状及发展动态分析

1.2.1　城市森林树冠覆盖率的概念、分类与评价

根据美国农业部林务局的定义，城市林木树冠覆盖（UTC）指的是，当从树木上面直接观察时，树木叶层、树枝、树干所覆盖的地表面积（USDA，2008），在这里，城市树冠覆盖是由围绕在房子周围的居住区树木、公园开敞空间的树木，以及商业和商务区的树木构成的。对城市森林管理最有用的总的结构测度指标就是树冠覆盖率的总量与空间分布范围，它是城市森林结构的最基础测度（Nowak，1994）。目前一般将其分为现实树冠覆盖率（Existing UTC）和潜在树冠覆盖率（Possible UTC）。现实树冠覆盖率指的是现状情况下城市内部被乔木树冠覆盖的土地面积总量；潜在树冠覆盖率指的是在城镇边界范围之内，能够被树冠覆盖但目前尚未覆盖的地表面积的百分数。传统来讲，潜在树冠覆盖率指的是剩余的可透水地表的总量，包括所有的草地和裸土地。但不包括像被铺过的停车场和广场等这些可以通过在不透水地表增加树木进而增加树冠覆盖面积的部分。潜在树冠覆盖率又包括了两个部分：植被潜在树冠（Possible UTC－Vegetation）和不透水地表潜在树冠（Possible UTC－Impervious）。植被潜在树冠指的是在城镇边界范围内，目前没有植被但理论上可以被用来栽植树木增加树冠覆盖的土地总量，包括了草地和裸土地两个城市用地类型。不透水表面潜在树冠指的是除建筑物、水体和铺装的路面之外，目前还没有树木但可以被用来增加城市树冠的土地面积总量，包括广场、停车场、人行道等。

McPherson 又从技术和市场两个角度出发，将潜在树冠覆盖划分为两种类型：技术层面的潜在树冠覆盖面积和市场层面的潜在覆盖面积（McPherson，1993）。前者指的是可供种植树木的空间总量，即现有的树冠覆盖加上能够用来种植树木的透水表面；后者指的是可允许种植树木的潜在空间量，即需要排除与其他树木有冲突，或优先要保留以备未来要用作运动场、植物园和开发等的地块，以及人们希望保留现状而不予种植树木的地块。相对来讲，技术层面的树冠覆盖是非常容易测算的，但市场潜在树冠覆盖由于涉及复杂的社会文化现象，因此截至目前还没有被很好的研究过（Sarkovich，2006）。树冠覆盖数据的获取，目前主要是基于城市用地分类的遥感解译，之后再通过城市用地类型的归并来取得（表 1-1）。

表 1-1　美国几个城市的土地覆盖分类

序号	波士顿（Boston）	达拉斯（Dallas）	巴尔的摩（Baltimore）	洛克威尔（Rockville）	鲍威（Bowie）
1	树冠覆盖 tree canopy	现存树冠覆盖 existing tree canopy	树冠覆盖 tree canopy	树冠覆盖 tree canopy	树冠覆盖 tree canopy
2	不透水地面 impervious surfaces	不透水地面 impervious surfaces	草地或灌木 grass/shrub	草地或灌木 grass/shrub	草地或灌木 grass/shrub
3	草地 grass	草地 grass/meadow	建筑物 buildings	建筑物 buildings	建筑物 buildings
4	湿地 wetland	裸土地 bare soil	裸土地 bare soil	裸土地 bare soil	裸土地 bare soil
5	水体 water	水体 water	水体 water	水体 water	水体 water
6			交通运输地面 transportation surface	道路 roads	运输地面 transportation
7			街道 other pave surface	街道 other pave surface	街道 other pave surface

　　在城市森林建设与管理过程中使用林木树冠覆盖这一概念有许多优点：①它是衡量城市森林范围的最简单、最直观的指标。城市林木树冠覆盖率可以在不同的时空尺度上进行探测，其数值也可以在一个城市内部和不同的城市之间进行量化比较，因此，

对于城市森林的经营与管理而言,它是一个非常好的工作指标。②对于社会大众而言,由于该概念明晰、简单,容易为普通民众所理解和接受,因而常被作为城市森林问题沟通过程中的一个有用工具(Poracsky J. et al.,2004)。③社会用树冠覆盖作为可测算的城市森林管理目标,能够告知公众土地开发、树木种植和保护的政策、法令和规范信息,同时利用该指标,还可以用来作为城市不同功能区域生态保障的最低要求。例如,在城市内部,由于土地利用影响到可用于植被的空间总量,因此,住宅区趋向于拥有较高的树冠覆盖,而商业或工业土地利用则拥有较小的树冠覆盖(Sanders R A,1984)。

但从目前城市森林树冠覆盖率概念应用的内涵来看,其分类上的差别主要在于是否将城市灌木作为树冠覆盖的一部分,目前国外是两种情况并存,即有的城市将灌木与乔木一起作为城市现存森林树冠覆盖对象来解译统计,另有一部分城市将城市灌木排除在了城市现实森林树冠覆盖的统计畴之外。从其产生原因看,这主要与研究过程中所使用的遥感影像信息源有关。凡是利用航空照片的,由于其分辨率极高,很容易将灌木与乔木分开,所以以此为基础的城市森林树冠覆盖都将灌木单独提出,并不包括在内;相反,以卫星影像为信息源的,由于目前可以商用的栅格分辨率最高为 50 cm(航片通常为 20 cm 左右),乔木树冠与灌木树冠有时很难区分,因此,为了减小研究误差,故常将其放在一起考虑。

现实的树冠覆盖对于城市森林生态服务功能的发挥具有重要意义,而潜在的树冠覆盖对于城市森林的建设目标的制定、地点选择、建设效益预估等方面也具有非常重要的理论和现实意义。作为城市森林规划的重要环节,树冠覆盖评价在整个规划过程的运作以及保障规划成功实施上,也起着非常关键的作用。因此,城市树冠覆盖评价也一直是城市森林领域非常重要的研究内容,其核心就是以不同的统计口径对行政区内更次一级的行政单元或者社区、宗地等单元内的树冠覆盖数量和质量及其动态做出描述,以期更好地从最小单元服务于整个规划。通过这些评价,城市可以得到其树冠覆盖的总量和分布信息,以及潜在的树冠覆盖区域和面积,进而可以利用这些评估信息,为未来城市森林相关的政策制定和最后决策提供科学参考。

通常,城市森林管理行动是依靠增加城市森林树冠覆盖率的需求来驱动的(Andy Kenney et al.,2011),正因为城市森林树冠覆盖的评估具有能够估算一定区域内的城市森林效益总量的作用,从而使得该指标在森林城市的研究与规划工作中被普遍采用。通过这些评价,城市可以得到其树冠覆盖的总量和分布信息,以及潜在的树冠覆盖区域和面积,进而城市管理者可以利用这些评估信息,服务于未来的城市森林建设政策的制定与实施。在现实树冠覆盖率的评价过程中,通常将其分为三类:低树冠覆盖率(UTC<20%)、中树冠覆盖率(20%≤UTC≤49%)和高树冠覆盖率(UTC≥50%),

从而在 GIS 图面上可以直观评价不同区域的树冠覆盖率差异。

1.2.2 城市森林树冠覆盖与城市森林服务功能

城市森林树冠覆盖常被看作是树木和森林为当地居民提供临界服务程度的指示器。一个国家或城市层面的城市森林树冠覆盖评价，可以勾画出树冠覆盖率以及由其提供的服务功能在国内不同地方的差异。城市森林的结构决定了城市森林的功能（Zipperer W C，et al.，1997），这些功能包括了城市森林提供的各种服务效益，以及城市森林管理所必需的一些有影响的实践活动（Dwyer J F，et al.，1992；Nowak D J，et al.，2007）。根据相关研究，在美国，城市森林对高达79%的城市居民提供了各种福利（Nowak and Dwyer，2000；U.S. Census Bureau，2005）。这些福祉包括了身体健康的提升（Maas J，et al.，2006）、遭遇工作与生活压力后的恢复（Van den Berg A E.，et al.，2007）、心理健康的维护（Fuller R A，et al.，2007）、社会凝聚力的提高（Coley R L，et al.，1997）、美学价值的提高（Wolf K L et al.，1998），以及像对暴雨径流和温度的调节、固碳释氧（Bolund P et al.，1999）和生物多样性保护（Gilbert O L，1989）、房地产增值（Joke Luttik，2000；O'Neil-Dunne J.，2009）等生态系统的服务功能的诸多方面。除上述功能之外，城市树木还通过为居民和小汽车提供遮阴服务，进而在一定程度上减轻城市的热岛效应（Cappiella K，et al.，2006）。也有报告指出，城市树木还可以通过其美学价值来影响人们的行为，从而形成正向的、积极的购物体验（Wolf K L，1998）。这些生态服务功能中，大气污染物的去除、暴雨径流的减轻、建筑物的节能等效益的大小直接与城市树冠覆盖多少和质量高低相关联。在一些特殊区域，城市森林的管理活动也与生物量的数量相关联，从而也间接与城市森林树冠覆盖率发生着关联。

在城市景观中，以城市森林为主体的自然系统以及与之紧密关联的生态服务功能是城市基础设施中最为关键的构成要素。生态系统的这种服务功能不是一成不变的，它会随着时间与城市森林生态系统的发展而变化。根据国外多年来大量的城市森林研究与实践活动成果来看，就对这种变化的定量监测能力而言，它在很大程度上依赖于对城市森林树冠覆盖评价的准确性与及时性，而这种能力也是优化城市森林生态系统健康并提高其稳定性的基础（Clark J R，et al.，1997）。因此，城市森林树冠覆盖率是评价、监测、规划城市森林的最重要、最有效的指标。

以城市森林树冠覆盖率为核心指标的城市森林生态服务功能评价，目前已经全部实现了计算机的快速化计算与可视化。最常用的评价软件模型有两个：Citygreen 和 I-tree。Citygreen 是美国森林组织（American Forests）于 1996 年开发的专门用于城市森林效益评价的软件，目前已经开发出用于 Arcview 和 ArcGIS 两种 GIS 平台的专用分析模块。该模型所分析的城市森林效益包括了碳储存及碳吸收、水土保持、大气污染物清除、节能以及提供野生动物生境 5 个方面，并能够将上述效益按照市场价值法、替代价值法、影子工程法等核算方法折算成直观的货币经济价值。此外该模型还可以根据植被现状，通过生长模拟，对植被所发挥的生态效益作出动态预测，并可根据不同的城市森林规划方案，预评估其生态效益，以用之于辅助决策（Dwyer M C，et al.，1999；American Forests，2004）。美国的林业工作者，已经使用遥感影像和 CITYgreen 软件，来制作树冠覆盖率变化的历史图件，并以此分析城市森林每年提供的服务价值，像 Atlanta、Georgia、Washington D.C. and Roanoke、North Carolina 等城市都有这方面的成果（American Forests，2002a，b，c）。I-tree 则是由美国农业部林务局，会同其他一些国立或私人林业机构和其他一些合作伙伴共同开发的。该软件的功能比 Citygreen 更为强大，除城市森林服务功能评价模块之外，它还包括了街道树木资源分析工具模块（STRATUM）、移动社区树木调查模块（MCTI）、暴雨灾害评价模块（SDAP）等专项城市森林分析工具，此外它还提供了一定地理范围内适宜树种的选择模块（USDA Forest Service，2004），这些众多模块的集成，极大地方便了城市森林的研究与规划设计工作。

城市森林的服务功能是建设城市森林的动力所在，因此，其一直是城市森林功能研究中的核心词汇。与国外研究相比，国内的研究工作基本上属于跟踪研究，在研究内容上与国外无差异，在研究的方法上，也经历了由传统的野外样方定位测定，到与 3S 技术结合并利用国外模型分析的阶段（何兴元等，2002；彭镇华，2006；张颖，2010；肖建武，2011）。在模型应用上，目前主要是利用了 Citygreen（胡志斌等，2002；张侃等，2006；彭立华等，2007；刘常富等，2008；陈莉等，2009），而对于 I-tree 模型的应用，国内目前还未看到相关的公开文献。由于城市森林树冠覆盖数据在评价城市森林服务功能的软件中仅仅作为重要的输入参数项出现，因此，国内研究虽然对此有所涉猎，但遗憾的是一直未能将其单独提出，进而再开展更进一步的专题研究工作。但在我国城市森林研究历史短、大众对其缺乏认识的历史背景下，通过这些研究工作，极大地加深了人们对我国城市森林生态系统服务功能的认识。

1.2.3　城市森林树冠覆盖率的研究方法

城市森林树冠覆盖率的研究，也经历了由传统的生态学野外样方、样线、样地调查，到这些传统方法与现代航空和中低分辨率卫星遥感影像相结合，再到高清晰度卫星影像完全解译的转变这几个阶段。样线法与样点法是最早用来估算城市森林树冠覆盖度的方法（Nowak D J，et al.，1996），其中森林资源调查中基于随机定点的植被覆盖度野外测量技术，常被用来估算整个城市的树冠覆盖率（Nowak D J，et al.，2002）。但是随着遥感技术的日益进步，航空相片与卫星影像也被越来越多地用于城市森林树冠覆盖率的测量，遥感技术的好处是，可以利用不同分辨率的遥感影像，在社区、区域甚至国家等不同的尺度上，对城市森林的空间格局、结构特征和效益进行评估。

城市森林树冠覆盖数量化信息的获取，既可以通过航空照片的解译得到（Rowntree，R A，1984；Nowak D J，et al.，1996），也可以通过高分辨率卫星遥感数字图像获得（Myeong S，et al.，2001；Zhang Y，2001；Irani F M，et al.，2002）；另外中尺度卫星影像（Wang S，1988；Iverson L R，et al.，2000；Huang C，et al.，2001.）和低分辨率卫星影像（Zhu Z，1994；Dwyer J F，et al.，2000）的解译也可以提供数量化的信息。对于城市树冠覆盖率的评价而言，不同的技术和影像格式各有其优缺点。

航空照片的解译是最早用来确定城市森林树冠覆盖数量的遥感方法（Rowntree R A，1984；Nowak D J，et al.，1996）。由于航空照片的覆盖范围所限，故其常与地面样点调查相结合，落到每一个样点上的树冠覆盖数量在统计上代表了研究区域的城市森林树冠覆盖总量。样方点的标准差也被用来计算树冠百分率估算的范围。在许多市政当局，随着数字化正射影像与 GIS 的结合使用，航空照片的解译也变得非常容易实施。

高分辨率的航空和卫星遥感影像已经被用于美国的 Baltimore、Annapolis、Maryland 和 New York 等城市的森林树冠覆盖的制图工作中（Myeong S，et al.，2001；Irani F M，et al.，2002；Galvin M，et al.，2007）。最常用的是包含 4 个多光谱波段（近红外、红、绿和蓝）的高分辨率 Quickbird 和 IKONOS 卫星影像。由于这些传感器拥有足够的光谱范围，进而可被成功应用到自动分类算法当中。尤其值得一提的是，这种高分辨率影像对于识别城市中的孤立木也是非常有效的，而孤立木在城市的发展过程中又是极其普遍的。

而具有几十到数百米空间分辨率的中尺度卫星影像，常被用来分析整个城市或区域城市化地区的树冠覆盖。TM（ETM）影像就是最通用的中分辨率卫星影像，该影像早已经被用于城市树冠覆盖的制图工作（Wang S，1988；Iverson L R，et al.，2000）。美国全国的 2001 年土地覆盖数据库中，就有一个基于 ETM 影像数据的树冠覆盖图层（Homer C，et al.，2007），该数据曾被用于美国林务局全美森林服务资源规划行动（RPA）项目中。在此之前，美国曾于 1991 年基于 1 km 的 AVHRR 制作了全国范围的城市树木覆盖率数据（Dwyer J F，et al.，2000）。1991 年和 2001 年的这两个全国性的树冠覆盖数据，虽然其精度有限，但对于了解不同区域树冠覆盖分布格局及其总体变化趋势还是非常有用的。

在利用遥感数据获取城市林木树冠覆盖信息的过程中，影像的解译对于相关研究的成功而言至关重要，这其中影像的分类最为关键。对于中等分辨率的遥感影像，过去常常采用的是依据波谱信息的基于像元的或亚像元的分类方法，随着高分辨率遥感影像在城市森林研究中的应用越来越多，这些影像解译方法已经远不能够满足研究精度的需求。在高分辨率影像，单个像元的大小远小于要被分类的目标物的尺寸大小，从而导致了不同光谱特征的许多像元组合在同一个目标物中。例如，当用亚米级像素的影像来观察树冠时，树冠则是由代表来自植被表面的反射率以及阴影部分的像元组成，而在单个像元水平上，乔木树冠与草地地表一般情况下具有相似的光谱响应。这种城市森林树冠覆盖要素在影像上的不一致性，使得要单独依据波谱信息来分类树冠覆盖变得非常困难。为了解决这一"瓶颈"，早期的一些研究者采用了影像纹理测量方法，该方法在从植被地表将乔木和灌木识别出来的过程中是非常有效的（Myeong S，et al.，2001；Zhang Y，2001；Irani F M，et al.，2002）。另外一个处理方法是应用面向对象的分类技术，在这种方法里，它以整个目标物为基本单元，已经被成功应用在以宗地水平为基础的城市土地覆盖分类研究中（Walker J S, et al., 2007；O'Neil-Dunne J，2007；Galvin M，et al.，2007；Zhou W，et al.，2008），目前该方法在城市林木树冠覆盖的相关研究工作中应用刚刚开始，但应用前景非常广阔（Moskal L M, et al., 2011）。在个别的研究工作中也将激光雷达数据（LIDAR）整合进分类过程中，用以提取植被高度方面的信息（O'Neil-Dunne J，2007），该技术为城市空间三维绿量研究提供了很好的思路和方法。

1.2.4　城市森林树冠覆盖率与城市森林规划

城市森林是城市里面最具生命力的基础设施，其管护成本很高，根据资料，美国每年城市森林的管理费用就高达 10 多亿美元（Kielbaso J J，1990）。由于城市森林具有高投入、高产出，以及效益外溢化的特点，加之城市地区又是高度人工化的区域，城市森林增量很大程度上依赖于人工造林的成果，所以城市森林建设规划的科学性、合理性与可实施性对于城市森林的管理而言也是至为关键的。

城市地区，树冠覆盖率是理解城市森林结构和有效管理城市森林资源的最基本要素（Dwyer J F，et al.，2000；Nowak，1994），对于环境规划与生态管理决策而言，区域树冠覆盖率目标的制定通常是最基础的考虑要素。

由于现存城市树木寿命长短还受到虫害与病变等外部压力的影响，为了保持或增加城市树木覆盖率，设置合理科学的城市树木覆盖率目标是非常重要的（Center for Watershed Protection and USDA Forest Service，2008）。这些目标，可以允许在城市树冠覆盖的保护上应用一些特殊的管理措施。与未来不可预测的树冠覆盖损失相比较，设置合理的目标与管理措施和机制对于城市现实树冠覆盖具有更积极的意义。

树冠覆盖目标能够对区域气候和局部土地利用格局做出响应。因此，在城市森林树冠覆盖率目标制定时，气候是最为重要的考虑因素，因为在降水能很好满足树木生长需求的区域，往往呈现出拥有更大量的树冠覆盖。有研究表明，在自然森林分布区域的城市，其树冠覆盖率可以达到 31%，而在草原区域的城市地区该值仅为 19%，到了荒漠区域的城市里面，树冠覆盖率则仅为 10%（Nowak D J，et al.，1996）。

由于不同城市或同一城市的不同区域，在资源结构、土地利用格局、区域气候、管理实践和社区意见等方面存在差异性，使得在任一空间尺度上要设置出理想的树冠覆盖率都是非常困难的。美国森林组织（American Forests）根据土地利用确定了树冠覆盖率目标（如在市区和工业区目标值为 15%，在居住区与轻度商业区为 25%，在郊外居住区为 50%）（American Forests，2002）。有研究指出，周期性的树冠覆盖率分析，通过将覆盖率增减存量水平与目标值的量化比较，进而可以帮助相关管理人员与部门评估原来确定的树冠覆盖率目标是否科学（Bernhardt E A，et al.，1999）。

随着可用于制图的遥感信息源的不断扩大，以及新的更快速的分析技术的发展，同一地区类似产品在实践上的连续生产也变成了现实，相信在同一地区相同或相近尺度下，树冠覆盖率产品在时间尺度上数量的增加与时序延长，对于某一地区理想或科学合理的树冠覆盖率的取得将会有更多的帮助。

1.2.5　城市森林树冠覆盖变化的驱动因子分析

城市生态系统是由社会、经济、制度、生态、自然等相互连接的亚系统组成的（Grimm and Redman，2004；Alberti，2008）。在城市生态系统内部，人为活动的格局影响着生命系统的格局与过程（Grimm et al.，2000），生态过程与格局同时也受到人类活动的影响（Whitney and Adams，1980）。虽然 1984 年 Sanders 就曾经指出，城市森林的结构是由城市形态、自然因子和人为管理系统这三大要素所制约，其中城市形态创造了适于植被生长的空间，而诸如降水和土壤等自然因子影响到了生物量的类型，而人为管理系统则基于人类选择的关系而决定了城市内部的异质性（Sanders，1984）。但直到最近 10 余年来，城市植被与社区邻里的社会经济状况的联系才引起了人们的重视，许多社会科学研究方面有关城市植被的成果都将焦点放在了城市植被与社会、经济和家庭的人口统计特征上（Martin et al.，2004；Grove et al.，2006；Troy et al.，2007）。这 10 余年间最重要的成果之一，就是发现了收入水平和受教育程度与城市植被的丰富度、多样性具有极强的正相关性，并提出了几个补充性的社会学理论来解释这种高度关联性（Hope et al.，2003；Martin et al.，2004；Szantoi et al.，2008；Chuang et al.，

2017）。此外，文化因素也是影响城市森林树冠覆盖变化的重要因子，基于对亚利桑那州的凤凰城居民住区夹竹桃植物树冠的调查，Martin 等发现，夹竹桃植物在居住区的丰富度与住区内的西班牙裔或拉丁美洲裔的人口分布有一定的相关性（Martin et al.，2004）；而 Troy 等在马里兰州的巴尔的摩地区的研究表明，住区的树冠覆盖与住区内的非-美组合家庭所占的百分比有正向关联（Troy et al.，2007），需要说明的是，到目前为止，文化因素对城市树冠覆盖的影响，除个别案例研究外，依然处于不明朗状态。在社会因素中，土地所有权与政策因素也无时无刻不在影响城市的绿色空间（Heynen et al.，2006）；城市化进程也是影响城市森林树冠覆盖变化的一个非常重要的驱动力（Adam Berland，2012；Szantoi et al.，2008）；社区建设历史同样也是一个有影响力的变量，它影响到人为因素与自然因素是如何与社区树冠覆盖多度联系在一起（Lowry et al.，2012）；也有研究发现，城市的建筑环境也与城市森林树冠覆盖具有一定关系，Conway 和 Hackworth 等发现，新的城市规划专家设计原理（new urbanist design principles）指导下涉及的社区，并不比常规规划格局设计下的社区支持更多的树冠覆盖（Conway T，2009；Conway T M，Hackworth J，2007）。尽管在城市这种人类主导的人工环境下，植被格局主要受多种多样的人为因素的影响，但自然环境因素依然是非常重要的影响因子。在干旱区，地貌因素通过控制水分与养料的供应可以控制植物的多样性与丰度（Parker and Bendix，1996；Wondzell et al.，1996），海拔高度也是城市植被生物多样性的一个非常有意义的指示因子（Hope et al.，2003）；此外，家庭特质、种族渊源等要素也对城市树冠覆盖变化有重要影响（Locke et al.，2017）

1.2.6　增加城市未来林木树冠覆盖的空间优先选址研究

城市地区是各种用地矛盾最突出的区域，尤其是生态用地，因为其生态与社会效益固有的普惠性与外在性的存在，生态用地在各土地使用方利益的博弈过程中，常常处于弱势地位。因此，如何通过有效的措施与方式，切实保护现有的 UTC，并在未来的城市生态建设中能够制定切实可行的 UTC 建设目标，进而实现城市生态与经济社会发展的可持续性便成了关键中的关键。这其中，以潜在 UTC 为目标的空间优化选址最为重要，它决定了城市未来新增 UTC 的空间分布及其生态效益程度的最大化发挥的程度。国际上，潜在树冠覆盖区域及其优先度的研究被视为对城市森林建设最具重要意义的课题。研究方向主要包括：

（1）通过对某一类别影响因子的重点分析，评价潜在树冠覆盖区域的优先度等级。例如，Morani 使用空气污染程度、人口密度、现有树冠覆盖率 3 个参数对纽约的树冠覆盖提升的区域优先度等级进行了评价，并对新增树木的固碳效应的长期发展趋势进行了评估（Morani A，et al.，2011）。此研究中，采用道路里程和等级作为空气污染度的描述性指标，具有借鉴意义。而针对同样的研究区域和目标，Grove 选择的研究角度是通过以哮喘和其他呼吸道疾病发病率为主要评价指标（Grove et al.，2006）。Zheng Tan从对香港城市热岛效应的分析入手，基于天空开阔度（sky view factor，SVF）和风道两种不同的侧重模式对城市林木布局的设计进行模拟，分别评价其对于城市热岛的缓解效应，从而得出能够更好缓解热岛效应的优先布局方式（Zheng T，et al.，2015）。Wu Chunxia 等在针对洛杉矶的潜在树冠覆盖区域研究中，根据冠幅直径，将树冠分为3 个不同尺度的等级，分别为 15.2 m、9.1 m 和 4.6 m。通过 GIS 平台提取了适合种植树木的潜在区域，并在 GIS 平台上编写了一个模拟树冠覆盖的程序，对提取出的区域进行 4 次迭代的树冠覆盖填充。发现潜在树冠覆盖区域能够容纳 3 种不同冠幅的树木，共计约 240 万株。在此之后，对 55 个斑块进行了实地检验，使用实地测量结果对程序模拟结果进行了矫正（Wu C，et al.，2008）。

（2）使用生态、社会、经济等多层次指标的综合评价。作为城市生态及景观结构的主要构成部分，除空气污染、城市热岛、人口密度、健康等因素外，城市树冠覆盖的变化和气候、土壤、周边环境、现有植被、交通、美学、管理、民众意愿、城市规划等都具有一定的关联性，但各种因素的影响力又因城因地而异。因此，如何采用多层次的评价指标尽可能客观、综合地评价潜在树冠覆盖区域的优先度是一个没有标准模式的复杂课题，研究角度和方法各有不同。如 Grove 在其报告中阐述并使用了一种评价模式，将潜在树冠覆盖区域的评价优选分为 3 个步骤：可能（Possible UTC），意愿（Preferable UTC），可行（Potential UTC）（Grove J，2006）。Possible UTC 是指土地利用方式上的可能性，Preferable UTC 是指社会意愿方面的适宜性，Potential UTC 是指实际操作的可行性。Dexter 等使用并延伸了 Grove 的模式，选择了 6 类 12 个指标，从需求（need）和适宜（suitability）两个层次对纽约市树冠覆盖提升的优先度进行了研究。Dexter 的研究中采用的指标类别包括：空气/噪声污染、生物多样性、公众健康、水、城市热岛、社会因素等，具体参数包括：路网密度、生态廊道、现有生境、疾病数据、降水量、不透水表面比例、地面温度、收入、犯罪率等（Dexter et al.，2010）。对于获得的参数数据，采用 Z-score 模型进行标准化，然后求综合得分（正面指数之和减负面指数，然后求均值）。Dexter 的研究比较系统全面地考虑了影响树冠覆盖提升优先度的因素，但不同要素的影响力有差异，研究中采用直接的参数叠加，没有加权系数等方面的考虑，具有一定的主观性和局限性。Locke 等针对巴尔的摩区域树冠覆盖提升优先度的研究则主要是通过对社会驱动因素的分析。研究方法主要是对公共机构和25 个植树组织的调研，对其关注的问题进行细分，探讨资源整合和团队协作的潜力。

涉及的问题类别包括健康与安全，环境公平性（environmental justice），水质、空气和噪声污染，重点区域，社区服务等（Locke et al.，2013）。但 Locke 的研究并没有给出这些指标的具体参数，而只是将社会调研作为优先度评价的支撑体系，基本属于用社会科学方法研究自然科学问题的范畴。

（3）多参数分析（multi-criteria analysis，MCA）方法在潜在树冠覆盖优先度评价中的应用。该分析方法结合了层次分析法（AHP）和土地利用评价中经典的"千层饼"模式，分阶段、分层次选取适合的指标，对各层次的指标进行评分并赋予相应的权重。通过分值的加权叠加，各阶段优选一定数量的合适区域进入下一阶段评价，最终选取出优先度最高的目标区域。Gül A 等首次使用 MCA 方法对土耳其 Isparta 区域的城市森林选址进行了研究，在其研究过程中，采用了初始选择（initial selection stage）、适宜性分析（the suitability stage）和可行性分析（the feasibility stage）3 个阶段，每个阶段选择对应的参数进行评价。其中，作为核心部分的适宜性评价选择了 3 个方面的参数类型：休闲娱乐功能、生态功能、景观结构功能。其中，休闲娱乐功能被赋予了最大的权重，其依据是之前 Serin 对伊斯塔帕 400 名居民和 53 位绿地管理专家的调研，以及对 16 位参与本次研究的绿地管理专家的调查。最后通过权重设置的变化，对结果进行了敏感性分析（Gül et al.，2006）。Chung T 的最新应用 MCA 方法于 Worcester 区域的城市林木种植地点优先选择时：①将潜在植树区域分为：可填充种植区域（suitable for fill planting）、可边界种植区域（suitable for edge planting）和不适合种植区域（unsuitable for planting）；②对土壤属性进行模糊分类，并根据树种的适宜性土壤特性，将树种分为 13 类。使用 TerrSet 软件中的 Fuzzy Set Membership 模块，对每一类树种进行土壤适宜性的模糊分类制图，根据不同区域的土壤特性，在评价中对土层深度、土质和土壤水分 3 个不同特性分别赋予的权重系数为 0.4、0.4 和 0.2。③对 13 张图进行叠加，将适宜性系数分为低（low TPSI，1～8）、中（medium TPSI，8～12）和高（high TPSI，12～13）3 个类别。根据区域面积进行筛选，此研究中小于 400 m^2 可填充种植区域和小于 1 m^2 的边界种植区域被去除（Chung T，2016）。Chung T 的研究验证了 MCA 方法在空间规划中对定量数据和定性数据进行整合的有效性。研究的不足之处在于，研究最主要的评价指标集中在土壤参数，研究角度单一，同时大面积的数据缺失导致研究结果的全面性和可用性存疑。

（4）UTC 建设优先度指数研究。最早提出这一设想并付诸实践的是 Nowak D.J.，Greenfield E. J.在研究美国 Atlantic Region 南部的城市与社区林业时提出来的，其提出的优先度指数（PI）为：PI =（PD×40）+（CG×30）+（TPC×30）（PD、CG 和 TPC 分别为标准化后的人口密度值、标准化后的树冠覆盖率色空间值和标准化后的人均树冠覆盖值，数值为权重值），并提出了城市 UTC 树木种植优先区域确定的 3 个标准分别为高人口密度的区域、低树冠覆盖的区域和低人均树冠覆盖的区域（Nowak D.J.，Greenfield E. J.，2009）。之后，Morani A 等在此基础上提出了 UTC 种植优先度指数，包含了污染浓度、人口密度和林木树冠覆盖比率 3 项指标，PI= PD × 30 + POLL × 40 + LTC × 30（PD 为标准化后的人口密度指；POLL 为大气污染浓度的标准化后数值；LTC 为标准化后的低树冠覆盖数值，数值为权重值），因考虑到 UTC 与人类健康关系表征更直接一些，所以大气污染物浓度的权重要比其他两个指标稍高了一些。之后再对 PI 得分值再一次标准化，并将其乘以 100，从而产生最终的 UTC 种植优先度指数（a planting priority index，PPI）（Morani et al.，2011）。而 Humaida N 等在印度尼西亚的 Banjarbaru City 研究中，以减缓城市热岛效应为目标，利用温湿度指数、植被密度和人口密度等指标，通过专家对各分级标准进行打分，将该得分值再赋予相应的栅格图层，之后再利用 GIS 的地图叠加分析功能，计算其研究范围内每一栅格点的综合的分值，最后利用栅格分级功能，对综合得分的栅格图层进行分级，得分越高的级别其造林的优先度越高。同时考虑到城市森林建设的开发成本，又以地价对其优先度进行了调整，将森林建设的优先地块尽量安置在地价较低的区域（Humaida et al.，2016）。而 Bodnaruk E.W 等的研究工作以美国的 Baltimore 市为对象，针对其设定的 UTC 到 2040 年达到 40%的目标，以减轻城市热岛效应和空气污染为目标，分别利用帕萨斯大气湿度模型（the Pasath air temperature model）和 I-tree 生态功能模块下的大气污染物沉降模型（the I-Tree Eco air pollutant deposition model）对研究区域的大气温湿度和污染物去除的服务和效益进行了分析，之后计算超温指数（The exceedance heat index，EHI），并以像元为单位计算了每一街区单元 i 的人口数量超温风险指数（P-EHI_i），之后分别计算出街区单元 i 和整个城市区域的年龄加权的累积人口数量超温风险指数 Cumulative EHI 和 Cumulative P-EHI，最后再计算街区单元 i 的梯度权重指数 WI_i= （P-EHI_i）×G_i（G_i 为高温街区单元 i 的指数梯度，其内在含义指的是随着 UTC 增加而伴随的城市热效应下降的积极作用），该优先标准是综合考虑了极端温度、年龄关系后的相对风险人口和减少热场指数的树冠覆盖效能而形成的，WI 最大的街区应该被优先种植，WI 最小的街区最后被种植，同时这一过程中可以产生 5 种优先种植情景设定（两种聚焦在空气污染上，其与 3 种聚焦在减缓热岛上）。之后，可以量化计算出 5 个优先树冠配置区域的生态服务和效益值，最后将每一街区尺度通过污染物最优处理过程产生的树冠覆盖图层转变为与热场栅格尺度相同的栅格图层，利用其计算热场指数梯度与热场相关联的效益替代值（Bodnaruk et al.，2017）。

以上研究中，除了 Humaida N 等的工作是以像元为单元开展的，其余工作均是以小区、地籍单元或街区单元作为空间范围展开的，因此其优先区域的针对性较差。而在国内，目前还没有开展过这一实践性、理论性和技术性都很强的研究工作。

1.3　城市森林树冠覆盖的研究趋势

从国外的相关研究成果来看，该方面的研究主要呈现出如下的变化趋势：

（1）城市林木树冠覆盖研究，已经与城市的生态建设和日常生态、生产管理紧密结合，甚至成为城市森林建设成果与效益评价的最重要考量指标。而定期的城市林木树冠覆盖监测数据，已经成为相关行政决策部门制定城市森林发展规划、实施城市森林建设工程的最重要决策参考依据。尤其是对城市林木树冠覆盖的空间评价，既清楚给出了未来城市森林发展的数量潜力，更给出了潜力的空间分布，极大地增强了相关决策的科学性、针对性。

（2）高分辨率（米级以下）卫星影像在城市森林树冠调查与制图过程中的应用越来越普遍。由于高分辨率卫星影像的价格昂贵，因此，在一定程度上影响到了其应用的范围。但对政府管理当局而言，其完全有能力承担这种费用，政府管理当局可以定期制作覆盖市域或市区的高分辨率影像，作为共享资源用于研究与管理及百姓查询工作中。美国的国家农业影像计划（The National Agriculture Imagery Program，NAIP）就是一个最成功的案例，其免费提供可为公众所利用的超高空间分辨率 NAIP 影像覆盖美国全境，目前已能用其制作足够详尽的土地利用/土地覆盖地图（Zhou et al.，2008；Platt et al.，2008），美国的许多城市的树冠覆盖调查就是以此为基础信息源的，这也取得了很好的实际效果。我国于 2014 年 8 月 19 日高分 2 号卫星的成功发射，标志着我国遥感卫星也进入了"亚米"级的高分时代，2016 年 12 月 28 日又成功发射了高景 1号，更将空间分辨率提高到了 0.5 m，从而完全打破了过去高分影像信息完全依赖国外的格局，从而也将开启在城市森林行业中拓展应用的辉煌时代。

（3）随着 3S 技术的发展和进步，在城市森林树冠覆盖的影像解译上，随着高分辨率卫星遥感数据的不断应用，传统的像元、亚像元分类方法越来越淡出了相关的研究工作。相反最新的遥感解译方法和技术在相关研究中的应用会越来越普遍，尤其是面向对象的分类方法，为城市森林树冠覆盖数据的获取提供了最新的、也是最好的技术支撑；而激光雷达（LiDAR）技术与数据的融入，更为未来的城市森林 3 维评价和管理提供了另一种可以预期的光明前景。新技术与方法的引入，一方面提高了信息提取结果的精度，同时也使得我们可以对一些很细小的城市特征，像成熟的孤立木或者灌木丛等进行精确制图（Platt et al.，2005；Hay et al.，2005），另一方面也为城市森林结构中的树种辨识等结构信息的提取提供了有别于过去耗时、费力的地面调查的一种更为方便快捷的途径（Zhang et al.，2012；He et al.，2013；Alonzo et al.，2015）。

（4）空间信息技术在树冠覆盖的动态格局、变化原因的分析中正发挥着越来越重要的作用。在过去的驱动力研究中，大多利用线性回归技术，来定量探讨不同的自然与社会经济因素对城市树冠覆盖影响的大小，由于线性回归技术要求数据服从正态分布，而这在一般情况下是非常难以满足的，同时这种方法的研究结果不能够在 GIS 下直观展示，因而也很难用于未来变化空间的模拟预测。现在越来越多的研究则开始利用非线性回归技术，并将 GIS 技术与地统计学方法相结合，从而既可以实现驱动力因子作用大小的定量化，又可以在 GIS 平台上借助地统计学方法实现模拟结果的空间格局直观展示（Zoltan Szantoi et al.，2012；Haim et al.，2011；Chomitz et al.，1996；Wu et al.，2006；Xu et al.，2013）。其大致过程是，首先采用了多项式双对数回归模型（multinomial logit model，MNL），来建立不同类型树冠覆盖变化向非自身类型变化的概率与自然、社会、经济因素之间的相互量化关系，然后，通过自然因素与社会经济因素的空间叠加，利用上一步建立的回归模型运算，即可以实现相关研究结果的空间直观展示与预测。由于多项式双对数回归模型是一种因变量与自变量为非线性关系的分类统计方法，其中，因变量可为二分类、多分类变量，自变量的类型可为连续变量、离散变量、虚拟变量，因此该方法不需要假设各变量之间存在多元正态分布，最终以事件发生概率的形式提供结果，而这恰恰是过去利用的相关线性模型所不具备的，更接近于实际情形。

（5）在城市森林建设的规划实施过程中，基于潜在城市森林树冠覆盖率的研究成果，在实施决策过程中，已经初步实现了计算机辅助人工智能的应用。美国得克萨斯州的达拉斯市 2010 年开发的 ROADMAP MODEL，已经在该市街道的绿化与管理自动化方面发挥了很大的作用。目前也有些学者，正在探索具有更广阔包容性的规划管理智能系统（Dexter et al.，2009），以实现城市森林建设规划能够落地的目标。

参考文献

[1] Adam Berland. Long-term urbanization effects on tree canopy cover along an urban-rural gradient，Urban Ecosyst，2012，15：721-738.

[2] Alberti M. Urban ecology. integrating humans and ecological processes in urban ecosystems. Springer，New York，2008.

[3] Alberti M，Marzluff J M，Shulenberger E，et al. Integrating humans into ecology：Opportunities and

challenges forstudying urban ecosystems. Bioscience，2003，53（12）：1169-1179.

[4]　Alonzo M，Bookhagen B，Mcfadden J，et al. Mapping urban forest leaf area index with airborne lidar using penetration metrics and allometry. Remote Sensing of Environment，2015，162：141-153.

[5]　American Forests. CITYgreen for ArcGIS，2004.

[6]　American Forests. Urban Sprawl Information. 2002.

[7]　American Forests. Projected benefits of community tree planting：a multi-site model urban forest project in Atlanta. Washington，DC：American Forests，2002a，p.12.

[8]　American Forests. Urban ecological analysis for the Washington DC metropolitan area. Washington，DC：American Forests，2002b，p.16.

[9]　American Forests. Urban ecological analysis，Roanoke，Virginia. Washington，DC：American Forests，2002c，p.8.

[10]　Andy Kenney，van Wassenaer P JE，Satel A L. Criteria and Indicators for Strategic Urban Forest Planning and Management，Arboriculture & Urban Forestry，2011，37（3）：108-117.

[11]　Antrop M. Changing patterns in the urbanized countryside of Western Europe. Landsc. Ecol，2000，15：257-270.

[12]　Bernhardt E A，Swiecki T J. Guidelines for Developing and Evaluating Tree Ordinances. California Department of Forestry and Fire Protection，Urban and Community Forestry Program. Riverside，CA，1999.

[13]　Bodnaruk E W，Kroll C N，Yang Y，et al. Where to plant urbantree？A spatially explicit methodology to explore ecosystem tradeoffs，Landscape and Urban Planning，2017，157：457-467.

[14]　Bolund P，Hunhammar S. Ecosystem services in urban areas. Ecol. Econ，1999，29：293-301.

[15]　Cappiella，K.，T. Schueler，and T. Wright. Urban Watershed Forestry Manual Part 2 Conserving and Planting Trees at Development Sites. USDA Forest Service，Northeastern Area State and Private Forestry，2006.

[16]　Center for Watershed Protection and USDA Forest Service. Watershed Forestry Resource Guide，2008.

[17]　Chomitz K M，Gray D A. Roads，land use，and deforestation：a spatial model applied to Belize. World Bank Economic Review，1996，10：487-512.

[18]　Chuang W，Boone C G，Locke D H，et al. Tree canopy Change and neighborhood stability：A Comparative Analysis of Washington，D.C. and Baltimore，MD，Urban Forestry & Urban Greening，2017，27：363-372.

[19]　Chung T. Identifying Optimal Tree Planting Locations in Worcester，MA Using Spatial Multi-Criteria

Decision Analysis. Worcester，Massachusetts：Clark University，2016.

[20] Clark J R，Matheny N P，Cross G，et al. A model of urban forest sustainability. J. Arboric，1997，23（1）：17-30.

[21] Coley R L，Sullivan W C，Kuo F E. Where does community grow？The social context created by nature in urban public housing. Environ. Behav，1997，29：468-494.

[22] Conway T. Local environmental impacts of alternative forms of residential development. Environ Plann B，2009，36（5）：927-943.

[23] Conway T M，Hackworth J. Urban pattern and land cover variation in the greater Toronto area. Can Geogr，2007，51（1）：43-57.

[24] Cook E A. Urban landscape network：An ecological planning framework. Landscape Res，1991，16（3）：7-15.

[25] Daniel J N. Nature in city：Horace Cleveland's aesthetic. Landscape and urban planning，1993，26：2-15.

[26] Dexter D H，M Grove J，Lu J W T，et al. Prioritizing preferable locations for increasing urban tree cannopy in New York city，Cities and the environment，2010，3（1）：4.

[27] Dexter Locke，Kelly Goonan，Michele Romolini. A Report on Methods for Prioritizing Areas to Increase Urban Tree Canopy in New York City，2009.

[28] Duan S，Kaushal S S，Groffman P M，et al. Phosphorusexport across an urban to rural gradient in the Chesapeake Bay watershed.Journal of Geophysical Research：Biogeosciences，2012，117，2005-2012.

[29] Dwyer J F，Nowak D J，Noble M H，et al. Connecting People with Ecosystems in the 21st Century：An Assessment of Our Nation's Urban Forests. Gen. Tech. Rep. PNW-GTR-490，2000.

[30] Dwyer J F，McPherson E G，Schroeder H W，et al. Assessing the benefits and costs of the urban forest. Journal of Arboriculture，1992，18：227-234.

[31] Dye C. Health and urban living. Science，2008，319：766-769.

[32] Elmore A J，Kaushal S S. Disappearing headwaters：Patterns of streamburial due to urbanization. Frontiers in Ecology and the Environment，2008，6（6）：308-312.

[33] Frank J M，Carol S M. A scientific framework for managing urban natural area. Landscape and urban planning，1997，38：171-181.

[34] Fuller R A，Irvine K N，Devine-Wright P，et al. Psychological benefits of green space increase with biodiversity. Biol. Lett，2007，3：390-394.

[35] Galvin M，Grove J M，O'Neil-Dunne J. Urban tree canopy assessment and goal setting：Case studies from four cities on the eastern coast USA. Presented to the Joint ISA-IUFRO Urban Forestry Research

Group Session at the 83rd Annual International Society of Arboriculture Conference，Honolulu，Hawaii，2007，July30.

[36] Gilbert O L. The ecology of urban habitats. London，UK：Chapman & Hall，1989.

[37] Grimm N B，Grove J M，Pickett S T，et al. Integrated approaches to long-term studies of urban ecological systems. BioScience，2000，50（7）：571-584.

[38] Grimm N B，Redman C L. Approaches to the study or urban ecosystems：the case of Central Arizona-Phoenix. Urban Ecosyst，2004，7：199-213.

[39] Grove J M，Troy A R，O'Neil-Dunne J，et al. Characterization of households and its implications for vegetation of urban ecosystems. Ecosystems，2006，9：578-597.

[40] Grove J M，O'Neil-Dunne J，Pelletier K，et al. A Report on New York City's Present and Possible Urban Tree Canopy. University of Vermont，Burlington，VT，USDA Forest Service，2006.

[41] Gül A，Gezer A，Kane B. Multi-criteria analysis for locating new urban forests：An example from Isparta，Turkey. Urban Forestry & Urban Greening，2006，5（2）：57-71.

[42] Haim D，Alig R，Plantinga A J，et al. Climate change and future land use in the United States：an economic approach. Climate Change Economics，2011，2：27-51.

[43] Hay G J，Castilla G，Wulder M A，et al. An automated object-based approach for the multiscale image segmentation of forest scenes. Int. J. Appl. Earth Obs. Geoinf，2005，7：339-359.

[44] He Cheng，Convertino M，Feng Zhongke，et al. Using LiDAR Data to Measure the 3D Green Biomass of Beijing Urban Forest in China，Plos One，2013，8（10）：1-11.

[45] Heynen N，Perkins H A，Roy P. The Political Ecology of Uneven Urban Green Space：The Impact of Political Economy on Race and Ethnicity in Producing Environmental Inequality in Milwaukee，Urban Affairs Review，2006，42（1）：3-25.

[46] Homer C，Dewitz J，Fry J，et al. Completion of the 2001 National Land Cover Database for the Coterminous，2007.

[47] Hope D，Gries C，Zhu W，et al. Socioeconomics drive urban plan diversity. PNAS，2003，100（15）：8788-8792.

[48] Huang C，Yang L，Wylie B，et al. A strategy for estimating tree canopy density using Landsat 7 ETM+ and highresolution images over large areas. In：Third International Conference on Geospatial Information in Agriculture and Forestry，Denver，CO，2001.

[49] Humaida N，Prasetyo L B，Rushayati S B. Priority assessment method of green open space（case study：Banjarbaru City），Procedia Environmental Sciences，2016，33：354-364.

[50] Imhoff M L，Zhang P，Wolfe R E，et al. Remote sensing of theurban heat island effect across biomes

in the continental USA. Remote Sensingof Environment，2010，114（3），504-513.

[51] Irani F M，Galvin M F. Strategic Urban Forests Assessment Maryland Department of Natural Resources，Baltimore，MD，2002.

[52] Iverson L R，Cook E A. Urban forest cover of the Chicago region and its relation to household density and income. Urban Ecosystems，2000，4：105-124.

[53] Jim C Y. A planning strategy to argument the diversity and biomass of roadside tree in urban Hong Kong. Landscape and urban planning，1999，44：13-32.

[54] Lowry Jr J H，Baker M E，Ramsey R D. Determinants of urban tree canopy in residential neighborhoods：Household characteristics，urban form，and the geophysical landscape，Urban Ecosyst，2012，15：247-266.

[55] Joke Luttik. The value of trees，water and open space as reflected by house prices in the Netherlands，Landscape and Urban Planning，2000，48：161-167.

[56] Kielbaso J J. Trends and issues in city forests，Journal of Arboriculture，1990，16（3）：69-76.

[57] Klocker C A，Kaushal S S，Groffman P M，et al. Nitrogen uptake and denitrification in restored and unrestored streams in urban Maryland，USA. Aquatic Sciences，2009，71（4）：411-424.

[58] Moskal L M，Styers D M，Halabisk M. Monitoring Urban Tree Cover Using Object-Based Image Analysis and Public Domain Remotely Sensed Data，Remote Sens，2011，3：2243-2262.

[59] Locke D H，Grove J M，Galvin M，et al. Applications of urban tree canopy assessment and prioritization tools：supporting collaborative decision making to achieve urban sustainability goals. Cities & the Environment，2013，6（1）：7.

[60] Locke D H，Romolini M，Galvin M，et al. Tree Canopy Change in Coastal Los Angeles，2009—2014，Cities and the Environment（CATE），2017，10（3）：3.

[61] Maas J，Verheij R A，Groenewegen P P，et al. Green space，urbanity，and health：how strong is the relation？ J. Epidemiol. Community Health，2006，60：587-592.

[62] Mandelker D R. Green belts and urban growth：English town and county planning in action. University of Wisconsin Press，1997.

[63] Dwyer M C，Miller R W. Using GIS to assess urban tree canopy benefits and surrounding greenspace distributions，Journal of Arboriculture，1999，25（2）：102-106.

[64] Martin C A，Warren P S，Kinzig A P. Neighborhood socioeconomic status is a useful predictor of perennial landscape vegetation in residential neighborhoods and embedded small parks of Phoenix，AZ. Landscape Urban Plan，2004，69：355-368.

[65] Dallimer Martin，Tang Zhiyao，Bibby P R，et al. Temporal changes in greenspace in a highly urbanized

region，Biology Letter，2011，7：763-766.

[66] McPherson E G. Evaluating the cost effectiveness of shade trees for demand-side management. The Electricity Journal，1993，6（9）：57-65.

[67] Miller J R. Biodiversity conservation and the extinction of experience. Trends Ecol. Evol，2005，20：430-434.

[68] Morani A，Nowak D J，Hirabayashi S，et al. How to select the best tree planting locations to enhance air pollution removal in the Million Trees NYC initiative. Environmental Pollution，2011，159（5）：1040-1047.

[69] Morani A，Nowak D J，Hirabayashi S，et al. How to select the best tree planting locations to enhance air pollution removal in the Million Trees NYC initiative. Environmental Pollution，2011，159（5）：1040-1047.

[70] Morgan R P，Kline K M，Cushman S F. Relationships amongnutrients，chloride and biological indices in urban Maryland streams. UrbanEcosystems，2007，10（2）：153-166.

[71] Myeong S，Hopkins P F，Nowak D J. Urban cover mapping using digital，high-spatial resolution aerial imagery. Urban Ecosystems，2001，5：243-256.

[72] Nowak D J，Rowntree R A，McPherson E G，et al. Measuring and analyzing urban tree cover，Landscape and Urban Planning，1996，36：49-57.

[73] Nowak D J，Greenfield E J. Urban and Community Forests of the Southern Atlantic Region：Delaware，District of Columbia，Florida，Georgia，Maryland，North Carolina，South Carolina，Virginia，West Virginia，2009：90.

[74] Nowak D J. Understanding the structure of urban forests. Journal of Forestry，1994，92：42-46.

[75] Nowak D J，Dwyer J F. Understanding the benefits and costs of urban forest ecosystems. In：Kuser，John E.，comp.，ed. Handbook of urban and community forestry in the Northeast. New York，NY：Kluwer Academic/Plenum Publishers，2000：11-25.

[76] Nowak D J，Dwyer J F. Understanding the benefits and costs of urban forest ecosystems. In：Kuser J（Ed.）.Urban and Community Forestry in the Northeast. Springer Science and Business Media，New York，NY，2007：25-46.

[77] Nowak D J，Crane D E，Stevens J C，et al. Brooklyn's urban forest. Gen.Tech. Rep. NE-290. Newtown Square，PA：U.S. Department of Agriculture，Forest Service，Northeastern Research Station，2002：107.

[78] O'Neil-Dunne，J. Urban Tree Canopy Assessment. 2007.

[79] O'Neil-Dunne，J. A report on the city of Des Moines existing and possibly urban tree canopy. USDA

Forest Service，2009：1-4.

[80] Parker K C，Bendix J. Landscape-scale geomorphic influences on vegetation patterns in four selected environments. Phys Geogr，1996，17：113-141.

[81] Platt R V，Rapoza L. An evaluation of an object-oriented paradigm for land use/land cover classification. The Professional Geogr，2008，60：87-100.

[82] Poracsky J，Lackner M. Urban forest canopy cover in Portland，Oregon，1972-2002：final report. Portland，OR：Geography Department，Portland State University，2004，p 38.

[83] Fuller1 R A，Gaston K J. The scaling of green space coverage in European cities，Biology Letter，2009，5：352-355

[84] Rowntree R A. Forest canopy cover and land use in four eastern United States cities. Urban Ecology，1984，8：55-67.

[85] Sanders R A. Some determinants of urban forest structure. Urban Ecology，1984，8：13-27.

[86] Sarkovich M. Personal communication on November 3. re Sacramento Shade decline and non-participant survey key findings（8/27/97）. Demand-Side Specialist，Sacramento Municipal Utility District，Sacramento，CA，2006.

[87] Maco S E，Mcpherson E G. Assessing canopy cover over streets and sidewalk in street tree populations，J. Arboric，2002，28（6）：270-276.

[88] Szantoi Z，Escobedo F，Dobbs C，et al. Rapid methods for estimating and monitoring tree cover change in Florida urban forests- The role of hurricanes and urbanization，In Proceedings of the 6th Southern Forestry and Natural Resources GIS Conference （2008），P. Bettinger，K. Merry，S. Fei，J. Drake，N. Nibbelink，and J. Hepinstall，eds. Warnell School of Forestry and Natural Resources，University of Georgia，Athens，GA，2008.

[89] Torrey B B. Urbanization：an environmental force to be reckoned with.Washington，DC：Population Reference Bureau，2004.

[90] Tree and Design Action Group. No tree No future：tree in urban realm，2008.

[91] Troy A R，Grove J M，O'Neil-Dunne J P M，et al. Predicting opportunities for greening and patterns of vegetation on private urban lands. Environ Manage，2007，40：394-412.

[92] U.S. Census Bureau. American Fact Finder：Census 2000，2005.

[93] U.S. Census Bureau. American FactFinder：Census 2000，2005.

[94] United Nations. World Urbanization Prospects：The 2007 revision. New York，2007.

[95] United Nations. World Urbanization Prospects：The 2009 Revision，New York，2010.

[96] US EPA.Urban heat islands：Compendium of strategies. urban heat island basics，2008.

[97]　USDA Forest Service. User's Manual for i-tree software Suite 2.0，2004.

[98]　USDA Forest Service：Urban Natural Research Stewardship. About the Urban Tree Canopy Assessment，2008.

[99]　Van den Berg A E，Hartig T，Staats H. Preference for nature in urbanized societies：stress，restoration，and the pursuit of sustainability. J. Soc. Issues，2007，63：79-96.

[100]　Wang S. An analysis of urban tree communities using Landsat thematic mapper data. Landscape and Urban Planning，1988，15：11-22.

[101]　Wolf K L. Trees in Business Districts：Positive Effects on Consumer Behavior! University of Washington：College of Forest Resources，1998.

[102]　Wondzell S M，Cunninham G L，Bachelet D. Relationships between landforms，geomorphic processes，and plant communities on a watershed in northern Chihuahuan Desert. Landscape Ecol，1996，11（6）：351-362.

[103]　Wu C，Xiao Q，Mcpherson E G. A method for locating potential tree-planting sites in urban areas：a case study of los angeles，usa. Urban Forestry & Urban Greening，2008，7（2）：65-76.

[104]　Wu Q，Li H Q，Wang R S. Monitoring and predicting land use change in Beijing using remote sensing and GIS. Landscape and Urban Planning，2006，4：322-333.

[105]　Xu Y Q，McNamara P，Wu Y F，et al. An econometric analysis of changes in arable land utilization using multinomial logit model in Pinggu district，Beijing，China. Journal of environmental management，2013，128：324-334.

[106]　Zhang Caiyun，Qiu Fang. Mapping Individual Tree Species in an Urban Forest Using Airborne Lidar Data and Hyperspectral Imagery，Photogrammetric Engineering & Remote Sensing，2012，78（10）：1079-1087.

[107]　Zhang Y. Texture-integrated classification of urban treed areas in high-resolution color-infrared imagery. Photogrammetric Engineering and Remote Sensing，2001，67：1359-1365.

[108]　Zheng T，Lau K L，Ng E. Urban tree design approaches for mitigating daytime urban heat island effects in a high-density urban environment. Energy & Buildings，2015，114：265-274.

[109]　Zhou W，Troy A. An object-oriented approach for analysing and characterizing urban landscae at the parcel level. Int. J. Remote Sens.，2008，29：3119-3135.

[110]　Zhu Z. Forest Density Mapping in the Lower 48 States：A Regression Procedure. Research Paper SO-280. U.S. Department of Agriculture，Forest Service，Southern Research Station，New Orleans，LA，1994，p11.

[111]　Zipperer W C，Sisinni S M，Pouyat R V，et al. Urban tree cover：An ecological perspective. Urban

Ecosystems，1997，1：229-246.

[112] Zoltan Szantoi，Francisco Escobedo，John Wagner，et al. Rodriguez，Socioeconomic Factors and Urban Tree Cover Policies in a Subtropical Urban Forest，GIScience & Remote Sensing，2012，49（3）：428-449.

[113] 白钰，魏建兵，李一静，等. 基于环境优先原则的城市协调发展评价. 生态学杂志，2008，27（4）：675-680.

[114] 陈莉，李佩武，李贵才，等. 应用 CITYGREEN 模型评估深圳市绿地净化空气与固碳释氧效益. 生态学报，2009，29（1）：272-282。

[115] 柴一新，王晓春，孙洪志，等. 中国城市森林研究热点，东北林业大学学报，2004，32（2）：74-77.

[116] 高美蓉，贾宝全，王成，等. 厦门本岛城市森林树冠覆盖与热岛效应关系. 林业科学，2014，50（3）：63-68.

[117] 高美蓉，贾宝全，王成，等. 厦门市中心区城市森林树冠覆盖及潜力分析. 东北林业大学学报，2013，41（9）：76-79，126.

[118] 郭晋平，张云香. 城市景观及城市景观生态研究的重点. 中国园林，2004，20（2）：44-46.

[119] 何兴元，宁祝华. 城市森林生态研究进展. 北京：中国林业出版社，2002.

[120] 胡志斌，何兴元，陈玮，等. 沈阳市城市森林结构与效益分析. 应用生态学报，2003，14（12）：2108-2112.

[121] 贾宝全，刘秀萍. 北京市第一道绿化隔离区树冠覆盖特征与景观生态变化. 林业科学，2017，53（9）：1-10.

[122] 贾宝全，王成，邱尔发，等. 城市林木树冠覆盖研究进展. 生态学报，2013，33（1）：023-032.

[123] 贾宝全，王成，仇宽彪. 武汉市生态用地发展潜力分析. 城市环境与城市生态，2010，23（5）：10-13.

[124] 李秉成. 中国城市生态环境问题及可持续发展. 干旱区资源与环境，2006，20（2）：1-6.

[125] 刘常富，何兴元，陈玮，等. 基于 QuickBird 和 CITYgreen 的沈阳城市森林效益评价，应用生态学报，2008，19（9）：1865-1870.

[126] 彭立华，陈爽，刘云霞，等. Citygreen 模型在南京城市绿地固碳与削减径流效益评估中的应用. 应用生态学报，2007，18（6）：1293-1298.

[127] 彭镇华. 城市森林建设理论与实践. 北京：中国林业出版社，2006.

[128] 苏伟忠，杨桂山，甄峰. 长江三角洲生态用地破碎度及其城市化关联. 地理学报，2007，62（12）：1309-1317.

[129] 王近秋，吴泽民，吴文友，上海浦东新区城市森林树冠覆盖分析. 安徽农业大学学报，2011，

38（5）：726-732.

[130] 魏向东，宋言奇. 城市景观. 北京：中国林业出版社，2005：1-14.

[131] 肖建武. 城市森林服务功能分析及价值研究. 经济科学出版社，2011.

[132] 姚佳，贾宝全，王成，等. 北京的北部城市森林树冠覆盖特征分析. 东北林业大学学报，2015，43（10）：46-50，62.

[133] 张侃，张建英，陈英旭，等. 基于土地利用变化的杭州市绿地生态服务价值 CITYgreen 模型评价. 应用生态学报，2006，17（10）：1918-1922.

[134] 张颖. 中国城市森林环境效益评估. 北京：中国林业出版社，2010.

[135] 中华人民共和国行业标准. 城市绿地分类标准（CJJ/T 85—2002），2002.

[136] 朱耀军，王成，贾宝全，等. 广州市主城区树冠覆盖景观格局梯度. 生态学报，2011，31（20）：5910-5917.

[137] 朱耀军，王成，贾宝全，等. 基于树冠覆盖的广州市中心区绿化格局分析. 林业科学，2011，47（7）：65-72.

第 2 章

研究区概况、数据来源、解译及其研究方法

城市是城市森林研究与生态建设的主战场，根据最新的统计资料，截至 2017 年年底，我国共有 294 个地级城市及 363 个县级城市。自 2004 年贵阳成为我国首个森林城市以来，我国在城市森林建设方面取得了很大成就，但由于我国城市森林研究起步较晚，因此在相关的基础理论研究上与国外还有较大的差距。北京作为我国首屈一指的特大型城市，其悠久的城市建成历史、深厚的城市历史文化积淀、现实的社会经济发展势头、严峻的生态环境形势，在我国的城市当中都是极具代表性的。因此，将其作为研究靶区开展相关的城市森林研究工作，具有极其重要的理论与现实意义。

2.1　研究区概况

2.1.1　北京的自然地理条件

北京市位于东经 115.7°～117.4°，北纬 39.4°～41.6°，中心位于北纬 39°54′20″，东经 116°25′29″，总面积为 16 410.54 km²。地处我国第二、第三阶梯的过渡地带，气候类型为暖温带半湿润大陆性季风，年均温度为 12.3℃，年降水量为 400～600 mm，具有四季分明，夏季高温多雨，冬季寒冷干燥的气候特点。

北京市山区面积为 10 200 km²，约占总面积的 62%，平原区面积为 6 200 km²，约占总面积的 38%。地形呈西北高、东南低的特点，平均海拔 43.5 m，平原的海拔高度在 20～60 m，山地海拔一般处于 1 000～1 500 m。西部、北部和东北部由太行山山脉和燕山山区众山围绕，东南部为平原。北京全市共有 200 多条河流，其中五大主要河流为潮白河、拒马河、永定河、蓟运河和北运河。全市共有水库 85 座，大型水库主要包括密云水库、怀柔水库、官厅水库等。

北京市土壤分布具有明显的地带规律性，山区土壤从高到低依次是山地草甸土、山地棕壤和山地褐土。地带性植被类型为暖温带落叶阔叶林，并间有温带针叶林的分布，由于一些历史原因，原生植被几乎被全部破坏，仅在一些人类可达性较低的深山区保存了一些残存次生林。目前，北京市植被的特点是植被类型多样，各类次生群落占优势：海拔在 1 800～1 900 m 的山顶生长着山地杂类草草甸；海拔在 1 000 m 至 1 800～2 000 m 的地区桦树增多，在森林群落破坏严重的地段，为二色胡枝子、榛属、绣线菊属占优势的灌丛；在海拔 800 m 以上的中山，森林覆盖率增大，其下部以辽东栎林为主；海拔 800 m 以下的低山的代表性植被类型是栓皮栎林、栎林、油松林和侧柏林；平原区主要是农田和城镇，五环以内城区的自然群落已全部消失，植物群落主要由公园绿地、各类附属绿地等人工植物群落构成。根据北京市统计年鉴，截至 2016 年年底，全市森林面积为 756 000.7 hm²，森林覆盖率为 42.3%。

2.1.2　北京的社会经济状况

北京作为我国的首都，是全国的政治、经济、文化中心，有着特殊的政治地位和领先的经济、文化发展水平，是我国城市化发展最快的区域。截至 2016 年年底，北京市共有 16 个市辖区、150 个街道办事处、143 个建制镇、38 个建制乡。根据 2018 年 2 月 25 日国家统计局发布的北京市国民经济和社会发展统计公报，2017 年北京地区生产总值为 28 000.4×10^8 元，比上年增长 6.7%。其中，第一产业增加值为 120.5×10^8 元，比上年下降 6.2%；第二产业增加值 5 310.6×10^8 元，比上年增长 4.6%；第三产业增加值 22 569.3×10^8 元，相比上一年。增长率达 7.3%（北京市统计局，2018）。根据 2017 年年末数据统计，北京市全市全年常住人口为 2 170.7×10^4 人，其中，常住外来人口为 794.3×10^4 人，占常住人口的比重为 36.6%。在常住人口中，城镇人口为 1 876.6×10^4 人，占常住人口的比重为 86.5%。全年、全市居民人均可支配收入为 57 230 元，城镇居民人均可支配收入为 62 406 元，农村居民人均可支配收入为 24 240 元（北京市统计局，2018）。

2.1.3　北京的建设情况

北京是负有盛名的历史古都，其城市结构为明显的中轴对称格局，东西轴以长安街向外延伸，南北轴连接奥林匹克森林公园经天安门至南苑一线。随着城市的不断发展，北京市先后建设了二至六环。目前北京城区在旧城区和环路的基础上不断外扩，旧城区周边的海淀区、朝阳区、石景山区、丰台区的城市化进程发展迅速，区域内人口数量不断增长，建设用地面积持续提升，与传统的旧城区一道组成"城六区"。六环内区域是受城市化影响最为显著的区域（葛荣凤等，2016），占北京总面积的 14%，包括了"城六区"内的大部分区域，以及昌平区、顺义区、房山区、大兴区、通州区的少部分地区，为同心圆式圈层结构，人工建设密度高（肖荣波等，2007）。

2006 年出台的北京市"十一五"功能区域发展规划中，将北京划分成为四大功能分区，即首都功能核心区（东城区、西城区）、城市功能拓展区（朝阳区、海淀区、石景山区、丰台区）、城市发展新区（通州区、顺义区、昌平区、大兴区、房山区）、生态涵养发展区（门头沟区、平谷区、怀柔区、密云区、延庆区）。《北京城市整体规划（2004—2020 年）》提出在北京市域范围内构建"两轴—两带—多中心"的城市空间结构。

北京市最新的《北京城市总体规划（2016—2035 年）》草案描绘了北京作为国家首都和迈向国际一流和谐宜居之都的规划蓝图，明确了北京市作为政治中心、文化中心、国际交往中心、科技创新中心的战略定位［北京市规划和国土资源管理委员会（城乡规划），2018］。在城市空间布局上，形成"一核、一主、一副、两轴、多点、一区"的城市空间结构。解除非首都功能、优化提升首都核心功能，着力改变城市单中心、摊大饼式的发展模式。"一核"指首都功能核心区，总面积约为 92.5 km²；"一主"指中心城区即城六区；"一副"指城市副中心；"两轴"指中轴线及其延长线、长安街及其延长线。"多点"指 5 个位于平原地区的新城；"一区"指生态涵养区。在绿色生态空间上构建"一屏、三环、五河、九楔"的生态空间格局。同时，在 4 个空间层次范围（旧城、中心城区、市域、区域）、两大重点区域（旧城、三山五园）、三条文化带（长城文化带、运河文化带、西山文化带）上推进历史名城文化保护。

《2016 年城市建设统计年鉴》（住房和城乡建设部，2016）显示，到 2015 年年末，北京城市建成区面积为 1 419.66 km²，城市建设用地面积为 1 463.79 km²。在保障居民日常生活和出行的同时，北京市大力开展绿化工作，近年来，北京市紧紧围绕推动生态文明建设，不断发展林业，扩大环境容量和生态空间，加大生态建设与环境监管力度，采取了一系列环境治理措施。2016 年全市城镇污水处理率达 90%，其中城六区污水处理率达到 98%；全市生活垃圾无害化处理率为 99.84%；全市细颗粒物（PM$_{2.5}$）和可吸入颗粒物（PM$_{10}$）年均浓度值分别为 73 μg/m³ 和 92 μg/m³，二氧化氮和二氧化硫年均浓度值分别为 48 μg/m³ 和 10 μg/m³，可吸入颗粒物（PM$_{10}$）、二氧化氮和二氧化硫年均浓度值与 2000 年年均浓度值（162 μg/m³、71 μg/m³、71 μg/m³）相比明显下降，直接体现出了北京市环境保护工作的成效。全市园林绿化工作也取得新突破，到 2016 年年末，北京市公园绿地面积为 30 039 hm²，人均公园绿地面积为 16.1 m²/人，城市绿化覆盖率达 48.4%。

2.1.4　研究空间范围界定

由于北京市第二道绿化隔离区是北京城市区域最重要的外围生态屏障，从 2010 年基本建成时起，其一直便与北京市的生态环境变化息息相关，在此区域之外，便是广大的乡村景观，因此我们的研究区选择也以其最外边界线为界，即本次的研究区域边界为六环路外 1 km 以内的区域，土地总面积为 2 465.67 km²，行政上涉及了东城区、西城区、朝阳区和石景山区的全部，以及海淀区和丰台区的绝大部分区域，以及房山区、门头沟区、昌平、顺义、通州区和大兴区的部分平原区域（图 2-1）。该区域植被以城市绿地和农业植被为主，土壤类型以潮土、褐土为主，另有少量的砂姜黑土、

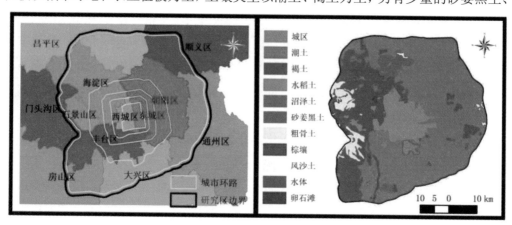

图 2-1　研究区空间范围位置及其土壤类型分布图

水稻土、粗骨土、棕壤和风沙土分布（图 2-1），全年平均气温为 11.6～14℃，全年降水量为 590～630 mm。该区域也是北京市城市化发展最快的区域，东、西城区构成了北京城的核心区，朝阳区、丰台区、海淀区、石景山区构成了北京市的中心城区。

2.2 影像数据来源及预处理

2.2.1 数据源

研究采用的主要数据源是北京城区 2002 年 8—9 月空间分辨率为 0.5 m 的真彩色航空照片与北京城区 2013 年 8—9 月空间分辨率为 0.5 m 的 WorldView-2 全色与多光谱融合影像（图 2-2）。

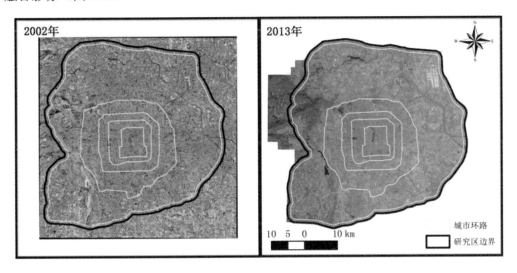

图 2-2　研究区 2002 年真彩色航片与 2013 年 WorldView2 卫星影像图

2.2.2 数据预处理

以上遥感数据都进行了几何校正、地形校正、大气校正等工作。遥感影像的辐射校正、几何校正、几何精校正、正射校正决定了遥感产品的品质，对于所获取的航片、卫片均进行了这 4 个过程的工作。获取的 WorldView 卫星影像为几何粗校正后的 1 级、2 级数据，因此，又经几何精校正（447 个地面点）获得符合使用标准的影像。同时为了方便后期定量遥感方面的拓展应用，还对 WorldView 卫星影像在 ERDAS 2011 下，利用 ATCOR 2 模块进行了大气校正。

2.3　城区土地覆盖类型分类系统

参照国外的以城市林木树冠覆盖为核心目标的城市地表覆盖分类，根据研究区的具体情况，我们将土地覆盖划分为 5 个一级分类，并在此基础上划分了更细化的二级分类（表 2-1），在具体的解译过程中，裸土地和水体按照三级分类进行解译，其他类别均按照二级分类作为最后确定的目标类别进行解译。在具体的分析过程中，为了突出林木树冠覆盖和草地，我们将其上升到一级分类，其他地类均保持二级分类不变，来参与到相关的分析工作中去，这样在具体分析时的土地覆盖分类共包括了林木树冠覆盖、草地、裸土地、不透水地表、水体和农田六类。

表 2-1　北京城区土地覆盖分类系统

一级分类		二级分类		三级分类		四级分类	
编码	名称	编码	名称	编码	名称	编码	名称
1000	植被	1100	林木树冠覆盖	—	—	—	—
		1200	草地	1210	经营草地	1311	草坪草地
						1312	非草坪草地
				1220	荒草地（非经营）	—	—
2000	裸土地	2100	建设裸土地	—	—	—	—
		2200	其他裸土地	2210	绿化地带裸土地	—	—
				2220	闲置裸土地	—	—
				2230	水岸裸土地	—	—
				2240	果园裸土地	—	—
3000	不透水地表	3100	道路	3110	城区道路	—	—
				3120	国省道路	—	—
				3130	高速路	—	—
				3140	铁路	—	—
		3300	建筑物及其他不透水地表	3310	广场	—	—
				3320	停车场	—	—
				3330	工矿地	—	—

一级分类		二级分类		三级分类		四级分类	
编码	名称	编码	名称	编码	名称	编码	名称
4000	水体	4100	河流水体	—	—	—	—
		4200	人工水体	4210	休闲景观水体	—	—
				4220	水库坑塘水体	—	—
				4230	沟渠水体	—	—
5000	耕地	—	—	—	—	—	—

2.4　影像解译

2.4.1　解译方法与解译平台的选择

近年来，遥感影像的分类技术不断发展，影像信息提取手段逐渐从传统的基于像元的分类发展到了面向对象的分类。Baatz 和 Schäpe 于 1999 年提出了用于高分辨遥感影像信息提取的面向对象的分类技术（Baatz and Schäpe，1999），由于其在影像分类的自动化与分类的精度方面都有较大提高，故越来越多地被应用在遥感影像信息的提取当中。

目前，比较成熟且应用较为广泛的此类商业软件主要有：美国 Trimble 公司的 eCognition 软件，美国 ERDAS 公司 ERDAS IMAGINE 遥感图像处理软件的 Objective 模块，美国 Overwatch System 公司的 Feature Analyst 软件，美国 ITT 公司 ENVI 遥感图像处理软件的 Feature Extraction 模块，加拿大 PCI 公司 PCI GEOMATICA 软件的 FeatureObjeX 模块等。其中 eCognition 和 Feature Analyst 是目前最先进的两种针对高分辨率遥感影像信息提取的商业化软件。

eCognition 和 Feature Analyst 提供了针对高分辨率遥感影像的信息提取功能，两种软件平台对设计原理、体系结构、分类算法等方面存在的异同点归纳如下（牛春盈，2007）：

（1）Feature Analyst 主要针对的是对影像中一种或多种指定目标地物的信息提取，强调的是信息提取；而 eCognition 主要针对的是整景影像的地物分类，更加注重影像综合分类。

（2）eCognition 对影像的分析采用多尺度分割技术，可以实现同时在小尺度与大尺度下对影像进行分类，兼顾了影像的纹理细节与宏观特征。Feature Analyst 中则不具有影像分割的步骤。

（3）在地物样本的选取上，Feature Analyst 软件平台具有可直接对影像进行样本选择的功能。而 eCognition 需要在分割生成影像对象的基础上，选择影像对象多边形样本。

（4）从影像分类来看，两种软件都可以通过反复指定地物样本定义特征空间，从而达到改善分类结果的目的。eCognition 软件提供了多种公开透明的分类方法，而 Feature Analyst 软件提供的分类方法目前尚未公开。

（5）两种软件针对高分辨率影像的分类结果精度都非常高，总体精度最理想时可以达到 90% 以上。其中 eCognition 软件具有可以进行分类结果精度评价功能，而 Feature Analyst 的分类结果则主要是通过人工目视解译来进行分析评价。

综上所述，eCognition 和 Feature Analyst 均具有强大的面向对象影像信息进行提取的功能。Feature Analyst 的软件操作过程简单，通常借助查阅相关技术指导就可以实现操作应用。而 eCognition 的实际操作较复杂，需经过专业培训才能达到熟练应用的效果，但是其用于高分辨遥感影像分析较 Feature Analyst 更专业。

目前，eCognition 软件是国内外拥有最多用户群的面向对象分类软件（Benz et al.，2004；Wang et al.，2004）。因此，本研究选择美国 Trimble 公司的 eCognition 软件进行面向对象的影像信息提取，软件版本现为 eCognition Developer 9.0。

2.4.2　面向对象分类技术流程

面向对象影像分类技术包含两个相对独立的模块，即影像分割模块和影像对象分类模块（Blaschke et al.，2000；Metzler et al.，2002）。前者是生成影像对象的过程，同时也是进行该分类的必要前提；而影像对象的分类是基于模糊逻辑的分类系统，根据目标地物的特征及相关空间信息建立模糊逻辑的知识库，进而进行影像分类的过程。

2.4.2.1　影像分割

关于对影像分割后生成的影像对象，其内部是近似均质的，每个影像对象具有光谱、形状、纹理及拓扑等特征，同时任何两个相邻的影像对象都是非均质的（黄慧萍，2003）。影像分割为进一步的分类或分割工作提供了信息载体和构建基础（Gorte，1998；Laine，1996）。所以，在面向对象的影像分类过程中，影像分割是非常关键的一步，分割的好坏将直接影响后续分类的精度（章毓晋，2005）。eCognition 软件提供了几种不同的分割算法：棋盘分割（chessboard segmentation，CS）、四叉树分割（quadtree-based segmentation，QS）、光谱差值分割（spectral difference segmentation，SDS）、多尺度分割（multi-resolution segmentation，MRS）等。其中，多尺度分割算法属于基于区域的区域生长分割算法，其作为 eCognition 软件中的核心技术之一，在影像分割中起到关键作用。

（1）多尺度分割。在面向对象的影像分类中，通过影像分割算法生成的影像对象，其在一定程度上反映了地表景观的固有尺度，而地表景观本身是具有多尺度的层次组织结构。多尺度分割采用不同的分割尺度生成不同尺度影像对象层，形成影像对象网络层次结构。影像信息提取可以在多个尺度的图层中进行切换。在影像对象网络层次结构中，每一个影像对象具有与其子对象和父对象之间的关系特征。分类时考虑到上下层次影像对象间的逻辑关系特征，会增加分类依据，方便整个分类过程。

（2）基于异质性最小原则的区域合并算法。研究使用的算法为以异质性最小原则为基础的区域合并算法，其基础思路是逐渐合并位置相邻性质相似的像元或影像对象为同一个影像对象多边形，分割过程中不断增长的影像对象的异质性最小，从而实现整幅影像在给定分割尺度阈值的情况下所有影像对象的平均异质性最小。它是一个从下到上、逐级合并的过程（Baatz and Schäpe，2000）。通常使用光谱异质性和空间异质性的组合值来进行控制。通过设置这两种异质性的值，从而确定分割过程中每个影像像元的归属，达到所有影像对象的平均异质性最小（陈忠等，2005）。

区域合并算法运行过程见图 2-3：首先根据影像自身特征与所提取目标地物的特征，确定影像各波段权重值，分割尺度值以及颜色参数与形状参数的权重值，在形状参数中，根据地物类别的结构特征确定紧致度和平滑度参数的权重。综合以上所有参数权重值，计算得到一个分割临界阈值 s，用于确定影像对象合并停止的条件。影像分割以任意一个像元为中心开始，第一次分割时单个像元被看作一个最小的影像对象多边形参与异质性值 f 的计算；第一次分割完成后，以生成的影像对象多边形为基础进行第二次分割，同样计算异质性值 f，影像对象的异质性值 f 是由影像对象的颜色、形状、紧致度和平滑度 4 个参数计算而得的，判断 f 与预定的阈值 s 之间的差异，若 f 小于 s，则继续进行多次的分割，相反则停止影像的分割工作，形成一个固定尺度值的影像对象层。

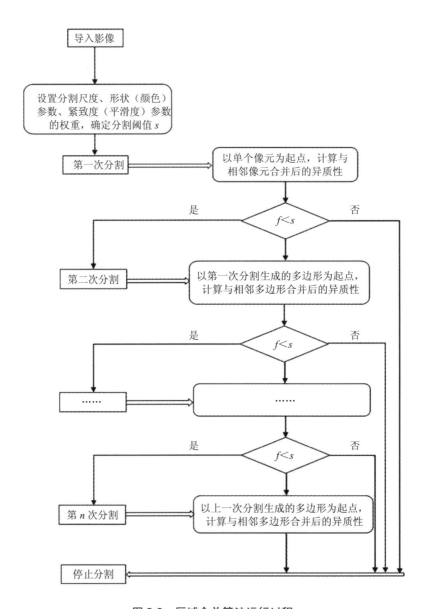

图 2-3　区域合并算法运行过程

（3）多尺度分割参数选择。多尺度分割算法的运行取决于各项分割参数的选择。主要的分割参数有：影像各波段权重、分割尺度（scale）、颜色参数（color）和形状参数（shape），其中形状参数又包括紧致度参数（compactness）和平滑度参数（smoothness）。

☞　各波段权重的选择：影像各波段的权重值的设定，主要由各波段所含信息量的大小、各波段的相关性及目标地物光谱信息的特征来确定。通过赋予影像各波段层不同的分割权重值，对信息提取有用的波段，去掉冗余的波段，可以达到提高分割速度的效果。

 ☞ 分割尺度的选择：分割尺度是控制影像对象异质性的阈值，它决定了生成影像对象的大小。分割尺度值越小，生成的影像对象多边形数量越多，多边形平均面积也越小。因而对于不同的目标地物，选择合适的分割尺度，即最优分割尺度，是非常重要的。针对影像设置不同的分割尺度值，生成不同尺度下的影像对象层，构建起影像对象网络层次结构。将影像对象层按照从大到小、从上到下方式进行排列：影像像元层位于最底层，分割尺度最大的影像对象层位于最高层。

 ☞ 均质度标准的选择：均质度标准（homogeneity criteria）是由颜色参数和形状参数来综合衡量的：颜色参数是参与生成影像对象的最重要的标准，考虑到光谱信息是遥感影像数据所包含的主要信息，因此在一般情况下，需要设置较大颜色参数权重值。形状参数又分为平滑度参数和紧致度参数。平滑度参数通过平滑边界来优化影像对象；而紧致度通过影像对象间的紧凑程度来进行优化。进行均质度标准参数权重选择时需要遵循两条原则：尽可能设置较大颜色参数的权重值；对于外形规则的地物适当提高形状参数的权重值（黄慧萍，2003）。

2.4.2.2　影像对象分类

  eCognition 软件提供了两种监督分类的分类器（Yu et al.，2006）：最邻近分类器（nearest neighbor，NN）和隶属度函数分类器（membership function）。

  （1）最邻近分类法。最邻近分类法是通过选择目标地物样本来进行影像分类。分类基本流程是，首先选择目标地物样本对象，软件自行统计该类地物的特征值，构建特征空间。以指定样本的特征空间为中心，计算分析其余未分类的影像对象与这些地类特征空间的距离，影像对象距离哪个地类的特征空间最近，就会被划分到该地类中。开始分类之前，用户需定义每一种地类的样本和特征空间，构建特征空间的特征可以基于知识选择，也可以借助特征空间优化器（图 2-4）。最开始对每个地类选取少量的样本进行分类，针对具体的分类效果，通过不断地指定并排除错分样本，最终实现分类结果的优化。

  最邻近分类法的优点是操作直观简单，而且运算速度快。但是，这种分类法无法利用影像对象的上下文关系特征，而这些特征恰恰是在针对影像对象网络层次结构进行分类时很重要的信息。

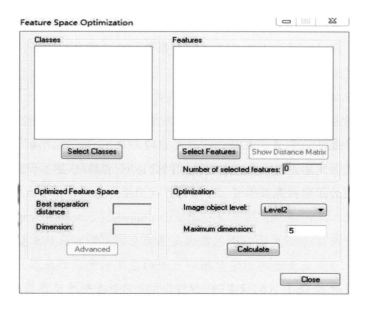

图 2-4　特征空间优化器页面

（2）隶属度函数分类法。隶属度函数分类法是通过模糊逻辑来实现对影像分类的。
模糊集合（Fan et al.，2001）与经典集合在将"是"或"否"赋予 1 和 0 两值过程中有
所不同，其将"是"与"否"这两种严格对立的逻辑陈述转换为了从 1 到 0 之间的连
续变化，允许特征函数在 1 和 0 之间连续取值，以此来表示参数与模型的不确定性，
反映事物的渐变属性。比经典的二元分类系统更接近真实复杂的世界，避免了主观武
断的阈值。模糊分类系统的构建主要分为以下 3 个步骤：

☞　通过模糊化将经典二元系统转化为模糊系统：使用隶属度函数为每个特征
值区间定义一个 0 到 1 之间的隶属度，单一的隶属度函数表现为一条曲线，
横坐标为地物类别特征值（光谱、形状等），纵坐标为隶属度（图 2-5）。
目标地物在 0 到 1 间的隶属程度取决于隶属关系曲线（图 2-6）。隶属度函
数的选择对分类结果的影响很大，一般需要通过知识或反复试验来选择能
够产生理想分类结果的隶属度函数。

☞　使用逻辑关系组合各项模糊规则，创建模糊规则库：可以通过各类运算符
将模糊集合合并，基本的运算符包括"与""或"和"非"，这些逻辑运算
结果透明，可以保证能够根据具体的分类需求方便地建立基本的逻辑层次
结构。使用构建的模糊规则库对影像对象进行分类时，可以获得每个输出
类离散的返回值，这些返回值代表了地类的隶属程度。

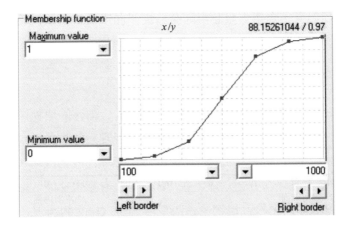

图 2-5　隶属度函数示意图

Button	Function Form
	Larger than
	Smaller than
	Larger than (Boolean, crisp)
	Smaller than (Boolean, crisp)
	Larger than (linear)
	Smaller than (linear)
	Linear range (triangle)
	Linear range (triangle inverted)
	Singleton (exactly one value)
	Approximate Gaussian
	About range
	Full range

图 2-6　隶属关系示意图

☞　通过反模糊化，判断影像对象是否属于目标地类：在具体操作中，通常为目标地类的隶属度设置阈值，若影像对象特征值小于该设定的阈值，就不执行分类，这个阈值即分类的最小可靠性。

隶属度函数允许将地物信息和概念公式化，在地物属性与计算的模糊值之间建立透明的联系，使用这种分类方法非常容易。如果是能够借助较少的分类特征就可以进行目标地物信息提取的情况，那么就可以使用隶属度函数分类器。

2.4.3 相关解译参数的实验获取

2.4.3.1 最终分割参数的确定

考虑到北京城区二环到六环的地理跨度，建成区与郊区的地物类型空间组合的差别，通过对 2002 年航空相片与 2013 年卫星影像目视观察与相关地表情况的了解，我们将研究区域划分成了 5 个子区域：二环内；二至三环；三至五环（不包括南四环至南五环）；南四环至南五环与五至六环。在 2002 年获取影像期间，南五环尚未修建，而且在南四环与南五环的区段，地物覆盖类型与五至六环更为类似，因此采取这样的划分方式。在明确了相对有一定一致性的区域之后，我们就针对真彩色航片与 WorldView2 卫片（多光谱与全色融合）的不同特点，对每一区域通过不同尺度的小范围反复试验，最终确定了不同区域、不同地类的分割参数，以此作为每一区域的统一分割参数来指导其尺度分割的过程。最终确定的不同年份、不同区域的最终分割参数见表 2-2 至表 2-9。

表 2-2 2002 年二环内分割参数和各层用途

层次 （Level）	尺度参数 （Scale）	形状参数 （Shape）	紧致度参数 （Compactness）	主要检测/分类对象 （Object）
1	15	0.7	0.8	零星分布的小型乔灌木
2	25	0.4	0.6	乔灌木、水体
3	40	0.4	0.6	草地
4	100	0.2	0.5	水体（粗）
5	300	0.2	0.7	裸土地
6	300	0.2	0.8	道路

表 2-3 2002 年二至三环分割参数和各层用途

层次 （Level）	尺度参数 （Scale）	形状参数 （Shape）	紧致度参数 （Compactness）	主要检测/分类对象 （Object）
1	25	0.4	0.6	乔灌木、水体
2	40	0.4	0.6	草地
3	50	0.2	0.5	带状分布的乔灌木

层次 （Level）	尺度参数 （Scale）	形状参数 （Shape）	紧致度参数 （Compactness）	主要检测/分类对象 （Object）
4	100	0.2	0.5	水体（粗）
5	300	0.2	0.7	裸土地
6	300	0.2	0.8	道路

表 2-4　2002 年三至五环分割参数和各层用途

层次 （Level）	尺度参数 （Scale）	形状参数 （Shape）	紧致度参数 （Compactness）	主要检测/分类对象 （Object）
1	25	0.4	0.6	水体
2	50	0.4	0.6	乔灌木、草地
3	60	0.4	0.6	高尔夫球场草地
4	100	0.2	0.5	水体（粗）
5	100	0.4	0.6	乔灌木（林地）
6	300	0.2	0.7	裸土地
7	300	0.2	0.8	道路
8	500	0.2	0.5	土地利用

表 2-5　2002 年五至六环分割参数和各层用途

层次 （Level）	尺度参数 （Scale）	形状参数 （Shape）	紧致度参数 （Compactness）	主要检测/分类对象 （Object）
1	25	0.4	0.6	水体
2	50	0.4	0.6	乔灌木（居住地）
3	60	0.4	0.6	农田林网
4	100	0.2	0.5	水体（粗）
5	100	0.4	0.6	乔灌木（林地）
6	200	0.2	0.5	农田林网（粗）
7	300	0.2	0.7	裸土地
8	300	0.2	0.8	道路
9	500	0.2	0.5	土地利用

表 2-6　2013 年二环内分割参数和各层用途

层次 （Object）	尺度参数 （Scale）	形状参数 （Shape）	紧致度参数 （Compactness）	主要检测/分类对象 （Object）
1	70	0.3	0.7	零散分布的小型乔灌木
2	85	0.3	0.7	乔灌木、水体
3	100	0.2	0.5	水体（粗）
4	100	0.4	0.6	裸土地、荒草地
5	200	0.2	0.5	草地
6	200	0.2	0.4	道路

表 2-7　2013 年二至三环分割参数和各层用途

层次 （Level）	尺度参数 （Scale）	形状参数 （Shape）	紧致度参数 （Compactness）	主要检测/分类对象 （Object）
1	85	0.3	0.7	乔灌木、水体
2	100	0.2	0.5	水体（粗）
3	100	0.4	0.6	裸土地、荒草地
4	200	0.2	0.5	乔灌木、草地
5	200	0.2	0.4	道路

表 2-8　2013 年三至五环分割参数和各层用途

层次 （Level）	尺度参数 （Scale）	形状参数 （Shape）	紧致度参数 （Compactness）	主要检测/分类对象 （Object）
1	85	0.3	0.7	乔灌木、水体
2	100	0.2	0.5	水体（粗）
3	100	0.4	0.6	高尔夫球场
4	200	0.2	0.5	乔灌木、草地
5	200	0.5	0.7	裸土地、荒草地
6	300	0.2	0.4	道路
7	600	0.2	0.5	土地利用

表 2-9　2013 年五至六环分割参数和各层用途

层次 （Level）	尺度参数 （Scale）	形状参数 （Shape）	紧致度参数 （Compactness）	主要检测/分类对象 （Object）
1	85	0.3	0.7	乔灌木、水体
2	100	0.4	0.6	高尔夫球场
3	100	0.2	0.5	乔灌木（林地）
4	200	0.2	0.5	乔灌木、草地（居住地）
5	200	0.5	0.7	裸土地、荒草地
6	300	0.2	0.5	水体（粗）
7	300	0.2	0.4	道路
8	600	0.2	0.5	土地利用

2.4.3.2　林木树冠/土地覆盖类型的分类特征选取

我们在研究中采用的是隶属度函数的分类方法，隶属度函数的构建是通过设置特征值的区间与函数斜率来实现的。特征值的区间与隶属度函数的斜率可以通过特征视图与实际经验来设定，还可以通过最邻近分类器中样本信息对话框来自动生成（Definiens，2009）。

影像对象特征包括光谱、形状、纹理和空间特征等，在进行多尺度分割中，各分割层间和影像对象间还存在语义结构特征。要得到良好的分类结果，应根据不同地物的辐射特点、几何性质和空间分布等，有针对性地选择具有显著意义的对象特征进行分类。在选择分类特征时，一般先针对比较容易区分的地物进行选择从而进行分类。

植被在近红外波段有强烈的反射光谱值，而在红波段又有强烈的吸收作用，根据植被的这种特性，可以通过自定义特征归一化植被指数（NDVI）先将植被进行提取。在 eCognition 内置特征的基础上，NDVI 特征计算公式定义如下：

$$NDVI = \frac{Mean\ Nir\ Red - Mean\ Red}{Mean\ Nir\ Red + Mean\ Red}$$

式中，Mean Nir Red 为构成影像对象的所有像元近红外波段的均值；Mean Red 为影像对象内像元红波段的均值。

显然，NDVI 的计算需要近红外波段的参与。对于 2002 年真彩色航片缺少构建NDVI 的近红外波段，可以使用以下两种特征：第一种是 eCognition 软件内置光谱特征

Ratio Green，代表的是影像对象在绿层的平均值除以所有光谱层平均值的总和；第二种是自定义特征 VI'指数，计算公式如下：

$$VI' = 3 \times (\text{Ratio Green}) - 2.4 \times (\text{Ratio Red}) - (\text{Ratio Blue})$$

式中，Ratio 在第 n 层的比值是一个影像对象的第 n 层的平均值除以所有光谱层平均值的总和。

水体在近红外波段有强吸收，光谱值较其他地物要小很多，因此使用光谱特征 Mean Nir Red 提取水体是比较理想的。

影像中许多地物在光谱和质地上很相似，此外，即使同一影像中的同种地物覆盖类型，受时间、阴影、光照度、分布位置等因素的干扰，在影像上的表现也不相同，因此单纯依靠光谱特征很难准确提取，必须结合地物的几何属性，空间信息等进行提取。道路与建筑物的光谱值相似，但道路的长宽比特征要远大于建筑物，可利用几何特征 Length/Width 将两者区分开来。

在上述尺度下，根据不同区域，将每一分割对象分层归并进表 2-1 的每一种土地覆盖类型中去，至此就在 eCongnition 平台下完成了全部的影像解译过程，进而得到研究区域内的林木树冠/土地覆盖分类栅格图层。

2.4.4 解译结果的精度验证

2.4.4.1 精度评价原理

在遥感信息提取中，分类图像的精度直接影响用它进行数据分析的有用性和用这些数据进行处理的合理性。通过比较待检测质量的影像分类结果和其他参考分类结果（reference classification）之间的吻合度，来确定相应影像分类结果精度的高低（赵英时，2003；关元秀等，2008）。

在进行精度评价中，混淆矩阵是一种描绘分类精度十分有效的方法，是用于表示某一类别的个数与根据参考分类结果判断为该类别个数的比较矩阵（表 2-10），包含了当前分类和参考分类结果之间关联的所有信息。从混淆矩阵可以直观地得到每种类别精度的错分误差（commission error）和漏分误差（omission error），计算遥感影像分类的总体精度（overall accuracy）、用户精度（user's accuracy）和制图精度（producer's accuracy）。矩阵中的行表示的是经过解译分类后的数据，矩阵中的列表示的是通过其他参考分类结果所获得的数据。

表 2-10　混淆矩阵表

		参考类				
		类 1	类 2	⋯	类 k	类 n_{i+}
实际类	类 1	$n11$	$n12$	⋯	$n1k$	$n1+$
	类 2	$n21$	$n22$	⋯	$n2k$	$n2+$
	⋯	⋯	⋯	⋯	⋯	⋯
	类 k	$n31$	$n32$	⋯	$n3k$	$n3+$
	$n+j$	$n+1$	$n+2$	⋯	$n+k$	n

其中，n 表示总样点个数。通过影像解译判断属于第 i 类的样点数为 n_{i+}，公式为

$$n_{i+} = \sum_{j=1}^{k} n_{ij}$$

根据参考分类结果判断属于第 j 类的样点数为 $n+j$，公式表达为

$$n_{+j} = \sum_{i=1}^{k} n_{ij}$$

n_{ij} 指根据当前分类属于第 j 类而根据参考分类结果属于第 i 类的样点数，当 $i=j$ 时，即在混淆矩阵中行列号的相同时，根据参考数据判断出的类别与当前分类后所得的类别一致的样点数目。

总体精度 OA（overall accuracy）是指分类的正确数占总分类数的比例，反映分类结果总的正确程度。公式表示为

$$OA = \frac{1}{n} \sum_{i=j=1}^{k} n_{ij}$$

制图精度 PA（producer's accuracy）是指类别 i 被正确分类的个数占通过参考分类数据判断属于类别 i 总数的比例，可以用来估计在参考分类中为第 i 类别在实际分类中被正确分类的可能性。公式表达为

$$PA\left(class_j\right) = \frac{n_{jj}}{n_{+j}}$$

用户精度 UA（user's accuracy）是指实际和参考分类都分为类 j 的个数占实际分类全部属于类 j 个数的比例。公式表达为

$$UA\left(class_j\right) = \frac{n_{ii}}{n_{i+}}$$

利用总体、制图或用户精度的一个缺点是类别的小变动可能导致其百分比的变化。运用这些指标的客观性依赖于采集样本的数量大小及方法。还有另外一种精度评价方法，它是目前被广泛应用的 Kappa 系数，它采用了另一种离散的多元技术克服了以上缺点，可以更客观的指标来评价分类质量，如实际分类和参考分类之间的吻合度。Kappa 系数（K）计算公式为

$$K = [n \sum_{i=1, j=1}^{k} n_{ij} - \sum_{i=1, j=1}^{k} \left(n_{i+} \times n_{+j}\right)] / \left[n^2 - \sum_{i=1, j=1}^{k} \left(n_{i+} \times n_{+j}\right)\right]$$

2.4.4.2　精度检验样点的选取

2002 年影像解译后，得到土地覆盖斑块个数共计 1 013 509 个，2013 年得到土地覆盖斑块个数共计 676 434 个（表 2-11）。由于不同地物类别间斑块实际数目相差悬殊，为了保障取样的均匀性，我们采取了全取与系统相结合的样点抽样方法，具体过程是：

表 2-11　2002 与 2013 年分类结果斑块数与样点数统计

类别	2002 年		2013 年	
	斑块数/个	样点数/个	斑块数/个	样点数/个
乔灌木	674 693	33 734	455 091	22 754
草地	12 672	633	1 884	93
荒草地	3 890	194	3 223	160
基建裸土地	5 029	250	339	339
绿化地带裸土地	73 939	3 696	2 874	142
闲置裸土地	2 866	142	679	679
水域裸土地	15 286	763	2 122	105
果园裸土地	8 687	434	566	566
道路	53 791	2 689	3 606	179
不透水地表	148 522	7 425	195 838	9 791
水体	10 756	536	7 970	397
耕地	3 314	164	2 231	111
工矿地	64	64	11	11
合计	1 013 509	50 724	676 434	35 327

在 ArcGIS 平台下，对于斑块个数超过 1 000 的土地覆盖类别，采用系统抽样方法，在每种地物类别之下，按照斑块数量的 5%布设样点进行分类精度检验；对于斑块数目低于 1 000 的土地覆盖类别，则将该地物类别全部进行分类精度检验。针对 2002 年航片分类结果布设的检验样点个数为 50 724，针对 2013 年卫星影像分类结果布设的样点个数为 35 327。鉴于分类体系比较简单，两期影像十分清晰，因此通过目视解译方法对各样点进行检查，对比统计参考分类结果与影像分类结果生成混淆矩阵计算分类精度（图 2-7）。

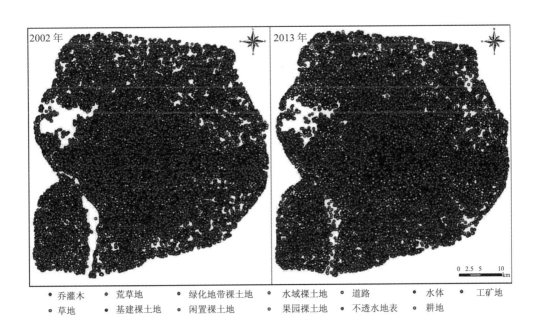

图 2-7　2002 年与 2013 年验证样点分布

2.4.4.3　精度评价结果

根据上述方法得到的 2002 年和 2013 年分类混淆矩阵见表 2-12、表 2-13，在混淆矩阵的基础上计算的分类精度分别见表 2-14、表 2-15。

由表 2-14 与表 2-15 的结果来看，2002 年影像分类的总体精度为 92.23%，Kappa系数为 0.861 3；2013 年影像分类的总体精度为 96.02%，Kappa 系数为 0.923 1。根据目前通用的 Kappa 系数分类精度判别标准（表 2-16），影像分类的总体精度很高，完全可用于后续的相关研究中。

表 2-12　2002 年航片分类混淆矩阵

类别	乔灌木	草地	荒草地	基建裸土地	绿化地带裸土地	闲置裸土地	水域裸土地	果园裸土地	道路	不透水地表	水体	耕地	工矿地	合计
乔灌木	30 172	28	0	0	0	0	0	0	0	3 534	0	0	0	33 734
草地	0	633	0	0	0	0	0	0	0	0	0	0	0	633
荒草地	0	0	194	0	0	0	0	0	0	0	0	0	0	194
基建裸土地	0	0	0	250	0	0	0	0	0	0	0	0	0	250
绿化地带裸土地	0	0	0	0	36 96	0	0	0	0	0	0	0	0	3 696
闲置裸土地	0	0	0	0	0	142	0	0	0	0	0	0	0	142
水域裸土地	0	0	0	0	0	0	763	0	0	0	0	0	0	763
果园裸土地	0	0	0	0	0	0	0	434	0	0	0	0	0	434
道路	0	0	0	0	0	0	0	0	2 689	0	0	0	0	2 689
不透水地表	378	0	0	0	0	0	0	0	0	7 047	0	0	0	7 425
水体	0	0	0	0	0	0	0	0	0	0	536	0	0	536
耕地	0	0	0	0	0	0	0	0	0	0	0	164	0	164
工矿地	0	0	0	0	0	0	0	0	0	0	0	0	64	64
合计	30 550	661	194	250	3 696	142	763	434	2 689	10 581	536	164	64	50 724

表 2-13　2013 年卫片分类混淆矩阵

类别	乔灌木	草地	荒草地	基建裸土地	绿化地带裸土地	闲置裸土地	水域裸土地	果园裸土地	道路	不透水地表	水体	耕地	工矿地	合计
乔灌木	21 600	37	0	0	0	0	0	0	0	1 117	0	0	0	22 754
草地	0	93	0	0	0	0	0	0	0	0	0	0	0	93
荒草地	0	0	160	0	0	0	0	0	0	0	0	0	0	160
基建裸土地	0	0	0	339	0	0	0	0	0	0	0	0	0	339

类别	乔灌木	草地	荒草地	基建裸土地	绿化地带裸土地	闲置裸土地	水域裸土地	果园裸土地	道路	不透水地表	水体	耕地	工矿地	合计
绿化地带裸土地	0	0	0	0	142	0	0	0	0	0	0	0	0	142
闲置裸土地	0	0	0	0	0	679	0	0	0	0	0	0	0	679
水域裸土地	0	0	0	0	0	0	105	0	0	0	0	0	0	105
果园裸土地	0	0	0	0	0	0	0	566	0	0	0	0	0	566
道路	0	0	0	0	0	0	0	0	179	0	0	0	0	179
不透水地表	220	16	17	0	0	0	0	0	0	9 538	0	0	0	9 791
水体	0	0	0	0	0	0	0	0	0	0	397	0	0	397
耕地	0	0	0	0	0	0	0	0	0	0	0	111	0	111
工矿地	0	0	0	0	0	0	0	0	0	0	0	0	11	11
合计	21 820	146	177	339	142	679	105	566	179	10 655	397	111	11	35 327

表 2-14 2002 年影像分类结果精度评价

类别	乔灌木	草地	荒草地	基建裸土地	绿化地带裸土地	闲置裸土地	水域裸土地	果园裸土地	道路	不透水地表	水体	耕地	工矿地
制图精度 PA	98.76	95.8	100	100	100	100	100	100	100	66.6	100	100	100
用户精度 UA	88.44	100	100	100	100	100	100	100	100	94.91	100	100	100
总体精度 OA	92.23												
总体 Kappa 系数（K）	0.861 3												

表 2-15　2013 年影像分类结果精度评价

类别	乔灌木	草地	荒草地	基建裸土地	绿化地带裸土地	闲置裸土地	水域裸土地	果园裸土地	道路	不透水地表	水体	耕地	工矿地
制图精度 PA	98.99	63.7	90.4	100	100	100	100	100	100	89.52	100	100	100
用户精度 UA	94.93	100	100	100	100	100	100	100	100	97.42	100	100	100
总体精度 OA						96.02							
总体 Kappa 系数（K）						0.923 1							

表 2-16　Kappa 系数与分类精度关系

Kappa 系数（K）	分类精度
<0.00	较差
0.00~0.2	差
0.2~0.40	正常
0.4~0.60	好
0.6~0.80	较好
0.8~1.00	非常好

　　从单个类别的分类精度来看，2002 年年中，不透水地表的制图精度偏低，为 66.6%，分析其原因，主要是由于现代城市中一些特殊的地物具有和植被相似的反射率特性，而且 2002 年影像为真彩色航空相片，缺少构建 NDVI 指数的近红外波段，这样就使许多不透水地表影像对象更容易地被错分成为乔灌木树冠类型。这种易被误分的地物主要包括：特殊材料建筑物顶层、建筑物侧面玻璃等反光材料、铺设绿色遮尘布的建筑工地、绿色塑胶操场、沥青路面等。

　　2013 年年中，草地的制图精度偏低，为 63.7%。检验过程中发现，这是由于大量的草坪被错分成了不透水地表而导致的，这些被错分的草地大都分布于与乔灌木接壤处的阴影或者高大建筑物投射到地面的阴影里。影像中具有一定高度乔灌木和建筑物会产生阴影，形成的阴影区域的灰度值比周围的成像区域的灰度值要小，原本明显的地物特征在阴影的模糊作用下变得不明显。同时，在地物提取时，阴影的存在会破坏地物边缘的连续性，而地物边缘恰恰是提取地物的重要依据。

2.4.5　城市森林统计口径矢量图勾绘

在北京市点状基础信息的基础上，以其标出的地物点为依据，以 2013 年的 WorldView2 影像为基础，通过实地勾绘工作，完成北京市公园、居住区及行政事业单位、学校、医院等单位边界的确定工作，并以此作为后续相关单位林木树冠覆盖统计的区域矢量图层。由于目前能够拿到的道路图层共分两类：城区以内与城区以外。城区以内的都是现状图层，其都沿道路中线展示，城区以外的道路都是基于 1 : 10 000 土地利用现状中的道路图层而来，两者都无法单独适用于我们的研究工作，因此，我们以相关的北京城市道路地图册为依据，在 2002 年航片与 2013 年 WorldView2 卫星影像的基础上，采用目视解译的方法，对两个年度研究区范围内的道路图层分别进行了面状图层勾绘，以此勾绘图层作为分析道路林木树冠覆盖的基础统计图层。

2.5　研究方法

研究采用的实验调查方法主要有分层随机取样、生态梯度取样、实地样方调查；数据处理方法主要包括定量计算和基于 ArcGIS 平台下的空间分析。需要说明的是，这里只将 3 个章节以上用到的相同的研究方法集中放在这里介绍，主要是为了避免文字上的重复，而对于热场反演、潜在林木树冠覆盖等章节中用到的研究方法，由于其使用的局限性，我们将其还保留在各自章节当中进行论述。

2.5.1　实地调查方法

2.5.1.1　调查样地的选取

（1）公园、居住区、事业单位、医院、学校样地选取。利用 ArcGIS 对各类城市森林矢量图分层随机取样，并剔除不可进入、不符合标准、面积过小等不合格样地。分层是按照环路带将研究区划分为 5 个区域，即二环内，二至三环，三至四环，四至五环，五至六环外 1 km，对每个区域按比例随机取样。由中心到外围，展示了北京市城区持续外扩的发展模式，以便于进行不同发展时期的相关分析。

（2）道路样地选取。按照 I-Tree Streets 要求，以每种类型道路（高速公路、省道、国道、环路、主干道、次干道、支路、胡同）总长度的 10% 作为调查长度（the USDA Forest Service，2018），利用 ArcGIS 对北京市六环外 1 km 范围内已命名道路随机选取进行实地勘测路段。

2.5.1.2　野外调查方法

采用典型样地调查法,对被抽样的调查样地选取 2 至 3 个 20 m×20 m 或 20 m×30 m 标准样方,单独的灌木样方为 5 m×5 m,若条件不允许,则根据实际情况确定样方数量和取样单位(样方、样带、样点等),但要保证每个样方的面积与标准样方保持一致。

2.5.1.3　野外调查植物特征的确定

根据 I-Tree ECO User's Manual v.6.0(2018)要求,选取乔木层树种名称、胸径、树高、冠幅(包括东西、南北两个方向数值)、枝下高、健康状况、缺冠率、树木生活性、树木透光率、立地条件等;灌木层树种名称、数量(包括株数、面积)、地径、树高、冠幅、生长情况等作为实地调查指标。

2.5.2　分类及分级标准

2.5.2.1　UTC 分级标准

树冠覆盖度等级划分分别以每种城市森林类型各自的树冠覆盖率均值为中心点(马明娟,2014;吴泽民等,2003),上下依次加减 0.5、1、1.5 倍标准差所得的值为分界点,通过对比树冠覆盖分布特点及其分布的均衡程度,并对分界值精准估算取“半整”(即以 0.5 作分界线),将北京城区城市森林树冠覆盖划分为“极低覆盖度、低覆盖度、中覆盖度、高覆盖度、极高覆盖度”5 个等级。

2.5.2.2　林木树冠覆盖景观斑块分级标准

目前不同学者对斑块大小划分因研究区域、对象、目标的不同而存在很大差异。这里参照了吴泽民等在研究安徽省合肥市城市森林结构时提出的标准(Zemin Wu et al.,2008)进行划分(表 2-17)。

表 2-17　绿地斑块规模划分等级标准

斑块规模名称	小型斑块	中型斑块	大型斑块	特大型斑块	巨型斑块
斑块规模范围/m²	≤500	500～2 000	2 000～10 000	10 000～50 000	>50 000

2.5.2.3 森林结构分级标准

参考对城市森林结构的分级标准（吴泽民，2002），根据生物特性采用零作为划分起点（赵娟娟等，2009），分别以 10、2、5 为级差对胸径、冠幅、树高进行分级，结合北京市不同类型城市森林具体情况，分为 5～6 级（表 2-18）。

表 2-18　北京市道路附属绿地乔木胸径、冠幅分级标准

项目	等级					
	I	II	III	IV	V	VI
胸径	$a<10$ cm	$10{\leqslant}a<20$ cm	$20{\leqslant}a<30$ cm	$30{\leqslant}a<40$ cm	$40{\leqslant}a<50$ cm	$a{\geqslant}50$ cm
冠幅	$a<2$ m	$2{\leqslant}a<4$ m	$4{\leqslant}a<6$ m	$6{\leqslant}a<8$ m	$8{\leqslant}a<10$ m	$a{\geqslant}10$ m
树高	$a<5$ m	$5{\leqslant}a<10$ m	$10{\leqslant}a<15$ m	$15{\leqslant}a<20$ m	$20{\leqslant}a<25$ m	$a{\geqslant}25$ m

2.5.3　群落结构指标选取及计算公式

2.5.3.1　UTC 指标

城市林木树冠覆盖（UTC）指的是，当从树木上面垂直观察时，树木叶层、树枝、树干所覆盖的地表面积（USDA Forest Service，2008），目前一般将其划分为现实树冠覆盖率（existing UTC，EUCT）和潜在树冠覆盖率（possible UTC，PUCT），其中 PUTC 主要包括荒草地和裸土地两部分。EUTC 与 PUTC 的计算方法如下（贾宝全等，2013）：

EUTC=区域内部被乔木树冠覆盖的土地面积/区域总面积×100%

PUTC=区域内能够被树冠覆盖、但目前尚未覆盖的地表面积/区域总面积×100%

2.5.3.2　物种多样性指标

物种多样性主要从 4 个指数进行分析：①物种丰富度（R），用来反映物种数量；②Shannon-Wiener 指数，主要用以反映绿化树种类型丰富的程度，是树种丰富度与各树种均匀程度的综合反映；③Simpson 指数，反映的是树种组成的单调程度，该指标不仅与树种均匀度有关，也与树种数有关，是从另一个角度评价树种组成结构的；④Pielou 指数，用以反映在绿化树种中各种个体数量比例的均匀程度，其定义是实际多样性与最大多样化比值（韩轶，2005）。

（1）物种丰富度指数（R）。其计算公式为

$$R=S$$

式中，S 为群落中的总物种数。

（2）Shannon-Wiener 指数（H）。其计算公式为

$$H = -\sum_{i=1}^{s} P_i \ln P_i$$

式中，S 为群落中的总物种数；P_i 为样方中 i 种所占的比例。

（3）Simpson 指数（D）。其计算公式为

$$D = 1 - \sum_{i=1}^{s} (P_i)^2$$

式中，S 为群落中的总物种数；P_i 为样方中 i 种所占的比例。

（4）Pielou 均匀度指数（J）。其计算公式为

$$J = H / \ln S$$

式中，S 为群落中的总物种数。

2.5.4　景观格局指数的选取

景观指数可定量表示景观格局特征，在景观生态学研究中被广泛应用（Aguilera et al.，2011；O'Neill，1988）。随着研究的深入，景观指数也逐渐增多，这些指数分别从不同的角度对景观格局进行描述。根据研究尺度，景观指数可分为斑块、类型和景观 3 个尺度（Forman，1995）。类型尺度景观指数侧重描述某一景观类型的破碎化情况，而景观尺度景观指数则描述整体的景观异质性情况。本研究分别从类型和景观两个尺度对树冠覆盖斑块进行格局特征分析。类型尺度选取斑块数目（NUMB）、斑块总面积（CA，单位为 hm²）、斑块面积标准差（PSSD）、平均斑块大小（mean patch size，MPS）、最大斑块指数（largest patch index，LPI）、斑块密度（patch density，PD）、边缘密度（edge density，ED）、平均斑块边缘密度（MPE，单位为 m）、平均形状指数（mean shape index，MSI）、斑块分维数（MPFD）、面积加权平均斑块分维度（area-weighted mean fractal dimension index，FRAC_AM）以及散布与并列指数（interspersion and juxtaposition index，IJI）等指标，描述林木树冠覆盖的破碎化梯度变化；景观尺度选取香农景观多样性指数（shannon landscape diversity index，SHDI）和香农景观均匀性指数（shannon landscape evenness index，SHEI），描述两条样带内各样方景观格局变化。

2.5.5 土地利用综合动态度

综合土地利用动态度是指研究区域内在一定时间范围内整个土地利用类型的变化速度，是刻画土地利用类型变化速度区域差异的指标，能够反映区域内社会经济活动对土地利用变化的综合影响（王秀兰，包玉海，1999）。沿用综合土地利用动态度概念，本书综合土地覆盖动态度的计算方法为

$$LC = \frac{\sum_{i=i}^{n}\left|U_i - U_j\right|}{\sum_{i=1}^{n}U_i} \times \frac{1}{t_2 - t_1} \times 100\%$$

式中，LC 表示在研究期内研究区综合土地利用动态度；t_2 和 t_1 分别表示研究期末、期初的年份；U_i 和 U_j 分别表示第 i 类和第 j 类土地覆盖的面积；i 和 j 是土地覆盖类型的标识；在 $\left|U_i - U_j\right|$ 中 $i \neq j$，$\left|U_i - U_j\right|$ 表示从 i 类土地覆盖转为 j 类土地覆盖的面积绝对值。

2.5.6 单一土地利用动态度

单一土地利用动态度是指某一时段内某种土地利用类型转化为其他地类的面积之和与研究初期该种土地利用类型面积之比。单一动态度指数可定量描述区域土地利用变化速度（赵永华，马超群，2011），对土地利用变化的区域差异比较和未来土地利用趋势预测有重要作用（李忠锋等，2003）。单一土地利用动态度可表征研究区某一时段内某种地类的数量变化情况，反映该地类的活跃程度，因此常用作某一土地利用类型变化程度的度量（史利江等，2012）。其计算方法为

$$K = \frac{U_2 - U_1}{U_1} \times \frac{1}{t_2 - t_1} \times 100\%$$

式中，K 为单一土地利用动态度；t_2 和 t_1 分别表示研究期末、期初年份；U_2 和 U_1 表示研究期末、期初树冠覆盖面积；K 值在 0～100%。K 值越大，表示研究期内树冠覆盖面积的变化越大；反之，树冠覆盖变化则越小。

2.5.7 景观稳定性指数

景观的稳定性是景观生态学中的核心研究议题之一（Forman R T T，1995），目前的景观稳定性概念大多借用了生态系统稳定性概念（傅博杰，陈利顶，马克明等，2001），目前还没有一个可为学界普遍接受的、内涵与外延均很明确的概念。我们认为，景观

的稳定性应该是指在一定区域内不同景观要素在时间尺度上保持其本质属性不变的特性。从土地覆盖/土地利用的角度来看，稳定性可以用一定区域内各类土地覆盖/土地利用类型面积保持不变的比例来衡量。为此，借用转移概率矩阵方法的结果，我们尝试提出区域景观稳定性指数和景观要素类型稳定性指数来作为定量刻画景观稳定性的参考工具，具体的计算方法分别为

$$\text{RSI} = \frac{\sum_{i=1}^{n} A_i}{A} \times 100\%$$

$$\text{PSI} = \frac{A_i}{A} \times 100\%$$

式中，RSI 表示区域、景观要素类型的稳定性指数；A_i 表示在研究的时间段内研究区域中土地覆盖类型 i 保持覆盖性质不变的面积；A 表示研究区域内各类土地覆盖的面积总和；n 代表土地覆盖类型的总数。PSI 值越大，表明区域整体的土地覆盖或某一斑块类型 i 的稳定度越大；反之，则稳定度越小。

2.5.8　地面亮温反演

通过对遥感热红外波段的反演可得到地表温度值。根据地表温度值，可以获得地表斑块的热场强度。地表温度的反演采用如下步骤：首先，对 Landsat 8 TIRS Band10 进行辐射定标，将灰度值转变为辐射亮度（L_λ）：

$$L_\lambda = \text{Gain} \times \text{DN} + \text{Offset}$$

式中，Gain 和 Offset 分别为传感器各波段的增益与偏离值[W/（m²·sr·μm）]；DN 为灰度值；L 为辐射亮度[W/（m²·sr·μm）]。其次，对 Landsat 8 OLI 进行大气校正，并用式计算 NDVI：

$$\text{NDVI} = \frac{\rho_{\text{NIR}} - \rho_{\text{RED}}}{\rho_{\text{NIR}} + \rho_{\text{RED}}}$$

式中，ρ_{NIR} 和 ρ_{RED} 分别表示热红外波段和红色波段，在 Landsat 8 OLI 中，分别为第 5 波段（0.845～0.885 μm）和第 4 波段（0.630～0.680 μm）。再者，根据 NDVI，利用 Sobrino 提出的 NDVI 阈值法计算地表辐射率（ε）（Sobrino J A et al.，2004）：

$$\varepsilon = 0.004 \times P_V + 0.98$$

式中，P_V 为地表植被覆盖度；该参数通过 NDVI 计算得到，计算方法为

$$P_V = \begin{cases} 1 & \text{NDVI} > 0.7 \\ \dfrac{\text{NDVI} - \text{NDVI}_{min}}{\text{NDVI}_{max} - \text{NDVI}_{min}} & 0.05 \leqslant \text{NDVI} \leqslant 0.7 \\ 0 & \text{NDVI} < 0.05 \end{cases}$$

式中，NDVI_{max} 和 NDVI_{min} 分别表示完全裸土或无植被覆盖区域，与完全被植被所覆盖区域的 NDVI 值。然后，根据 NASA 所公布的影像成像时间中心经纬度的大气热红外波段的透过率、上行辐射和下行辐射亮度，确定同温度下的黑体辐射亮度[$B(T_s)$]:

$$B(T_s) = \left[L_\lambda - L^\uparrow - \tau(1 - \varepsilon)\ L^\downarrow \right] / \tau\varepsilon$$

式中，L_λ 为经过辐射定标后的辐射亮度[W/（m²·sr·μm）]；$L^\uparrow$ 和 $L^\downarrow$ 分别为大气上行辐射和下行辐射[W/（m²·sr·μm）]；τ 为热红外波段在大气中的透过率，ε 为比辐射率。本研究所用行号为 032 和 033 的影像，由 NASA 所公布的网站查知，其大气透过率分别为 0.9 和 0.84，上行辐射分别为 0.76 W/（m²·sr·μm）和 1.30 W/（m²·sr·μm），下行辐射分别为 1.29 W/（m²·sr·μm）和 2.20 W/（m²·sr·μm）。最后，将同温度下的黑体辐射亮度转换为地表温度（℃）:

$$T_s = \frac{K_2}{\ln\left(\dfrac{K_1}{B(T_s)} + 1\right)} - 273.15$$

式中，K_1 和 K_2 分别为传感器各波段参数，根据 Landsat 8 TIRS Band10 数据，K_1= 774.89 W/（m²·sr·μm），K_2=1 321.08 K。

根据反演结果，结合公园边界数据，提取公园园内平均地表温度。地表温度的反演及公园园内地表温度的提取分别在 ENVI5.1 和 ArcMAP 10.2 中完成。

参考文献

[1] Aguilera F，Valenzuela L M，Botequilha-Leitao A. Landscape metrics in the analysis of urban land use patterns: a case study in a Spanish metropolitan area. Landsacpe & urban planning，2011，99（3）: 226-238.

[2] Baatz M，Schäpe A. Multiresolution segmentation: an optimization approach for high quality multi-scale image segmentation. Angewandte Geographische Information sverarbeitung XII，2000，58: 12-23.

[3] Baatz M，Schäpe A. Object-oriented and multi-scale image analysis in semantic networks[C]//2nd international symposium: Operationalization of remote sensing. 1999，16（20）: 7-13.

[4] Benz U C，Hofmann P，Willhauck G，et al. Multi-resolution，object-oriented fuzzy analysis of remote

sensing data for GIS-ready information. ISPRS Journal of photogrammetry and remote sensing，2004，58（3）：239-258.

[5]　Blaschke T，Lang S，Lorup E，et al. Object-oriented image processing in an integrated GIS/remote sensing environment and perspectives for environmental applications. Environmental information for planning，politics and the public，2000，2：555-570.

[6]　Definiens A G. Definiens eCognition developer 8 user guide. Definens AG，Munchen，Germany，2009.

[7]　Forman R T T. Land mosaics：the ecology of landscape and regions. Cambridge University Press，1995.

[8]　Forman R T T. Land mosaic-the ecology of landscape and regions，Cambridge University Press，1995：277-281.

[9]　Gorte B. Probabilistic segmentation of remotely sensed images. International Institute for Aerospace Survey and Earth Sciences（ITC），1998.

[10]　Laine A，Fan J. Frame representations for texture segmentation. Image Processing，IEEE Transactions on，1996，5（5）：771-780.

[11]　McGarigal K，Cushman S A，Ene E. FRAGSTATS v4：Spatial Pattern Analysis Program for Categorical and Continuous. 2012.

[12]　Metzler V，Aach T，Thies C. Object-oriented image analysis by evaluating the causal object hierarchy of a partitioned reconstructive scale-space. Proceedings of the ISMM2002，Australia，2002：265-276.

[13]　O'Neill R V，Krummel J R，Gardner R H，et al. Indices of landscape patter. Landscape ecology，1988，1（3）：153-162.

[14]　The USDA Forest Service.I-Tree ECO User's Manual v.6.0. http：//www.itreetools.org/resources/resources/manuals/Ecov6_ManualsGuides/Ecov6_UsersManual.pdf.

[15]　USDA Forest Service：Urban Natural Research Stewardship. About the Urban Tree Canopy Assessment，2008.

[16]　Wang L，Sousa W P，Gong P，et al. Comparison of IKONOS and QuickBird images for mapping mangrove species on the Caribbean coast of Panama. Remote Sensing of Environment，2004，91（3）：432-440.

[17]　Wu Z M，Huang C L，Wu W Y，et al.. Urban forestry structure in Hefei，China//Carreiro M M，Song Y C，Wu J G. Ecology，planning，and management of Urban Forests. New York：Springer，2008：279-292.

[18]　北京市统计局. 北京市 2017 年国民经济和社会发展统计公报.

[19]　北京是规划和国土资源管理委员会（城乡规划）. 北京城市总体规划（2016—2035 年）.

[20] 陈忠，赵忠明. 基于区域生长的多尺度遥感图像分割算法. 计算机工程与应用, 2005, 41 (35)：
7-9.

[21] 傅博杰，陈利顶，马克明，等. 景观生态学原理与应用. 北京：科学出版社, 2001：111-117.

[22] 葛荣凤，王京丽，张力小，等. 北京市城市化进程中热环境响应. 生态学报, 2016, 36 (19)：
6040-6049.

[23] 关元秀，程晓阳. 高分辨率卫星影像处理指南. 北京：科学出版社, 2008.

[24] 韩轶，李吉跃，高润宏，等. 包头市城市绿地现状评价. 北京林业大学学报, 2005, 27 (1)：64-69.

[25] 黄慧萍. 面向对象影像分析中的尺度问题研究. 中国科学院研究生院, 博士学位论文, 2003.

[26] 贾宝全，王成，邱尔发，等. 城市林木树冠覆盖研究进展. 生态学报, 2013, 33 (1)：23-32.

[27] 李忠锋，王一谋，冯毓荪，等. 基于 RS 与 GIS 的榆林地区土地利用变化分析. 水土保持学报,
2003, 17 (2)：97-99.

[28] 马明娟. 基于林木树冠覆盖的乡村人居林分析与评价以山东省安丘市凌河镇为例. 北京：中国林
业科学研究院, 2014.

[29] 牛春盈，江万寿，黄先锋，等. 面向对象影像信息提取软件 Feature Analyst 和 eCognition 的分
析与比较. 遥感信息, 2007 (2)：66-70.

[30] 史利江，王圣云，姚晓军，等. 1994—2006 年上海市土地利用时空变化特征及驱动力分析. 长江
流域资源与环境, 2012, 21 (12)：1468-1479.

[31] 宋宜昊. 基于易康软件平台下的北京城区林木树冠覆盖解译与检验. 中国林业科学研究院,
2016.

[32] 王秀兰，包玉海. 土地利用动态变化研究方法探讨. 地理科学进展, 1999, 18 (1)：81-87.

[33] 吴泽民，黄成林，白林波，等. 合肥城市森林结构分析研究. 林业科学, 2002, 38 (4)：7-13.

[34] 吴泽民，吴文友，高健，等. 合肥市区城市森林景观格局分析. 应用生态学报, 2003, 14 (12)：
2117-2122.

[35] 肖荣波，欧阳志云，蔡云楠，等. 基于亚像元估测的城市硬化地表景观格局分析. 生态学报, 2007,
27 (8)：3189-3197.

[36] 章毓晋. 图像工程. 北京：清华大学出版社有限公司, 2005.

[37] 赵娟娟，欧阳志云，郑华，等. 北京城区公园的植物种类构成及空间结构. 应用生态学报, 2009,
20 (2)：298-306.

[38] 赵英时. 遥感应用分析原理与方法. 北京：科学出版社, 2003.

[39] 赵永华，马超群. 西安市土地利用变化研究. 湖北农业科学, 2011, 50 (1)：73-75.

[40] 中华人民共和国住房和城乡建设部, 2016 年城市建设统计年鉴.

第3章

北京城市森林结构总体特征分析

　　近十几年来，北京市城市化进程迅速，城区范围扩大，内城人口稠密，自然和半自然的开放空间越来越少，环境问题引起各界学者的广泛关注。北京市六环以内地区是受城市化影响最为显著的区域（葛荣凤，2016），各环线围合区域基本上代表了城市扩张的轮廓路线，形成了以故宫为中心，以二环、三环、四环为中心城区，以五环、六环为城市拓展区的格局（王文杰，2006）。六环内的城市森林建设直接影响北京市城区的生态环境质量，在此区域热环境已展现出明显的圈层特征（葛荣凤，2016），因此北京市城市森林研究除要关注不同类型之间的差异之外（孟雪松，2004；赵娟娟，2010；黄广远，2012；龚岚，2015），城市的扩张对城市森林结构产生怎样的影响同样值得研究。本研究对该区域城市森林进行分层随机抽样调查，分析其森林结构，以期找出存在问题及空间变化规律，对北京市城市森林结构研究进行一次新的探索。

3.1 研究区概况及研究方法

北京是全国的中心城市，是首批国家历史文化名城，也是世界上拥有世界文化遗产数量最多的城市，古老的历史与快速的城市化发展使北京的城市格局独具特色，同样城市森林也有别于其他城市。根据哈申格日乐（2007）按功能对城市森林的分类（如公共绿地、居住绿地、道路绿地、单位附属绿地、防护绿地和生产绿地6类），北京市六环外1 km范围内的城市森林主要包括公园绿地、道路绿地、居住绿地、单位附属绿地4种绿地类型，防护绿地和生产绿地涉及很少。本研究将单位附属绿地进一步细化为事业单位附属绿地、学校附属绿地、医院附属绿地三类。

本研究利用分层随机抽样，共调查样方847个，调查乔木19 736株（表3-1）。其中公园绿地样方232个；道路附属绿地65个；居住区及事业单位附属绿地206个；学校附属绿地296个；医院附属绿地44个（表3-1、图3-1）。此外，道路附属绿地另有根据I-Tree Street要求而展开进行的随机抽样调查，该部分数据不作为本研究内容，在后面章节进行单独研究，本节仅研究道路附属绿地路侧样方调查数据。

表3-1 北京市城市森林抽样调查统计

城市森林类型	总数量/个	调查数量/个	调查样方数/个	调查乔木株数/株
公园绿地	265	77	232	9 894
道路绿地	—	—	65	2 651
居住区及事业单位附属绿地	4 108	95	206	3 394
学校附属绿地	984	126	296	3 380
医院附属绿地	128	27	44	417
总计	—	—	847	19 736

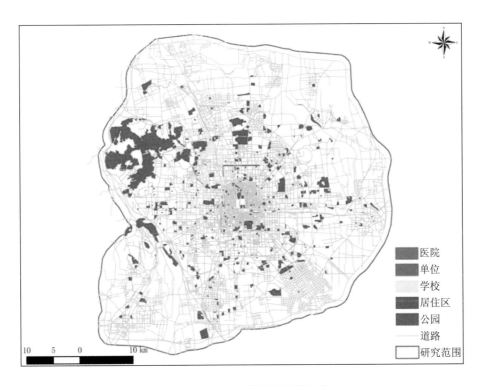

图 3-1　北京市各类城市森林分布

3.2　研究结果

3.2.1　组成结构

3.2.1.1　科、属、种组成特征

　　经过调查，共记录到北京市城市森林木本植物 50 科、106 属、159 种。其中乔木 102 种，包括常绿 17 种，落叶 85 种；灌木 54 种，包括常绿 11 种，落叶 43 种；藤本 3 种，全部为落叶类（表 3-2）。调查植物中，以落叶树种为主导，占到调查总种数的 82.39%。包含属、种最多的科为蔷薇科（Rosaceae），该科包含 17 个属，31 个科。石榴科（Punicaceae）、梧桐科（Sterculiaceae）、玄参科（Scrophulariaceae）、悬铃木科（Platanaceae）、银杏科（Ginkgoaceae）等 23 个科仅包含 1 个属，1 个种（表 3-3）。

表3-2　北京市六环内城市森林树种组成统计

类别	乔木			灌木			藤本			总计		
	落叶	常绿	合计	落叶	常绿	合计	落叶	常绿	合计	落叶	常绿	合计
科	37	5	42	16	7	23	3	0	3	44	11	50
属	59	10	69	35	8	43	3	0	3	87	19	106
种	85	17	102	43	11	54	3	0	3	131	28	159

表3-3　北京市六环内城市森林植物各科包含属种数量统计

单位：个

科名	包含属数	包含种数	科名	包含属数	包含种数	科名	包含属数	包含种数	科名	包含属数	包含种数	科名	包含属数	包含种数
蔷薇科	17	31	漆树科	3	3	无患子科	2	2	杜仲科	1	1	千屈菜科	1	1
木樨科	6	13	桑科	3	3	小檗科	2	2	禾本科	1	1	三尖杉科	1	1
松科	5	11	虎耳草科	2	3	芸香科	2	2	红豆杉科	1	1	杉科	1	1
豆科	7	10	榆科	2	2	椴树科	1	2	葫芦科	1	1	芍药科	1	1
杨柳科	3	8	胡桃科	2	2	黄杨科	1	2	金缕梅科	1	1	石榴科	1	1
忍冬科	5	6	腊梅科	2	2	柿科	1	2	锦葵科	1	1	天门冬科	1	1
槭树科	1	6	楝科	2	2	紫葳科	1	2	壳斗科	1	1	梧桐科	1	1
卫矛科	1	5	马鞭草科	2	2	柽柳科	1	1	苦木科	1	1	玄参科	1	1
柏科	3	4	木兰科	2	2	大戟科	1	1	马钱科	1	1	悬铃木科	1	1
山茱萸科	3	4	鼠李科	2	2	冬青科	1	1	七叶树科	1	1	银杏科	1	1

　　在调查的所有木本植物中，植株数量最多的科为豆科（Leguminosae），占调查总数的17.14%；植株数量最多的属为杨属（*Populus*），占调查总数的10.75%；数量最多的种为毛白杨（*Populus tomentosa* Carr.），占总数的9.7%，这与2000年北京市城市园林绿化普查统计结果一致（哈申格日乐等，2007）。排名前10位的优势数量树种自毛白杨后依次为：国槐（*Sophora japonica* Linn.）、银杏（*Ginkgo biloba* Linn.）、刺槐（*Robinia pseudoacacia* Linn.）、白蜡（*Fraxinus chinensis* Roxb.）、圆柏［*Sabina chinensis*（Linn.）Ant.］、栾树（*Koelreuteria paniculata* Laxm.）、油松（*Pinus tabulaeformis* Carr.）、悬铃木（*Platanus orientalis* Linn.）、臭椿［*Ailanthus altissima*（Mill.）Swingle］（表3-4）。

表 3-4　北京市六环内城市森林乔木数量优势树种

序号	树种	株数/株	比例/%	序号	树种	株数/株	比例/%
1	毛白杨	2 216	9.70	6	圆柏	1 157	5.07
2	国槐	1 925	8.43	7	栾树	792	3.47
3	银杏	1 752	7.67	8	油松	780	3.42
4	刺槐	1 376	6.02	9	悬铃木	544	2.38
5	白蜡	1 342	5.88	10	臭椿	542	2.37

　　各环路与各行政区间植物种类组成不尽相同（表 3-5），四环外种数明显高于四环内，其中种数最多的是四至五环间区域（112 种）。四环内使用数量最多的是城市常用树种国槐、圆柏，数量最多的属为槐属（*Sophora*）；四环外则是城郊常用防护型树种毛白杨数量最多。各行政区植物种数最多的是海淀区，大部分区域表现为豆科、蔷薇科、杨柳科最多，东城区柏科（Cupressaceae）数量最多，顺义区漆树科（Anacardiaceae）数量最多。数量最多的种在其区域内占比较低的有西城区国槐、海淀区圆柏，二者均低于 10%；占比较高的为门头沟区毛白杨（占 55.26%）和顺义区火炬（*Rhus Typhina* Nutt）（占 37.99%）。

表 3-5　各环路及各行政区城市森林科、属、种特征

	区域	科	属	种	株数最多的科		株数最多的属		株数最多的种	
					科名	比例/%	属名	比例/%	种名	比例/%
环路	二环内	41	75	89	柏科	15.69	槐属	9.42	国槐	7.76
	二至三环	38	69	88	豆科	13.60	槐属	9.62	圆柏	9.04
	三至四环	39	68	85	蔷薇科	15.19	槐属	9.60	国槐	7.78
	四至五环	46	90	112	杨柳科	19.57	杨属	15.11	毛白杨	13.75
	五至六环外 1 km	41	78	106	杨柳科	16.52	杨属	12.26	毛白杨	11.39
行政区	东城区	36	64	77	柏科	22.64	圆柏属	11.84	圆柏	11.24
	西城区	37	71	85	蔷薇科	16.11	槐属	10.39	国槐	7.53
	朝阳区	46	81	99	豆科	16.63	杨属	12.25	银杏	11.61
	丰台区	36	62	76	豆科	21.78	杨属	15.95	毛白杨	15.74
	海淀区	45	86	111	蔷薇科	13.93	圆柏属	9.05	圆柏	8.71
	石景山区	20	31	36	豆科	30.26	槐属	22.96	毛白杨	22.75
	昌平区	31	53	64	蔷薇科	21.68	梣属	13.15	白蜡	13.15
	大兴区	33	61	72	豆科	25.41	刺槐属	13.78	刺槐	13.78
	通州区	30	48	56	杨柳科	18.55	槐属	18.24	国槐	17.22
	房山区	27	42	45	蔷薇科	16.61	槐属	14.11	国槐	13.79
	顺义区	24	35	39	漆树科	37.99	盐肤木属	37.99	火炬	37.99
	门头沟区	2	2	2	杨柳科	55.26	杨属	55.26	毛白杨	55.26

3.2.1.2 物种来源

本节研究的本地种是指本地区天然分布树种或者已引种 100 年以上且在当地一直表现良好的外来树种。根据《北京植物志》（贺士元，1993）、《北京乡土植物》（熊佑清等，2015），北京市六环内城市森林共有本地种 120 种，占总种数的 75%，使用数量占总数的 90.02%。引进种包括树冠较大、生态效益较高的树种，如鹅掌楸［*Liriodendron chinense*（Hemsl.）Sarg.］、枫杨（*Pterocarya stenoptera* C. DC.）、毛梾［*Swida walteri*（Wanger.）Sojak］、悬铃木；有季相变化的色叶类树种，如梣叶槭（*Acer negundo* Linn.）、茶条槭（*Acer ginnala* Maxim.）、红枫［*Acer palmatum* Thunb. f. atropurpureum（Van Houtte）Schwer.］、鸡爪槭（*Acer palmatum* Thunb.）；观花类树种，如珍珠梅［*Sorbaria sorbifolia*（Linn.）A. Br.］、荚蒾（*Viburnum dilatatum* Thunb.）、梅（*Armeniaca mume* Sieb.）、紫叶李［*Prunus cerasifera* Ehrhart f. atropurpurea（Jacq.）Rehd. a］；可适应不良环境的树种，如火炬、加杨（*Populus* ×*canadensis* Moench）、新疆杨（*Populus alba* Linn. var. pyramdalis Bunge）；少量珍贵树种，如红豆杉［*Taxus chinensis*（Pilger）Rehd.］、马尾松（*Pinus massoniana* Lamb.）、乔松（*Pinus griffithii* McClelland）等。各环路间本地种的种数在四环外高于四环内，但占比却无规律性变化。在各行政区内，使用本地种数最多的是海淀区，达 89 种；种数占比最高的是房山区，占其区域内总种数的 93.33%；数量使用占比最高的是石景山区，占总数的 96.35%。在环路间及行政区间本地种的种数比例与数量比例均未见规律性变化（表 3-6）。

表 3-6 北京市六环内城市森林本地种植物构成

环路	本地种种数/个	本地种种数占比/%	本地种株数占比/%	行政区	本地种种数/个	本地种种数占比/%	本地种株数占比/%
二环内	72	80.90	90.58	东城区	64	83.12	92.05
二至三环	73	82.95	93.14	西城区	69	81.18	89.66
三至四环	72	84.71	88.55	朝阳区	80	80.81	91.54
四至五环	89	79.46	91.17	丰台区	65	85.53	94.04
五至六环外1 km	86	81.13	88.60	海淀区	89	80.18	89.38
总计	120	75.00	90.02	石景山区	32	88.89	96.35
—	—	—	—	昌平区	54	84.38	85.14

环路	本地种种数/个	本地种种数占比/%	本地种株数占比/%	行政区	本地种种数/个	本地种种数占比/%	本地种株数占比/%
—	—	—	—	大兴区	60	83.33	92.03
—	—	—	—	通州区	50	89.29	89.54
—	—	—	—	房山区	42	93.33	85.27
—	—	—	—	顺义区	36	92.31	61.23
—	—	—	—	门头沟区	2	2	100

3.2.1.3　树种应用频度

北京市城市森林乔木的应用频度普遍高于灌木。乔木频度排名首位的为国槐（28.45%），在其余频度排名前 10 的树种中，有生态型树种，如圆柏（24.79%）、毛白杨（20.07%）、悬铃木（15.47%）、白蜡（15.35%）；有观赏型树种，如紫叶李（17.59%）、油松（20.54%）、玉兰（*Magnolia denudata* Desr.）（17.12%）、雪松［*Cedrus deodara*（Roxburgh）G. Don］（15.70%）；也有文化型树种，如银杏（24.68%）；频度排名前 10 位的灌木分别为大叶黄杨（*Buxus megistophylla* Lévl.）（15.94%）、紫丁香（*Syringa oblata* Lindl.）（10.98%）、金银木（*Lonicera maackii* Rupr.Maxim.）（9.80%）、榆叶梅［*Amygdalus triloba*（Lindl.）Ricker］（8.15%）、紫薇（*Lagerstroemia indica* Linn.）（7.20%）、连翘［*Forsythia suspensa*（Thunb.）Vahl］（7.08%）、小叶黄杨［*Buxus sinica*（Rehd. et Wils.）Cheng ex M. Cheng subsp. *sinica* var. *parvifolia* M.Cheng］（5.79%）、木槿（*Hibiscus syriacus* Linn.）（5.31%）、迎春花（*Jasminum nudiflorum* Lindl.）（2.60%）、紫荆（*Cercis chinensis* Bunge）（2.60%）。

在各环路间，频度排名均在前 10 位的乔木树种有国槐、银杏、油松、圆柏、毛白杨、玉兰，其中国槐、银杏均排名第 5 名前（表 3-7）。此外，雪松在四环内频度较高，紫叶李在二环外频度较高，悬铃木在三环外频度较高，栾树在四环外频度较高。各环路有所不同的树种有二环的侧柏［*Platycladus orientalis*（Linn.）Franco］、西府海棠（*Malus micromalus* Makino）、樱花［*Cerasus yedoensis*（Mats.）Yü et Li］；二至三环的白皮松（*Pinus bungeana* Zucc. et Endi）、元宝槭（*Acer truncatum* Bunge）；三至四环的白蜡；四至五环的刺槐；五至六环外 1 km 的白蜡、栾树。环路间灌木频度排名前 10 的相同树种有大叶黄杨、紫丁香、紫薇、金银木、榆叶梅、小叶黄杨、连翘（表 3-8），其中大叶黄杨在各区域均排名首位，此外二环外的木槿、二环以内和五至六环外 1 km 的黄刺玫（*Rosa xanthina* Lindl.）、三至五环的紫叶小檗（*Berberis thunbergii*）、四至六环的紫荆（*Cercis chinensis* Bunge）也表现出较高频度。各环路间不同的高频度灌木有二环内的黄刺玫、珍珠梅、平枝栒子（*Cotoneaster horizontalis* Dcne.）、二至三环的迎春花、棣棠花〔*Kerria japonica*（Linn.）DC.〕、三至四环的锦带花〔*Weigela florida*（Bunge）A. DC.〕。

表 3-7　各环路城市森林乔木频度前 10 名树种　　　　　　　　单位：%

环路		1	2	3	4	5	6	7	8	9	10
二环	树种	国槐	银杏	油松	圆柏	毛白杨	玉兰	雪松	侧柏	西府海棠	樱花
	频度	36.04	27.03	27.03	21.62	20.72	19.82	18.92	17.12	14.41	14.41
二至三环	树种	圆柏	国槐	银杏	玉兰	油松	雪松	白皮松	紫叶李	毛白杨	元宝槭
	频度	36.29	29.03	24.19	23.39	21.77	19.35	18.55	15.32	14.52	14.52
三至四环	树种	国槐	圆柏	银杏	雪松	紫叶李	玉兰	白蜡	毛白杨	悬铃木	油松
	频度	29.14	27.15	25.83	21.19	20.53	19.21	17.88	17.88	17.88	17.88
四至五环	树种	毛白杨	圆柏	国槐	银杏	刺槐	油松	紫叶李	栾树	玉兰	悬铃木
	频度	27.32	24.39	21.46	21.46	18.05	17.56	17.56	16.10	16.10	14.15
五至六环外 1 km	树种	国槐	银杏	油松	紫叶李	悬铃木	圆柏	白蜡	毛白杨	栾树	玉兰
	频度	30.08	25.78	21.09	19.92	19.53	19.53	18.36	17.97	14.45	12.50

表 3-8　各环路城市森林灌木频度前 10 名树种　　　　　　　　单位：%

环路		1	2	3	4	5	6	7	8	9	10
二环	树种	大叶黄杨	紫丁香	紫薇	金银木	榆叶梅	小叶黄杨	连翘	黄刺玫	珍珠梅	平枝栒子
	频度	20.72	14.41	10.81	9.91	9.01	7.21	5.41	4.50	3.60	2.70
二至三环	树种	大叶黄杨	紫薇	连翘	紫丁香	金银木	小叶黄杨	榆叶梅	木槿	迎春花	棣棠花
	频度	14.52	11.29	10.48	10.48	9.68	9.68	8.87	7.26	5.65	4.03
三至四环	树种	大叶黄杨	紫丁香	金银木	榆叶梅	连翘	小叶黄杨	木槿	紫薇	紫叶小檗	锦带花
	频度	18.54	14.57	12.58	12.58	9.93	7.28	6.62	5.96	4.64	3.97

环路		1	2	3	4	5	6	7	8	9	10
四至五环	树种	大叶黄杨	金银木	紫丁香	木槿	榆叶梅	连翘	紫薇	小叶黄杨	紫叶小檗	紫荆
	频度	15.12	10.24	8.78	7.32	6.34	5.85	5.37	4.88	3.90	3.41
五至六环外 1 km	树种	大叶黄杨	紫丁香	金银木	榆叶梅	紫薇	连翘	木槿	小叶黄杨	紫荆	黄刺玫
	频度	13.67	9.38	7.81	6.25	5.86	5.47	3.52	3.13	3.13	2.73

　　12 个行政区频度排前 10 位乔木树种中，国槐在 11 个区展现出高频度，并在其中 7 个区排首位，圆柏、毛白杨、玉兰、银杏、白蜡、油松等也在多个区频度较高。各区也有本区不同于其他区域的高频树种，如西城区的西府海棠，海淀区的碧桃，石景山区的香椿；大兴区的桑树等（表 3-9）。各行政区高频度灌木树种的种类与环路间分布相似，其中在各区均应用广泛的有大叶黄杨、金银木、紫丁香、紫薇、连翘等，除了这些共有树种，东城区的紫荆，西城区的平枝栒子，朝阳区的锦带花，海淀区的棣棠花、月季（Rosa chinensis Jacq.），大兴区的红瑞木（Swida alba Opiz）、荚蒾，房山区的牡丹（Paeonia suffruticosa Andr.），通州区的凤尾兰（Yucca gloriosa Linn.）、铺地柏 [Sabina procumbens（Endl.）Iwata et Kusaka]；顺义区的野蔷薇（Rosa multiflora Thunb.）等也分别在各区形成了特色（表 3-10）。

表 3-9　各行政区城市森林乔木频度前 10 名树种　　　　　单位：%

区域		1	2	3	4	5	6	7	8	9	10
东城区	树种	国槐	圆柏	油松	银杏	侧柏	毛白杨	玉兰	白蜡	雪松	白皮松
	频度	35.94	29.69	26.56	25.00	23.44	23.44	20.31	18.75	18.75	15.63
西城区	树种	国槐	银杏	圆柏	油松	雪松	玉兰	西府海棠	毛白杨	紫叶李	白皮松
	频度	33.70	26.09	25.00	23.91	20.65	20.65	17.39	14.13	14.13	13.04
朝阳区	树种	国槐	银杏	圆柏	毛白杨	油松	紫叶李	栾树	刺槐	白蜡	玉兰
	频度	27.44	25.58	24.65	20.93	20.00	17.67	15.81	15.35	13.95	13.02
丰台区	树种	国槐	白蜡	毛白杨	刺槐	银杏	圆柏	雪松	紫叶李	油松	旱柳
	频度	30.34	29.21	25.84	23.60	22.47	22.47	21.35	17.98	16.85	14.61
海淀区	树种	圆柏	银杏	玉兰	国槐	毛白杨	油松	雪松	悬铃木	碧桃	紫叶李
	频度	31.34	28.36	21.39	20.90	20.90	19.40	18.91	16.92	16.42	15.92

区域		1	2	3	4	5	6	7	8	9	10
石景山区	树种	国槐	刺槐	毛白杨	香椿	玉兰	白蜡	西府海棠	圆柏	栾树	银杏
	频度	45.00	25.00	25.00	25.00	25.00	20.00	20.00	20.00	15.00	15.00
昌平区	树种	紫叶李	国槐	圆柏	白蜡	银杏	垂柳	山桃	雪松	臭椿	毛白杨
	频度	32.43	29.73	29.73	27.03	27.03	18.92	18.92	18.92	16.22	16.22
大兴区	树种	国槐	油松	悬铃木	紫叶李	刺槐	雪松	银杏	栾树	桑树	香椿
	频度	26.92	26.92	25.00	25.00	19.23	17.31	17.31	15.38	15.38	15.38
通州区	树种	国槐	银杏	白蜡	油松	玉兰	旱柳	紫叶李	悬铃木	圆柏	碧桃
	频度	37.21	25.58	20.93	20.93	20.93	18.60	18.60	16.28	16.28	16.28
房山区	树种	悬铃木	国槐	紫叶李	油松	玉兰	白皮松	旱柳	七叶树	柿树	圆柏
	频度	37.50	31.25	31.25	25.00	25.00	18.75	18.75	18.75	18.75	18.75
顺义区	树种	垂柳	毛白杨	山桃	国槐	悬铃木	圆柏	白蜡	臭椿	旱柳	栾树
	频度	41.18	41.18	29.41	23.53	23.53	23.53	17.65	17.65	17.65	17.65
门头沟区	树种	刺槐	毛白杨	—	—	—	—	—	—	—	—
	频度	100.00	100.00	—	—	—	—	—	—	—	—

表 3-10　各行政区城市森林灌木频度前 10 名树种　　　　单位：%

环路		1	2	3	4	5	6	7	8	9	10
东城区	树种	大叶黄杨	榆叶梅	紫薇	金银木	紫丁香	小叶黄杨	连翘	紫荆	黄刺玫	小叶女贞
	频度	14.06	14.06	12.50	10.94	10.94	6.25	4.69	4.69	3.13	3.13
西城区	树种	大叶黄杨	紫丁香	金银木	紫薇	连翘	小叶黄杨	榆叶梅	黄刺玫	迎春花	平枝枸子
	频度	22.83	13.04	10.87	10.87	6.52	6.52	6.52	5.43	5.43	3.26
朝阳区	树种	大叶黄杨	金银木	紫丁香	连翘	木槿	榆叶梅	小叶黄杨	紫薇	紫叶小檗	锦带花
	频度	13.49	12.56	9.30	7.44	6.05	5.58	4.19	3.72	2.79	2.33
丰台区	树种	紫丁香	榆叶梅	大叶黄杨	连翘	木槿	紫薇	金银木	小叶黄杨	紫叶小檗	黄刺玫
	频度	11.24	10.11	7.87	7.87	7.87	6.74	5.62	5.62	5.62	3.37

环路		1	2	3	4	5	6	7	8	9	10
海淀区	树种	大叶黄杨	紫丁香	金银木	小叶黄杨	连翘	榆叶梅	紫薇	木槿	月季	棣棠花
	频度	22.39	11.44	10.45	9.95	9.45	8.96	8.96	6.47	4.98	3.98
石景山区	树种	金银木	连翘	小叶黄杨	珍珠梅	紫丁香	紫荆	—	—	—	—
	频度	5.00	5.00	5.00	5.00	5.00	5.00	—	—	—	—
昌平区	树种	紫丁香	木槿	紫薇	榆叶梅	珍珠梅	大叶黄杨	金银木	连翘	紫荆	黄刺玫
	频度	21.62	10.81	10.81	8.11	8.11	5.41	5.41	5.41	5.41	2.70
大兴区	树种	大叶黄杨	紫丁香	榆叶梅	木槿	紫薇	金银木	小叶黄杨	红瑞木	荚蒾	金叶女贞
	频度	17.31	11.54	9.62	7.69	5.77	3.85	3.85	1.92	1.92	1.92
通州区	树种	大叶黄杨	连翘	紫丁香	金银木	锦带花	榆叶梅	紫薇	凤尾兰	金叶女贞	铺地柏
	频度	23.26	6.98	6.98	4.65	4.65	4.65	4.65	2.33	2.33	2.33
房山区	树种	榆叶梅	金银木	连翘	紫丁香	紫薇	大叶黄杨	金叶女贞	牡丹	木槿	水蜡
	频度	25.00	18.75	12.50	12.50	12.50	6.25	6.25	6.25	6.25	6.25
顺义区	树种	金银木	大叶黄杨	金叶女贞	黄刺玫	小叶黄杨	野蔷薇	榆叶梅	紫丁香	—	—
	频度	17.65	11.76	11.76	5.88	5.88	5.88	5.88	5.88	—	—
门头沟区	树种	—	—	—	—	—	—	—	—	—	—
	频度	—	—	—	—	—	—	—	—	—	—

3.2.1.4 植物多样性

北京六环内城市森林植物丰富度指数平均值为 5.25，在各环路间丰富度指数最高值出现在二环内（5.67），四环外的丰富度指数低于总体平均值，总体呈现了由城内向城外逐渐降低的趋势（表 3-11）。在各行政区间丰富度指数最大值在东城区（5.81），低于总体平均值的区域有朝阳区、石景山区、大兴区、通州区、顺义区、门头沟区。

从标准差系数来看，环路间丰富度的离散程度由城内向城外逐渐增加，而各行政区间离散程度最大在顺义区（0.81），最小在东城区（0.51）。

表 3-11　北京市六环内城市森林植物多样性

区域		丰富度指数/R		Shannon-Wiener 指数/H		Simpson 指数/D		Pielou 指数/J	
		平均值	标准差系数	平均值	标准差系数	平均值	标准差系数	平均值	标准差系数
环路	二环内	5.67	0.51	1.35	0.46	0.64	0.39	0.80	0.32
	二至三环	5.50	0.59	1.30	0.53	0.61	0.46	0.76	0.42
	三至四环	5.60	0.60	1.33	0.49	0.63	0.40	0.80	0.32
	四至五环	5.23	0.67	1.18	0.64	0.56	0.56	0.69	0.50
	五至六环外 1 km	4.75	0.71	1.11	0.66	0.54	0.57	0.70	0.52
行政区	东城区	5.81	0.51	1.39	0.43	0.66	0.34	0.82	0.28
	西城区	5.60	0.54	1.32	0.48	0.63	0.40	0.78	0.34
	朝阳区	4.72	0.67	1.08	0.69	0.52	0.62	0.65	0.56
	丰台区	5.58	0.67	1.26	0.53	0.60	0.41	0.78	0.33
	海淀区	5.58	0.63	1.32	0.55	0.62	0.47	0.77	0.42
	石景山区	4.20	0.58	1.03	0.65	0.52	0.59	0.67	0.55
	昌平区	5.49	0.59	1.28	0.55	0.60	0.45	0.76	0.39
	大兴区	5.10	0.68	1.18	0.62	0.56	0.53	0.71	0.49
	通州区	4.67	0.66	1.08	0.65	0.53	0.57	0.69	0.53
	房山区	5.69	0.61	1.35	0.48	0.65	0.36	0.83	0.29
	顺义区	4.71	0.81	1.11	0.75	0.54	0.62	0.71	0.58
	门头沟区	2.00	0.00	0.69	0.00	0.49	0.00	0.99	0.00
总计		5.25	0.64	1.22	0.58	0.58	0.71	0.74	0.43

Shannon-Wiener 指数、Simpson 指数的平均值、标准差系数与丰富度指数变化趋势一致，由此可见二环内植物多样性程度最高，且分布均衡，最外围的五至六环外 1 km 多样性最低，且样方间差异较大；行政区间东城区多样性最高，门头沟区多样性最低，次低的是石景山区，而顺义区各样方的差异最大。

Pielou 指数在各环路间最低值在四至五环，平均指数为 0.69，最高值在二环内和三至四环，在各行政区间该指数最低值在朝阳区，最高值在门头沟区。

3.2.2　空间结构

3.2.2.1　乔木径级结构

（1）平均胸径。北京市城市森林乔木平均胸径 19.79 cm，学校附属绿地乔木的平均胸径明显大于其他类型城市森林见图 3-2（a）。平均胸径沿环路由城内向城外逐渐减小见图 3-2（b），平均值最大值为二环内的 24.67 cm，最小值是五至六环外 1 km 的 16.97 cm。各行政区间平均胸径最大值是门头沟区 28.94 cm 见图 3-2（c），平均胸径由大到小依次为：门头沟区＞东城区＞西城区＞海淀区＞朝阳区＞顺义区＞昌平区＞丰台区＞房山区＞大兴区＞通州区＞石景山区。

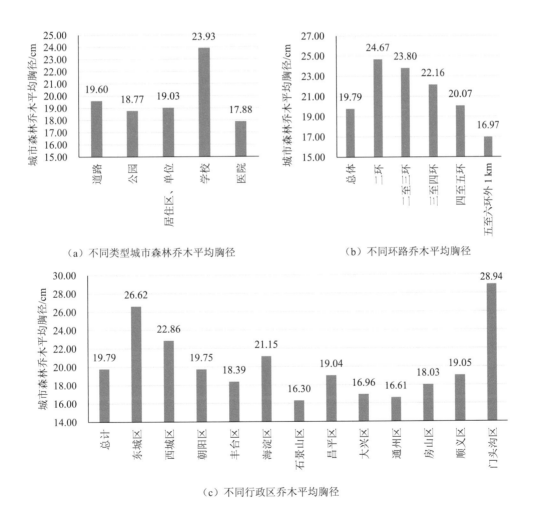

（a）不同类型城市森林乔木平均胸径　　　　（b）不同环路乔木平均胸径

（c）不同行政区乔木平均胸径

图 3-2　北京市六环内城市森林乔木平均胸径

（2）胸径分级。对乔木胸径进行分级后，北京市城市森林乔木总体处于Ⅱ级数量最多，即胸径处于 10～20 cm 的乔木数量最多，占到总数的 49.78%。胸径大于 40 cm 的Ⅴ、Ⅵ两级的大径级乔木数量占比较低，共占总数的 4.53%，这类乔木在学校绿地占比明显多于其他类型城市森林绿地见图 3-3（a）。

Ⅱ级、Ⅲ级在每个环路区域均占有明显优势，也就是说 10～30 cm 胸径的乔木在各区域均占多数，其中Ⅱ级数量最多，该级别乔木在二至六环 4 个区域均占比最高，且其占比沿环路由内向外逐渐增加，到最外围五至六环外 1 km，占比达到 59.36%。

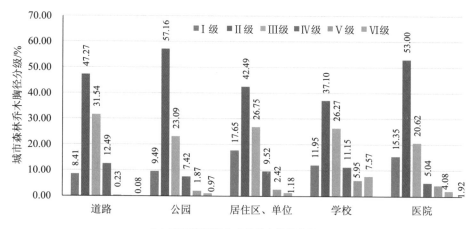

（a）不同类型城市森林乔木胸径分级

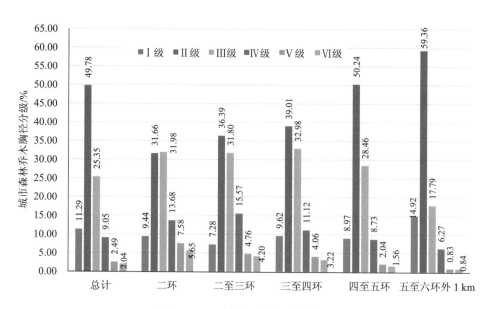

（b）不同环路城市森林乔木胸径分级

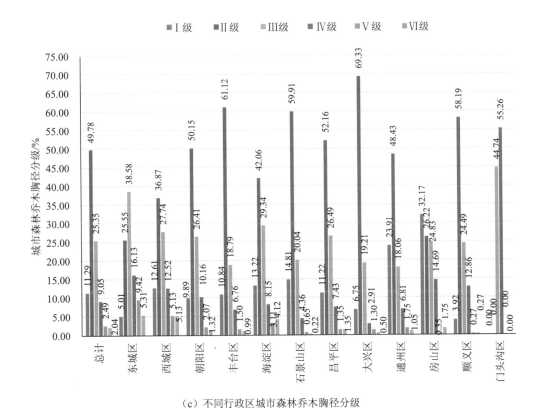

（c）不同行政区城市森林乔木胸径分级

图 3-3　北京六环内城市森林乔木胸径分级

各行政区的乔木中，东城区Ⅲ级胸径乔木数量最多（38.58%），房山区Ⅰ级数量最多（32.17%），门头沟区Ⅳ级最多（55.26%），其他区则均为Ⅱ级数量占明显优势，其中Ⅱ级占比最高的是大兴区，占到该区总数的 69.33%。在Ⅱ级占优的几个区中，通州区Ⅰ级数量仅次于Ⅱ级，其余区域仅次于Ⅱ级的均为Ⅲ级。

3.2.2.2　冠幅结构

（1）平均冠幅。

北京市城市森林乔木总体平均冠幅为 5.38 m，冠幅平均值沿环路由内向外逐渐减小，最大值为二环内区域，平均冠幅为 6.37 m，最小值为五至六环外 1 km 平均 4.85 m 见图 3-4（a）。各行政区内最大值为门头沟区，平均冠幅为 8.18 m 见图 3-4（b），由高到低依次为：门头沟区＞东城区＞顺义区＞西城区＞海淀区＞昌平区＞朝阳区＞丰台区＞房山区＞大兴区＞石景山区＞通州区。

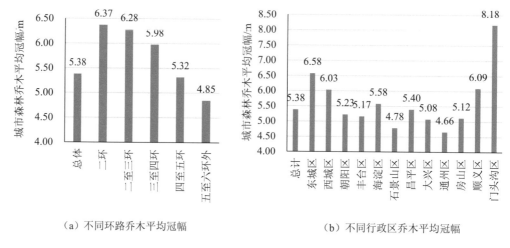

（a）不同环路乔木平均冠幅　　　　　（b）不同行政区乔木平均冠幅

图3-4　北京市六环内城市森林乔木平均冠幅

（2）冠幅分级。对北京市城市森林乔木冠幅进行分级后，处于Ⅲ级4～6 m乔木数量占比最高，占总数的37.59%，其次为Ⅱ级，占总数的29%，占比最少的是Ⅰ级，即冠幅在2 m以下的乔木数量最少，仅占总数的2.1%见图3-5（a）。

各环路间均为Ⅲ级冠幅乔木数量最多，且比例也沿环路由内向外逐渐增高，而Ⅴ级及其以上大冠幅乔木数量则沿环路由内向外逐渐减少。二至四环数量仅次于Ⅲ级的是Ⅴ级，其他区域数量仅次于Ⅲ级的是Ⅱ级，Ⅰ级冠幅乔木在各环路数量最少。

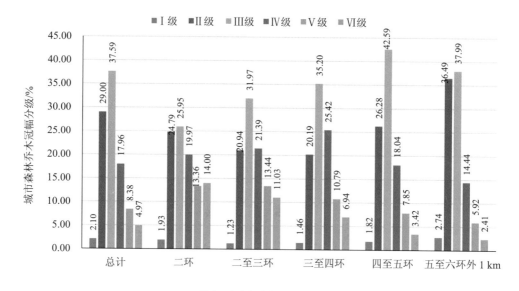

（a）不同环路城市森林乔木冠幅分级

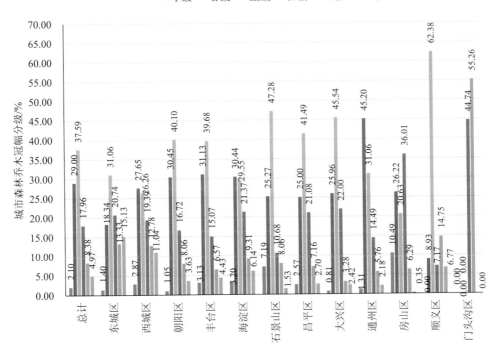

（b）不同行政区城市森林乔木冠幅分级

图 3-5　北京六环内城市森林乔木冠幅分级

各行政区相比较，西城区、海淀区、通州区Ⅱ级冠幅占比最高，Ⅲ级占比仅次于Ⅱ级；房山区Ⅳ级冠幅占比最高；门头沟区Ⅴ级冠幅占比最高，其余区域占比最高的均为Ⅲ级。Ⅲ级冠幅的乔木占比最高的是顺义区，占到该区乔木总数的 62.38%，Ⅰ级、Ⅵ级在各区均占比较少见图 3-5（b）。

3.2.2.3　树高结构

（1）平均树高。北京市城市森林乔木平均树高 9.37 m 见图 3-6（a），各环路间在四环内呈现了由内向外逐渐降低的趋势，但在四至五环树高平均值升高，达到各环路的最高值 10.59 m。各行政区树高平均值门头沟区最高，这与该区树种主要为毛白杨有关，排第二位的是朝阳区，平均树高达 10.09 m，平均树高最低的行政区是房山区（8.23 m），其次为海淀区（8.40 m）见图 3-6（b）。

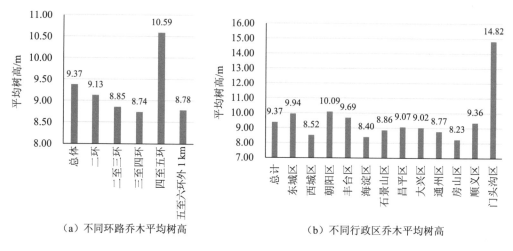

（a）不同环路乔木平均树高　　　　（b）不同行政区乔木平均树高

图 3-6　北京市六环内城市森林乔木平均树高

（2）树高分级。对北京市城市森林树高分级后，总体上处于Ⅱ级 5～10 m 乔木数量最多，占总数的 47.05%，其次为Ⅲ级，占总数的 25.24%，Ⅵ级 25 m 以上树高的乔木数量最少，仅占总数的 1.34%。各环路间各级的分布与总体分布一致，即Ⅱ级树高的乔木数量最多，其次为Ⅲ级，Ⅵ级数量最少，其中Ⅱ级占比最多的是五至六环外 1 km，占该区域总数的 53.12%见图 3-7（a）。各行政区间的分级与总体分布有部分变化，顺义区Ⅰ级树高占比最多，门头沟区Ⅳ级树高占比最多，其余区均为Ⅱ级树高数量占优，仅次于Ⅱ级的是Ⅲ级或Ⅰ级（昌平区、房山区）见图 3-7（b）。

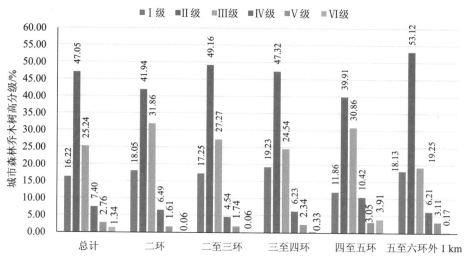

（a）不同环路乔木树高分级

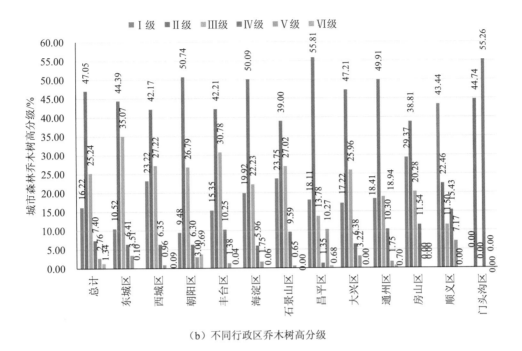

（b）不同行政区乔木树高分级

图 3-7　北京六环内城市森林乔木树高分级

3.3　讨论

本研究共记录乔木 102 种，灌木 54 种，藤本 3 种，种数少于孟雪松（2004）、赵娟娟（2009）、黄广远（2012）的记录结果，但多于龚岚（2015）的统计结果，究其原因主要是由于调查方法及样方设置不同。对于城市森林的物种组成的研究，国外多用普查法，并将调查数据保存在政府数据库，便于研究者直接使用（Loeb R E.，2012；Palmer M W et al.，2012；Mcpherson E G et al.，2016）。而我国则由研究人员根据研究内容，通过实地调查获取数据，由于调查方式不同导致调查结果差异较大。因此，由相关部门建立城市森林资源数据库，实现森林资源动态管理及共享，从而更好地为加强城市森林研究提供更为科学的决策依据（李海梅，2004）。

本次调查记录的乔木无论种数、频度都远大于灌木与藤本，充分体现了北京市城市森林乔木的主导地位。在记录植物种类的过程中，大多数科包含种数较少，总体来说各种之间存在较大差异。蔷薇科是调查植物中包含属、种最多的科，充分体现了北京市民对此类植物的喜爱，该科的桃、杏、海棠等都是深受北京市民喜爱的观赏树种，提供了丰富的春景，蔷薇科月季是北京市花，更是广为种植。在所有木本植物中，落叶树种占到调查总种数的 82.39%，在排名前 10 位的数量优势树种中仅有两种常绿树种：圆柏、油松。常绿树种中没有阔叶种类，这主要是由北京气候导致的，许多常绿阔叶类植物无法露天越冬，限制了常绿树种的选择范围。对于现有的落叶和常绿树种，由于温带地区成熟的阔叶落叶树通常比针叶树的树冠更大，而树木所提供的大部分生态服务与树叶表面面积直接相关，因此，大量的选择阔叶落叶树对城市森林生态效益的提高大有裨益（Millward A A et al.，2010）。

从数量排名前 10 位的树种来看，城市森林植物群落仍然是少数种类主导，这 10 种植物虽然每种都未表现出过强的优势度，满足 Pernille Thomsen（2016）及多位学者提出的任何种的数量不能超过总数的 5%～10%，任何属的数量不能超过总数的 10%～20%的建议，从一定程度上为城市森林的树种多样性提供了保证，但前 10 种数量优势树种总数已占整个调查样本的 54.41%，显然占比较高。在某些区域个别树种也出现了数量过多或频度过高的情况，如毛白杨是使用数量最多的树种，在四至六环其数量优势度已超过 10%，该树种是城郊防护林常用的树种，大量使用充分体现了四环外为城市拓展区的功能特点；国槐是乔木频度最高树种，在各环路、各行政区均排名前列，国槐的使用除了因其适应性强，具有抗污染能力，更是缘于一定的历史和文化原因，槐树在北京栽培历史悠久，据统计北京市现存百年以上的古槐有 284 株，占北京市一级古树名木总数的 12%，是北京"活的文物"（费青，2008），同时槐树应用广泛，特别适用于居住环境，是北京典型民居四合院文化的重要元素之一，百姓喜爱，广为种植。但对于城市森林整体而言，当一个物种产生过强的优势，势必会增加植物群体遭受灾害的风险，该物种的衰退、疾病或衰老将会引发巨大的维护成本（Mcpherson E G et al.，2013），且将导致各区域景观特色的丧失。

北京城市森林木本植物以本地种为主，相比于本地种来说，引进种虽然对环境的耐受程度稍差，但对于增加景观美感却是有益的。城市森林源于森林与园林的融合（张颖，2010），其对美学的要求要远高于自然林，而对景观美学质量的评价是城市森林主要研究内容之一（俞孔坚，1988；肖笃宁，2001；戴天兴，2013；王保忠，2006；张平，2007），由美国林务局开发的用于生态效益研究的 I-Tree Tools 也将景观美学评价加入了其应用模块中。从另一个角度来说，非侵入性引进种的加入使植物群体来源更为丰富，城市森林对外界环境的适应也就具有更大的多样性、耐受性和弹性（Chalker-Scott L，2015）。在未来的 50 年里，气候变化可能是城市森林面临的最大挑战，今后城市森林的规划设计应是提前预测未来的发展状况，而不是等发生变化后再去尝试新的结构模式，有限的品种对气候的耐受范围较窄，因此需要更多样的植物来满足城市森林的物种需求（Moore G M，2017）。

北京市城市森林从规格上来说总体偏小，且差异不大。①树龄整体偏小，青年期树种占比过高，与 Richards（1983）提出 40%幼年期、30%青年期、20%壮年期、10%老年期相比，作为即时补充的幼年期与彰显文化特色的老年期数量都偏少。许多研究者都提出了年龄结构对保持森林稳定的重要性，Clark 等（1997）开发的城市森林可持续性模型，也包含了不均匀的年龄分布和多样性的物种分布，Mcpherson E G（1998）指出较高的多样性要兼顾均匀的年龄结构才能形成稳定的群落，通过选择适应性强的树种并创建一个合理的年龄结构才能形成连续稳定的树冠覆盖（Mcpherson E G et al.，2013），才能更好地发挥生态效益（金莹杉等，2002）。②壮年树的整体缺乏导致城市森林树冠偏小，研究表明，较大的冠幅能够提供更多的生态功能（李德志等，2004），作为与城市森林评价及其健康与稳定性优化关联度最大的指标（贾宝全等，2013），冠幅的大小将直接影响树木的生活力和生产力（符利勇等，2013）。同时，树高规格过于集中，各环路区间均为 II 级树高占比最多，不利于营造城市丰富的绿色天际线。

快速的城市化使北京市城市森林展现出了明显的梯度变化，这种梯度变化首先表现在沿环路由内向外植物种类增多，但丰富度与多样性却逐渐减小。环路间物种数量的逐渐增多与城市发展过程中对树种的选择逐渐多样化有关（Ye Y et al.，2012），但由于沿环路向外城市化程度逐渐降低，对城市森林的规划设计，尤其是物种之间的搭配，较之城市内部偏于粗放，混交林的配置少于城内，物种总数量虽然增加，但单个样方的丰富度、多样性却逐渐减小。从均匀度及多样性标准差系数也可以发现，沿环路由内向外，均匀度逐渐降低，样方之间的差异增加。物种数沿环路向外逐渐增多的现象与多位学者提出的"人类活动会导致生物多样性的显著下降，城市化是生物多样性损失的最重要原因（Czech B et al.，2000；Decandido R et al.，2004；Mckinney M L.，2006；Mckinney M L，2008）"是一致的。这种增多或减少的变化都在二至三环出现了轻微的下降波动，这是由于北京市三环内 20 年前就已完成了城市化，而三环外是近 20 年城市化发展最快的区域（葛荣凤等，2016），二至三环建设时间较早，绿色空间面积相对于其他环路最小，滞留雨水径流能力最差（张彪等，2015）。城市森林的梯度变化还表现在乔木规格上，沿环路由内向外，乔木胸径、冠幅均呈现逐渐减小的趋势，幼年、青年树的占比随环路向外逐渐增多，壮年、老年树的比例下降。这种变化不仅反映了乔木树龄沿环路的梯度变化，同时也反映出北京市在城市森林的建设过程中，并未违背建设原则进行大树移植，而是给植物留出生长空间，与城市一同成长。

通过各行政区间的比较发现，"城六区"（东城区、西城区、朝阳区、海淀区、丰台区和石景山区）物种组成及多样性优于其他行政区。在"城六区"中，海淀、朝阳物种组成更为丰富，海淀区与西北部的生态涵养区相接，而朝阳区则是北京城市发展主要方向的涵盖范围（于伟等，2016），这都为两个区的物种丰富提供了条件。东城、西城多样性程度更高，这两个区是北京的老城区，城市化时间最长，虽然城市森林可利用空间有限，但该区域的城市森林保留了许多古城的风貌，尤其是许多由皇家园林或私家园林改造而成的公园，配置更为精细，多样化程度也就更高。

3.4 结论

本章对北京市六环外 1 km 范围内城市森林进行抽样调查，共记录木本植物 50 科、106 属、159 种，其中乔木 102 种，灌木 54 种，藤本 3 种，且大部分的种不属于同一科，种间差异较大。作为城市森林的主体，乔木无论从种数还是频度上都表现出较强的优势。在所有调查树种中，阔叶树种多于针叶树种，落叶树种多于常绿树种，常绿树种以圆柏、油松为主。北京城市森林木本植物以本地种（120 种）为主，占总种数的 75%，使用数量占总数的 90.02%，数量优势树种排前 5 位的均为本地种，符合城市森林基调树种的要求（霍晓娜，2010）。城市森林植物群落仍然是少数种类主导，数量排名前 10 位的树种占整个调查样本的 54.41%，占比过高，树种组成单一。各环路及各行政区应用频度排名前列的乔灌木具有较大的相似性，这与龚岚（2015）关于北京城区城市森林的研究结果一致，毛白杨与国槐分别为使用数量最多和使用频度最高的树种。乔木从规格上来说总体偏小，缺少大树，且规格差异不大，整体上处于青年期的乔木占多数，缺乏幼年期、壮年期树种。

北京市城市森林由城内向城外沿城市发展方向展现出了明显的梯度变化：植物种数逐渐增加，但多样性和均匀度却呈下降趋势；乔木规格逐渐减小，幼年、青年树的占比随环路向外逐渐增多，壮年、老年树的比例下降。就行政区间总体来说，城六区（东城区、西城区、朝阳区、海淀区、丰台区和石景山区）物种组成、多样性及乔木规格均优于其他行政区。

参考文献

[1] Chalker-Scott L. Nonnative，noninvasive woody species can enhance urban landscape biodiversity. Arboriculture & Urban Forestry，2015，41（4）：173-186.

[2] Czech B，Krausman P R，Devers P K. Economic Associations among Causes of Species Endangerment in the United States Associations among causes of species endangerment in the United States reflect the integration of economic sectors，supporting the theory and evidence that economic

growth proc. Mpra Paper，2000，50（7）：593-601.

[3]　Decandido R，Gargiullo M B. A First Approximation of the Historical and Extant Vascular Flora of New York City：Implications for Native Plant Species Conservation. Journal of the Torrey Botanical Society，2004，131（3）：243-251.

[4]　Grey G W. Urban forestry /-2nd ed. Wiley，1986.

[5]　Loeb R E. Arboricultural introductions and long-term changes for invasive woody plants in remnant urban forests.Forests，2012，3（3）：745-763.

[6]　Mckinney M L. Effects of urbanization on species richness：A review of plants and animals. Urban Ecosystems，2008，11（2）：161-176.

[7]　Mckinney M L. Urbanization as a major cause of biotic homogenization. Biological Conservation，2006，127（3）：247-260.

[8]　Mcpherson E G，Doorn N V，Goede J D. Structure，function and value of street trees in California，USA. Urban Forestry & Urban Greening，2016，17：104-115.

[9]　Miller R W. Urban forestry：planning and managing urban greenspaces. Urban Forestry Planning & Managing Urban Greenspaces，1996.

[10]　Millward A A，Sabir S. Structure of a forested urban park：Implications for strategic management. Journal of Environmental Management，2010，91（11）：2215-2224.

[11]　Moore G M. Taking it to the streets：Celebrating a twenty year history of treenet- Responding to the Urban Forest challenge.2017，The 18th National Street Tree Symposium，2017.

[12]　Palmer M W，Richardson J C. Biodiversity Data in the Information Age：Do 21st Century Floras Make the Grade？Castanea，2012，77（1）：46-59.

[13]　Sanders R A. Some determinants of urban forest structure. Urban Ecology，1984，8（1）：13-27.

[14]　Ye Y，Lin S，Wu J，et al. Effect of rapid urbanization on plant species diversity in municipal parks，in a new Chinese city：Shenzhen. Acta Ecologica Sinica，2012，32（5）：221-226.

[15]　蔡春菊，彭镇华，王成. 城市森林生态效益及其价值研究综述. 世界林业研究，2004，17（3）：17-20.

[16]　戴天兴，戴靓华. 城市环境生态学. 北京：中国水利水电出版社，2013.

[17]　费青. 槐树与北京的历史文化. 中国城市林业，2008，6（2）.

[18]　符气浩，杨小波，吴庆书. 城市绿化植物分析. 林业科学，1996，32（1）：35-43.

[19]　葛荣凤，王京丽，张力小，等. 北京市城市化进程中热环境响应. 生态学报，2016，36（19）：6040-6049.

[20]　龚岚. 北京城区典型城市森林结构特点分析. 北京：北京林业大学，2015.

[21] 哈申格日乐，李吉跃，姜金璞. 城市生态环境与绿化建设. 北京：中国环境科学出版社，2007.

[22] 韩轶，李吉跃. 城市森林综合评价体系与案例研究. 北京：中国环境科学出版社，2005.

[23] 何兴元，金莹杉，朱文泉，等. 城市森林生态学的基本理论与研究方法. 应用生态学报，2002，13（12）：1679-1683.

[24] 霍晓娜，李湛东，马卓，等. 北京市公园绿地中乔木优势树种的比较分析. 北京林业大学学报，2010（s1）：168-172.

[25] 嵇浩翔，史琰，朱轶梅，等. 杭州市不同土地利用类型的树木生长和碳固存. 生态学杂志，2011，30（11）：2405-2412.

[26] 贾宝全，邱尔发. 石家庄市域近期植被变化及其驱动因素分析. 干旱区地理，2014，37（1）：106-114.

[27] 金莹杉. 沈阳城市森林结构与净化生态效益研究. 中国科学院沈阳应用生态研究所，2003.

[28] 李海梅，何兴元，陈玮，等. 中国城市森林研究现状及发展趋势. 生态学杂志，2004，23（2）：55-59.

[29] 李辉，谢会成，赵春仙，等. 济南市城市森林结构特征分析. 西北林学院学报，2013，28（2）：213-217.

[30] 李吉跃，常金宝. 新世纪的城市林业：回顾与展望. 世界林业研究，2001，14（3）：1-9.

[31] 刘常富，赵桂玲. 我国城市森林与城市园林的融合势在必行. 中国科协 2003 年学术年会. 2003.

[32] 吕红霞. 上海新建绿地植物群落特征的研究. 上海：华东师范大学，2007.

[33] 孟雪松，欧阳志云，崔国发，等. 北京城市生态系统植物种类构成及其分布特征. 生态学报，2004，24（10）：2200-2206.

[34] 米锋，李吉跃，杨家伟. 森林生态效益评价的研究进展. 北京林业大学学报，2003，25（6）：77-83.

[35] 欧阳子珞，吉文丽，杨梅. 西安城市绿地植物多样性分析. 西北林学院学报，2015，30（2）：257-261.

[36] 彭镇华. 中国城市森林. 北京：中国林业出版社，2003.

[37] 唐泽，任志彬，郑海峰，等. 城市森林群落结构特征的降温效应. 应用生态学报，2017，28（9）：2823-2830.

[38] 王保忠，王保明，何平. 景观资源美学评价的理论与方法. 应用生态学报，2006，17（9）：1733-1739.

[39] 王木林. 城市林业的研究与发展. 林业科学，1995，31（5）：460-466.

[40] 王木林. 论城市森林的范围及经营对策. 林业科学，1998，34（4）：39-47.

[41] 王文杰，申文明，刘晓曼，等. 基于遥感的北京市城市化发展与城市热岛效应变化关系研究. 环境科学研究，2006，19（2）：44-48.

[42] 吴泽民，黄成林，白林波，等. 合肥城市森林结构分析研究. 林业科学，2002，38（4）：7-13.

[43] 武文婷. 杭州市城市绿地生态服务功能价值评估研究. 南京林业大学，2011.

[44] 肖笃宁，高峻，石铁矛. 景观生态学在城市规划和管理中的应用. 地球科学进展，2001，16（6）：813-820.

[45] 杨树佳. 局域城市森林结构与生态效益研究. 济南：山东师范大学，2007.

[46] 于伟，宋金平，韩会然. 北京城市发展与空间结构演化. 北京：科学出版社，2016.

[47] 俞孔坚. 自然风景质量评价研究——BIB-LCJ 审美评判测量法. 北京林业大学学报，1988（2）：1-11.

[48] 翟石磊，陈步峰，林娜，等. 广州市典型森林植被的结构及多样性研究. 生态环境学报，2015（10）：1625-1633.

[49] 张彪，王硕，李娜. 北京市六环内绿色空间滞蓄雨水径流功能的变化评估. 自然资源学报，2015，30（9）：1461-1471.

[50] 张平. 重庆市城市主干道行道树绿带景观审美评价. 重庆：西南大学，2007.

[51] 张颖. 中国城市森林环境效益评价. 北京：中国林业出版社，2010.

[52] 赵娟娟，欧阳志云，郑华，等. 北京城区公园的植物种类构成及空间结构. 应用生态学报，2009，20（2）：298-306.

[53] 赵娟娟. 北京市建成区城市植物的种类构成与分布格局. 中国科学院研究生院，2010.

[54] 祝宁，柴一新，李敏. 论城市森林生态研究框架. 中国城市林业，2003，1（3）：46-50.

第4章

北京六环以内林木树冠覆盖现状及其动态变化

　　城市森林是城市最重要的生态基础设施，城市林木树冠覆盖（以及城市林木树冠覆盖率）是衡量城市森林现状、规划未来发展愿景的最重要指标，通过该指标的时间序列分析可以了解一个城市，及其不同自然单元或行政区划单元范围内城市森林的发展过程、建设成效，更可以通过区域之间的对比分析，找到差距、明确未来的建设目标，进一步可通过相关变化的驱动因素分析，为未来的城市森林建设政策制定提供必要的科学依据。本章以2002年和2013年北京第二道绿化隔离区以内范围的林木树冠覆盖/土地覆盖的解译分类结果为依据，对北京研究区域内以及不同行政区域和不同环路之间的林木树冠覆盖现状进行评价与分析，期望能对北京城区未来的绿化建设提供一些必要的参考依据和数据支撑。

4.1　城市林木树冠覆盖分析区域的划分

在 ArcGIS 软件平台下，使用二至六环环路界限图，城六区行政区划边界图，在 ArcGIS 平台下，利用其分别对 2013 年影像分类结果的栅格数据进行统计，获得每个图件中矢量多边形范围内部的土地覆盖类型图层，统计各区间的林木树冠覆盖数据。

4.1.1　按照北京城区环路界限划分

北京城市的地面发展模式是随着环路的铺设持续外扩的，由于距市中心位置的不同，不同环路区段间呈现出不同的土地覆盖类别与分布格局，从而也影响了林木树冠覆盖分布方式。因此本研究按照北京市环路界限将分类结果划分成了 5 个区域：二环以内，二至三环间，三至四环间，四至五环间，五环至六环外 1 km 间见图 4-1（a）。

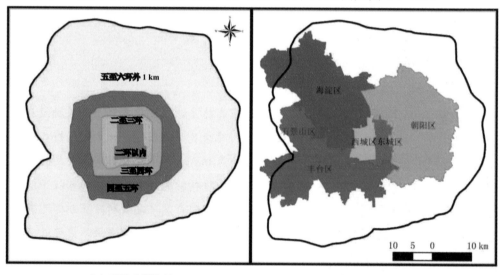

（a）环路分析边界　　　　　　　　　　（b）行政区域分析边界

图 4-1　城市林木树冠覆盖分析区域划分示意图

4.1.2　按照北京城六区行政区划边界划分

北京市每个行政区在城市主体中发挥的主要职能是不同的，如东城区与西城区多分布于办公区与商业区，而海淀区和朝阳区多分布于新型产业区、居住区与大型城市公园。不同的土地利用类型内部的林木树冠覆盖在面积比重与分布格局上是有区别的。因此，按照北京城六区行政区划边界将分类结果划分成了 6 个区域，即东城区、西城区、海淀区、朝阳区、丰台区、石景山区见图 4-1（b）。六环以内的区域可完整涵盖的行政区有东城区、西城区、朝阳区和石景山区。海淀区、丰台区均有北部一小部分面积不在本研究的研究区域中，未被包括的海淀区部分的面积占 12%，丰台区部分的面积占 8%，比重很低，基本不影响这两个行政区内的总体趋势。此外，研究区域中还涉及的行政区域有房山区、大兴区、通州区、顺义区、昌平区和门头沟区，这些行政区仅有面积比重较小的一部分被包括在六环以内，大部分是分布在六环之外的，因此这里不对其进行行政区域尺度的分析。

4.2　研究区域林木树冠覆盖现状分析

4.2.1　研究区域林木树冠覆盖现状总体分析

根据统计，北京市城区内的林木树冠覆盖总面积是 89 487.9 hm^2，林木树冠覆盖率是 36.85%，仅次于不透水地表的 44.42%，说明北京市城区内林木树冠覆盖面积之大。

对潜在树冠覆盖面积包括植被潜在树冠覆盖面积与不透水地表潜在树冠覆盖面积。进行影像分类时未实现不透水地表中的建筑物与街道公路信息的完全提取，具体原因见第 4 章。因此，无法获得北京市城区内不透水地表潜在树冠的覆盖面积数据，这里只考虑植被潜在树冠覆盖面积。可用于增加城市乔木树冠覆盖面积的土地覆盖类型有草地和裸土地，这两者面积分别是 18 071.52 hm^2 和 4 679.47 hm^2，占研究区域总面积的 9.37%。若草地与裸土地全部用来增加乔木树冠覆盖，则北京市城区理论上能达到的最大林木树冠覆盖率是 46.22%（表 4-1）。

表 4-1　北京城区林木树冠覆盖/土地覆盖统计

土地覆盖类型	面积/hm^2	比例/%
林木树冠覆盖	89 487.90	36.85
草地	18 071.52	7.44
裸土地	4 679.47	1.93
不透水地表	107 871.99	44.42
水体	5 875.44	2.42
耕地	16 848.09	6.94
总计	242 834.41	100.00

4.2.2　研究区域各环路间的现状树冠覆盖分析

4.2.2.1　现实树冠覆盖分析

从各环路间的统计结果来看，各环路间的树冠覆盖率均属于中树冠覆盖水平（20%≤树冠覆盖率≤49%）。二环以内的树冠覆盖率最低，为 23.43%，随着环路梯度的向外扩张，树冠覆盖率是逐渐增加的，五至六环外 1 km 间达到最大，为 39.68%（表4-2）。从各环路间树冠覆盖的面积占总树冠覆盖面积的比重来看，四至六环树冠覆盖面积比重为 91.69%，由此可见，整个城区内的树冠覆盖面积主要集中分布在四环至六环，而四环以内的树冠覆盖面积占整个研究区的比重极小，仅为 8.31%（表4-3）。

表 4-2　不同环路区间树冠覆盖统计

环路区间	现实树冠覆盖		植被潜在树冠覆盖		合计	
	面积/hm²	比例/%	面积/hm²	比例/%	面积/hm²	比例/%
二环以内	1 470.98	23.43	26.79	0.43	1 497.78	23.86
二至三环间	2 313.49	24.11	249.34	2.60	2 562.83	26.71
三至四环间	3 648.79	25.39	432.00	3.01	4 080.79	28.40
四至五环间	12 180.18	33.37	2 503.43	6.86	14 683.60	40.23
五至六环外 1 km	69 874.45	39.68	19 539.43	11.10	89 413.88	50.78

表 4-3　不同环路区间树冠覆盖对比

环路区间	现实树冠覆盖			植被潜在树冠覆盖		
	占总面积/%	占区域面积/%	占树冠覆盖总面积/%	占总面积/%	占区域面积/%	占潜在树冠覆盖总面积/%
二环以内	0.61	23.43	1.64	0.01	0.43	0.12
二至三环	0.95	24.11	2.59	0.10	2.60	1.10
三至四环	1.50	25.39	4.08	0.18	3.01	1.90
四至五环	5.02	33.37	13.61	1.03	6.86	11.00
五至六环外 1 km	28.77	39.68	78.08	8.05	11.10	85.88

二环以内区域与二至三环区域属于北京中心城区，总面积分别是 6 277.81 hm^2 和 9 595.61 hm^2，分别占本次研究区域总面积的 2.59%与 3.95%。除了城市公园区域，林木树冠覆盖斑块面积普遍较小，多散生点状分布（图 4-2、图 4-3）。只有在公园内，林木树冠覆盖斑块才会有一定的集中分布，在部分道路的两侧林木树冠覆盖斑块常呈现连续线状分布。二环以内区域多保留有老旧的胡同区，如天安门广场以南的前门附近，生长的树木多为古老树木，单株分布不聚集。二环内长安街以南的区域较以北的区域林木树冠覆盖斑块的平均面积会更大一些，南部多分布有大中型公园，公园里连片种植的乔灌木贡献了大面积的树冠覆盖。二至三环间街区的林木树冠覆盖较二环内更好一些，如北部的和平街一带，南部的方庄一带，东部的三里屯使馆区一带，这些街区建设历史较长，因此内部栽植的林木树冠的覆盖度较高，连续性也很好。二至三环在西二环一带，由于北京动物园与玉渊潭公园的存在，该部分的树冠覆盖更密集一些。

三至四环间区域属于北京城郊过渡区，总面积是 14 368.42 hm^2，占北京城区总面积的 5.92%。从图 4-4 中看出，三至四环内的提供成片林木树冠覆盖的公园的面积所占的比重较三环以内会低一些，而且其多分布在北部与东北部地区，如元大都城垣遗址公园，太阳宫公园与朝阳公园。西边一带京密引水渠两岸带状分布的乔灌木树冠覆盖也比较明显。三至四环多为居住社区，小区内楼际的绿化树木提供的树冠覆盖较多，分布方式与二至三环区域类似。但是在该区间的东南角落四道口桥一带，树冠覆盖非常少，居住小区的绿化程度较其他小区偏低。

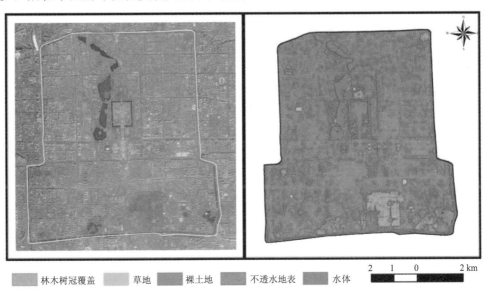

| 林木树冠覆盖 | 草地 | 裸土地 | 不透水地表 | 水体 |

图 4-2　二环区域内 2013 年林木树冠覆盖空间分布

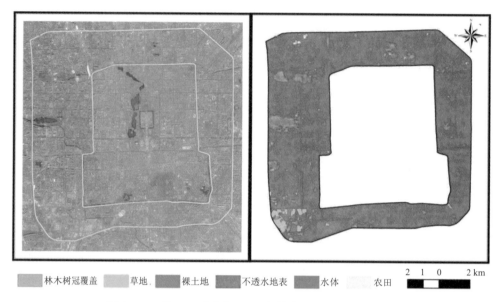

| 林木树冠覆盖 | 草地 | 裸土地 | 不透水地表 | 水体 | 农田 |

图 4-3　二至三环区域内 2013 年林木树冠覆盖空间分布

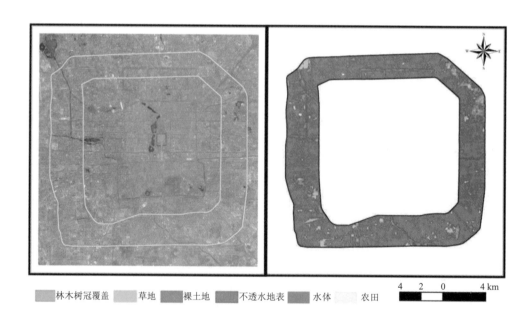

| 林木树冠覆盖 | 草地 | 裸土地 | 不透水地表 | 水体 | 农田 |

图 4-4　三至四环区域内 2013 年林木树冠覆盖空间分布

　　四至五环区域属于北京近郊区，总面积是 36 495.74 hm^2，占北京城区总面积的 15.03%。在四至五环内东北部区域一带的历史名园、郊野公园、观光采摘园及公墓内，多种以森林为主体的公共绿地连续分布，使得该片的乔灌木树冠分布最为密集。北部的奥林匹克森林公园及周边，东北部的东风公园一带也同样提供了大面积的林木树冠覆盖。北部圆明园与奥林匹克森林公园之间多分布有高校等教育机构，这些机构内多进行过充分合理的绿化建设，树冠覆盖的质量也较高。而四至五环南部的树冠覆盖与北部的相比却存在一定的不足。南四环与南五环之间也存在许多的公园与郊野公园，公园内也提供了片状分布的乔灌木树冠，但是公园自身的占地面积不仅不大，而且这些公园的分布也不集中，因此导致了这一带的树冠覆盖的连接度要低于北部。南部街区的树冠覆盖也不如北部，除南苑机场小区有较高的树冠覆盖之外，其他新建的街区内部的树冠覆盖程度偏低，尤其是东南部焦化厂一带，树冠覆盖的面积很小（图 4-5）。

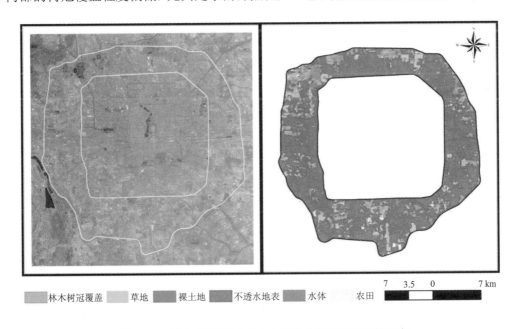

图 4-5　四至五环区域内 2013 年林木树冠覆盖空间分布

　　五至六环外 1 km 间区域属于北京远郊区，总面积是 176 096.82 hm^2，占北京城区总面积的 72.52%，占地面积是各环路区间中最大的，其树冠覆盖率也是最高的，树冠覆盖的面积占总树冠覆盖面积的 78.08%（表 4-3）。树冠覆盖分布较为集中的地带主要有以下 3 处：西北部的西山公益林区及其周边，西南部永定河干枯断流的河道地区及其周边，北部与东北部温榆河沿岸两侧地区。西山公益林区的林木树冠覆盖斑块的面积是最大的，在树冠覆盖率中的贡献也是最高的。在其中零散地点缀分布有建筑物与宽度很窄的山地道路。山地周围承接了各种郊外休闲游览场所，西南部有八大处公园，西北部有香山公园、百望山森林公园，北部有多种生态休闲园。西山至稻香湖上庄水库一带的片林树冠覆盖也比较密集。西南部永定河区域的森林公园、林场与农场果园中的树冠覆盖了大片的干枯断流的河道。西部前山带的树冠覆盖程度也非常高，在其以南、永定河河道以西区域，多分布有主题纪念林、生态园、森林公园与果园。东北部沿温榆河两侧的河岸树冠覆盖带状分布非常明显，连通性很好，河道两侧零散分布有面积不等的成片乔灌木树冠斑块。此外，在北部奥林匹克森林公园北园，东小口森林公园，太平郊野公园，半塔郊野公园中的乔灌木树冠呈南北方向连续的阔带状楔入建成区（图4-6）。东南部有金田公园、杜仲公园周边与南部的南海子公园及附近存在有一定面积但是连接性不是很高的片林。在五至六环间居住区总体的树冠覆盖情况是低于五环以内的，但是也存在绿化程度稍好的地段，如大兴亦庄开发区与高米店至黄村一带的住宅区，六里屯以北北清路一段的航天城社区以及温榆河两岸部分小块分布的住宅区区域。

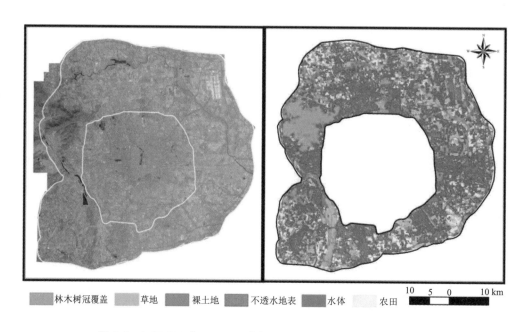

林木树冠覆盖　　草地　　裸土地　　不透水地表　　水体　　农田　　10　5　0　10 km

图4-6　五至六环外1 km区域内2013年林木树冠覆盖空间分布

4.2.2.2　潜在树冠覆盖分析

二环内的植被潜在树冠覆盖率最低，仅为0.4%，随着环路外扩，树冠覆盖率逐渐增加，五至六环外1 km间区域为10.2%，达到最大。植被潜在树冠覆盖率随环路外扩的变化趋势与现实树冠覆盖率的变化趋势是一致的。四至六环外1 km的植被潜在树冠覆盖占总植被潜在树冠覆盖的96.71%，几乎包括了整个城区的植被潜在树冠覆盖。由此可见，越靠近市中心，能够用来营建树冠覆盖的透水地表就越少，市郊会拥有比市里更多的植被潜在树冠覆盖，因此在未来，从外界条件与成本效益的角度来看，市郊比市里更具有增加树冠覆盖的可行性。

二环以内的潜在树冠覆盖面积是 25 hm^2，可提高的树冠覆盖率是 0.4%。从图 4-2 中看出，二环以内草地与裸土地数量极少，面积也较小，草地多分布于城市公园中，属于景观园林点缀型草地，改造的可能性较低。二至三环间的潜在树冠覆盖面积是 246 hm^2，可提高的树冠覆盖率是 2.56%。在该区间的西南角，万泉公园周边集中分布有一定面积的裸土地与荒草地。三至四环的潜在树冠覆盖面积是 423 hm^2，可提高的树冠覆盖率是 2.94%。三至四环的南部零散分布有许多面积不等的裸土地与荒草地，此外，在西北部的社区附近，太阳宫公园一带也存在着数个面积稍大的裸土地与荒草地斑块。四至五环的潜在树冠覆盖面积是 2 440 hm^2，可提高的树冠覆盖率是 6.68%。四至五环间较四环内开始出现大量的面积较大的裸土地与草地，草地与公园里未被树冠覆盖的裸土地多分布在区间的北部与东北部，闲置未被利用的荒草地与裸土地多集中分布在区间的西南部与南部。五至六环外 1 km 间的潜在树冠覆盖面积是 17 965 hm^2，可提高的树冠覆盖率是 10.2%。五至六环间城区居住地内的草地与裸土地的分布不是非常多，面积也有限。在非城区居住地的区域，则会出现面积很大的潜在树冠覆盖斑块，分布位置与林木树冠覆盖集中的区域大体一致。

4.2.3　行政区域尺度内的树冠覆盖分析

4.2.3.1　现实树冠覆盖

从统计结果来看（表 4-4），东城区与西城区的林木树冠覆盖率是北京城六区中最低的，两区的树冠覆盖面积比重也是非常相近的，分别是 25.45% 与 21.97%，属于中树冠覆盖率（20%≤树冠覆盖率≤49%）。东城区与西城区的树冠覆盖面积占总树冠覆盖面积的比重也是最小的，分别是 2.19% 与 2.28%（表 4-5）。从分类结果中也可以看出（图 4-7），两行政区内乔灌木分布稀疏零散，在部分街道的两侧会存在线状连续的行道树，在偶尔出现的公园中还会有一定的片林，但是数量极少而且分布面积也较小，主要集中分布于故宫北侧的景山公园处，南部的陶然亭公园、天坛公园以及龙潭公园处，北部的地坛公园、青年湖公园处。

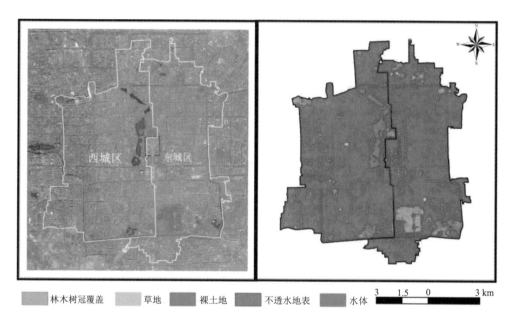

林木树冠覆盖　　　草地　　　裸土地　　　不透水地表　　　水体　　　3　1.5　0　　　3 km

图 4-7　东城区—西城区 2013 年林木树冠覆盖空间分布

　　朝阳区、丰台区和海淀区这 3 个行政区在树冠覆盖率上是最高的，依次是 32.87%、35.48% 和 45.47%（表 4-4）。树冠覆盖面积在总树冠覆盖面积中的比重也是最大的，依次是 30.69%、20.45% 和 35.41%（表 4-5）。虽然这三区的树冠覆盖率也属于中树冠覆盖率，但不同的是，东城区与西城区都属于中心城区范围，而海淀区、丰台区和朝阳区内除了包含一定面积的城市建成区外，还包括了一定面积的市郊区域，这就导致了后者的林木树冠覆盖的面积比重和分布方式与前者存在一定的差异。

表 4-4　不同行政区树冠覆盖统计

行政区域	现实树冠覆盖		潜在树冠覆盖		合计	
	面积/hm²	比例/%	面积/hm²	比例/%	面积/hm²	比例/%
东城区	1 065.49	25.45	24.54	0.59	1 090.03	26.04
西城区	1 111.94	21.97	13.89	0.27	1 125.82	22.24
朝阳区	14 957.71	32.87	3 881.06	8.53	18 838.76	41.40
丰台区	9 967.18	35.48	2 530.10	9.01	12 497.28	44.48
海淀区	17 258.10	45.47	2 120.00	5.59	19 378.10	51.05
石景山区	4 379.20	52.19	379.62	4.52	4 758.82	56.72

表 4-5　不同行政区树冠覆盖对比

行政区域	现实树冠覆盖			潜在树冠覆盖		
	占总面积/%	占区域面积/%	占树冠覆盖总面积/%	占总面积/%	占区域面积/%	占潜在树冠覆盖总面积/%
东城区	0.82	25.45	2.19	0.02	0.59	0.27
西城区	0.86	21.97	2.28	0.01	0.27	0.16
朝阳区	11.58	32.87	30.69	3.00	8.53	43.37
丰台区	7.72	35.48	20.45	1.96	9.01	28.27
海淀区	13.36	45.47	35.41	1.64	5.59	23.69
石景山区	3.39	52.19	8.98	0.29	4.52	4.24

尤其是海淀区，该区的林木树冠覆盖率在数值上虽然被划分为中树冠覆盖率，实际却几乎接近高树冠覆盖率（树冠覆盖率≥50%）。海淀区靠近市中心的区域树冠覆盖也呈现零散点状分布或沿道路线状分布，覆盖总量不是很大。而海淀区郊区的西北部分布着大面积的山地森林，属于西山公益林区，大量树木集中连片分布覆盖整个山地。西山脚下东南方向沿五环路一带，自东向西依次是东升 8 家郊野公园、树村郊野公园、圆明园、颐和园、玉东园、玉泉山以及万安公墓等，这些郊野公园、历史名园及公墓内也都成片分布着大量的乔灌木。西山北部与永定河之间的区域，除了在中关村示范园、稻香湖公园、翠湖湿地公园、药用植物园与中关村森林公园集中分布的乔灌木外，还存在许多面积不等的覆盖度较好的片状林地（图 4-8）。此外，永定河引水渠两岸连续分布有农业观光园区采摘果树树冠，小面积的郊野公园乔灌木树冠以及大量的河岸绿地树冠，连接市里与市郊。

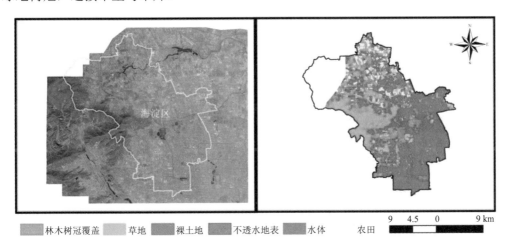

| 林木树冠覆盖 | 草地 | 裸土地 | 不透水地表 | 水体 | 农田 |

9　　4.5　　0　　　9 km

图 4-8　海淀区 2013 年林木树冠覆盖空间分布

朝阳区市里部分乔灌木分布零散稀疏，靠近四环的朝阳公园与太阳宫公园中的乔灌木树冠成片分布明显（图4-9）。市郊五环路及五环以外区域乔灌木集中分布的区域可以大致划分为以下4个：北部的奥林匹克森林公园及其周边的北京会议中心、黄草湾郊野公园、望湖公园与北小河公园等；东北部的望京公园、东风公园、将府公园及周边的庄园林地、东坝郊野公园、京城梨园与常营公园一带；东部运通桥至五方桥之间的古塔公园、百花公园、杜仲公园、金田公园与白鹿公园一带；南部海棠公园、老君堂公园、鸿博公园及附近会所与企业文化园。朝阳区内还包含部分温榆河南岸地区，沿岸除了河岸绿化片林外，新建公园、俱乐部、新型住宅区与观光采摘园也分布有大量的乔灌木。

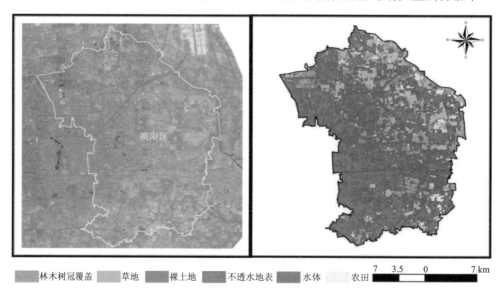

林木树冠覆盖　　草地　　裸土地　　不透水地表　　水体　　农田　　7　3.5　0　7 km

图 4-9　朝阳区 2013 年林木树冠覆盖空间分布

　　丰台区的乔灌木树冠则主要集中在西部城郊一带，包括永定河断流干涸的河道两岸与西部山区（图4-10）。永定河断流的河道及河岸从南至北依次分布有鹰山森林公园、晓月郊野公园、绿堤公园与世纪森林公园。永定河西部山区一带分布有云岗森林公园、大量观光采摘园和陵园墓地等。山地南部靠近丰台区行政边界的滨河公园，南宫旅游景区一带也有成片的乔灌木分布。此外，丰台区南部铁路沿线有两处的树冠覆盖分布也较为集中，一处是海子公园、槐心公园、和义公园以及附近村庄周边的林地，另一处是靠近永定河的高鑫公园、花乡世界名园与汾庄周边的林地。

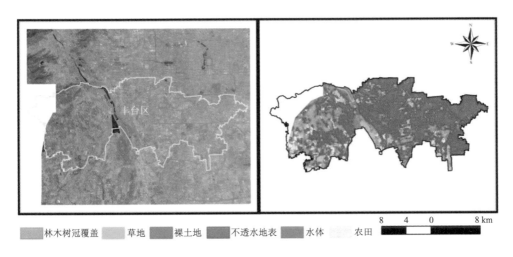

图 4-10　丰台区 2013 年林木树冠覆盖空间分布

从行政区的树冠覆盖率的统计情况上来看，石景山区的林木树冠覆盖率是最高的，为 52.19%（表 4-4），属于高树冠覆盖率。石景山区总面积较小，而林木树冠覆盖状况最好的山地面积又占了将近一半。东部的石景山游乐园、老山城市休闲公园和八宝山公墓对于全区的林木树冠覆盖率也有一定程度的贡献（图 4-11）。

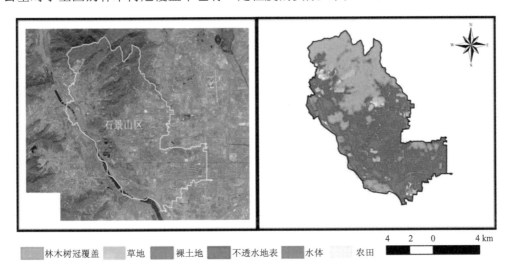

图 4-11　石景山区 2013 年林木树冠覆盖空间分布

4.2.3.2　潜在树冠覆盖

从表 4-4 中可以看出，东城区与西城区的潜在树冠覆盖面积分别是 25.54 hm² 和

13.89 hm^2，可提高的树冠覆盖率分别是 0.59%和 0.27%。这两个行政区内的草地与裸土地斑块数量非常少，面积小且分布零散。海淀区的潜在树冠覆盖面积是 2 120 hm^2，可提升的树冠覆盖率是 5.59%。从图 4-8 中看出，海淀区西山以北至稻香湖上庄水库之间，荒草地与裸土地的分布较为集中。朝阳区的潜在树冠覆盖面积是 3 881.06 hm^2，可提升的树冠覆盖率是 8.53%。从图 4-9 中看出，朝阳区的的东北部，温榆河流域一带，存在许多大面积的荒草地。丰台区的潜在树冠覆盖面积是 2 530.1 hm^2，可提升的树冠覆盖率是 9.01%。从图 4-10 中看出，丰台区的潜在树冠覆盖分布集中在以下 3 个区域：①在丰台区的北部，三环以里万泉公园周边的地带，有一定数量的荒草地与裸土地；②丰台区的南部，靠近四环的地方，也集中分布有荒草地与裸土地；③在西部山区和山区周边，荒草地与裸土地也频繁出现。石景山区的潜在树冠覆盖面积是 379.62 hm^2，可提升的树冠覆盖率是 4.52%，在石景山区北部西山脚下有一定面积的裸土地与荒草地（图 4-11）。

4.3　研究区域 2002—2013 年林木树冠覆盖动态变化分析

4.3.1　研究区域总体动态变化情况

根据 2002 年和 2013 年航片、卫片解译结果见图 4-12，通过该解译图件，在 arcmap 平台上统计的林木树冠覆盖及其他土地覆盖类型的数量情况见表 4-6。

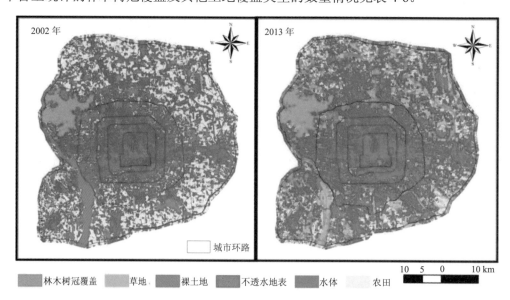

图 4-12　2002 年与 2013 年研究区域林木树冠覆盖空间分布

表 4-6　2002—2013 年北京城区树冠覆盖/土地覆盖统计

土地覆盖类型	2002 年		2013 年		变化幅度	
	面积/hm²	比例/%	面积/hm²	比例/%	面积/hm²	比例/%
林木树冠覆盖	47 275.66	19.47	89 487.90	36.85	42 212.24	17.38
草地	3 991.51	1.64	18 071.52	7.44	14 080.01	5.80
裸土地	38 212.59	15.74	4 679.47	1.93	−33 533.12	−13.81
不透水地表	91 717.33	37.77	107 871.99	44.42	16 154.66	6.65
水体	6 303.48	2.60	5 875.44	2.42	−428.04	−0.18
耕地	55 333.85	22.79	16 848.09	6.94	−38 485.76	−15.85
总计	242 834.41	100.00	242 834.41	100.00	—	—

从表 4-6 可以看出，2002—2013 年，研究区内各种土地覆盖类型均发生了不同程度的变化。林木树冠覆盖面积变化最大，第二是耕地，第三是裸土地。草地、不透水地表面积是增加的，而裸土地、水体和耕地的面积减少了。

（1）林木树冠覆盖显著增加。2002 年北京城区的树冠覆盖面积是 47 275.66 hm²，2013 年的树冠覆盖面积增加到 89 487.9 hm²，2002 年林木树冠覆盖面积占总区域的 19.47%，面积比重仅为不透水地表的 1/2，稍低于耕地，而 2013 年，林木树冠覆盖率增长到了 36.85%，成为仅次于不透水地表的面积比重位居第二的覆盖类型，11 年增加了 17.38%。从图 4-12 中观察可以发现，林木树冠覆盖分布的区域差异比较明显。2002 年，树冠覆盖斑块数量偏少，斑块平均面积也较小，市区公园里会有一定面积集中分布的树冠覆盖，远郊区内除了西山生态公益林区的片林，很难看到有大面积分布的树冠覆盖。从市区到市郊林木树冠覆盖程度呈现出降低的趋势。到 2013 年，树冠覆盖发生了巨大的变化，在城市郊区出现了大量的林木树冠覆盖斑块，相比之下，具有有限生态空间的中心城区区域，其树冠覆盖面积增加程度就远低于市郊。

（2）耕地面积从 2002 年的 55 333.85 hm² 减少到了 2013 年的 16 848.09 hm²，净减少 38 485.76 hm²，占研究区总面积的比重由 22.79%下降到 6.94%，降低了 15.85 个百分点，变化极其显著。从图 4-12 可以明显看出，2002 年，耕地在四环以外区域还呈现集中连片的分布格局，而到了 2013 年，耕地只在五环以外还呈现片块状分布的格局，但规模已与 2002 年大不相同，呈现了耕地、不透水地表和林木树冠覆盖穿插分布的格局形式。

（3）2002 年不透水地表面积为 91 717.33 hm²，占总面积的 37.77%，2013 年不透

水地表面积为 107 871.99 hm², 占总面积的 42.42%, 期间面积净增加 16 154.66 hm², 总体比重上升了 6.65 个百分点。不透水地表主要包括铺装路面, 建筑物和其他硬化的地面, 城区内的分布范围最广, 往郊区则呈现了分布破碎的变化趋势。

（4）水体减少明显。2002—2013 年, 水体面积减少也非常明显。2002 年水体面积为 6 303.48 hm², 占研究区土地总面积的 2.6%, 2013 年水体面积为 5 575.44 hm², 占研究区总面积比重 2.42%, 11 年间面积净减少了 428.04 hm², 占研究区总面积比重下降了 0.18 个百分点。水体面积的减少主要发生在城郊区域中, 对比两年的土地覆盖类型（图 4-12）发现, 2002 年, 远郊区东部与南部, 小面积的库塘水体大量分布, 而在 2013 年这些库塘水体几乎全部消失。水体在城区以面积不等的公园湖泊或形状规则的人工水渠形式而存在, 在郊区则主要是大面积的河流, 间或分布有小面积的库塘水体与绿地水体。

（5）草地增加。草地面积由 2002 年的 3 991.51 hm² 增加到 2013 年的 18 071.52 hm², 面积增加 14 080.01 hm², 占研究区总面积的比重由 1.64% 上升至 7.44%, 增加了 5.8 个百分点。这里草地包括市区人工经营的绿化草坪或草皮, 高尔夫球场的草坪以及非人工经营的荒草地。草地面积在总量上的增加, 主要体现在人工经营的景观草地上。城市绿化工作的开展与大量位于五环至六环的高尔夫球场的营建提高了草坪的面积总量。草地分布形式与乔灌木类似, 越往市里, 则数量越少, 平均斑块面积也越小。而在城郊区则会大量分布, 大面积的草地多是高尔夫球场草坪与闲置荒草地。

（6）裸土地减少。2002 年裸土地总面积为 38 212.59 hm², 占研究区面积的 15.74%, 2013 年裸土地总面积为 4 679.47 hm², 占总面积的 1.93%, 比 2002 年减少了 33 533.12 hm², 面积比重减少了 13.81 个百分点。裸土地共包括了绿化地带裸土地、果园裸土地、水域裸土地等不同的亚类形式, 从图 4-12 可以明显看出, 这些裸土地的消失, 都是与城市绿化面积扩大息息相关的。

4.3.2　不同环路间的林木树冠覆盖动态变化

从统计结果来看（表 4-7）, 2002—2013 年, 除二环以内的区域外, 其他各环路间的树冠覆盖均呈现增加的趋势, 总体上呈现了随着环路外扩的空间推进, 其林木树冠覆盖增幅增大的特点。二环以内林木灌木树冠覆盖在这 11 年中, 不升反降, 共计减少了 23.16 hm², 相应的林木树冠覆盖率也降低了 0.37 个百分点。二至三环林木树冠覆盖面积增加了 155.55 hm², 提升了 1.65 个百分点。随着环路向外扩张, 树冠覆盖增加的趋势是越来越明显的, 五至六环外 1 km 范围, 林木树冠覆盖增长的幅度最大, 面积增加达到了 36 306.95 hm², 提升了 20.62 个百分点。

表 4-7　不同环路间 2002—2013 年林木树冠覆盖统计

环路区间	2002 年		2013 年		2002—2013 年变化	
	树冠覆盖面积/hm²	树冠覆盖率/%	树冠覆盖面积/hm²	树冠覆盖率/%	树冠覆盖面积/hm²	树冠覆盖率/%
二环以内	1 494.14	23.80	1 470.98	23.43	−23.15	−0.37
二至三环	2 154.94	22.46	2 313.49	24.11	158.55	1.65
三至四环	2 875.75	20.01	3 648.79	25.39	773.04	5.38
四至五环	7 190.36	19.70	12 180.18	33.37	4 989.82	13.67
五至六环外 1 km	33 567.50	19.06	69 874.45	39.68	36 306.95	20.62

　　北京二环以内区域，是北京城市最具有历史意义的区域，这里是北京市文物古迹分布最集中的地方，也是生态保护与城市建设矛盾冲突的前缘区域。根据本次研究数据的统计结果，该区域 2002—2013 年的 11 年中，林木树冠覆盖减少了 23.15 hm²，林木树冠覆盖率降低了 0.37 个百分点。在目前大众生态需求普遍高涨、生态建设日渐加强的形势下，这一结果的出现非常突兀。从该区域全部土地覆盖的两个年度统计结果来看（表 4-8），该区域除了不透水地表 11 年中增加了 301.07 hm² 外，其他全部地类都呈现减少的变化过程，因此，以建设用地为核心的不透水地表覆盖的扩展，应该是该区域林木树冠覆盖减少的最直接原因。

表 4-8　二环以内区域 2002—2013 年林木树冠覆盖统计

土地覆盖类型	2002 年		2013 年		变化幅度	
	面积/hm²	比例/%	面积/hm²	比例/%	面积/hm²	比例/%
林木树冠覆盖	1 494.14	23.80	1 470.98	23.43	−23.15	−0.37
草地	110.71	1.76	14.56	0.23	−96.14	−1.53
裸土地	191.69	3.05	12.23	0.19	−179.46	−2.86
不透水地表	4 252.14	67.73	4 553.22	72.53	301.07	4.80
水体	229.14	3.65	226.82	3.61	−2.32	−0.04
合计	6 277.81	100.00	6 277.81	100.00	—	—

　　二至三环以内区域从城市功能区划看，其地跨城市核心区与城市中心地区两大功能区划单元，城市建设与生态用地的矛盾也很大，但与二环以内相比，冲突的剧烈程

度有所缓和。从表 4-9 可以看出，该区域包括了全部 6 类土地覆盖类型。景观基质也是由不透水地表构成的，其在 2002 和 2013 年的占比都达到了 70%以上，虽然还保持了增长的势头，但 11 年中仅增加了 0.65 个百分点，远低于二环以内区域；该区域另一个实现面积增长的土地覆盖类型就是林木树冠覆盖，其 11 年中面积增长了 158.55 hm²，林木树冠覆盖率增加了 1.65 个百分点。可以说，耕地与裸土地是这一区域林木树冠覆盖和不透水地表能够实现面积增长的关键所在。在这 11 年中，裸土地减少了 121.1 hm²，而耕地总共减少了 67.11 hm²，无疑这些减少的土地面积绝大部分贡献给了林木树冠覆盖和不透水地表的增加。

表 4-9　二至三环以内区域 2002—2013 年林木树冠覆盖统计

土地覆盖类型	2002 年		2013 年		变化幅度	
	面积/hm²	比例/%	面积/hm²	比例/%	面积/hm²	比例/%
林木树冠覆盖	2 154.94	22.46	2 313.49	24.11	158.55	1.65
草地	159.39	1.66	132.79	1.38	−26.60	−0.28
裸土地	237.65	2.48	116.56	1.21	−121.10	−1.26
不透水地表	6 804.31	70.91	6 866.63	71.56	62.32	0.65
水体	163.24	1.70	157.17	1.64	−6.06	−0.06
农田	76.08	0.79	8.97	0.09	−67.11	−0.70
合计	9 595.61	100.00	9 595.61	100.00	—	—

　　从三至四环区域的变化情况来看（表 4-10），出现增长的土地覆盖类型有 3 个：林木树冠覆盖、草地和不透水地表，其中林木树冠覆盖面积增加了 773.05 hm²，林木树冠覆盖率增加了 5.38 个百分点，草地面积在这 11 年中也增加了 43.8 hm²，而不透水地表的面积增幅只有 219.8 hm²，远低于林木树冠覆盖的增加面积。裸土地的减少幅度与林木树冠覆盖的增加幅度相差不大，为 732.54 hm²，农田减少的面积达到了 295.8 hm²。

表 4-10　三至四环以内区域 2002—2013 年林木树冠覆盖统计

土地覆盖类型	2002 年		2013 年		变化幅度	
	面积/hm²	比例/%	面积/hm²	比例/%	面积/hm²	比例/%
林木树冠覆盖	2 875.75	20.01	3 648.79	25.39	773.05	5.38
草地	283.29	1.97	327.09	2.28	43.80	0.30

土地覆盖类型	2002 年		2013 年		变化幅度	
	面积/hm²	比例/%	面积/hm²	比例/%	面积/hm²	比例/%
裸土地	837.45	5.83	104.90	0.73	−732.54	−5.10
不透水地表	9 861.62	68.63	10 081.42	70.16	219.80	1.53
水体	199.50	1.39	191.19	1.33	−8.31	−0.06
农田	310.81	2.16	15.01	0.10	−295.80	−2.06
合计	14 368.42	100.00	14 368.42	100.00	0.01	0.00

四至五环区域，是北京市现状条件下的城乡交错区域，也是北京平原地区城镇化发展的前缘区域。从其土地覆盖的统计结果来看（表 4-11），2002—2013 年的 11 年中，其林木树冠覆盖增幅比例最大，为 4 989.82 hm²，林木树冠覆盖率增幅达到了 13.67 个百分点。从表中还可以看出，该区域以不透水地表增加为标志的城市化进程已经较四环以内区域有所缓和，其不透水地表的比例在两个年度中均不超过 60%；同时，作为重要生态用地类型的草地和水体也都出现了正增长的变化。从增长的土地覆盖类型的来源来看，其主要来源于裸土地和耕地类型，这两类土地覆盖在 2002—2013 年的 11 年中，分别减少了 3 802.36 hm² 和 3 416.69 hm²。从其成因来看，生态用地的增加与该区域作为北京市第一道绿化隔离地区工程的实施区域密切相关。

表 4-11 四至五环以内区域 2002—2013 年林木树冠覆盖统计

土地覆盖类型	2002 年		2013 年		变化幅度	
	面积/hm²	比例/%	面积/hm²	比例/%	面积/hm²	比例/%
林木树冠覆盖	7 190.36	19.70	12 180.18	33.37	4 989.82	13.67
草地	845.02	2.32	1 906.25	5.22	1 061.23	2.91
裸土地	4 399.54	12.05	597.18	1.64	−3 802.36	−10.42
不透水地表	19 596.56	53.70	20 703.19	56.73	1 106.63	3.03
水体	656.68	1.80	718.06	1.97	61.38	0.17
农田	3 807.58	10.43	390.89	1.07	−3 416.69	−9.36
合计	36 495.74	100.00	36 495.74	100.00	0.00	0.00

五至六环已经属于北京城市的远郊区域，从图 4-12 来看，林木树冠覆盖变化最明显的永定河区域与温榆河区域也都分布于该区域。从相关的土地覆盖统计数据来看（表4-12），该区域也是林木树冠覆盖增加和农田、裸土地面积减少最为显著的区域，其林木树冠覆盖在 2002—2013 年的 11 年中，从 33 567.50 hm² 增加到了 69 874.40 hm²，林木树冠覆盖率也翻了一番，由 19.06% 增长到了 39.68%；而耕地的变化同样惊人，11年中减少了 34 690.03 hm²，面积占比减小了 19.7 个百分点；而裸土地类型，11 年中面积净减少了 28 703.11 hm²。由裸土地直接转变为林木树冠覆盖类型的变化值在永定河河道与温榆河河堤两侧表现得尤为突出和明显（图 4-12）。永定河河道在 2002 年几乎全部为裸土地所覆盖，在这 11 年中，该断流的河道被用来建设了数个森林公园、大型林场与高尔夫球场，使得无水的河道被乔、灌木树冠与草地覆盖，从而完全蜕变为了环境优美的林草植被覆盖类型。而温榆河河堤两侧 2002 年的裸土地，也通过河道整治工程，栽植了大量的乔、灌木，形成了有一定宽度的绿色廊道。从变化的最大动因来看，该区域的二道绿化隔离区建设应该是其生态改善的最大推手。在二道绿化隔离区建设的过程中，一方面是在裸土地上实施造林工程的举措，另一方面该区域农业产业结构调整中涌现出的大量果园也对于该区域林木树冠覆盖率的提升功不可没。

表 4-12　五至六环外 1 km 区域 2002—2013 年林木树冠覆盖统计

土地覆盖类型	2002 年		2013 年		变化幅度	
	面积/hm²	比例/%	面积/hm²	比例/%	面积/hm²	比例/%
林木树冠覆盖	33 567.50	19.06	69 874.40	39.68	36 306.90	20.62
草地	2 594.07	1.47	15 690.22	8.91	13 096.14	7.44
裸土地	32 551.71	18.49	3 848.60	2.19	−28 703.11	−16.30
不透水地表	51 203.10	29.08	65 667.51	37.29	14 464.42	8.21
水体	5 056.52	2.87	4 582.19	2.60	−474.32	−0.27
农田	51 123.25	29.03	16 433.21	9.33	−34 690.03	−19.70
合计	176 096.15	100.00	176 096.15	100.00	0.00	0.00

4.3.3　不同行政区域间林木树冠覆盖动态变化

从北京市 2002—2013 年城六区的统计结果来看（表 4-13），除了西城区，各行政区内的树冠覆盖面积呈现出不同程度的增长趋势。总体来看，城六区林木树冠覆盖面积共增加了 19 540.4 hm²，平均的林木树冠覆盖率从 2002 年的 22.6%增加 2013 年的 37.73%，净增 15.13 个百分点。为了更好地了解不同区域的变化过程，下面按照不同行政区依次分析。

表 4-13　北京城六区 2002—2013 年树冠覆盖统计

行政区域	2002 年		2013 年		2002—2013 年变化	
	树冠覆盖面积/hm²	树冠覆盖率/%	树冠覆盖面积/hm²	树冠覆盖率/%	树冠覆盖面积/hm²	树冠覆盖率/%
东城区	1 040.63	24.86	1 065.49	25.45	24.86	0.59
西城区	1 113.34	21.99	1 111.94	21.97	−1.4	−0.02
朝阳区	8 086.97	17.77	14 957.71	32.87	6 870.74	15.1
丰台区	4 729.43	16.83	9 967.18	35.48	5 237.75	18.65
海淀区	10 580.58	27.88	17 258.10	45.47	6 677.52	17.59
石景山区	3 648.26	43.48	4 379.20	52.19	730.94	8.71
合计	29 199.21	22.60	48 739.61	37.73	19 540.4	15.13

从东、西城区的变化情况来看，二者呈现了完全相反的变化过程。东城区的林木树冠覆盖面积从 2002 年的 1 040.63 hm² 增加到了 2013 年的 1 065.49 hm²，净增 24.86 hm²，林木树冠覆盖率也从 24.86%增加到了 25.45%，净增 0.59 个百分点。西城区与东城区的变化相反，林木树冠覆盖面积从 2002 年的 1 113.34 hm² 减少到了 2013 年的 1 111.94 hm²，11 年中共减少了 1.4 hm²，林木树冠覆盖率相应减少了 0.02 个百分点。根据《北京城市总体规划（2004—2020 年）》，这两区在北京市中的定位是首都核心功能区，是政治、文化、金融、商业中心，以及传统文化与古都风貌旅游娱乐区，地面硬化程度最高，除了公园绿地中有大片林木树冠覆盖斑块分布，其林木树冠覆盖绝大部分是以小型街头绿地、居住区效应绿地和古树名木独立木的形式而存在的（图 4-13）。这里寸土寸金，要增加林木树冠覆盖的土地空间非常有限；但这里又是北京市人口密度最高的区域，也是城市居民绿色福祉与环境健康需求最强烈的区域，但这里现实的林木树冠覆盖率也是城六区中最低的，因此绿色空间缺口大、人地矛盾突出。这一区域的林木树冠覆盖率建设目标，应该是在保持现状基础上能有缓慢的增加即可，但西城区不增反减的变化过程，值得引起关注。

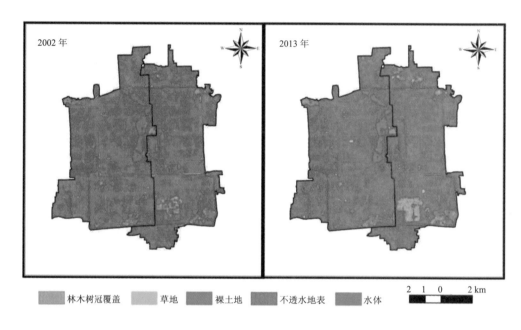

图 4-13　东、西城区域 2002—2013 年林木树冠覆盖空间分布

　　从林木树冠覆盖率的增幅变化来看，增长最大的是丰台区，其林木树冠覆盖率从 2002 年的 16.83%增加到 2013 年的 35.48%，11 年中增加了 18.65 个百分点（表 4-13）。从图 4-14 可以看出，丰台区的林木树冠覆盖增加主要来自 3 个区域：①永定河以西的河西地区，这里的丘陵在 2002 年，其土地覆盖由耕地和裸土地构成，只在丘陵的南部存在片林，到了 2013 年，原来的耕地开发建设成为观光采摘园，云冈森林公园内也通过指数造林实现了树冠覆盖的增加，而丘陵区以南地区的树冠覆盖增加，则主要与该区域一系列的旅游景区与主题户外娱乐场所兴建有关。②永定河河道的生态治理，2002 年，永定河断流河道闲置而未被利用，基本上是裸露的干涸河床，到 2013 年，河道内除水体外已经全部被植被所覆盖，这主要与森林公园、郊野公园与高尔夫球场的建设充分利用了闲置的河道，提供了大量的乔灌木树冠覆盖与人工草地有关，尤其是于 2009 年启动建设的北京园博园，充分利用了干枯河道、垃圾填埋场地，营建了大面积的树冠覆盖，改善了周边的地区的生态环境，与北部的奥林匹克森林公园，并称为北京市的"南北两肺"。③永定河以东、位于四至五环的区域，这里属于丰台区南部的近郊区，除了在花乡世界名园与花卉中心附近部分的耕地转化为集中的林木树冠覆盖，其他林木树冠覆盖的增加主要与郊野公园建设相关，槐新公园、和义公园、南苑公园建设都是在这 11 年中新建或改进扩建的。

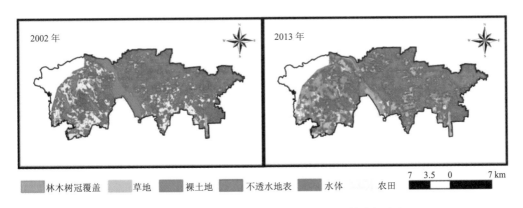

图 4-14　丰台区 2002—2013 年林木树冠覆盖空间分布

　　海淀区的林木树冠增加面积与林木树冠率增幅都稳居城六区的第二位。从树冠覆盖面积来看，从 2002 年的 10 580.58 hm² 增加到 2013 年的 17 258.1 hm²，净增加 6 677.52 hm²，而林木树冠覆盖率也从 2002 年的 27.88% 增长到了 2013 年的 45.47%，增幅达到了 17.59 个百分点（表 4-13）。

　　从图 4-15 中可以看出，海淀区树冠覆盖的增加主要发生在西北部的近郊区与远郊区。海淀近郊，五环内属于一道隔离带之内的地区，在 2002 年除颐和园万寿山与玉泉山有成片的乔、灌木树冠覆盖之外，多分布有尚未利用的裸土地，其上的树冠覆盖

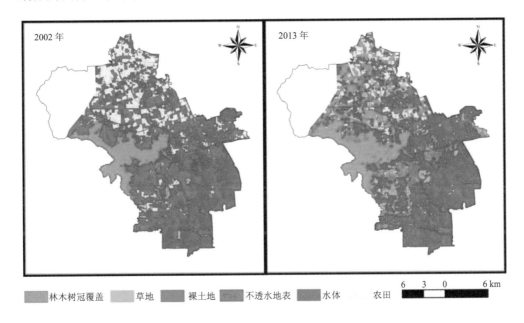

图 4-15　海淀区 2002—2013 年林木树冠覆盖空间分布

分布松散，在永引渠北侧的地带，还集中分布有一定数量的耕地。到 2013 年，这些裸露的地表在绿化质量上都有了很大程度的提升，尤其是颐和园与玉泉山周边一带，树冠覆盖的面积与连通性都得到了提升。海淀公园、玉泉公园、北坞公园以及附近公墓林地的营建，另外对原有林地开展的抚育工作不仅提高了该地区乔、灌木的栽植数量面积，而且这些养护措施也对已有树木的树冠覆盖的健康发展起到了很大的促进作用。此外，永引渠南侧的观光园区中的裸土地与晋元桥西南侧的裸土地也都得到了很好的绿化覆盖。但是需要注意的是永引渠北侧的果园裸土地与耕地的消失，曾经的果园用地被规划改造成了高尔夫球场，而原本的耕地也被开发利用建设成为新的住宅区。

海淀远郊区，西山的北部山脚在 2002 年存在大量的裸土地，多是果园内尚未种植果树而暂时裸露的土地，或是果树树冠尚小未能连片覆盖的土地。2013 年这些裸土地全部实现了向树冠覆盖的转化，除果园自身的种植抚育的原因之外，还有一部分果园则被改造建设成了休闲观光园和庄园。山区以北，上庄水库稻香湖流域一带，在 2002 年是大面积的耕地与郁闭度较低的林地，到 2013 年也大量地转化为林木树冠覆盖，稻香湖采摘园，稻香湖公园与中关村环保科技示范园的营建，使得河流与山地之间的树冠覆盖连通性有了一定程度的提高。同时。原来河流两岸的裸土地也得到了很好的绿化，翠湖湿地公园及各种小型的生态园与垂钓园的兴建很好地发挥了城市林木的多种服务功能。这个区域仍然存在有一定数量的耕地，但是分布不集中，河流北岸稍多一些。对比也可发现，这两年的不透水地表分布的位置与面积比较一致，团块状相互分离，建设用地扩张得到了比较有效的控制。

朝阳区是北京近郊的大区，2002—2013 年，其林木树冠覆盖面积从原来的 8 086.97 hm² 增加到了 2013 年的 14 957.71 hm²，净增面积 6 870.74 hm²，林木树冠覆盖率也从 17.77%增长到了 32.87%，净增 15.1 个百分点（表 4-13）。

从图 4-16 可以看出，在有现林木树冠覆盖总体增加的背景下，区内南北方向上的变化是有明显差异的。朝阳区城郊过渡区部分的树冠覆盖发生的较明显的变化主要位于四环的东北部，太阳宫公园的兴建和朝阳公园北部地带的进一步修缮绿化使该地区的裸土地与草地转化为树冠覆盖。

城郊区北部奥林匹克森林公园一带，2002 年该处的土地覆盖类型主要是裸土地、耕地与不透水地表，到 2013 年则全部转化为了大面积的乔、灌木树冠、草地与水体。大型公园的营建过程中，老旧房屋的拆迁，裸土地与耕地的规划利用，不仅提高了区域的树冠覆盖水平，对于城市建筑用地的扩张还起到了一定的优化控制作用。

同样在五环路与温榆河之间的远郊区，2002 年曾经大面积的连续分布的耕地到了 2013 年已不复存在，剩余的耕地面积很小且分布零散不集中。而且温榆河南岸曾经的河岸裸土地也全部得到了较好的绿化覆盖。出现了数个新建的高尔夫球场。还存在不少的建筑物拆迁后尚未投入使用闲置的荒草地。边缘整齐的块状分布的库塘水体消失，现存水体多是形状不规则的人工湖泊，这主要与该地区大量规划建设的以森林为主体的休闲公园、俱乐部及会展中心有关。

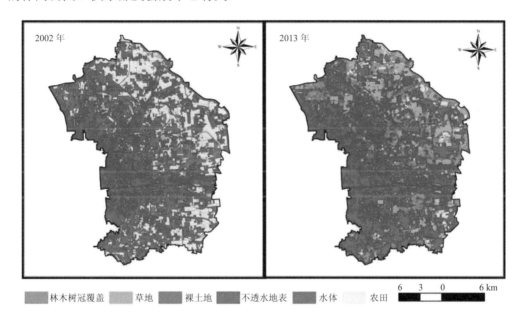

图 4-16　朝阳区 2002—2013 年林木树冠覆盖空间分布

　　朝阳区南部郊区的变化同样很显著，近郊区与远郊区的耕地几乎全部消失，只在定辛庄一带还残留了一定的面积。尽管林木树冠覆盖较原先有了一定程度的增加，但是不透水地表面积的扩张程度更大，新住宅区及居住配套设施的兴建是导致这种现象的原因。远郊区的库塘水体也遭到了填埋与重新规划，全部消失。该区域缺少大型公园与大面积的片林，新建的休闲公园的规模多是中、小型的，缺少能够有效控制建设用地的大面积的森林或者河流廊道，致使建设用地进一步连片融合，这一定程度地侵占了原有的生态用地。

　　石景山区是除东、西城区之外，林木树冠覆盖面积与林木树冠覆盖率增长最缓慢的区域。2002 年林木树冠覆盖面积为 3 648.26 hm²，到了 2013 年林木树冠覆盖面积也只有 4 379.2 hm²，11 年中净增 730.94 hm²，尽管面积增幅不大，但需要说明的是，无论是在 2002 年还是在 2013 年，石景山区的林木树冠覆盖率都是城六区中最高的，2002年已经达到了 43.48%，到了 2013 年更是达到了 52.19%（表 4-13），从而也是其成为城六区中唯一一个达到高覆盖度的区域。从图 4-17 可以看出，石景山区的树冠覆盖增加主要发生在西山南部，永定河沿岸与近郊老山城市休闲公园和八宝山一带。新建的永定河休闲森林公园位于该区，老山城市休闲公园与八宝山的树冠覆盖面积的增加得益于对该区域原有森林的有效经营与维护。

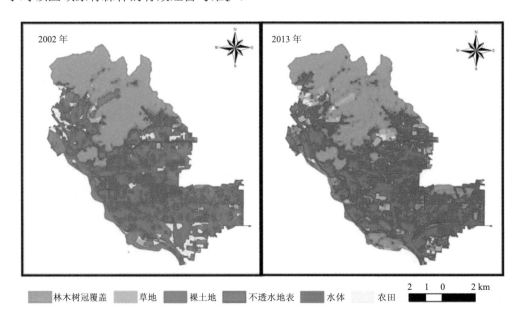

图 4-17 石景山区 2002—2013 年林木树冠覆盖空间分布

第5章

公园绿地城市森林结构特征及其树冠覆盖变化

　　作为快速城市化进程中的特大城市——北京，近年来的经济、人口高速增长，城市边缘不断扩张，城市建设用地面积不断扩大，土地利用格局急剧变化（于伟等，2016），这些伴随城市化而来的一系列问题都给今天的公园建设及管理提出了新的要求。为了对今后的公园规划或管理提出更科学的理论依据，目前已有学者开展了大量研究，关注点多集中于公园生物多样性及森林结构（Millward A A et al.，2010；王万平，2012；Paker Y et al.，2014；涂磊，2016；Palliwoda J et al.，2017）、生态效益（陈自新，2001；冯晓刚等，2012；段敏杰，2017）等方面，其中对北京市公园的研究有基于个别或少数公园的调查（梁尧钦等，2006；霍晓娜，2010；朱俐娜等，2015；李晓鹏等，2018），有基于五环内城市公园进行的大范围调查和系统分析（Li W et al.，2006；赵娟娟，2009），还有基于遥感影像的热场及公园冷岛效应分析（仇宽彪，2011，2017），但对公园整体生态服务能力的关注较少。城市林木树冠覆盖（urban tree canopy，UTC）是城市森林生态服务程度的指示器（贾宝全，2013），城市森林的建设是依靠增加林木树冠覆盖的需求来驱动的（Kenney W A et al.，2011）。对其进行研究，不仅可以为城市森林之间的现状比较提供资料，也为未来城市森林规划指明了方向（姚佳等，2015）。但 UTC 毕竟只是二维，缺乏森林垂直方向更详细的信息，为了提供比单纯的 UTC 更丰富的数据集（Mcpherson E G et al.，2011），本章以北京市六环外 1 km 范围内所有注册公园为研究对象，综合研究其森林结构与树冠覆盖情况，并根据北京城市特点从城市发展、空间分布、公园类型等方面进行系统分析、比较，以期为未来城市森林规划、建设提供可靠依据。

5.1 研究区概况与研究方法

5.1.1 研究区概况

北京是世界上最大、最古老的城市之一，历史上就不乏积水潭、莲花池、紫竹院、陶然亭等具有公共游览功能的园林（王丹丹，2016），1949 年便有不少皇家园林或私家园林开放为公园，包括北京动物园（原农事试验场）、城南公园（原先农坛）、中山公园（原社稷坛）、劳动人民文化宫（原太庙）、北海公园（原北海）、地坛公园（原地坛）、颐和园（原清漪园）等（景长顺，2015）。此后，北京市公园历经开拓发展、快速发展、奥运提升等阶段（北京市公园管理中心等，2011），目前已有注册公园 408 所，其中市属公园 11 所（北京市园林绿化局，2018），大多数城市公园属于由北京园林绿化局或其他公共机构管理部门管理的国家财产（Li W et al.，2006）。根据北京市园林绿化局官网统计，截至 2017 年年底北京市共有公园绿地 31 019.06 hm²，较 10 年前增长了 18 918.06 hm²，较 20 年前增长了 25 611.06 hm²，人均公园绿地面积 16.20 m²，较 20 年前的人均 7.80 m² 翻了一倍还要多（北京市园林绿化局官网，2018；北京统计局，2017）。本研究参照北京市行政地图、北京园林绿化局官网登记注册公园目录，对北京市 2013 年 7—9 月 0.5 m 分辨率 WorldView2 全色与多光谱融合影像进行的公园目视解译，共解译北京市六环外 1 km 范围内公园 265 个，总面积 15 983.76 hm²（图 5-1、表 5-1）。

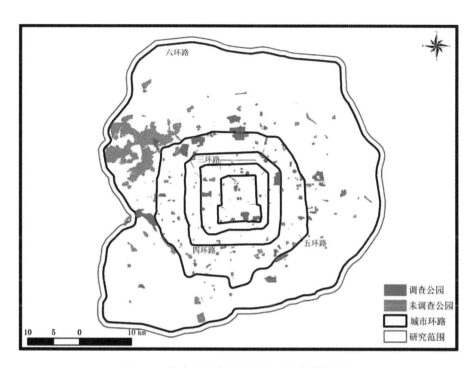

图 5-1　北京六环内公园绿地及调查抽样公园

表 5-1　北京六环内各行政区城市公园统计

行政区	公园个数/个	公园总面积/hm²	公园平均面积/hm²
东城区	14	426.31	30.45
西城区	26	342.11	14.64
朝阳区	77	2 807.50	36.46
丰台区	45	1 579.26	35.09
海淀区	47	8 134.75	173.08
石景山区	15	581.88	38.79
顺义区	3	123.44	41.15
房山区	2	82.16	41.08
通州区	5	179.42	35.88
大兴区	25	1 062.89	42.52
昌平区	6	664.04	110.67
总计	265	15 983.76	60.32

5.1.2 北京市六环内公园分类

本研究以《公园工作手册》（景长顺，2015）为主要依据，根据北京市公园环的特点，基于功能（陶晓丽等，2013）对北京市六环外 1 km 范围内公园进行分类，包括古迹保护公园、历史名园、郊野公园、森林公园、社区公园、文化主题公园、现代城市公园（表 5-2）。

表 5-2　北京六环内城市公园分类及规模

公园类型	公园数量		公园面积		平均面积/hm²
	数量/个	比重/%	面积/hm²	比重/%	
古迹保护公园	22	7.95	515.55	3.23	24.55
历史名园	19	7.20	1 977.79	12.37	104.09
郊野公园	48	18.18	2 384.12	14.92	49.67
森林公园	8	3.03	6 547.28	40.96	818.41
社区公园	88	33.33	1 422.17	8.90	16.16
文化主题公园	59	22.35	2 483.73	15.54	42.10
现代城市公园	21	7.95	653.12	4.09	31.10
总计	265	100	15 983.76	100	60.32

5.1.3 北京市六环内公园分级

北京市园林局根据《北京市公园条例》的规定，制定了《关于本市公园分级分类管理办法》，并系统规定了公园定级的标准为："公园按其价值高低、景观效果、规模大小、管理水平等分为三级：规模较大，历史、文化、科学价值高，景观环境优美，设施完备，有健全管理机构的定为一级；有一定的规模和历史、文化、科学价值，景观环境较好，设施较完备，有相应管理机构的定为二级；规模较小，有一定景观环境和设施，机构具有管理能力的定为三级。小区游园、带状公园以及街旁绿地可不纳入分级范围"。根据此定级标准以及"北京市公园分级分类表"（景长顺，2015），对北京市六环外 1 km 范围内公园进行分级，分级后的公园数量及面积如表 5-3 所示。

表 5-3　北京六环内城市公园分级及规模

公园类型	公园数量		公园面积		平均面积/hm²
	数量/个	比重/%	面积/hm²	比重/%	
一级	28	10.61	9 607.25	60.11	343.12
二级	34	12.88	2 450.59	15.33	72.08
三级	203	76.52	3 925.94	24.56	19.44

5.1.4　抽样调查公园

本研究对北京市六环外 1 km 范围内公园按其区域分布，分层随机抽样，共抽样调查公园 77 个，设置样方 232 个（表 5-4）。由于是按区域随机抽样，被抽样公园类型、级别并未均衡分配，因此关于森林结构的调查数据仅做关于不同环路和不同行政区之间的分析比较。

表 5-4　北京六环内抽样调查公园统计

序号	公园名称	所属环路区间	所属行政区	序号	公园名称	所属环路区间	所属行政区
1	地坛公园	二至三环	东城区	13	双秀公园	二至三环	西城区
2	柳荫公园	二至三环	东城区	14	北海公园	二环	西城区
3	青年湖公园	二至三环	东城区	15	翠芳园	二环	西城区
4	东单公园	二环	东城区	16	陶然亭公园	二环	西城区
5	工人劳动人民文化宫	二环	东城区	17	万寿公园	二环	西城区
6	皇城根遗址公园	二环	东城区	18	宣武艺园	二环	西城区
7	龙潭公园	二环	东城区	19	玫瑰园	三至四环	西城区
8	龙潭西湖公园	二环	东城区	20	CBD 历史文化公园	二至三环	朝阳区
9	明城墙遗址公园	二环	东城区	21	日坛公园	二至三环	朝阳区
10	南馆公园	二环	东城区	22	朝阳公园	三至四环	朝阳区
11	天坛公园	二环	东城区	23	太阳宫公园	三至四环	朝阳区
12	中山公园	二环	东城区	24	太阳宫休闲体育公园	三至四环	朝阳区

序号	公园名称	所属环路区间	所属行政区	序号	公园名称	所属环路区间	所属行政区
25	元大都遗址公园	三至四环	朝阳区	52	小屯公园	四至五环	丰台区
26	奥林匹克森林公园	四至五环	朝阳区	53	绿堤公园	五至六环	丰台区
27	北小河公园	四至五环	朝阳区	54	晓月郊野公园	五至六环	丰台区
28	东风公园	四至五环	朝阳区	55	园博园	五至六环	丰台区
29	古塔公园	四至五环	朝阳区	56	玉渊潭公园	二至三环	海淀区
30	红领巾公园	四至五环	朝阳区	57	紫竹院公园	二至三环	海淀区
31	鸿博公园	四至五环	朝阳区	58	马甸公园	三至四环	海淀区
32	将府公园	四至五环	朝阳区	59	北坞公园	四至五环	海淀区
33	金田公园	四至五环	朝阳区	60	东升八家郊野公园	四至五环	海淀区
34	四得公园	四至五环	朝阳区	61	海淀公园	四至五环	海淀区
35	望湖公园	四至五环	朝阳区	62	颐和园	四至五环	海淀区
36	望京公园	四至五环	朝阳区	63	玉泉公园	四至五环	海淀区
37	兴隆公园	四至五环	朝阳区	64	圆明园	四至五环	海淀区
38	镇海寺郊野公园	四至五环	朝阳区	65	北京植物园	五至六环	海淀区
39	奥森北园	五至六环	朝阳区	66	丹青圃公园	五至六环	海淀区
40	白鹿郊野公园	五至六环	朝阳区	67	温泉公园	五至六环	海淀区
41	常营公园	五至六环	朝阳区	68	国际雕塑公园	四至五环	石景山区
42	朝来森林公园	五至六环	朝阳区	69	老山城市休闲公园	四至五环	石景山区
43	东坝郊野公园	五至六环	朝阳区	70	三八国际友谊林	五至六环	通州区
44	清河营郊野公园	五至六环	朝阳区	71	运河奥体公园	五至六环	通州区
45	方庄体育公园	二至三环	丰台区	72	国际企业文化园	五至六环	大兴区
46	莲花池公园	二至三环	丰台区	73	亦庄文化园	五至六环	大兴区
47	万芳亭	二至三环	丰台区	74	南海子公园	五至六环	大兴区
48	丰益公园	三至四环	丰台区	75	长阳公园	五至六环	大兴区
49	高鑫公园	四至五环	丰台区	76	东小口森林公园	五至六环	昌平区
50	海子公园	四至五环	丰台区	77	回龙园公园	五至六环	昌平区
51	天元公园	四至五环	丰台区				

5.2 研究结果

5.2.1 公园森林结构

5.2.1.1 组成结构

（1）科、属、种组成特征。本研究共调查木本植物 35 科、64 属、78 种，其中常绿乔木 9 种，落叶乔木 47 种，常绿灌木 3 种，落叶灌木 19 种（表 5-5）。植株数量最多的科为豆科（Leguminosae），占总数的 21.52%；数量最多的属为杨属（*Populus*），占总数的 14.66%；数量最多的种为毛白杨（*Populus tomentosa* Carr.），占总数的 13.22%。数量优势树种排名前 10 的乔木依次为毛白杨、国槐（*Sophora japonica* Linn.）、银杏（*Ginkgo biloba* Linn.）、刺槐（*Robinia pseudoacacia* Linn.）、白蜡（*Fraxinus chinensis* Roxb.）、圆柏［*Sabina chinensis*（Linn.）Ant.］、栾树（*Koelreuteria paniculata* Laxm.）、油松（*Pinus tabulaeformis* Carr.）、臭椿［*Ailanthus altissima*（Mill.）Swingle］、旱柳（*Salix matsudana* Koidz.），这 10 种乔木数量占到乔木总数量的 79.20%（表 5-6）。

表 5-5 北京六环内公园绿地树种组成统计

类别	乔木			灌木			总计		
	落叶	常绿	合计	落叶	常绿	合计	落叶	常绿	合计
科	26	2	28	10	2	12	32	4	35
属	38	6	44	18	2	20	56	8	64
种	47	9	56	19	3	22	66	12	78
株数	8 449	1 189	9 894	257	20	277	8 706	1 465	10 171

表 5-6 乔木数量优势树种统计

序号	种中文名	拉丁名	株数/株	比例/%
1	毛白杨	*Populus tomentosa* Carr.	1 345	13.59
2	国槐	*Sophora japonica* Linn.	1 139	11.51
3	银杏	*Ginkgo biloba* Linn.	1 088	11.00
4	刺槐	*Robinia pseudoacacia* Linn.	1 021	10.32

序号	种中文名	拉丁名	株数/株	比例/%
5	白蜡	*Fraxinus chinensis* Roxb.	973	9.83
6	圆柏	*Sabina chinensis*（Linn.）Ant.	628	6.35
7	栾树	*Koelreuteria paniculata* Laxm.	530	5.36
8	油松	*Pinus tabulaeformis* Carr.	409	4.13
9	臭椿	*Ailanthus altissima*（Mill.）Swingle	387	3.91
10	旱柳	*Salix matsudana* Koidz.	316	3.19
11	侧柏	*Platycladus orientalis*（Linn.）Franco	297	3.00
12	元宝槭	*Acer truncatum* Bunge	293	2.96
13	紫叶李	*Prunus cerasifera* Ehrhart f. atropurpurea（Jacq.）Rehd.	151	1.53
14	海棠花	*Malus spectabilis*（Ait.）Borkh.	104	1.05
15	桃	*Amygdalus persica* Linn.	103	1.04
16	榆树	*Ulmus pumila* Linn.	96	0.97
17	丝棉木	*nymus bungeanus* Maxim	92	0.93
18	悬铃木	*Platanus orientalis* Linn.	88	0.89
19	新疆杨	*Populus alba* Linn. var. *pyramdalis* Bunge	85	0.86
20	玉兰	*Magnolia denudata* Desr.	73	0.74

　　各环路间科、属、种的数量沿环路由内向外逐渐减少（表 5-7），三至四环数量最少，主要是由于该区域公园总体数量少，调查样本小于其他区域。三环内植株数量最多的科为柏科（Cupressaceae），在二环内和二至三环间分别占 27.5%和 26.06%，三环外木樨科（Oleaceae）、豆科占多数，使用最多的种由三环内的常绿针叶植物侧柏[*Platycladus orientalis*（Linn.）Franco]、圆柏变为落叶阔叶植物白蜡、毛白杨。

　　各行政区科、属、种数量最多的是东城区（表 5-7），共有 28 科、46 属、55 种，最少的是石景山区，该区面积小，公园数量少，仅有两个公园被随机抽样选中，因此被调查到的植物种类也最少。各行政区应用株数最多的科分别为昌平区的木樨科，东城、西城、海淀区的柏科，朝阳、丰台、大兴区的豆科，石景山区和通州区的柳科（Salicaceae）。各行政区应用数量最多的种分别为：东、西城区侧柏，海淀区圆柏，朝阳区银杏，丰台区刺槐，石景山区毛白杨，昌平、通州区白蜡，大兴区国槐，其中石景山区的毛白杨应用比例最高。

表 5-7　各环路及各行政区公园绿地科、属、种特征

区域		科	属	种	株数最多的科		株数最多的属		株数最多的种	
					科名	比例/%	属名	比例/%	种名	比例/%
环路	二环内	30	46	54	柏科	27.50	侧柏属	13.87	侧柏	13.87
	二至三环	28	45	51	柏科	26.06	圆柏属	15.28	圆柏	15.28
	三至四环	15	21	21	木樨科	28.10	梣属	27.65	白蜡	27.65
	四至五环	25	39	43	豆科	28.26	杨属	20.03	毛白杨	17.97
	五至六环外 1 km	22	37	40	豆科	18.45	梣属	14.22	白蜡	14.22
行政区	东城区	28	46	55	柏科	33.38	侧柏属	17.36	侧柏	17.36
	西城区	24	37	40	柏科	21.65	侧柏属	12.65	侧柏	12.65
	朝阳区	26	35	39	豆科	20.71	杨属	16.67	银杏	15.42
	丰台区	21	30	31	豆科	30.80	刺槐属	21.31	刺槐	21.31
	海淀区	24	41	44	柏科	19.98	圆柏属	15.16	圆柏	15.16
	石景山区	6	7	7	杨柳科	36.32	杨属	36.32	毛白杨	36.32
	昌平区	6	7	8	木樨科	32.48	梣属	32.48	白蜡	32.48
	大兴区	13	15	15	豆科	29.37	槐属	18.69	国槐	18.69
	通州区	11	15	16	杨柳科	33.50	梣属	28.19	白蜡	28.19

（2）物种来源。北京市六环内公园绿地共有北京本地种 65 种，占总种数的 83.33%。其中乔木 47 种，占乔木总种数的 83.93%，灌木 18 种，占灌木总种数的 81.82%。乔木类引进种有防护类树种加杨（*Populus ×canadensis* Moench）、新疆杨（*Populus alba* Linn. var. *pyramdalis* Bunge），有遮阴类树种楝树（*Melia azedarach* Linn.）、悬铃木（*Platanus orientalis* Linn.），更多的是观赏类树种梅（*Armeniaca mume* Sieb.）、朴树（*Celtis sinensis* Pers.）、雪松［*Cedrus deodara*（Roxburgh）G. Don］、银杉（*Cathaya argyrophylla* Chun et Kuang）、紫叶李［*Prunus cerasifera* Ehrhart f. *atropurpurea*（Jacq.）Rehd.］；灌木类引进种则主要为观赏类：平枝栒子（*Cotoneaster horizontalis* Dcne.）、荚蒾（*Viburnum dilatatum* Thunb.）、蝟实（*Kolkwitzia amabilis* Graebn.）、珍珠梅［*Sorbaria sorbifolia*（Linn.）A. Br.］。

本地种的使用不仅在种数上占优势，在株数上优势更为明显（表 5-8）。对乔木本地种进行种数及株数的比较发现，三环外本地种种数使用的比例高于三环内，但使用数量上没有规律性变化。在各行政区间本地种种数使用比例最高的是石景山区，在该区调查树种全部为本地种，其次为丰台区，使用比例达 93.55%，最低的是昌平区，本

地种种数占比为 75%；在使用数量上，除昌平区外，其余各区本地种的使用数量均超过其所在区域总数的 90%。

表 5-8　北京六环内公园绿地乔木本地种构成

环路	本地种种数/种	本地种种数占比/%	本地种株数占比/%	行政区	本地种种数/种	本地种种数占比/%	本地种株数占比/%
二环内	48	88.89	94.16	东城区	49	89.09	94.56
二至三环	45	88.24	96.84	西城区	35	87.50	94.59
三至四环	20	95.24	97.94	朝阳区	35	89.74	96.86
四至五环	39	90.70	96.05	丰台区	29	93.55	99.32
五至六环外 1 km	36	90.00	95.15	海淀区	38	86.36	90.14
—	—	—	—	石景山区	7	100.00	100.00
—	—	—	—	昌平区	6	75.00	86.13
—	—	—	—	大兴区	13	86.67	99.03
—	—	—	—	通州区	14	87.50	87.67

（3）树种应用频度。公园森林群落中应用频率排名前 10 位的乔木树种依次为国槐（26.72%）、圆柏（23.71%）、油松（23.28%）、刺槐（20.69%）、白蜡（19.83%）、毛白杨（18.53%）、银杏（16.81%）、栾树（12.93%）、侧柏（10.34%）、旱柳（9.48%）；出现频率最高的前 10 位灌木树种依次为金银木［*Lonicera maackii* （Rupr.）Maxim.］（5.17%）、连翘［*Forsythia suspensa*（Thunb.）Vahl］（2.59%）、小叶黄杨［*Buxus sinica*（Rehd. et Wils.）Cheng ex M. Cheng subsp. *sinica* var. *parvifolia* M.Cheng］（2.16%）、木槿（*Hibiscus syriacus* Linn.）（2.16%）、紫薇（*Lagerstroemia indica* Linn.）（1.72%）、榆叶梅［*Amygdalus triloba*（Lindl.）Ricker］（1.72%）、黄刺玫（*Rosa xanthina* Lindl.）（1.72%）、大叶黄杨（*Buxus megistophylla* Lévl.）（1.72%）、紫荆（*Cercis chinensis* Bunge）（0.86%）、平枝枸子（0.86%）、珍珠梅（0.86%）。

各环路乔木频度排名情况不尽相同（表 5-9），三环内较早完成城市化，排名首位的为常绿针叶树种圆柏，三环外排名首位的为落叶阔叶树种白蜡、刺槐，常用于城市外围的防护型树种毛白杨在三环外的频度也明显增加。乔木频度值的高低在四环内外也出现差异，四环内高频度树种所占比例明显高于四环外。各行政区频度较高的前五位乔木中，除通州区全部为落叶树种外，其余各行政区均有 1~2 种常绿针叶树种（表 5-10）。在各区出现频率较高的树种有圆柏、国槐、油松、白蜡、银杏、刺槐、毛白杨，各行政区的高频树种中也有自己不同于其他区域的特色树种，包括东、西城区的侧柏，海淀区的旱柳，石景山区的玉兰（*Magnolia denudata* Desr.）、核桃（*Juglans regia* Linn.）、华山松（*Pinus armandii* Franch.），昌平、通州区的加杨，大兴区的椴树（*Tilia tuan* Szyszyl.）。

表 5-9　各环路公园绿地乔木频度前 5 名树种　　　　单位：%

序号	二环		二至三环		三至四环		四至五环		五至六环外 1 km	
	树种	频度	树种	频度	树种	频度	树种	频度	树种	频度
1	圆柏	48.65	圆柏	53.57	白蜡	46.67	刺槐	25.00	白蜡	22.22
2	国槐	40.54	国槐	39.29	国槐	46.67	毛白杨	21.25	银杏	22.22
3	油松	40.54	油松	32.14	毛白杨	40.00	国槐	17.50	国槐	20.83
4	银杏	29.73	侧柏	25.00	油松	40.00	圆柏	15.00	油松	16.67
5	栾树	29.73	刺槐	21.43	刺槐	33.33	油松	15.00	毛白杨	12.50

表 5-10　各行政区公园绿地乔木频度前 5 名树种　　　　单位：%

序号	东城区		西城区		朝阳区		丰台区		海淀区	
	树种	频度	树种	频度	树种	频度	树种	频度	树种	频度
1	圆柏	55.56	油松	57.89	刺槐	23.53	刺槐	35.29	油松	33.33
2	国槐	37.04	国槐	47.37	国槐	21.18	白蜡	32.35	圆柏	23.33
3	侧柏	33.33	圆柏	42.11	毛白杨	18.82	国槐	26.47	国槐	20.00
4	毛白杨	29.63	银杏	31.58	圆柏	18.82	圆柏	23.53	旱柳	20.00
5	油松	29.63	侧柏	26.32	银杏	15.29	毛白杨	23.53	银杏	20.00

序号	石景山区		昌平区		大兴区		通州区		—	
	树种	频度	树种	频度	树种	频度	树种	频度	—	—
1	国槐	42.86	白蜡	42.86	国槐	30.77	白蜡	50.00	—	—
2	玉兰	28.57	国槐	14.29	油松	30.77	旱柳	40.00	—	—
3	刺槐	14.29	加杨	14.29	白蜡	15.38	国槐	20.00	—	—
4	核桃	14.29	毛白杨	14.29	刺槐	15.38	加杨	20.00	—	—
5	华山松	14.29	油松	14.29	椴树	15.38	银杏	20.00	—	—

（4）物种多样性。北京市六环内公园绿地丰富度指数平均值为 3.17，Shannon-Wiener 指数 1.10，Pielou 指数 0.34，二项指标均沿环路由城内向城外逐渐降低，标准差系数则逐渐升高，Pielou 指数逐渐降低。各行政区间的变化与环路间变化相符，处于城市内部的行政区物种多样性及均匀度均高于城市外部的区，其中城市核心区的东、西城区物种丰富度最高，昌平区、大兴区、石景山区丰富度指数和多样性指数均较低，海淀区内各公园之间多样性差异较小，物种均匀度更高（表 5-11）。

表 5-11　公园绿地物种多样性

区域		丰富度指数 R		Shannon-Wiener 指数 H		Pielou 指数 J	
		平均值	标准差系数	平均值	标准差系数	平均值	标准差系数
总计		3.17	0.83	1.10	1.35	0.34	1.35
环路	二环内	5.57	0.59	1.63	1.08	0.51	1.43
	二至三环	4.79	0.62	1.84	0.74	0.59	1.66
	三至四环	4.27	0.42	1.41	0.91	0.41	2.39
	四至五环	2.26	0.75	0.85	1.72	0.26	6.81
	五至六环外 1 km	2.08	0.94	0.75	1.83	0.22	8.45
行政区	东城区	5.85	0.56	1.56	0.63	0.48	0.60
	西城区	5.58	0.62	1.65	0.95	0.52	0.81
	朝阳区	2.25	0.80	0.59	1.64	0.17	1.65
	丰台区	3.00	0.68	1.15	0.99	0.36	1.14
	海淀区	3.57	0.65	2.27	1.07	0.71	1.08
	石景山区	1.43	0.37	0.20	1.45	0.08	1.50
	昌平区	1.43	0.55	0.20	1.70	0.06	1.50
	大兴区	1.85	0.58	0.70	1.31	0.17	1.24
	通州区	2.70	1.25	1.26	1.96	0.39	1.90

5.2.1.2　乔木空间结构分析

（1）乔木密度。城市森林的密度通常用每公顷株数（株/hm^2）以及每公顷胸高断面积（m^2/hm^2）来表示。北京市六环内公园绿地总体数量密度为 1 160.76 株/hm^2（表5-12），胸高断面积密度为 33.61 m^2/hm^2，显然已经达到城市森林要求。从各环路密度情况来看，胸高断面积密度在四至五环最大，其次为二环内，在三至四环最小；而数量密度则明显沿环路由城内向城外增加，尤其是四环内外，增加幅度较大。各行政区间数量密度最大的是通州区，达到 3 004.17 株/hm²，此外朝阳区、昌平区、大兴区数量密度也大于公园平均水平，数量密度最低的是西城区，为 452.94 株/hm²，东城区略高于西城区，为 473.46 株/hm²；胸高断面积密度最大的也是通州区 42.19 m²/hm²，其次为朝阳区 41.17 m²/hm²，最小的是石景山区 20.67 m²/hm²。

表 5-12　公园绿地乔木密度

区域		数量密度/（株/hm²）	胸高断面积密度/（m²/hm²）
环路	二环内	486.19	32.46
	二至三环	578.87	27.70
	三至四环	580.36	25.49
	四至五环	1 176.28	39.62
	五至六环外 1 km	1 811.00	31.53
行政区	东城区	473.46	33.12
	西城区	452.94	29.21
	朝阳区	1 458.33	41.17
	丰台区	939.65	25.09
	海淀区	902.22	25.87
	石景山区	858.33	20.67
	昌平区	1 272.62	39.84
	大兴区	1 456.41	28.56
	通州区	3 004.17	42.19
总计		1 160.76	33.61

（2）乔木径级结构。北京六环内公园乔木的平均胸径为 18.77 cm，各环路平均胸径大小沿环路由城内向城外逐级降低，各行政区内平均胸径最大值在东城区，为 28.32 cm，最小的为通州区，平均胸径为 14.32 cm，二者平均胸径相差 14 cm（图 5-2）。

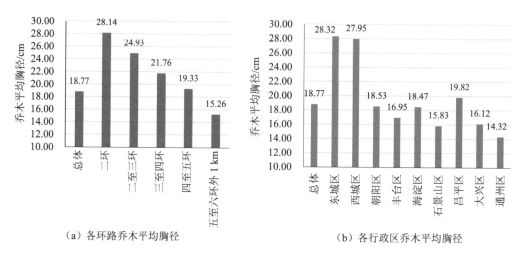

（a）各环路乔木平均胸径　　　　　　　（b）各行政区乔木平均胸径

图 5-2　公园乔木平均胸径

对乔木胸径分级后，公园乔木整体处于Ⅱ级的数量最多（图 5-3），占总数的 57.16%，各环路从二环向外占比最多的依次为Ⅲ级（37.99%）、Ⅲ级（36.88%）、Ⅱ级（52.98%）、Ⅱ级（54.50%）、Ⅱ级（69.23%）。Ⅰ级、Ⅱ级沿环路由内向外逐渐增多，Ⅲ～Ⅵ级逐渐减少，数量最多的等级沿环路向外数量优势逐渐明显。各行政区除东、西城区胸径Ⅲ级乔木数量占比最高外，其余区域均为Ⅱ级占比最高，其中Ⅱ级所占比例最多的是大兴区，达到 76.94%。Ⅴ级以上胸径乔木在东、西城区相对于其他行政区较多，分别达到 16.16%、15.41%，在其余各区均占比很少，在石景山区、昌平、大兴区未见Ⅵ级大胸径乔木。

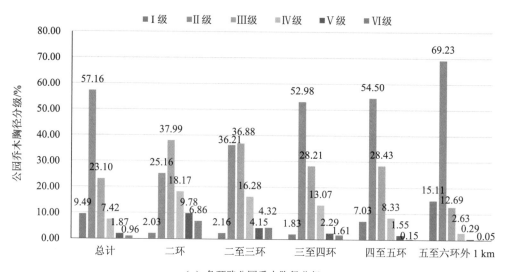

（a）各环路公园乔木胸径分级

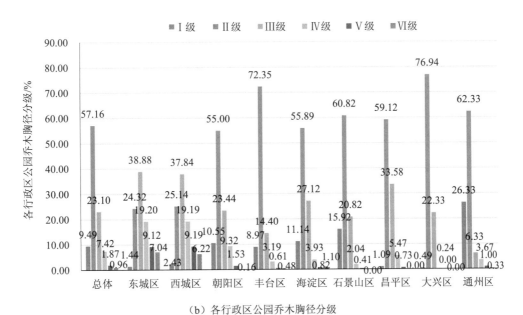

（b）各行政区公园乔木胸径分级

图 5-3 公园乔木胸径分级

（3）冠幅结构。北京公园乔木平均冠幅为 4.95 m（图 5-4），冠幅沿环路由内向外的梯度变化与胸径变化规律一致，均逐渐降低，在各行政区间的平均冠幅最大值为 7.07 m，分布在西城区，最小值在通州区，为 4.04 m，二者相差 3.03 m。

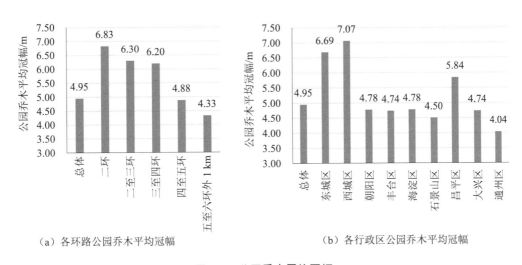

（a）各环路公园乔木平均冠幅 　　　　　（b）各行政区公园乔木平均冠幅

图 5-4 公园乔木平均冠幅

对乔木冠幅分级后，总体冠幅处于Ⅲ级 4~6 m 的乔木数量最多，占总数的 44%，其次为Ⅱ级，占比 32.36%。二环内Ⅳ级冠幅数量最多，占该区域的 25.16%，二至五环Ⅲ级占比最高，五环外Ⅱ级占比最多。Ⅰ级小冠幅沿环路向外逐渐增多，Ⅴ级、Ⅵ级大冠幅则逐渐减少。在各行政区内西城区Ⅳ级较大冠幅占比最高，海淀区、通州区Ⅱ级最多，其余区均为Ⅲ级乔木数量最多（图 5-5）。

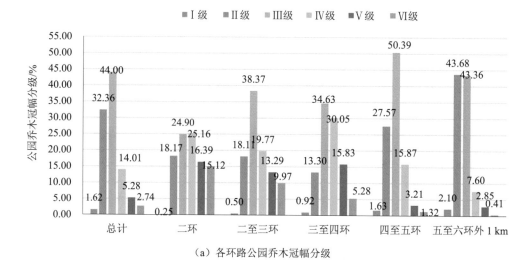

（a）各环路公园乔木冠幅分级

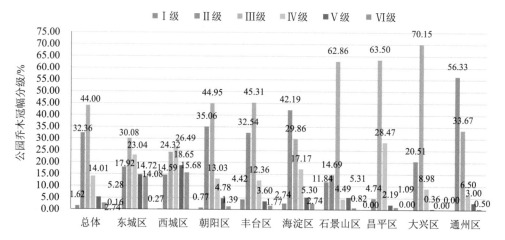

（b）各行政区公园乔木冠幅分级

图 5-5　公园乔木冠幅分级

（4）树高结构。北京六环内公园乔木平均高度 10.27 m（图 5-6），各环路间的平均树高呈现从二环到三环降低、三至五环逐渐升高、五至六环降到最低的折线形变化。而在行政区间，平均树高的最高值出现在昌平区，达到 12.11 m，最低值在大兴区，为 9.09 m。

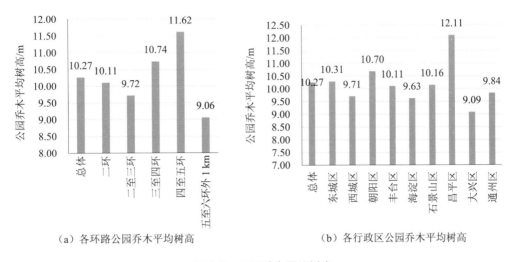

（a）各环路公园乔木平均树高　　　　（b）各行政区公园乔木平均树高

图 5-6　公园乔木平均树高

乔木树高分级后，总体占Ⅱ级 5～10 m 乔木数量最多（图 5-7），占总数的 50.9%，其次为Ⅲ级，占比达 29.65%。各环路与总体分级情况一致，均为Ⅱ级乔木数量占比最高，其次为Ⅲ级，Ⅱ级占比最高的是最外围的五至六环外 1 km 区域，占该区域的 62.84%。Ⅰ级、Ⅳ级、Ⅴ级 3 个级别在各环路均占比较少，Ⅱ级、Ⅲ级两个级别的总占比从二环向外依次为 85.39%、87.88%、81.88%、74.83%、83.86%。各行政区内除石景山区Ⅲ级占比最多外（该区域Ⅲ级 34.69%，Ⅱ级占 31.84，仅次于Ⅲ级），其余区域均为Ⅱ级占比最多，其中昌平区Ⅱ级数量占总数的 63.50%，远高于该区域其他级别数量。同时，昌平区Ⅴ级树高乔木也较其他各区占比最高，占该区总数的 29.20%。

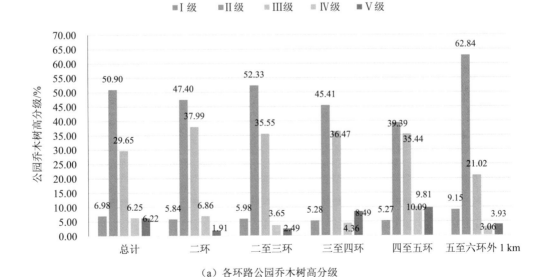

■Ⅰ级　■Ⅱ级　■Ⅲ级　■Ⅳ级　■Ⅴ级

（a）各环路公园乔木树高分级

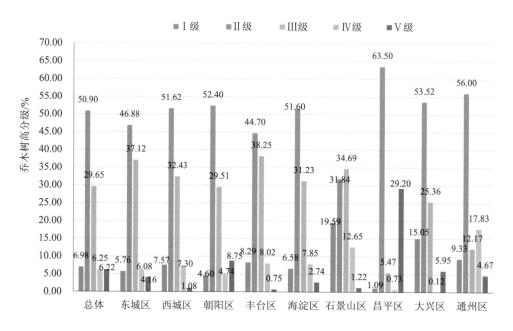

（b）各行政区乔木树高分级

图 5-7　公园乔木树高分级

5.2.2　公园 UTC 变化

5.2.2.1　公园 UTC 总体变化

北京市六环外 1 km 范围内共有公园 265 个，公园总面积为 15 983.77 hm²，平均面积为 60.54 hm²。林木树冠覆盖总面积为 13 019.73 hm²，树冠覆盖率达 81.46%，六环外 1 km 内所有公园中有 244 个公园 EUTC（现实树冠覆盖率，见第 2 章）在城市整体水平（39.53%）（宋宜昊，2016）之上。PUTC（潜在树冠覆盖率，见第 2 章）占比 1.21%，经营草地占比达 2.01%，不透水地表为 9.02%，水体占比 6.30%（表 5-13），113 个公园没有水体。

树冠覆盖率从三环向外呈现逐步走高的趋势，到最外围达到 88.23%，同时潜在树冠覆盖率在三环外的区域也明显高于三环内，其中四至五环最高；经营草地比例在三至四环远高于其他环路，达 5.13%；不透水地表比例沿环路由内向外逐渐降低，五至六环外 1 km 仅为 5.06%；水体的占比在三环内与四至五环间高于其他两个环路区间区域，五至六环外 1 km 水体占比最低，仅为 3.37%。

表 5-13　公园林木树冠覆盖/土地覆盖统计　　　　　　单位：%

	区域	EUTC	PUTC	经营草地	不透水地表	水体
	总计	81.46	1.21	2.01	9.02	6.30
环路	二环内	61.01	0.00	0.42	24.81	13.75
	二至三环	58.08	0.10	0.45	22.42	18.95
	三至四环	62.07	0.97	5.13	23.24	8.60
	四至五环	70.61	1.33	1.72	14.02	12.32
	五至六环外 1 km	88.23	1.31	2.04	5.06	3.37
行政区	东城区	68.33	0.00	0.59	22.48	8.59
	西城区	53.81	0.00	0.19	29.23	16.77
	朝阳区	75.20	1.56	1.87	15.88	5.48
	丰台区	66.44	1.28	4.81	16.40	11.07
	海淀区	89.60	0.35	0.98	3.68	5.40
	石景山	89.29	0.20	0.26	9.84	0.41
	顺义区	39.63	0.05	46.29	3.23	10.79
	房山区	76.83	0.00	0.56	14.46	8.16
	通州区	64.13	8.26	1.22	15.61	10.79
	大兴区	69.31	6.37	4.26	10.72	9.35
	昌平区	92.15	2.58	0.57	4.04	0.66
级别	一级	85.01	0.27	0.98	6.51	7.23
	二级	78.02	4.10	1.64	9.22	7.02
	三级	74.90	1.70	4.78	15.04	3.58
类型	历史名园	64.75	0.22	0.37	13.36	21.31
	古迹保护公园	62.27	12.24	1.34	14.07	10.09
	郊野公园	86.80	1.75	1.60	7.24	2.61
	社区公园	72.15	1.61	5.45	15.90	4.89
	现代城市公园	59.84	1.15	1.60	23.58	13.84
	文化主题公园	59.89	1.71	7.20	18.80	12.39
	森林公园	98.40	0.18	0.03	1.32	0.08

各行政区内的公园相比较，EUTC 在海淀区居首位，其次为石景山区、昌平区，最低在顺义区，仅为 39.63%，顺义区草地、水体均占比最高；PUTC 在通州区最高，其次为大兴区和昌平区，东城区、西城区、房山区 3 个区公园 PUTC 值为 0；经营草地占比在顺义区最高，达 46.29%，而其余各区均不超过 5%，西城区仅为 0.19%；不透水地表占比在东、西城区占比较高，最高为西城区，此外丰台区、朝阳区、房山区、通州区该项占比也较高；水体占比最高的是西城区，其次为顺义区和通州区。

在不同类型公园间，EUTC 在森林公园最高，其次为郊野公园，较低的是现代城市公园和文化主题公园；PUTC 在古迹保护公园最高，达 12.24%，其他类型公园 PUTC 则均在 2% 以下，远低于古迹保护公园；经营草地占比在文化主题公园最高，其次是社区公园，排在末位的是森林公园和历史名园；不透水地表在现代城市公园占比最高，其次依次为文化主题公园、社区公园、古迹保护公园、历史名园、郊野公园、森林公园；水体在历史名园占比最高，其次为现代城市公园，最低的是森林公园。

在不同级别的公园中，EUTC、水体占比随着公园级别的降低而降低；经营草地、不透水地表占比随级别降低而增加；PUTC 在二级最高，一级最低。

5.2.2.2　公园树冠覆盖分级

本书参照刘秀萍（2017）在进行北京市居住区绿地树冠覆盖分级时的方法对北京市公园树冠覆盖率进行分级：以树冠覆盖率均值作为基准，上下依次加减 0.5、1、1.5 倍标准差，并取"半整"所得值作为分界点，对所得林木树冠覆盖值进行分级。最终北京市城市公园林木树冠覆盖分级为：极低覆盖度 <43.0%，43.0%≤ 低覆盖度 <61.5%，61.5%≤ 中覆盖度 <80.5%，80.5%≤ 高覆盖度 <89.5%，89.5%≤ 极高覆盖度。

从表 5-14 可以看出，北京市六环内公园林木树冠覆盖在数量上以中、高覆盖度为主，中覆盖度公园数量占总数的 38.64%，高覆盖度占比为 21.21%。极高覆盖度公园虽然数量不是最多，占总数的 15.53%，但总面积最大，占总面积的 53.70%。各环路间在数量上均为中覆盖度公园最多，从面积占比来看，占比最多的覆盖类型在二环内是低覆盖度和高覆盖度，二至五环是中覆盖度，五至六环外 1 km 是极高覆盖度。各行政区间相比较，在数量上顺义区、通州区表现为极低覆盖度公园最多，昌平区极高覆盖度数量占优，其余行政区均为中覆盖度数量占比最大；从面积占比来看，极低覆盖度公园占多数的为丰台区，低覆盖度面积占多数的为顺义区，中覆盖度公园占多数的是西城区、朝阳区、房山区、大兴区，高覆盖度公园占多数的为东城区、通州区，极高覆盖度占多数的是海淀区、石景山区、昌平区。

表 5-14　公园 EUTC 分级情况　　　　　　　　单位：%

项目		极低覆盖度 a＜43.0%	低覆盖度 43.0%≤a＜61.5%	中覆盖度 61.5%≤a＜80.5%	高覆盖度 80.5%≤a＜89.5%	极高覆盖度 a≥89.5%
总计	面积占比	8.14	9.23	18.42	10.51	53.70
	数量占比	9.09	15.53	38.64	21.21	15.53
环路 二环内	面积占比	15.35	39.04	10.43	35.18	0.00
	数量占比	13.79	34.48	37.93	13.79	0.00
二至三环	面积占比	0.00	46.81	51.00	2.19	0.00
	数量占比	0.00	22.73	68.18	9.09	0.00
三至四环	面积占比	9.58	44.05	35.52	8.58	2.26
	数量占比	12.12	12.12	51.52	21.21	3.03
四至五环	面积占比	13.80	6.31	40.84	24.29	14.76
	数量占比	8.79	10.99	36.26	27.47	16.48
五至六环外 1 km	面积占比	6.31	4.33	9.49	5.53	74.33
	数量占比	8.99	13.48	29.21	20.22	28.09
行政区 东城区	面积占比	3.75	31.12	17.94	47.19	0.00
	数量占比	7.14	28.57	50.00	14.29	0.00
西城区	面积占比	22.05	34.71	40.07	3.17	0.00
	数量占比	12.00	28.00	48.00	12.00	0.00
朝阳区	面积占比	6.57	13.37	35.45	15.51	29.10
	数量占比	10.39	14.29	37.66	18.18	19.48
丰台区	面积占比	33.31	11.33	15.09	13.76	26.51
	数量占比	6.67	15.56	33.33	24.44	20.00
海淀区	面积占比	5.04	2.71	9.98	6.27	75.99
	数量占比	10.42	6.25	37.50	33.33	12.50
石景山	面积占比	0.00	6.35	12.18	0.93	80.54
	数量占比	0.00	6.67	46.67	6.67	40.00
顺义区	面积占比	33.33	66.67	0.00	0.00	0.00
	数量占比	66.67	33.33	0.00	0.00	0.00
房山区	面积占比	0.00	0.00	100.00	0.00	0.00
	数量占比	0.00	0.00	100.00	0.00	0.00

项目			极低覆盖度 a＜43.0%	低覆盖度 43.0%≤a＜61.5%	中覆盖度 61.5%≤a＜80.5%	高覆盖度 80.5%≤a＜89.5%	极高覆盖度 a≥89.5%
	通州区	面积占比	18.26	14.83	11.41	55.50	0.00
		数量占比	40.00	20.00	20.00	20.00	0.00
	大兴区	面积占比	0.00	25.43	45.08	16.84	12.65
		数量占比	0.00	16.00	44.00	32.00	8.00
	昌平区	面积占比	0.00	6.89	0.00	0.00	93.11
		数量占比	0.00	40.00	0.00	0.00	60.00
级别	一级	面积占比	9.42	7.32	12.73	3.19	67.34
		数量占比	14.29	35.71	28.57	7.14	14.29
	二级	面积占比	4.16	10.94	26.77	10.08	48.05
		数量占比	14.71	14.71	32.35	11.76	26.47
	三级	面积占比	7.60	12.73	27.13	28.68	23.86
		数量占比	7.92	12.38	41.09	24.75	13.86
类型	历史名园	面积占比	19.73	13.71	27.52	15.49	23.55
		数量占比	21.05	21.05	36.84	10.53	10.53
	古迹保护公园	面积占比	4.19	43.68	39.92	3.09	9.13
		数量占比	9.52	9.52	61.90	14.29	4.76
	郊野公园	面积占比	0.00	0.00	14.62	32.74	52.64
		数量占比	0.00	0.00	10.42	47.92	41.67
	社区公园	面积占比	10.08	11.22	33.71	29.15	15.83
		数量占比	7.87	16.85	43.82	21.35	10.11
	现代城市公园	面积占比	1.79	71.00	19.23	1.26	6.72
		数量占比	5.00	25.00	60.00	5.00	5.00
	文化主题公园	面积占比	29.67	14.54	49.85	5.02	0.92
		数量占比	18.64	23.73	44.07	10.17	3.39
	森林公园	面积占比	0.00	0.00	0.00	0.37	99.63
		数量占比	0.00	0.00	0.00	25.00	75.00

在不同级别公园中，一级公园低覆盖度数量占比最高，但极高覆盖度的面积占比最高；二级公园中覆盖度数量最多，同样极高覆盖度的面积占比最高；三级公园中覆

盖度数量最多，面积上中覆盖度到极高覆盖度三个档次比例高于其他两个档次，且比较均衡。不同类型公园间比较，历史名园、古迹保护公园、社区公园、文化主题公园无论数量还是面积均为中覆盖度公园占比最高；郊野公园高覆盖度数量最多，极高覆盖度面积占比最大；现代城市公园中覆盖度数量最多，但从面积上低覆盖度占比最多；森林公园数量和面积都在极高覆盖度占比最多。

5.3　讨论

研究发现，公园面积与林木树冠覆盖是提高公园生态效益的重要因素，较大的公园面积和较高的植被覆盖不仅可以提高物种丰富度，包括提高鸟类的物种丰富度和多样性（Yuichi Y et al.，2009；Fernández-Juricic E，2004；Ulla M. Mörtberg.，2001；Yang G et al.，2015），还在缓解热岛效应方面效果显著。根据《公园工作手册》（景长顺，2015）对北京市六环内公园进行分级后，共有一级、二级大中型公园 62 个，总面积 12 057.84 hm²，三级小型公园 203 个，总面积 3 925.94 hm²。大中型公园数量上虽然远不及小型公园，但其总面积在研究区域内占绝对优势。根据《公园工作手册》（景长顺，2015）关于公园面积分级的描述，对本次解译的公园矢量图进行面积统计，北京市六环内面积大于 30 hm² 的公园 87 个，总面积 14 092.55 hm²，面积大于 10 hm² 的公园 77 个，总面积 1 396.17 hm²，面积小于 10 hm² 的公园 101 个，总面积 495.06 hm²。所以总体来说，北京市六环内公园是以大中型公园为主的。重视大规模林地的建设并注重增加林分覆盖度才能发挥稳定的温湿效应，有效缓解热岛（刘海轩等，2015），斑块规模越大降温效果越显著（贾宝全等，2017），而一个大景观的降温效益要强于总面积相等的多个小公园的降温效益（周东颖等，2011）。

增加树木的树冠覆盖是减少城市热岛、为建筑供暖和降温的最具成本-效益的方法之一（McPherson and Simpson，2004；Rosenfeld et al.，1998；贾宝全，2017），本次研究范围内的公园无论从总体覆盖度还是覆盖度分级而言都表现出较大树冠覆盖率，降温效应显著（仇宽彪，2017），彰显了公园在城市森林中的主体地位。但作为发挥生态效益的主体，UTC 在各个公园间还是存在较大差异的。研究表明，在夏季高温时段，绿地的温度随覆盖率的增加而降低，当覆盖率达到或高于 60% 时，其绿地才具有明显的降温增湿效果（刘娇妹等，2008）。北京市六环内 EUTC 大于 60% 的公园 202 个，面积 13 249.11 hm²，占公园总面积的 82.89%，EUTC 面积达 11 857.03 hm²，占总覆盖面积的 91.07%。虽然有冷岛效应的公园占多数，但毕竟还有 63 个公园未达该指标，最低值是北京龙韵国际公园，仅为 6.07%，在今后的建设过程中还有待进一步改善。

UTC 沿环路由城内向城外逐渐递增，一来是由于城内公园多为现代城市公园、社区公园等类型，这些类型的公园功能综合，游人需求较为复杂，需要为游客活动提供一定面积的铺装、草坪等；而越往城外，尤其是五环、六环，多郊野公园和森林公园，这两类公园都是以生态功能为主，要求有大量树木。故而森林公园 UTC 最高，其次为郊野公园，由林木提供的生态价值在此类生态公园也最高，与陶晓丽研究结果一致（陶晓丽等，2013）。从另一个方面来看，北京市公园 UTC 沿城市发展方向的梯度变化也体现了城市化进程中人们对林木生态效应重视程度的变化。

现实的树冠覆盖对于城市森林功能发挥具有重要意义，而潜在树冠覆盖是林木树冠覆盖的发展潜力所在，其对于城市森林未来建设目标的制定、地点选择、建设效益预估等方面都具有非常重要的理论和现实意义（贾宝全，2013）。北京市三环内公园没有潜在树冠覆盖，主要是由于该区域在 20 年前就已完成了城市化（葛荣凤等，2016），许多公园是由原来的皇家园林、私家园林、寺观坛庙发展而来（王丹丹，2016），这些公园是市民日常休闲活动的主要场所，由于建设时间长，管理精细，因此园内没有能够形成潜在树冠覆盖的荒草地与裸土地。而在不同级别公园中的一级公园、不同类型公园中的历史名园，也是由于同样的原因导致 PUTC 较低。

在自然生态系统中，森林与水是密不可分的整体，水体能促进森林绿地形成更为完善的植被结构和更为强大的生态功能（彭斌等，1986），城市森林的发展在重视林木功能的同时，要与城市水系、水体的保护有机结合（哈申格日乐等，2007）。城市中的水体大多集中于各类公园中，水景在我国园林中的应用由来已久，古典园林以人工水景模拟自然，皇家园林惯用"一池三山"的布局，而私家园林则追求"一勺则江湖万里"（陈从周，1997），因此在历史名园中均布置有水体且占比较大。较之古时的园林水景，如今对水景的应用更有科学依据，肖捷颖等（2015）在对石家庄公园降温效应的研究中发现，从降温效应角度规划设计公园时，水体比例应不低于 19%。在北京市六环内有 113 个公园没有水体，有水体的公园中有 132 个公园不足 19%，这些公园多为森林公园、郊野公园和社区公园。虽然林水结合的城市森林可以构建更为良好的生态环境（彭镇华等，2014），水体面积比例较大的公园，比同等条件下水体面积较小的公园降温效果更好（冯晓刚，2012；仇宽彪，2017），但作为典型的北方城市，北京公园的水体建设确实存在气候与地理条件等限制因素，现有水体的蒸发与下渗都给公园管理增加了难度。笔者建议可以适当考虑中水在公园水景中的应用，如北京市南馆公园以"水景"为主题，利用中水在咫尺空间内艺术地囊括了自然界河、湖、溪、涧、泉、瀑等各具特色的景观。

UTC 只是一种树木的二维测量方法，只是表明了树冠在陆地表面的分布，并不一定能获得与城市森林相关的所有成分（Conway T M et al.，2013），森林的功能还是由包括关于树干、物种组成、年龄多样性等垂直范围信息的森林结构来决定的（Mcpherson E G et al.，2016），其中物种多样性被认为是战略城市森林管理的关键组成部分（Kenney W A et al.，2011）。本次研究共调查木本植物 35 科、64 属、78 种，物种数量少于赵娟娟的调查结果（赵娟娟，2009），其原因是主要调查方法不同。赵娟娟采用了普查法，而本研究用的是抽样调查法，仅调查了样方内的物种组成。由于在调查的样方中，95个是纯林样方，占到了总样方数的 40.95%，导致调查物种数少于普查法调查结果。据统计，纯林样方中有 44.21% 是郊野公园。公园设计者对物种选择的态度通常侧重于美学（Turner K et al.，2005；Bourne K S et al.，2014），北京市郊野公园在建设初期，由于建设目标及公园功能有别于城市其他类型的公园，公园规划、植物配置对美学的要求不高，而且后期管理也偏于粗放，导致出现大面积纯林。但随着城市的发展，郊野公园的功能已不仅限于生态功能，此类公园应该是为游客提供与自然接触、互动机会的重要场所（Dunn R R et al.，2010），维持和促进广泛的公园游客与的生物多样性互动能为城市生物多样性保护提供更多希望，并有助于增长人类逐渐丧失的自然经验（Palliwoda J et al.，2017）。同时，作为北京市的第一道隔离区，提高物种多样性有助于提高该区域的生态服务功能。

公园乔木的更新演替也是目前公园存在的一大问题。在实际调查中发现，乔木的更新演替只有在半自然或栽培历史较久的人工群落里有零星出现，城市公园绿地群落自身更新演替的能力及其优点并没有得到足够的重视。人工栽培群落的城市森林景观整齐华丽，不仅需要消耗大量的人力、物力及不可再生资源，更造成了本土植物群落种间关系失衡、生物多样性急剧下降（Sudha P，2000）。公园是城市绿地系统中规模较大、功能最为综合的绿地类型，因此也最迫切需要营造可持续、低维护的植物景观，同时其多样的绿地环境和空间类型也必然为城市自生植物繁衍提供最佳场所（李晓鹏等，2018）。在城市人工植物群落的构建中充分尊重并保护群落的更新演替功能，使其发挥自身的能力，自我维持能量运转平衡，才能充分发挥改善生态环境的功能（王万平，2012）。

北京市公园森林结构总体上呈现了沿城市发展方向密度增加、规格减小的梯度变化。密度是城市森林的关键要素，美国学者 Rowantree（1984）指出，如果某一地域具有 5.5～28 m^2/hm^2 的立木地径面积，并且具有一定的规模，那么它将影响风、温度、降水和动物的生活。陈博（2016）发现当冠幅较大的乔木密度为 30～45 株/亩，冠幅较窄的乔木密度为 50～60 株/亩时，绿地对颗粒物具有明显的削减作用。北京市公园显然已经完全达到城市森林的标准，但城市内外密度的差异也在一定程度上暴露了管理的问题。二环内胸高断面积密度大于五至六环外 1 km，但数量密度却远小于此区域。这是由于二环内多成年、甚至老年树，而越往城外，树龄越小。为了快速达到一定的绿化效果，增加数量密度无疑是最有效的做法。但据实地调查，五至六环部分公园由于数量密度过大，树木生长空间不够，健康状况堪忧。相对而言，越往城内数量密度越小，植物生长空间越大，健康状况越好，但公园幼龄乔木数量较少的问题却较城外严重。目前，北京市公园乔木的年龄结构远不是 Richards（1983）提出的 40%幼年期、30%青年期、20%壮年期、10%老年期的理想状态，这个问题将导致两方面的恶果：①许多大树的寿命已经到了尽头；②幼龄树较少，成熟的树冠无法在短时间内形成。这两方面都导致公园朝着树木数量和树冠覆盖的净损失方向发展。幼龄树的数量影响着未来的树冠覆盖（Conway T M et al.，2013），人们能控制的是树木的存在而并非树冠覆盖，因此，在数量密度低的公园应该增加幼龄树的种植，如果不采取行动，未来就不太可能有大面积的树冠覆盖（Conway T M et al.，2013）。老龄树同样需要定期的维护，保护和增强它们所依赖的生长介质供给，科学修剪以提高成熟树木的地位和寿命（Millward A A et al.，2010）。每棵树都有助于改善城市的空气质量、微气候、暴雨径流率和能源节约，但若通过适当的规划和管理策略来改善城市森林结构，则可以提供其后续功能及生态效益。

5.4　结论

5.4.1　物种组成

本研究共记录北京市公园木本植物 35 科、64 属、78 种，其中乔木 56 种、灌木 22 种，物种丰富度不高（丰富度指数 3.17），多样性水平较低（Shannon-Wiener 指数 1.10）。群落以少数物种主导，数量最多的前 10 种乔木占到总数的 79.20%，数量最多的科、属、种分别为豆科、杨属、毛白杨。各行政区植物景观有较高的相似性，圆柏、国槐、油松、白蜡、银杏、刺槐、毛白杨在各行政区都有较高的使用频度。在调查的植物中，本地种无论在种数还是数量上都占主导地位，引进种以观赏类植物占多数。

5.4.2　乔木规格

乔木无论从数量还是频度上都是公园群落的主体，乔木平均胸高断面积密度为 33.61 m²/hm²，数量密度为 1 160.76 株/hm²，已经达到并超过城市森林水平。但乔木规格整体偏小，且规格较为集中，以青年期植株为主，胸径处于 10～20 cm 的数量最多，冠幅大部分处于 4～6 m，树高 5～10 m 数量最多，规格较大的乔木多分布在三环内。

历史名园情况与公园整体情况相反，乔木以大树为主，壮年、老年植株占比较高，缺乏幼年、青年植株作为植被更替的必要补充。

5.4.3 UTC 变化

北京市六环内公园现实林木树冠覆盖率 81.46%，远高于城市总体水平，彰显了公园在城市森林中的主体地位。公园林木树冠覆盖在数量上以中、高覆盖度为主，在面积上则是极高覆盖度占比最大。郊野公园与森林公园 UTC 高于其他公园类型，文化主题公园和社区公园经营草地占比较高，现代城市公园不透水地表占比最高，历史名园水体占比最高。不同级别公园中 UTC、水体占比随着公园级别的降低而降低；经营草地、不透水地表占比随级别降低而增加。

5.4.4 空间变化规律

沿城市发展方向由城内向城外，北京市六环内公园在多个方面都表现出规律性的梯度变化：物种数、多样性、均匀度逐渐降低，且以三环为分界线，其内常绿针叶树应用频度较高，其外落叶阔叶树频度较高；乔木数量密度显著增加，乔木规格逐步减小；UTC 逐步增加；不透水地表比例降低。

参考文献

[1] Akbari H，Pomerantz M，Taha H. Cool surfaces and shade trees to reduce energy use and improve air quality in urban areas. Solar Energy，2001，70（3）：295-310.

[2] Alberti M. The Effects of Urban Patterns on Ecosystem Function. International Regional Science Review，2005，28（2）：168-192.

[3] Bourne K S，Conway T M. The influence of land use type and municipal context on urban tree species diversity. Urban Ecosystems，2014，17（1）：329-348.

[4] Chen W Y，Jim C Y. Assessment and Valuation of the Ecosystem Services Provided by Urban Forests. 2007：53-83.

[5] Conway T M，Bourne K S. A comparison of neighborhood characteristics related to canopy cover，stem density and species richness in an urban forest. Landscape & Urban Planning，2013，113（4）：10-18.

[6] Dunn R R，Gavin M C，Sanchez M C，et al. The Pigeon Paradox：Dependence of Global Conservation on Urban Nature. Conservation Biology，2010，20（6）：1814-1816.

[7] Fernández-Juricic E. Spatial and temporal analysis of the distribution of forest specialists in an

urban-fragmented landscape（Madrid，Spain）：Implications for local and regional bird conservation. Landscape & Urban Planning，2004，69（1）：17-32.

[8] Kenney W A，Wassenaer P J E V，Satel A L. Criteria and indicators for strategic urban forest planning and management. Arboriculture & Urban Forestry，2011，37（3）：108-117.

[9] Li W，Ouyang Z，Meng X，et al. Plant species composition in relation to green cover configuration and function of urban parks in Beijing，China. Ecological Research，2006，21（2）：221-237.

[10] Mcpherson E G，Doorn N V，Goede J D. Structure，function and value of street trees in California，USA. Urban Forestry & Urban Greening，2016，17：104-115.

[11] Mcpherson E G，Simpson J R，Xiao Q，et al. Million trees Los Angeles canopy cover and benefit assessment. Landscape & Urban Planning，2011，99（1）：40-50.

[12] Mcpherson E G，Simpson J R. Potential energy savings in buildings by an urban tree planting programme in California. Urban Forestry & Urban Greening，2004，2（2）：73-86.

[13] Millward A A，Sabir S. Structure of a forested urban park：Implications for strategic management. Journal of Environmental Management，2010，91（11）：2215-2224.

[14] Paker Y，Yom-Tov Y，Alon-Mozes T，et al. The effect of plant richness and urban garden structure on bird species richness，diversity and community structure. Landscape & Urban Planning，2014，122（3）：186-195.

[15] Palliwoda J，Kowarik I，Lippe M V D. Human-biodiversity interactions in urban parks：The species level matters. Landscape & Urban Planning，2017，157：394-406.

[16] Rivard D H，Poitevin J，Plasse D，et al. Changing Species Richness and Composition in Canadian National Parks. Conservation Biology，2010，14（4）：1099-1109.

[17] Rosenfeld A H，Akbari H，Bretz S，et al. Mitigation of urban heat islands：materials，utility programs，updates. Energy & Buildings，1995，22（3）：255-265.

[18] Rosenfeld A H，Akbari H，Romm J J，et al. Cool communities：strategies for heat island mitigation and smog reduction. Energy & Buildings，1998，28（1）：51-62.

[19] Rowantree R A.Ecology of the Urban forest-Introduction Part I.Urban Ecology，1984，（8）：1-11.

[20] Service U F. Piedmont Community Tree Guide：Benefits，Costs，and Strategic Planting November 2006. 2015.

[21] Sudha P，Ravindranath N H. A study of Bangalore urban forest. Landscape & Urban Planning，2000，47（1）：47-63.

[22] Turner K，Lefler L，Freedman B. Plant communities of selected urbanized areas of Halifax，Nova Scotia，Canada. Landscape & Urban Planning，2005，71（2）：191-206.

[23] Ulla M. Mörtberg. Resident bird species in urban forest remnants；landscape and habitat perspectives. Landscape Ecology，2001，16（3）：193-203.

[24] USDA Forest Service. Urban Natural Resources Stewardship. About the Urban Tree Canopy Assessment，2008.

[25] Wang Y，Akbari H. The effects of street tree planting on Urban Heat Island mitigation in Montreal. Sustainable Cities & Society，2016，27：122-128.

[26] Yang G，Jie X U，Wang Y，et al. The influence of vegetation structure on bird guilds in an urban park. Acta Ecologica Sinica，2015，35（14）.

[27] Yuichi Y，Susumu I，Makoto S，et al. Bird responses to broad-leaved forest patch area in a plantation landscape across seasons. Biological Conservation，2009，142（10）：2155-2165.

[28] 北京市公园管理中心，北京市公园绿地协会. 北京公园分类及标准研究. 北京：文物出版社，2011.

[29] 北京市园林局. 公园设计规范. 北京：中国建筑工业出版社，1993.

[30] 北京市园林绿化局. 公园信息. http://www.bjyl.gov.cn/ggfw/gyfjqyl/gyxx/？key=&leixing=&quxian=&name=&add=&fee=&sheshi=&hua=，2018-09-16.

[31] 北京统计局. 2017 北京统计年鉴. 2017.

[32] 陈博. 北京地区典型城市绿地对 $PM_{2.5}$ 等颗粒物浓度及化学组成影响研究. 北京：北京林业大学，2016.

[33] 陈从周. 惟有园林. 北京：百花文艺出版社，1997.

[34] 陈自新. 北京城市园林绿化生态效益的研究. 天津建设科技，2001，14（z1）：1-30.

[35] 仇宽彪，贾宝全，成军锋. 北京市五环内主要公园冷岛效应及其主要影响因素. 生态学杂志，2017，36（7）：1984-1992.

[36] 仇宽彪. 北京市五环内城市植被格局及公园绿地生态服务功能价值初步研究. 北京：中国林业科学研究院，2011.

[37] 段敏杰，王月容，刘晶. 北京紫竹院公园绿地生态保健功能综合评价. 生态学杂志，2017，36（7）：1973-1983.

[38] 冯晓刚，石辉. 基于遥感的夏季西安城市公园"冷效应"研究. 生态学报，2012，32（23）：7355-7363.

[39] 葛荣凤，王京丽，张力小，等. 北京市城市化进程中热环境响应. 生态学报，2016，36（19）：6040-6049.

[40] 哈申格日乐，李吉跃，姜金璞. 城市生态环境与绿化建设. 北京：中国环境科学出版社，2007.

[41] 霍晓娜，李湛东，马卓，等. 北京市公园绿地中乔木优势树种的比较分析. 北京林业大学学报，2010（s1）：168-172.

[42] 贾宝全，仇宽彪. 北京市平原百万亩大造林工程降温效应及其价值的遥感分析. 生态学报，2017，

37（3）：726-735.

[43] 贾宝全，王成，邱尔发，等. 城市林木树冠覆盖研究进展. 生态学报，2013，33（1）：23-32.

[44] 景长顺. 公园工作手册. 北京：中国建筑工业出版社，2015.

[45] 李晓鹏，董丽，关军洪，等. 北京城市公园环境下自生植物物种组成及多样性时空特征. 生态学报，2018，38（2）：581-594.

[46] 梁尧钦，何学凯，叶颋，等. 北京市建成区植物多样性及空间格局的初步分析. 科学技术与工程，2006，6（13）：1777-1784.

[47] 刘海轩，金桂香，吴鞠，等. 林分规模与结构对北京城市森林夏季温湿效应的影响. 北京林业大学学报，2015，37（10）：31-40.

[48] 刘娇妹，李树华，杨志峰. 北京公园绿地夏季温湿效应. 生态学杂志，2008，27（11）：1972-1978.

[49] 彭斌，林文盘. 都市水体对环境的保护和改善作用. 环境保护，1986（7）：16-18.

[50] 彭镇华，等. 中国城市森林. 北京：中国林业出版社，2014.

[51] 宋宜昊. 基于易康软件平台下的北京城区林木树冠覆盖解译与检验. 中国林业科学研究院，2016.

[52] 陶晓丽，陈明星，张文忠，等. 城市公园的类型划分及其与功能的关系分析——以北京市城市公园为例. 地理研究，2013，32（10）：1964-1976.

[53] 涂磊. 北京西山国家森林公园植物群落研究. 北京林业大学，2016.

[54] 王丹丹. 北京公共园林的发展与演变. 北京：中国建筑工业出版社，2016.

[55] 王万平. 武汉市公园绿地人工植物群落特征及景观评价研究. 武汉：华中农业大学，2012.

[56] 肖捷颖，季娜，李星，等. 城市公园降温效应分析——以石家庄市为例. 干旱区资源与环境，2015，29（2）：75-79.

[57] 姚佳，贾宝全，王成，等. 北京的北部城市森林树冠覆盖特征. 东北林业大学学报，2015，43（10）：46-50.

[58] 佚名. 北京市公园条例. 北京市人民政府公报，2002（22）.

[59] 于伟，宋金平，韩会然. 北京城市发展与空间结构演化. 北京：科学出版社，2016.

[60] 赵娟娟，欧阳志云，郑华，等. 北京城区公园的植物种类构成及空间结构. 应用生态学报，2009，20（2）：298-306.

[61] 周东颖，张丽娟，张利，等. 城市景观公园对城市热岛调控效应分析——以哈尔滨市为例. 地域研究与开发，2011，30（3）：73-78.

[62] 朱俐娜，彭祚登. 基于 Voronoi 图的北京公园常见林分空间结构分析. 西北林学院学报，2015，30（5）：176-180.

第6章

居住区绿地城市森林结构
特征及其树冠覆盖变化

　　本章以北京城区内的居住区附属绿地为研究对象，根据不同的环路、行政区、轴线以及建成时间、居住区性质类别，共选取了 93 个居住区，对其进行城市森林树种组成结构和空间结构特征的调查分析（图6-1）。其中实际进行样方调查的居住区数量为 85 个，共计 187 个样方。并以 2013 年北京城区的树冠覆盖/土地覆盖分类结果为依据，对北京城区 93 个居住区绿地在总体水平、不同的环路、不同行政区、"东—西"和"南—北"轴线上，以及不同分类间的树冠覆盖情况和潜在树冠覆盖情况进行了量化分析与评价，希望能够对未来北京市居住区绿地城市森林建设提供数据基础。

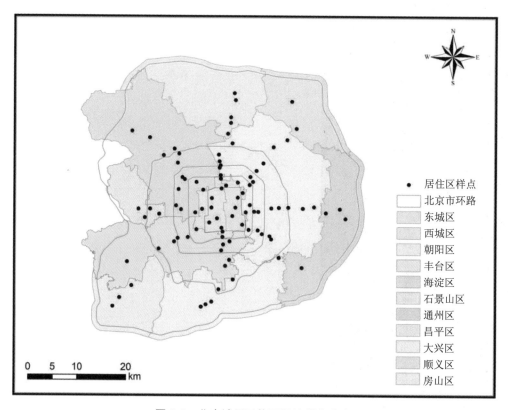

图 6-1 北京城区居住区绿地样点分布

6.1 居住区绿地城市森林结构分析

6.1.1 物种组成结构特征分析

6.1.1.1 科、属、种组成特征分析

根据 85 个居住区的 187 个样方数据（表 6-1），共计测量乔木 3 839 株、灌木 775 株、藤本 4 株、竹子 170 m²，分属于 43 科 69 属 100 种，其中乔木树种 32 科 47 属 66 种、灌木树种 16 科 27 属 32 种；常绿树种 6 科 9 属 18 种，落叶树种 37 科 60 属 80 种。统计所得乡土树种共 76 种，占比为 76%；乔木乡土树种 45 种，在乔木中的比重为 68.2%；灌木乡土树种 29 种，在灌木中的比重为 90.6%。城区居住区森林群落中排名前 20 名的优势树种见表 6-2。排名靠前的依次为国槐、香椿、白蜡、山桃、西府海棠、银杏、悬铃木等。

表 6-1　北京城区居住区树种组成统计

类别	乔木		灌木		藤本
	落叶树	针叶树	落叶树	针叶树	落叶树
科	30	3	13	6	1
属	41	6	22	5	1
种	54	12	26	6	1
株数/株	3 268	571	545	6	4

表 6-2　北京城区居住区乔木层优势树种

序号	树种	株数/株	比例/%	序号	树种	株数/株	比例/%
1	国槐	445	11.59	11	油松	112	2.92
2	香椿	305	7.94	12	栾树	110	2.87
3	白蜡	218	5.68	13	樱花	102	2.66
4	山桃	205	5.34	14	垂柳	99	2.58
5	西府海棠	205	5.34	15	毛白杨	81	2.11
6	银杏	194	5.05	16	白玉兰	79	2.06
7	悬铃木	175	4.56	17	元宝枫	78	2.03
8	紫叶李	160	4.17	18	雪松	76	1.98
9	刺槐	150	3.91	19	白皮松	64	1.67
10	圆柏	123	3.20	20	刺柏	58	1.51

对于不同环路的居住区植物群落调查结果如下：

北京市二环内共测量乔木 313 株，灌木 118 株，竹子 24 m²，记录树种 53 种，分属 25 科 44 属。二至三环内共测量乔木 568 株，灌木 103 株，记录树种 53 种，分属 28 科 41 属。三至四环内共测量乔木 768 株，灌木 167 株，4 株藤本，记录树种 60 种，分属 31 科 31 属。四至五环内共测量乔木 837 株，灌木 138 株，竹子 27.3 m²，记录树种 68 种，分属 41 科 54 属。五至六环内共测量乔木 1 353 株，灌木 249 株，竹子 14.7 m²，记录树种 76 种，分属 43 科 53 属。

根据调查结果显示（图 6-2、图 6-3）：北京城市居住区乔、灌木比例分别为 83.20% 和 16.80%，乔木∶灌木近 4.95∶1，不同环路间二环内最低，四至五环最高，但乔木比例均很高，这体现出了城市森林建设中以乔木为主体的特征。北京城区整体针叶、阔叶比为 1：4.75，针叶：阔叶的数值随着环路的扩张逐渐变大。科与种的数量呈现出由从中心到外围逐渐增多的变化趋势，说明城市发展过程中对树种的选择逐渐多样化。

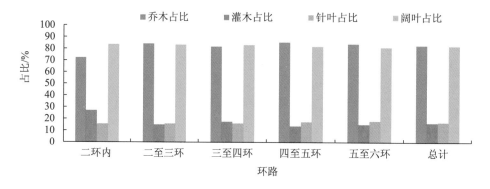

图 6-2　各环路居住区调查结果

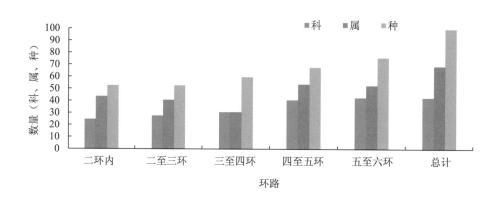

图 6-3　各环路居住区植物科属种组成

6.1.1.2　树种应用频度分析

经统计，北京六环内居住区中乔、灌木树种应用频度情况如下（图 6-4、图 6-5）：

居住区中出现频率较高的乔木树种有国槐、香椿、白蜡、山桃、西府海棠、银杏、悬铃木、紫叶李、刺槐、圆柏、油松、栾树等。频率最高的乔木为国槐，占比为 42.78%，其次为香椿 35.29% 和山桃 32.62%，在老城区内传统四合院栽植的树种基本上是国槐、毛白杨、垂柳等乡土树种。从应用频率来看，像暴马丁香、枫杨、合欢、蒙椴、丝棉木、梓树、苦楝等这些树种均为长寿树种，应用频率很低。其中暴马丁香使用频率低可能由于其香鲜花有机性挥发物含有刺激性化合物，而该类化合物又对人们的探索性、兴奋性和运动性具有抑制作用（高岩，2005）。在不同环路分区中，每个环路分区应用频率排名前 16 名的乔木树种均有白蜡、白玉兰、悬铃木、国槐、山桃、香椿、银杏、紫叶李 8 种。

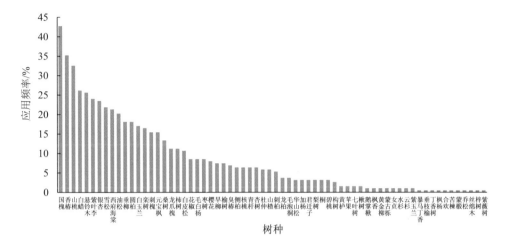

图 6-4　居住区乔木应用频率

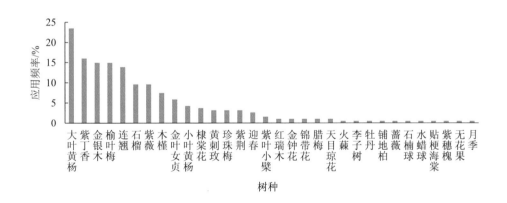

图 6-5　北京城区居住区灌木应用频率

居住区中出现频率较高的灌木树种有大叶黄杨、紫丁香、金银木、榆叶梅、连翘、金叶女贞、紫薇等。频率最高的灌木是大叶黄杨，为 23.53%，其次为紫丁香 16.04%、金银木和榆叶梅，占比为 14.97%。在不同环路分区中，每个环路分区应用的灌木树种大致相同，在各自调查范围内出现频率较高的树种包括大叶黄杨、金银木、紫薇、连翘、石榴、紫丁香、榆叶梅，应用频率较低的有金叶女贞、小叶黄杨、珍珠梅、迎春、黄刺玫等树种。

北京城区居住区乔木与灌木树种应用频度相比较，可以得出，乔木树种的应用频度比灌木树种要高得多，这说明在城区居住区绿化时，绿化规划者更注重乔木的使用，体现出乔木在城市绿化和城市森林建设中的重要地位和角色。

6.1.1.3 树种重要值分析

根据调查结果进行数据整理分析得出居住区与单位附属绿地的结果如下（表6-3）：

表6-3 居住区乔木层主要树种重要值

序号	树种	重要值/%	序号	树种	重要值/%
1	国槐	13.27	11	栾树	3.12
2	悬铃木	6.65	12	雪松	3.02
3	白蜡	6.62	13	紫叶李	2.94
4	香椿	6.14	14	臭椿	2.64
5	银杏	5.16	15	圆柏	2.51
6	毛白杨	4.79	16	油松	2.10
7	刺槐	4.23	17	元宝枫	2.05
8	垂柳	3.50	18	白玉兰	1.99
9	西府海棠	3.49	19	樱花	1.88
10	山桃	3.22	20	白皮松	1.39

北京市城区居住区森林乔木层主要树种有国槐、白蜡、悬铃木、香椿、银杏、毛白杨、刺槐、垂柳、山桃、西府海棠、雪松、栾树、紫叶李、圆柏、油松、元宝枫等。在重要值排名前10位中均为阔叶树种，在12名才出现了针叶树种雪松。

在不同环路间，森林乔木层树种保持了高度的相似性。各环路以及整个城区范围内，国槐均作为第一主要树种出现，其次为白蜡、悬铃木、香椿、银杏、毛白杨等。重要值高的阔叶树种有国槐、白蜡、悬铃木、香椿、银杏、垂柳、山桃、紫叶李、西府海棠、栾树、毛白杨等。重要值高的针叶树种有雪松、圆柏、油松、白皮松、侧柏等。

在不同行政区间，森林乔木层树种也保持了较高的一致性，各树种的重要值较为均等。各行政区各树种重要值较高的有：东城区为国槐、毛白杨、白蜡等；西城区为悬铃木、国槐等；朝阳区为国槐等；丰台区为白蜡、香椿、国槐等；石景山区为国槐、刺槐、毛白杨等。

　　由于城市化进程的推进、居住区背景和人员组成的不同，三环以内的居住绿化受古代传统居住绿化的影响大，也受皇家园林的影响，越向外则更加注重与生活的结合，如果树类、观花类的植物应用逐渐增多。因此，在今后的城市森林建设中，应适当引进能够在当地生存较好的新树种，如杜仲、楸树、蒙古栎、核桃等，以及提高目前城市森林群落中树种重要值较低的树种，如蒙椴、七叶树、鹅掌楸、枫杨、构树、龙柏等，在保证乡土树种应用比例的基础上，丰富城市森林应用树种，提高城市森林物种多样性。

6.1.1.4　物种多样性指数特征分析

　　对北京市城区的城市森林结构进行调查，通过对每个样方乔灌木分别计算植物群落多样性 4 个指数，包括丰富度指数、Shannon-Wiener 指数、Simpson 指数和 Pielou 指数，再通过计算平均值对北京市城区整体、不同环路以及不同行政区作对比分析。

　　北京城区居住区群落多样性指数调查结果如下（表 6-4）：

表 6-4　居住区群落各项多样性指数

多样性指数	丰富度指数 R		Shannon-Wiene 指数 H		Simpson 指数 D		Pielou 指数 J	
	平均值	标准差	平均值	标准差	平均值	标准差	平均值	标准差
附属居住区	8.1	3.37	1.757 2	0.53	0.763 7	0.17	0.859 4	0.18
安置房	7.3	3.44	1.676 5	0.56	0.757 7	0.14	0.864 3	0.26
商品房	7.1	2.71	1.604 9	0.51	0.724 7	0.19	0.820 2	0.19
全部居住区	7.3	2.84	1.619 0	0.51	0.726 4	0.18	0.822 5	0.19

　　在计算所得的丰富度指数中，居住区所调查的全部样方中，物种丰富度处于 1～15 种，标准差为 2.84，整体的物种丰富度指数平均值为 7.3 种。在 Shannon-Wiener 指数中，居住区整体为 1.619 6，各群落变化范围在 0～2.456 1，标准差为 0.51。在 Simpson 指数中，居住区整体为 0.727 1，各群落变化范围为 0～0.905 6，标准差为 0.18。在 Pielou 指数中，居住区整体为 0.823 6，各群落变化范围在 0～0.995 7，标准差为 0.19。其中 Simpson 指数和 Pielou 指数的变异性最小，说明各群落该两项指标分布比较集中，而丰富度指数则有较人的离散程度。

　　将所有居住区分为三大类，其中附属居住区的丰富度指数和多样性指数均为最高，均匀度指数处于中间，说明附属居住区的群落物种组成最为丰富，且分布较为均匀。

不同环路上，居住区植物群落多样性的结果有如下特征（表 6-5、图 6-6）：

表 6-5　不同环路城市群落各项多样性指数

环路	丰富度指数 R		Shannon-Wiene 指数 H		Simpson 指数 D		Pielou 指数 J	
	平均值	标准差	平均值	标准差	平均值	标准差	平均值	标准差
二环	7.1	2.59	1.645 0	0.58	0.727 6	0.24	0.814 5	0.27
二至三环	6.6	2.66	1.525 7	0.54	0.699 0	0.22	0.799 7	0.24
三至四环	7.0	2.92	1.566 1	0.52	0.714 1	0.18	0.829 2	0.17
四至五环	7.7	2.78	1.667 6	0.46	0.741 2	0.15	0.830 4	0.12
五至六环外 1 km	7.5	3.00	1.653 2	0.51	0.738 1	0.17	0.829 3	0.19
总计	7.2	2.84	1.612 8	0.51	0.723 4	0.18	0.819 0	0.19

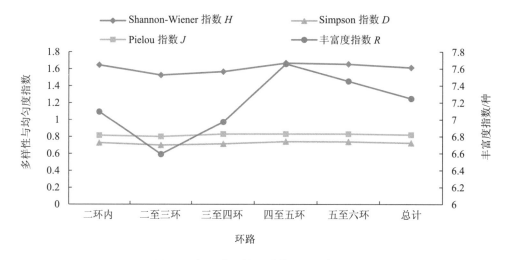

图 6-6　各环路居住区群落四项指数对比

丰富度指数在不同环路分区体现为四至五环＞五至六环＞二环＞三至四环＞二至三环内，不同环路间相比较，四至五环群落的物种组成丰富度最高为 7.7 种，而二至三环的群落物种丰富度较低为 6.6 种，物种组成与其他环路相比较略为简单；同样 Shannon-Wiener 指数、Simpson 指数与丰富度指数有着相同的变化趋势，均为四至五环＞五至六环＞二环内＞三至四环＞二至三环。而 Pielou 指数与其不同，为四至五环＞五至六环＞三至四环＞二环＞二至三环内，主要不同在三至四环与二环内，与其他指数相反，但不同物种在群落中分布的均匀程度最高的仍是四至五环内。四项指数均在四至五环间为最高，是由于四至五环间无单一树种组成的群落，使整体水平提高；此外此区间内附属居住区的比例最高为 21.1%，以及有比较多的精品小区如国奥村、望京东园、首创爱这城等。各环路各项指标的标准差显示：除了丰富度指数的其他 3 个指数的标准差在四至五环间均为最低，说明各群落多样性情况与环路内的平均水平较为接近；而在二环内为最高，说明各群落离散程度较大。各群落丰富度指数在二环内最接近平均水平，在五至六环内变异性较大。居住区物种多样性整体上呈现城市郊区高于城区，这与北京城市化程度有直接的联系，随着城市的发展，生物多样性保护重视程度的也在逐渐提高。根据不同树种的特性包括树形、叶色、高度、气味、季相等来营造丰富的景观，为人们提供舒适、健康的人居环境。

6.1.2　城市森林空间结构特征分析

6.1.2.1　城市森林密度分析

每公顷株数（株/hm^2）以及每公顷胸高断面积（m^2/hm^2）都可以用来表示城市森林的密度。在 Rowantree（1994）的研究中，得出只有当一个森林群落的树干基部断面积也就是乔木的胸高断面积之和达到 5.5～25 m^2/hm^2 时才能有效地发挥森林的各种功能。

调查结果显示：北京城区居住区绿地城市森林的平均密度分别为 543.8 株/hm^2，而平均胸高断面积为 17.29 m^2/hm^2，整体上均已达到了城市森林的水平。

居住区的城市森林密度在不同环路上的变化（图 6-7）：每个环路范围内的城市林

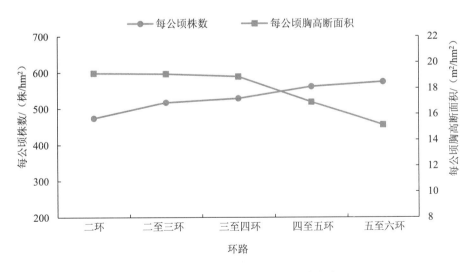

图 6-7　不同环路居住区城市森林密度

密度均达到了城市森林的水平，能够发挥类似森林的功能。但从二环到五至六环梯度上，每公顷株数呈现逐步升高的变化趋势，而每公顷胸高断面积则呈现了依次递减的变化趋势，呈现出相反的变化趋势。尽管均达到了城市森林的水平，但越向外环路，城市森林的提升潜力越大。

6.1.2.2 胸径等级特征分析

树种的胸径是立木测定的基本因子之一，在一定程度上是树龄的间接划分指标。在自然状态下，胸径与树高、冠幅具有正相关关系，对径级的研究可以得到森林群落树种的年龄组成情况以及人为干扰情况，而对胸高断面积的研究可以了解到森林群落生态功能效益的大小。

根据调查结果（表 6-6）：北京市城区居住区树木平均胸径为 17.58 cm。为了能够更好地对北京居住区城市森林中乔木胸径大小和径级分布情况，将所调查的乔木胸径划分为 5 个等级，即<10 cm、10~20 cm、20~30 cm、30~40 cm、>40 cm。居住区内共调查了乔木 3 839 株，其中胸径<10 cm 的乔木占总数的 23.42%；胸径在 10~20 cm 这一等级的占总数的 42.04%；胸径在 20~30 cm 的占 24.49%；胸径在 30~40 cm 的乔木占 7.45%；胸径>40 cm 的乔木占 2.6%。在整体水平上，北京城区接近一半的乔木处于 10~20 cm 等级内，大多数乔木均处于<30 cm 的 3 个等级内，只有 10.05%的树木的胸径>30 cm，在大径级乔木中，二环内和二至三环内的树木贡献率最大。

表 6-6　居住区乔木胸径等级分布

胸径等级	<10 cm	10~20 cm	20~30 cm	30~40 cm	>40 cm
株数/株	899	1 614	940	286	100
占比/%	23.42	42.04	24.49	7.45	2.60

各环路调查结果见图 6-8，平均胸径分布特征为二至三环>二环>三至四环>四至五环>五至六环，最大为 19.5 cm，最小为 15.87 cm，呈现出由城中心到城外围逐渐减小的趋势，这是由于居住区建成时间和绿化时间早晚引起的，城中心绿化时间早、树木生长时间长，胸径平均水平亦较高。

此外，在<10 cm 和 10~20 cm 的胸径等级中，从二环内到五至六环外 1 km 呈现了逐渐增多的趋势，但二环内小于 10 cm 的占比高于二至三环内，是由于二环内小乔木数量较多如白玉兰、西府海棠、山桃等；而在大于 20 cm 的 3 个等级中，从城中心到城周边在整体上呈现了逐渐变小的趋势，说明北京城市外围居住区森林群落中树龄

较大的大胸径树木占比小于城市中心，而小胸径的树木占比要高于城市中心，人为干扰程度较大。

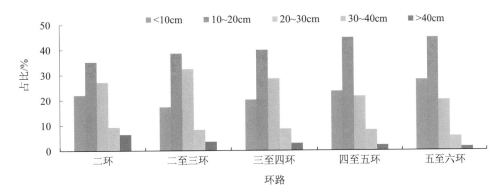

图 6-8　居住区不同环路乔木胸径等级分布

6.1.2.3　冠幅等级特征分析

北京市六环内居住区树木平均冠幅为 5.32 m。为更好地描述和分析城市森林的冠幅大小，将乔木冠幅划分为 6 个等级，即 <2 m、2～4 m、4～6 m、6～8 m、8～10、>10 m。

在居住区内全部调查的乔木中（表 6-7），冠幅 <2 m 的乔木占总数的 4.4%；冠幅在 2～4 m 这一等级的占总数的 32.98%；冠幅在 4～6 m 的范围内的占 28.16%；冠幅在 6～8 m 的乔木占 18.99%；冠幅在 8～10 m 的为 11.23%；冠幅大于 10 m 的乔木占 4.25%。在整体水平上，居住区中的乔木大多数处于 2～8 m，在 3 个等级内，2～4 m 等级内数量占比最多，冠幅大于 10 m 和小于 2 m 的乔木数量较少。

表 6-7　居住区乔木冠幅等级分布

冠幅等级	<2 m	2～4 m	4～6 m	6～8 m	8～10 m	>10 m
株数/株	169	1 266	1 081	729	431	163
占比/%	4.40	32.98	28.16	18.99	11.23	4.25

居住区所调查的乔木中冠幅等级特征在不同环路的分析结果如下（图 6-9）：

各环路乔木平均冠幅二环 > 二至三环 > 三至四环 > 四至五环 > 五至六环，最高为 5.91 m，最低为 4.84 m，与胸径等级呈现出相同的变化趋势，均为由城中心到城外围逐渐降低，冠幅、树高、胸径之间的关系体现为正相关。

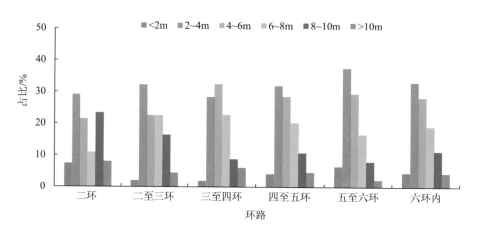

图 6-9　居住区不同环路乔木冠幅等级分布

　　各冠幅等级在各环路中的变化趋势与胸径等级变化极为相似，主要有 3 种变化类型：小于 6 m 的 3 个冠幅等级在整体变化是随环路的扩张逐渐降低，6~8 m 冠幅等级的树木占比呈现先增大再减小的变化即金字塔变化，大于 8 m 的 2 个冠幅等级在整体上呈现由中心向外围逐渐减小的趋势。

6.1.2.4　树高等级特征分析

　　在树高特征上，北京城区居住区内乔木平均树高为 7.76 m。为更好地描述和分析城市森林的高度及层次分布，将树高划分为 5 个等级，即树高<5 m、5~10 m、10~15 m、15~20 m、>20 m（表 6-8）。居住区内全部调查的森林群落乔木中，高度<5 m 的乔木占总数的 25.84%；树高在 5~10 m 这一等级的占总数的 49.73%；树高在 10~15 m 的占 19.46%；高度在 15~20 m 的乔木占 3.88%；树高>20 m 的乔木仅占 1.09%。在整体水平上，北京城区接近一半的乔木处于 5~10 m 等级内，大多数乔木均处于<15 m 的 3 个等级内，只有 4.97% 的树木的高度>15 m，在高乔木中，四环以内的树木贡献率最大，四环以外>20 m 的树木占比极少，为 0.58%。

表 6-8　居住区乔木高度等级分布

树高等级	<5 m	5~10 m	10~15 m	15~20 m	>20 m
株数/株	992	1 909	747	149	42
占比/%	25.84	49.73	19.46	3.88	1.09

　　居住区乔木树高特征在不同环路的分析结果如下（图 6-10）：

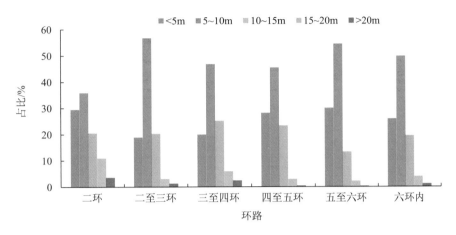

图 6-10　居住区不同环路乔木高度等级分布

各环路乔木平均数二环＞三至四环＞二至三环＞四至五环＞五至六环，最高为 8.69 m，最低为 6.90 m，与胸径等级呈现出近似的变化趋势，均为由城中心到城外围逐渐降低，树高与胸径、冠幅在一定程度上存在正相关。各环路树高等级占比情况（图6-10）。

在不同树高等级中，其与各胸径、冠幅等级在环路间的变化趋势较为相似。从二环到五至六环外 1 km，小于 5 m 和 5～10 m 等级中的树木占比在整体上呈现出增高的趋势，而 10～15 m 等级呈现先增高再降低的变化趋势，高于 15 m 的树木由内到外明显减少。

6.1.2.5　优势树种结构特征分析

（1）优势树种径级结构特征分析。乔木层各优势树种在径级结构上具有明显的差别，对排名前 20 的优势树种进行分析（图 6-11）。在平均胸径上，最大的是排名 15 的毛白杨，为 35.96 cm，多出现于北京中心城区的老居住区中；其次为雪松 28.83 cm、垂柳 27.07 cm、悬铃木 25.70 cm；平均胸径最小的优势树种为刺柏 9.66 cm、次之为西府海棠 10.87 cm，香椿、山桃、白玉兰、紫叶李也较低，为 12 cm 左右。

20 种优势树种径级分布见图6-11。各树种胸径等级的变化趋势主要有3类（图6-12）：①随胸径等级的增大树种数量所占的比例逐渐减小，如树种香椿、西府海棠、樱花、刺柏；②随胸径等级的增大树种数量所占的比例增大趋势逐渐趋于平缓，如树种毛白杨；③金字塔变化规律，随胸径等级的增大树种数量所占的比例先增大再减小，75% 的树种均为此种变化趋势，只是峰值所处的胸径等级不同，如国槐、悬铃木、栾树、垂柳、雪松的峰值处于 20～30 cm 等级，而白蜡、山桃、银杏、紫叶李、刺槐、圆柏、油松、白玉兰、元宝枫、白皮松树种的峰值处于 10～20 cm 等级。

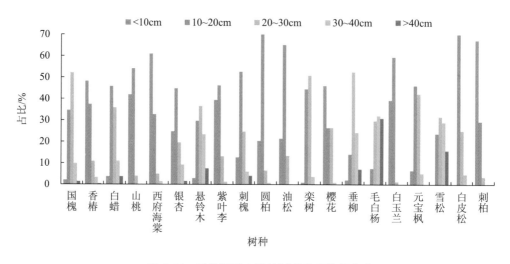

图 6-11　居住区乔木优势树种胸径等级分布

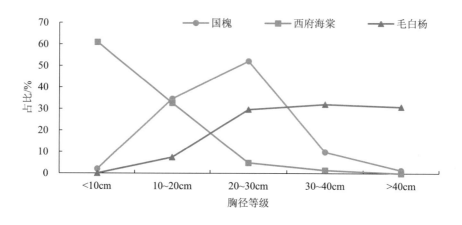

图 6-12　优势树种胸径等级变化趋势类型

（2）优势树种树高等级特征分析。对乔木层排名前 20 的优势树种进行垂直树高结构分析（图 6-13）：在平均树高上，最高的是排名 15 的毛白杨，为 18.01 m；其次为悬铃木 12.02 m、雪松 10.99 cm，均大于 10 m；平均树高最低的优势树种为山桃 3.6 m，次之为樱花 4.28 m，刺柏 4.49 m，西府海棠、紫叶李、油松、白皮松也较低，为 5 m 左右。

20 种优势树种树高等级的变化趋势与胸径较为相似，主要有 3 类（图 6-14）：①随等级的增大树种数量所占比例逐渐减小，如树种山桃、油松、樱花、白皮松，其中白皮松等级分布最多，前 4 个等级均有分布，只是没有＞20 m 的树木，其他 3 种树种只有小于 5 m 和 5～10 m 两个等级；②随等级的增大树种数量所占比例逐渐增大，如树种毛白杨；③呈现金字塔变化的特点，随等级的增大树种数量所占比例先增大再减小，大多数树种均为此种变化趋势，只是峰值所处的等级不同，而 13 种树种中只有悬铃木的峰值处于 10～15 m 等级中，其余均处于 5～10 m 等级。在峰值处于 5～10 m 等级的树种中，雪松为 5 级分布；国槐、香椿、白蜡、银杏、刺槐为 4 级分布，无高于 20 m 的树木；圆柏、白玉兰、元宝枫为 3 级分布；2 级分布中西府海棠、紫叶李为小于 5 m 和 5～10 m 等级分布、而栾树为 5～10 m 和 10～15 m 等级分布。

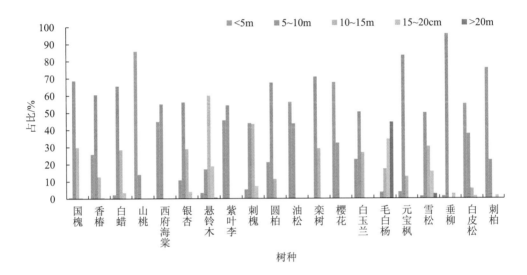

图 6-13　居住区乔木优势树种树高等级分布

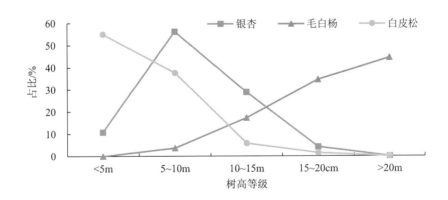

图 6-14　优势树种树高等级变化趋势类型

（3）优势树种冠幅等级特征分析。乔木层排名前 20 的优势树种进行冠幅等级结构分析（图 6-15）：

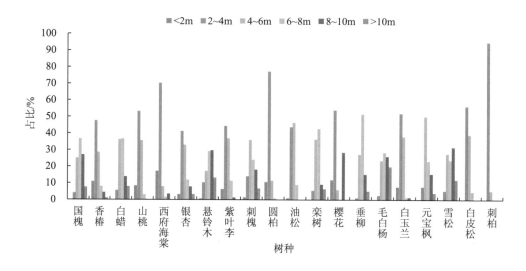

图 6-15 居住区乔木优势树种冠幅等级分布

在平均冠幅上，最大的是排名 15 的毛白杨，为 7.93 m；次之为悬铃木 7.67 m、国槐 7.33 m、雪松 7.26 m；平均冠幅最小的优势树种为刺柏 2.44 m、次之为圆柏 3 m、西府海棠 3.07 m。毛白杨在胸径水平、树高水平、冠幅水平上均为最高，刺柏除树高水平第二低，胸径、冠幅水平均最低。其他树种如悬铃木、雪松、国槐、垂柳等在 3 项水平上均位于前列。

20 种优势树种冠幅等级的变化趋势主要有 1 个类型（图 6-16）：基本上呈现金字塔的特点，随冠幅等级的增大树种数量所占的比例先增大再减小，但各树种变化峰值所处的冠幅等级不同，有 4 个峰值等级即 2～4 m、4～6 m、6～8 m 和 8～10 m，其中 2～4 m 的树种最多，包括小乔木如山桃、西府海棠、紫叶李、白玉兰、银杏、香椿、

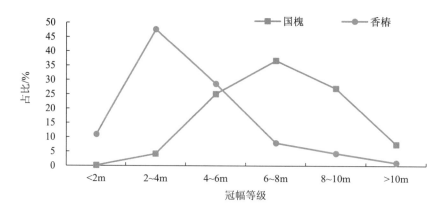

图 6-16 优势树种冠幅等级变化趋势类型

白皮松、圆柏、刺柏，这些小乔木均没有冠幅大于 10 m 的树木，其中山桃均低于 8 m，其他乔木只有香椿和银杏有大于 10 m 的树木；峰值在 4～6 m 有 3 种树种，即刺槐、油松、元宝枫；峰值在 6～8 m 有 5 种，包括国槐、白蜡、栾树、垂柳、毛白杨，这 5 种乔木均无冠幅小于 2 m 的树木；峰值在 8～10 m 等级的为悬铃木和雪松。

对排名前 20 的树种进行树种树冠覆盖面积分析，结果如表 6-9 所示。

表 6-9　优势树种覆盖面积情况

序号	树种	株数/株	平均冠幅/m	平均冠幅覆盖面积/m²	总冠幅覆盖面积/m²	占比/%
1	国槐	445	7.33	42.16	18 762.40	27.27
2	香椿	305	4.01	12.62	3 849.29	5.59
3	白蜡	218	6.71	35.32	7 700.55	11.19
4	山桃	205	3.79	11.27	2 310.74	3.36
5	西府海棠	205	3.07	7.40	1 517.67	2.21
6	银杏	194	4.77	17.83	3 459.28	5.03
7	悬铃木	175	7.67	46.14	8 074.04	11.74
8	紫叶李	160	3.97	12.37	1 978.54	2.88
9	刺槐	150	6.31	31.25	4 686.91	6.81
10	圆柏	123	3.00	7.09	871.82	1.27
11	油松	112	4.52	16.03	1 795.46	2.61
12	栾树	110	6.54	33.53	3 688.20	5.36
13	樱花	102	4.46	15.61	1 592.65	2.31
14	垂柳	99	6.81	36.39	3 602.78	5.24
15	毛白杨	81	7.93	49.38	4 000.09	5.81
16	白玉兰	79	3.78	11.19	884.29	1.29
17	元宝枫	78	6.25	30.67	2 392.29	3.48
18	雪松	76	7.26	41.39	3 145.50	4.57
19	白皮松	64	4.28	14.40	921.53	1.34
20	刺柏	58	2.44	4.69	272.08	0.40
21	总计	3 039	5.37	22.64	68 800.49	100

在优势树种冠幅覆盖总量上，国槐的覆盖总量最大，达到了 18 762.4 m²，所占比例为 27.27%，接近 1/3，可见国槐在北京居住区树冠覆盖和绿量上贡献率最大；其次为白蜡和悬铃木，分别占 11.74% 和 11.19%；次之为圆柏、白玉兰、白皮松，所占比例小于 2%；最低的为刺柏，仅为 0.4%。在整体水平上（图 6-17），优势树种的树冠覆盖总面积与优势树种排名呈现出正相关性，在优势度降低的同时，其树冠覆盖面积也逐渐降低。但在单独树种上排名靠前树种其树冠覆盖总量并不高，如香椿、山桃、西府海棠、银杏、紫叶李、圆柏、油松在优势树种排名中分别为第 2、第 4、第 5、第 6、第 7、第 8、第 10、第 11 名，而其树冠覆盖总量分别为第 6、第 12、第 16、第 9、第 13、第 19、第 14 名，两者之间排名差距较大，尤其是山桃、西府海棠和圆柏。所以在今后的城市森林建设中，应注重使用冠幅较大的树种，来有效提高北京森林树冠覆盖率。

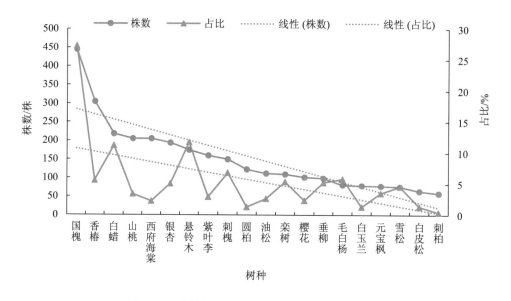

图 6-17　优势树种株数与树冠覆盖占比变化趋势

6.2　北京城区居住区树冠覆盖分析

6.2.1　居住区树冠覆盖总体分析

据统计，在北京城区调查的 93 个居住区中，总面积为 1 396.38 hm²，林木树冠覆盖总面积为 414.32 hm²，林木树冠覆盖率为 29.67%，低于北京城区整体的树冠覆盖率 39.53%（表 6-10）（宋宜昊，2016）。其中有 56 个居住区低于平均水平，超过平均水平树冠覆盖的居住区只占总数的 39.8%，居住区树冠覆盖率水平有待提高。树冠覆盖率最高的是位于五至六环内的海淀区的保利西山林语，其值为 54.06%；最低的居住区是位于二环内的东城区的新怡家园，其值为 11.31%。

表 6-10　北京城区居住区林木树冠覆盖/土地覆盖统计

土地覆盖类型	面积/hm^2	比例/%
林木树冠覆盖	414.32	29.67
草地	2.87	0.21
裸土地	0.17	0.01
不透水地表	975.00	69.82
水体	4.02	0.29
总计	1 396.38	100.00

潜在树冠覆盖面积包括两个层面，一是植被潜在树冠覆盖面积；二是不透水地表潜在树冠覆盖面积。由于基于易康软件解译的树冠覆盖图像的有限性，未能实现对城市不透水地表内部细化分类，尤其是居住区、单位附属绿地、公园、学校内通行道路与建筑物的区分，所以无法获取不透水地表层面的潜在树冠覆盖数据，在这里只考虑植被潜在树冠覆盖面积。在居住区内，荒草地和裸土地是可以作为增加林木树冠覆盖的土地覆盖类型，面积分别为 2.4 hm^2 和 0.19 hm^2，占调查居住区面积的 0.19%，面积占比极小，若将这些面积全部用来增加居住区乔灌木树冠覆盖，在理论上北京居住区的最大树冠覆盖率能够达到 29.86%，但仍未超过 30%。

林水结合的城市森林建设可以更好地发挥城市森林的功能和效益。在调查的居住区范围内，有 18 个居住区中存在城市森林与水相结合的建设情况，只占总数的 19.35%，平均树冠覆盖水平达到了 35.15%。其中有 1/3 的居住区（6 个）未达到所有居住区整体树冠覆盖水平（29.67%），是由于这些小区中存在较大面积硬质铺装广场，如 SOHO 现代城中的喷泉广场。但尽管这些居住区中有水面的建设，但只能单独发挥其降温、增湿、改善局部小气候的功能，并不能与树木结合起来，因为水泥驳岸阻断了生态系统中物质与能量的传递。

为了更好地描述北京城区居住区树冠覆盖情况，将居住区树冠覆盖现状划分为 5 个等级。在北京城区居住区调查范围内（表 6-11），大多数居住区为低、中等树冠覆盖，占居住区总数的 73.12%；只有极少数为极低树冠覆盖，高覆盖度和极高覆盖度的居住区数量居中。

表 6-11 居住区树冠覆盖等级统计

等级	极低覆盖度	低覆盖度	中覆盖度	高覆盖度	极高覆盖度
覆盖范围/%	<16.5	16.5~25.5	25.5~34.0	34.0~42.5	>42.5
居住区数量/个	3	32	36	13	9

6.2.2 不同性质类别间树冠覆盖差异分析

将调查的居住区根据不同性质分为三类，即商品房、单位附属居住区和回迁安置房。不同类别的居住区树冠覆盖情况为：附属居住区＞商品房＞安置房（表6-12）。

表 6-12 不同性质类别居住区树冠覆盖统计

	附属居住区	安置房	商品房
现实树冠覆盖率/%	33.96	20.77	30.06
潜在树冠覆盖率/%	0.00	0.63	0.16

附属居住区树冠覆盖率最高为 33.96%，其荒草地、裸土地和水体面积均为 0，绿化建设用地已经达到最大化，无潜在树冠覆盖面积。在这 15 个附属居住区中，无极低覆盖度的居住区，中覆盖度和极高覆盖度占到了 66.67%。单位附属居住区建设的时间较早，楼层较低，绿化面积相对较大，并有较好的绿化传统，树木种类和绿化配置情况相对较好，并有一定数量的大树存在，空间绿量较大，且有着较为精致的后期养护管理，故与商品居住区相比有着较高的绿化质量和树冠覆盖率（郊光发等，2010；2011）。

安置房的树冠覆盖率最低，在绿化中使用的乔灌木面积与其他类型居住区相比较低，而草地面积占比最高，潜在树冠覆盖率为 0.63%。调查的这 3 个安置房均为低覆盖度水平。安置房是因城市规划、土地开发等原因进行拆迁，而安置给被拆迁人或承租人居住使用的房屋。安置的对象是城市居民被拆迁户和征拆迁房屋的农户。安置房由于有限的建设成本、高密度和有限的空间资源，绿化重视程度低，直接导致居住区绿色空间用地不足，不能满足居民的一般或特殊需求（杨俏，2014），其绿化环境效果与商品住房小区相比而言有着明显的区别（言静蓝，2011）。

而商品房位于两者之间，为 30.06%。草地与裸土地的潜在树冠覆盖面积不高，仅为 0.16%，能够达到的最大树冠覆盖率为 30.22%。商品房的树冠覆盖水平波动较大，最高的树冠覆盖率为 54.06%，最低的为 11.31%。74.67% 的居住区的树冠覆盖水平处于低等和中等覆盖度。

6.2.3　不同时间阶段内树冠覆盖差异分析

将调查的居住区根据不同建成时间分为 6 个时间段，即 1980 年前、1981—1900 年、1991—2000 年、2001—2005 年、2005—2010 年、2010 年以后。不同时间段的居住区树冠覆盖情况（图 6-18）：2006—2010 年＞1991—2000 年＞2010 年后＞1981—1990 年＞1980 年前＞2000—2005 年。在 2000 年之前，居住区树冠覆盖随时间段的增加而小幅度增长，树冠覆盖水平在各时间段内处于中等，虽然老旧小区环境质量稍差，但大冠幅乔木为提高居住区树冠覆盖做出了突出贡献。而 2001—2005 年树冠覆盖率大幅度降低，之后又迅速回升，这与房地产行业的发展、城市绿化发展以及人们需求的提高有着密不可分的关系。在树冠覆盖等级上，每个时间段均为低覆盖度和中覆盖度的居住区数量居多。

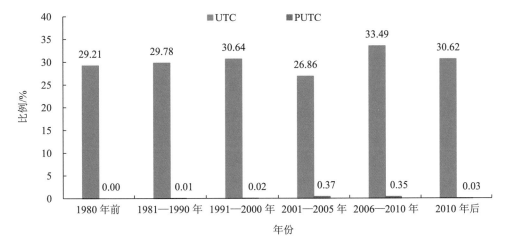

图 6-18　居住区不同时间阶段树冠覆盖率

随着时间不断地向前推移，潜在树冠覆盖也随之提升。在老居住区中，由于大乔木树冠面积大，将地表情况覆盖，所以潜在林木树冠覆盖面积为 0，但在实际调查过程中，年代久的居住区内群落基本为乔木—裸地的形式，有的居住区虽然树冠覆盖率较高，但树冠下灌木极少、裸土地板结严重、环境质量差。2001—2005 年的潜在树冠覆盖虽然位居第二，但总量很小，只有 0.37%，能达到的最大树冠覆盖为 27.23%，仍为最低。

6.2.4 不同环路间树冠覆盖差异分析

6.2.4.1 现实树冠覆盖分析

各环路的统计结果显示，不同环路区间树冠覆盖呈现四至五环＞五至六环＞三至四环＞二至三环＞二环内，二环内最低，其树冠覆盖率为 21.99%，随着环路向外围不断扩张，树冠覆盖率随梯度变化逐渐增大至最高为四至五环间 31.23%，而到五环至六环外 1 km 间又降低了 0.2 个百分点，为 31.04%（图 6-19）。

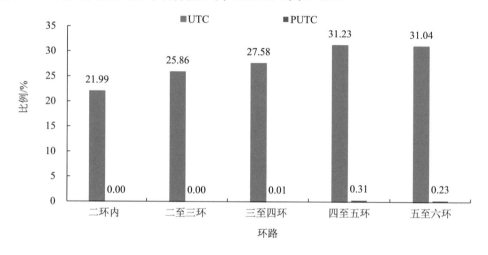

图 6-19 不同环路区间居住区树冠覆盖率

二环内为北京市中心城区，其树冠覆盖率平均为 21.99%，最高为 32.78%，最低为 11.31%。其中有 90% 的居住区树冠覆盖率均低于六环内居住区整体树冠覆盖水平（29.67%）。二环内的居住区在树冠覆盖等级分布上只有极低、低和中覆盖度。在调查的二环内的居住区大多数为 90 年代和 2001—2005 年的居住区，而由前文得出此阶段绿化建设相对滞后，不透水地表占比极大，故造成树冠覆盖率较低。

二至三环间同样为北京市中心城区，但相比二环内而言，居住区树冠覆盖水平有所上升，为 25.86%，在此区间，开始出现了附属居住区如冶金社区、农科院家属院等，提高了二至三环的整体水平。其中树冠覆盖率最高为 38.91%，最低为 17.94%，有 20% 的居住区其树冠覆盖率在 30% 之上。二至三环之间有多于一半的居住区为低覆盖度水平。

三至四环居住区树冠覆盖平均水平为 27.58%，最高的是北京市农林科学院家属院，为 43%，最低为 13.7%，有 33.33% 的居住区高于六环内整体树冠覆盖水平 29.67%。在覆盖度等级上，中等覆盖度的小区数量最多占总数的 61.11%，其次为低等覆盖度。

　　四至五环内居住区平均树冠覆盖率为 31.23%，在各环路区间平均树冠覆盖率最高。其中树冠覆盖率最高的是北京大学燕北园，为 47.97%，最低的是北京市社会科学院家属居住区，为 20.18%，有 57.9% 的居住区树冠覆盖率大于 30%。分析其原因：①区间内高等学校、教育机构以及单位较多，附属居住区的比例较高（燕北园、颐和园住宅区、科学园小区等），大大提升了整体的树冠覆盖水平；②2008 年北京奥运会的举办，是奥运社区、绿色社区建设的驱动因素，如国奥村等；③北京市第一道绿环隔离带建设出现许多精品小区，如万科、万柳地区、奥林匹克花园等；④四至五环在 2000—2010 年处于城市生态化改造和重建阶段，人工建筑覆被面积在以每年 5.88 km² 的速度在减少（谢高地等，2015），这在一定程度上提高了此区域内居住区的树冠覆盖率。在树冠覆盖度等级上，大多数均处于中等树冠覆盖，其次为极高树冠覆盖，不存在极低树冠覆盖度。

　　五至六环外 1 km 内居住区平均树冠覆盖率为 31.04%，其中最低的为 18.71%，最高的是保利西山林语，为 54.06%，这也是此次调查范围内树冠覆盖率最高的居住区，有将近一半的居住区高于六环内整体树冠覆盖水平。在调查的居住区中处于低、中、高覆盖度的居住区共占 87.1%，剩余的均为极高树冠覆盖度小区。此区间的居住区树冠覆盖主要得益于大部分建于 2006—2010 年时间段和部分建于 2001—2005 年时间段内的居住区。这一区域土地供给充分，因地处城乡过渡带和城市边缘地带，土地价格受区位影响相对较低，因此开发的楼盘楼间距相对较大，为绿化提供了可靠的保证空间，这也是这些楼盘当初开盘时的主要卖点所在。

6.2.4.2　潜在树冠覆盖分析

　　二环内与二至三环间为北京市中心城区，其植被潜在树冠覆盖率为 0。潜在树冠覆盖随环路的变化趋势与现实树冠覆盖的变化趋势相同，均为随环路的扩张先增大，到四至五环达到最大，五至六环外 1 km 稍有降低。三至四环的潜在树冠覆盖面积为 0.01 hm²，比例为 0.01%，土地覆盖类型均为草地；四至五环的潜在树冠覆盖面积为 1.16 hm²，比例为 0.34%，土地覆盖类型只有荒草地；五至六环外 1 km 潜在树冠覆盖面积为 1.75 hm²，比例为 0.28%，包括 1.23 hm² 的荒草地和 0.19 hm² 的裸土地。在植被潜在树冠覆盖类型中，只有五至六环外 1 km 区间内有裸土地，其余均为草地。

6.2.5 不同行政区划内树冠覆盖差异分析

6.2.5.1 现实树冠覆盖分析

根据各行政区的统计结果来看（图 6-20），不同行政区间树冠覆盖率呈现海淀区＞大兴区＞顺义区＞房山区＞石景山区＞通州区＞丰台区＞昌平区＞朝阳区＞东城区＞西城区，西城区和东城区居住区的树冠覆盖率水平排在最后，分别为 21.87% 和 24.10%。海淀区最高，为 37.8%，11 个行政区中有 5 个其树冠覆盖平均水平达到了 30%以上，包括海淀区、大兴区、顺义区、房山区、石景山区，通州区也十分接近，这些行政区除了海淀区和石景山区外均为北京远郊区，所以北京远郊区的居住区树冠覆盖率要高于北京中心城区。

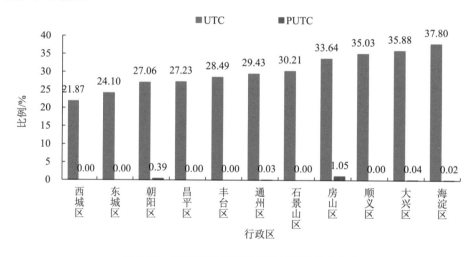

图 6-20 不同行政区间居住区树冠覆盖率变化

西城区和东城区树冠覆盖率分别为 21.87% 和 24.10%，为最低的树冠覆盖率，这与其作为老城区以及位于二环内的空间密不可分。东城区居住区树冠覆盖率最高的为36.73%，最低为 11.31%，有 5 个 62.5% 的居住区为低等覆盖度，其余为极低、中、高覆盖度。西城区基本上均为低覆盖度，占总数的 77.78%，其余为极低和高覆盖度。

朝阳区居住区平均树冠覆盖水平为 27.06%，为中等树冠覆盖度。树冠覆盖率最高的是万科星园小区，为 36.13%，最低的为 19.67%。在覆盖度等级分布中，无极低覆盖度和极高覆盖度，92.3% 的居住区均为低、中等树冠覆盖水平。

丰台区居住区中，树冠覆盖率最高的是附属居住区，为 43.96%，最低的为 13.7%，平均水平为 28.49%。有 75% 是低、中覆盖度。

海淀区是树冠覆盖率最高的行政区，达到了 37.80%，这与海淀区高等院校和事业单位较多有必然的联系。海淀区内调查的附属居住区占海淀区居住区总数的 35.7%，大幅度提高了海淀区居住区树冠覆盖水平。在树冠覆盖等级上，不存在极低树冠覆盖度，中等和极高树冠覆盖大比例存在。

大兴区居住区树冠覆盖率平均为 35.88%，其中最高的为 44.32%，最低的为 21.62%。在覆盖度等级上，无极低树冠覆盖并且只有 1 个为低覆盖度，故树冠覆盖水平较高。

昌平区、通州区、石景山区和顺义区由于居住区数量较少和六环内涵盖面积占比小，故代表性差，不能客观地反映各行政区的整体情况，故不再详细论述。

6.2.5.2　潜在树冠覆盖分析

西城区、东城区、昌平区、丰台区和顺义区的植被潜在树冠覆盖率为 0。朝阳区、大兴区和海淀区的潜在树冠覆盖类型均只有荒草地，面积分别为 1.8 hm^2、0.05 hm^2、0.03 hm^2，潜在树冠覆盖率分别为 0.39%、0.04% 和 0.02%。通州区的潜在树冠覆盖率为 0.03%，其覆盖类型为荒草地和裸土地，共 0.02 hm^2。而房山区的潜在树冠覆盖率最大为 1.05%，包括荒草地和裸土地两种覆盖类型，面积分别为 0.51 hm^2 和 0.17 hm^2。

6.2.6　树冠覆盖率沿轴线梯度变化分析

前面虽然按照环路、行政区等区划等级对其 UTC 空间分布进行了分析，但空间变化的展示仍显得尺度过大，为了进一步分析居住区和单位附属绿地城市森林树冠覆盖的空间差异情况，我们又根据调查样地所在区位，考虑到北京城市发展的"二轴"系统格局，按照"东—西"和"南—北"两条轴线，对相关区域的样地数据进行了重新梳理，以期从另一个侧面揭示 UTC 的变化规律。

6.2.6.1　树冠覆盖不同方位变化分析

将 4 条轴线划分为 8 个部分，即 8 个方位。根据统计结果（图 6-21）显示，在不同的方位之间存在差异。树冠覆盖率大小表现为西北＞西南＞东南＞西＞南＞北＞东北＞东。西北方向的居住树冠覆盖率最大为 40.22%，此区域内高等院校和企事业单位较多，附属居住区较多；且此处有部分西山风景区，也是京郊皇家园林保护区，周边有较多的精品居住区。其次为西南部和东南部，西南部可能受到良乡大学城建设的影响，高校郊区化会推动郊区居住环境的发展（陈越等，2008）。最低的为北京的东面，仅为 24.96%。在这 8 个方位中，只有西北部、西南部、东南部树冠覆盖水平超过了 30%。可以看出北京六环内居住区的树冠覆盖情况：西部优于东部，南北水平相差不多。

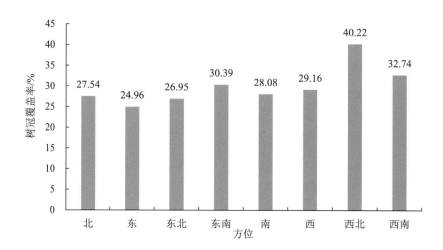

图 6-21　不同方位居住区树冠覆盖率变化

6.2.6.2　树冠覆盖"东—西"和"南—北"轴线梯度变化分析

从北京的东西方向来看（图6-22），从西五至六环到二环再到东五至六环，整体上展现出了先降低再上升的趋势。居住区的树冠覆盖率由西五至六环的最高37.91%降低到西二环的最低19.12%，其中西二至三环却高于西三至四环；之后又从东二环逐渐上升，到东四至五环有稍有下降。体现出了中心城区的树冠覆盖率最低，城郊区树冠覆盖高的特点。

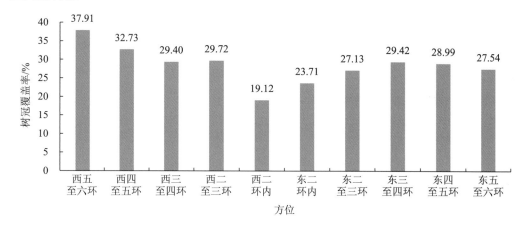

图 6-22　东西方向居住区树冠覆盖率变化

根据图 6-23 可以看出：以南北二环为中心点，"南—北"轴线上南半部总体呈现出由南二环到南五至六环树冠覆盖率逐渐升高的变化规律，这与前面环路的分析结果保持完全一致。但从轴线的北半部来看，虽然未呈现出明显的变化规律，但在整体变化走向上呈现出了由北二环到北五至六环增长的趋势，其中北二至三环和北四至五环的树冠覆盖率较为突出，这主要是由于在这两个范围内单位附属居住区的数量占比较高，分别达到了 42.9%和 71.4%，因此很大程度上提高了各自区域内的树冠覆盖率。

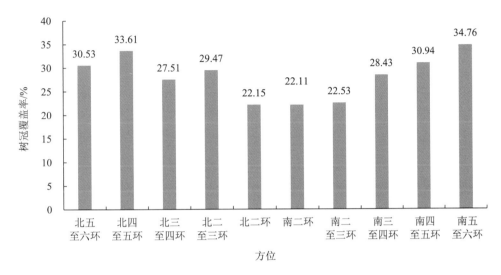

图 6-23　南北方向居住区树冠覆盖率变化

6.2.7　居住区树冠覆盖率与其他因素相关性分析

除前文所述，居住区树冠覆盖率在不同性质分类、不同环路分区、不同行政分区以及不同建成时间阶段内的差异和变化之外，还调查统计了各居住区的容积率、房屋价格、户数等社会经济数据以及计算统计得到各居住区城市森林结构数据，运用 SPSS 软件对其进行 Spearman 相关性分析。分析结果显示（表 6-13）：树冠覆盖率与居住区的容积率、房屋价格、户数呈现负相关，其中与容积率呈现出极显著负相关，与其他因素的负相关不显著。

居住区的树冠覆盖率与其容积率呈极显著负相关，同时在占地面积相同的小区之间，容积率越高的，树冠覆盖率越低，人均绿地面积越少；居住区树冠覆盖与房价也呈现负相关，这与居住区的地理位置有直接的关系。在北京六环内，从市中心随环路外扩，分为北京中心城区—北京城郊过渡区—北京近郊区—北京远郊区，位于市中心的居住区房价要高于北京远郊区，而由前文结果可知，居住区的树冠覆盖率具有随环路的扩张而逐渐降低的趋势，故居住区整体树冠覆盖水平与房价呈现负相关，但并不显著。

表 6-13　居住区树冠覆盖率与相关影响因素间的相关性

项目	树冠覆盖率/%	潜在树冠覆盖率/%
居住区总面积	0.298**	0.320**
容积率	−0.341**	−0.06
房屋价格	−0.20	−0.217*
户数	0.01	0.20
Shannon-Wiener 指数 H	0.10	0.00
Simpson 指数 D	0.08	0.02
Pielou 指数 J	0.01	−0.01
丰富度指数 R	0.12	−0.01
每公顷胸高断面积	0.18	−0.14
每公顷株数	0.06	0.20

注：** 表示在 0.01 水平上显著相关；* 表示在 0.05 水平上显著相关。

树冠覆盖率与居住区森林结构中 Shannon-Wiener 指数、Simpson 指数、Pielou 指数、丰富度指数、每公顷胸高断面积、每公顷株数呈现正相关，但不显著，这些指标与树冠覆盖率的相关性较低可能是由于树木尺寸的问题，即影响树冠覆盖率的主要因素是树冠大小，但不反映在城市森林密度或物种丰富度等指标测量上（Conway T M et al.，2013）。关于城市森林密度，其高或低均可能具有较高的树冠覆盖率。在树冠覆盖率较高的新建居住区中，往往是由于具有较高的城市森林密度，有着更多未成熟的树木，但当前的城市森林密度会影响未来树木冠幅的大小以及城市森林结构的合理性，因此探索城市森林密度与树冠覆盖率的相关性将有助于获取目前城市森林的管理模式（Conway T M et al.，2013），实现城市森林的可持续发展。

6.3　讨论

（1）居住区绿地是城市绿地的重要组成部分，是人们生活工作的场所和停留时间最多的地方，与人们工作生活关系最为紧密，其生态和社会效益举足轻重，是城市森林的重点建设范围。研究结果表明，北京城区居住区林木树冠覆盖率为 29.67%，低于北京城区整体的树冠覆盖率 39.53%（宋宜昊，2016），潜在树冠覆盖率只有 0.22%，居住区用于提高树冠覆盖率的面积非常少，且只分布在四环以外区域的居住区。在快速的城市化进程中，位于中心城区的老旧小区在建设之初绿化得不到重视，由于城市用地比较紧张，要求出房率高，绿地被挤占（陈丽笙，1987），此外在其规划和建设过程中还存在绿地设计缺陷、后期养护不足、居民保护意识欠缺、业主反馈体系不健全等问题，这些问题导致了居住区绿化原有基础差，并且制约着居住区绿地未来的发展和走向（毕汝涛，2012；卢圣，2010）。为解决目前居住区树冠覆盖率低、城市森林质量差的问题，可以从量的扩张和质的提升两个方面来进行居住区城市森林建设（贾宝全等，2013）：①城市森林量的扩张，由于土地资源的稀缺性、有限性，我们不可能无限制地增加居住区绿地的比率，可以通过"立体绿化"包括屋顶绿化、墙体绿化、阳台绿化等绿化形式，在有限的绿地标准内进一步提高树冠覆盖和居住区绿量，丰富绿化的空间结构，增强立体景观艺术效果，创造更美好的环境（徐明尧，2000；刘煜光等，2013）。②城市森林质的提升，根据研究结果，老旧小区虽然生态空间严重不足，但一些小区却有着较高的树冠覆盖率，如三里河二区（38.91%）、老山西里（39.03%）、西湖新村（37.78%）、新安里小区（38.06%）等，这是由于树冠覆盖率与居住区之间存在年龄效应（Conway T M et al.，2013），大冠幅乔木为提高居住区树冠覆盖做出了突出贡献。因此在进行城市森林建设或改建时，可以选取冠幅较大、绿量较高的树种如国槐、白蜡、悬铃木、雪松、元宝枫、栾树等，有利于实现城市森林的可持续发展。

（2）居住区树冠覆盖率在环路分区上呈现出从二环内到五至六环外 1 km 区域逐渐升高的梯度变化，在行政分区上呈现出北京中心城区—北京城郊过渡区—北京近郊区—北京远郊区，在不同方位分区上呈现出西北部、西南部树冠覆盖率最高，东部最低，这说明居住区树冠覆盖水平与城市化水平、城市发展布局有着紧密的联系。与王近秋等（2011）的上海浦东新区城区—郊区树冠覆盖梯度变化分析结果较为相似，即树冠覆盖率从陆家嘴商业中心向外到外环线范围内逐渐增高。城市空间的扩张实质上就是大量人工建筑覆盖替代生态系统覆盖的过程（谢高地，2015），近年来北京城市建成区面积在不断增长的同时，绿地面积在逐渐减少（《2016 中国城市建设统计年鉴》），因此城市的扩张水平、城市化水平直接影响着城市树冠覆盖率水平。为解决城市化与生态建设之间的矛盾、满足人们日益增长的美好生活需要，在今后的城市总体规划中，要严格把控绿地、道路交通、水系、建筑等各类用地类型比例，保证充足的生态建设空间，做到科学规划、合理布局（陈玉华等，1996），避免在城市快速扩张但土地资源又十分有限的情况下，城市建设突破城市建设用地的范围大量侵占城市规划的农田、水系以及绿地的现象（陈新，2012）。

（3）北京城区居住区城市森林结构的合理性有待提高，现有植被还难以形成一个成熟的群落结构和良好的森林环境（郄光发等，2010），表现为大量使用草坪、大量使用外来树种、乔灌木搭配比例失调、常绿树种应用少、树种应用单一、千篇一律、盲目移大树等（卢圣，2010；刘煜光等，2013；龙金花，2006）。本研究中北京城区居住区森林群落中乔木数量与灌木数量比为 4.95∶1，乔木应用数量极高，体现出乔木在城市绿化和城市森林建设中的重要地位和角色。而针叶∶阔叶的数值随着环路的扩张逐渐变大，科与种的数量呈现出由从中心到外围逐渐增多的变化趋势，说明城市发展过程中对树种的选择逐渐多样化。北京居住区常绿树与落叶树比为 1∶4.76，常绿树种应用数量少，北方城市绿化以落叶乔木为主，但在冬季植物景观会显得单调乏味、缺少升级，整个绿地系统中将常绿植物比例控制在 20%～30%，才能保证冬季居住区景观效果（罗开喜，2011；张纯等，2016）。北京城区居住区乡土树种比例为 76%，乔木乡土树种比例为 68.2%，研究结果要高于宋爱春（2014）研究统计的北京建成区乡土树种比例 41.9% 和乔木乡土树种比例 50.8%、赵娟娟（2010）研究统计的北京绿地植物乡土植物比例 46.8%。这主要的原因是本研究未计入草本植物，此外也会受取样的不同、统计植物类型的差异影响。外来物种的引入，虽然一方面改变了居住绿地中植物的结构比例，提高了物种丰富度；但是另一方面，外来植物的引入不利于当地自然植物群落的维持，且生态价值远不如乡土树种，不利于城市森林长期发展建设（宋爱春，2014；龙金花，2006）。在城市森林建设中，应做到适地适树，因地制宜，大力开发、利用地带性植物，"运用乡土树种构建乡土森林"，达到近自然营造和管理，形成具有地域特色和文化的城市植物多样性格局，使城市森林健康稳定发展（冯灼华，2012）。

对北京从城市郊区到远郊区不同梯度的植物分布和结构上的研究，部分学者认为随着城市化加剧，植物多样性降低（Wang et al.，2007）；而在对太原、廊坊等市的研究中，人为干扰强度影响植物多样性的分布则基本呈现从城区到远郊区逐渐增高的趋势（王应刚等，2004；彭羽等，2012）。而在本研究中，居住区绿地物种多样性和均匀度指数随环路扩张虽未展现出明显的由内而外逐渐增高的变化趋势，但整体上也体现出郊区高于城区，说明这与北京城市化程度有直接的联系，随着城市的发展，生物多样性保护重视程度的也在逐渐提高。

6.4 结论

6.4.1 北京城区居住区城市森林结构

在森林群落物种组成方面，居住区群落结构调查的树种分属于 43 科 69 属 100 种，其中乡土树种共 76 种。居住区森林群落中乔木数量与灌木数量比为 4.95∶1，常绿树与落叶树比为 1∶4.76；居住区绿地中乔木数量大，体现了乔木在城市绿化中的主导地位；但是常绿树种应用比例较低，应适当地提高常绿树种的应用。居住区中优势树种、应用频率较高的乔木、灌木以及重要值高的乔木在各环路分区和行政分区中均与北京市城区整体情况保持相一致，主要有国槐、悬铃木、栾树、白蜡、雪松、油松等，乔木乡土树种比重为 68.2%。在居住区植物群落多样性指数中，不同环路间，丰富度指数、Shannon-Wiener 指数、Simpson 指数有着相同的变化趋势，均为四至五环内＞五至六环内＞二环内＞三至四环内＞二至三环内。而 Pielou 指数与其不同，呈现为四至五环内＞五至六环内＞三至四环内＞二环内＞二至三环内。

在城市森林的平均密度上，居住区绿地城市森林密度达到了 543.8 株/hm²，平均胸高断面积为（17.29 m²/hm²），已达到了城市森林的水平。随着环路的扩张，居住区城市森林密度呈现出逐渐增大的趋势，而每公顷胸高断面积却呈现出相反的变化趋势，各环路范围内居住区都达到了城市森林的水平。

在城市森林结构上，居住区树木平均胸径为 17.58 cm，平均树高为 7.76 m，平均冠幅为 5.31 m，各指标在环路间均呈现出由城中心到城外围逐渐减小的趋势，这是由于居住区建成时间和绿化时间早晚引起的，城中心绿化时间早、树木生长时间长，胸径、树高、冠幅平均水平较高。3 个指标的等级分布均呈现出金字塔分布的特点，处于中间等级的乔木数量最多，最高和最低等级均占比较少。东城区、西城区这些老城区平均胸径、树高、冠幅较高，在为提高北京城区整体胸径水平、树高水平以及冠幅水平上均做出了巨大的贡献。

在排名前 20 的优势树种中，毛白杨无论在胸径水平、树高水平、冠幅水平上均为最高，刺柏最低，其他树种如悬铃木、雪松、国槐、垂柳等在 3 项水平上均位于前列。在等级分布上，各树种的数量随胸径、树高等级变化主要有 3 种趋势：①随等级增大而减小；②随等级增大而增大；③金字塔变化规律，冠幅分布只有第 3 种类型。在优势树种冠幅覆盖总量上，国槐的覆盖总量最大，占比 27.27%，可见国槐在北京居住区树冠覆盖和绿量上贡献率最大，其次为白蜡和悬铃木；最低的为刺柏 0.4%。虽然整体上树种冠幅覆盖总面积与优势树种排名呈现出正相关性，但像山桃、西府海棠、圆柏此类树种树冠覆盖总量排名却远低于优势树种排名，并未对树冠覆盖做出较大贡献。所以在今后的城市森林建设中，应注重使用冠幅较大的乡土树种，来有效提高北京森林树冠覆盖率。

6.4.2　北京城区居住区林木树冠覆盖

北京城区居住区林木树冠覆盖率为 29.67%，低于北京城区整体的树冠覆盖率 39.53%

（宋宜昊，2016），最高为 54.06%，最低为 11.31%，植被潜在树冠覆盖率为 0.22%。北京城区居住区大多数为低、中等树冠覆盖，占居住区总数的 73.12%。有林水结合建设的居住区只占总数的 19.35%。这 18 个居住区树冠覆盖的平均水平达到了 35.15%。不同类别的居住区树冠覆盖情况：附属居住区（33.96%）＞商品房（30.06%）＞安置房（20.77%）。不同建成时间居住区的树冠覆盖率 2006—2010 年（33.49%）＞1991—2000 年（30.64%）＞2010 年后（30.62%）＞1981—1990 年（29.78%）＞1980 年前（29.21%）＞2000—2005 年（26.86%）。

不同环路区间，居住区的树冠覆盖呈现四至五环（31.23%）＞五至六环（31.04%）＞三至四环（27.58%）＞二至三环（25.86%）＞二环内（21.99%），随着环路向外围的不断扩张，树冠覆盖率整体上呈现出梯度升高变化。植被潜在树冠覆盖率在三环以内均为 0，与现实树冠覆盖有着相同的环路变化趋势。

不同行政区间，居住区的树冠覆盖率呈现海淀区（37.8%）＞大兴区（35.88%）＞顺义区（35.03%）＞房山区（33.64%）＞石景山区（30.21%）＞通州区（29.43%）＞丰台区（28.49%）＞昌平区（27.23%）＞朝阳区（27.06%）＞东城区（24.10%）＞西城区（21.87%），体现出北京远郊区的居住区树冠覆盖率要高于北京中心城区。在植被潜在树冠覆盖率方面，西城区、东城区、昌平区、丰台区和顺义区为 0，朝阳、大兴区、海淀区、通州区房山区的潜在树冠覆盖率分别为 0.43%、0.04%、0.02%、0.03%、1.05%。

不同的方位之间，居住区树冠覆盖率大小表现为西北（40.22%）＞西南（32.74%）＞东南（30.39%）＞西（29.16%）＞南（28.08%）＞北（27.54%）＞东北（26.95%）＞东（24.96%）。北京六环内居住区的树冠覆盖情况：西部优于东部，南北水平相差不多。从东西方向和南北方向来看，整体上展现出了先降低再上升的趋势，体现出了中心城区的树冠覆盖率最低，城郊区树冠覆盖高的特点。

在对居住区树冠覆盖与其他因素的分析中，与居住区的容积率、房屋价格呈现负相关，其中与容积率呈现为极显著负相关。树冠覆盖率与城市森林密度呈不显著正相关，应进一步探索两者之间的影响机理，将有助于合理构建城市森林的结构以及获取目前城市森林的有效管理模式，从而实现城市森林的可持续发展。

参考文献

[1] Conway T M，Bourne K S. A comparison of neighborhood characteristics related to canopy cover，stem density and species richness in an urban forest. Landscape & Urban Planning，2013，113（4）：

10-18.

[2] Rowantree R A. Ecology of the Urban forest-Introduction to Part I. Urban Ecology，1984a，2（8）：1-11.

[3] Rowantree R A. Ecology of the Urban forest-Introduction to Part II. Urban Ecology，1984b，2（9）：229-243.

[4] Wang G，Jiang G，Zhou Y，et al. Biodiversity conservation in a fast-growing metropolitan area in China：a case study of plant diversity in Beijing. Biodiversity & Conservation，2007，16（14）：4025-4038.

[5] 毕汝涛. 北京居住区绿地现状问题的研究. 哈尔滨：东北林业大学，2012.

[6] 陈丽笙. 天津市居住区绿化建设的发展. 城市规划，1987，（2）：12-17.

[7] 陈昕，钟虹，张允超. 居住区环境绿化的发展探索. 浙江林业科技，2001，21（2）：8-10.

[8] 陈新. 城市化快速发展时期的城市规划区绿地系统规划研究. 武汉：华中科技大学，2012.

[9] 陈玉华，李彤云. 新唐山居住区绿化建设浅谈. 中国园林，1996，12（4）：40-41.

[10] 冯灼华. 宁波城市园林植物多样性调查与评价. 杭州：浙江农林大学，2012.

[11] 何倩. 现代居住区环境设计研究. 北京：北京林业大学，2006.

[12] 黄大庄. 石家庄市居住区绿化调查研究. 河北林果研究，2013，28（4）：391-394.

[13] 黄清俊. 居住区植物景观设计. 北京：化学工业出版社，2012.

[14] 贾宝全，王成，邱尔发，等. 城市林木树冠覆盖研究进展. 生态学报，2013，33（1）：23-32.

[15] 李芳，黄俊华，朱军. 乌鲁木齐市居住区木本植物物种多样性调查研究. 中国园林，2012，28（6）：90-94.

[16] 李晓征. 南宁市主要居住区植物组成及群落结构调查分析. 现代农业科技，2015，（21）：186-188.

[17] 林萍，马建武，彭建松，等. 昆明市住宅小区中植物物种多样性现状及分析. 西南大学学报（自然科学版），2007，29（10）：55-60.

[18] 刘煜光，张洁，黄大庄. 石家庄市居住区绿化调查研究. 河北林果研究，2013，28（4）：391-394.

[19] 龙金花. 北京当代居住区植物景观的研究. 北京：中国农业科学院，2006.

[20] 卢圣. 居住区园林可持续设计研究. 北京：北京林业大学，2010.

[21] 罗开喜. 天津常绿园林植物选择与应用研究. 天津：天津大学，2011.

[22] 欧静. 生态园林的植物配置. 山地农业生物学报，2001，20（3）：170-173.

[23] 彭羽，刘雪华，薛达元，等. 城市化对本土植物多样性的影响——以廊坊市为例. 生态学报，2012，32（3）：723-729.

[24] 郄光发，牟少华，王成. 北京城区住宅区森林群落结构与绿化空间辐射占有量潜力. 东北林业大学学报，2010，38（3）：34-37.

[25] 郄光发，王成，彭镇华. 北京居住区乔木数量结构特征与空间三维绿化结构研究. 中国城市林业，2011，9（3）：27-30.

[26] 宋爱春. 北京建成区居住绿地植物多样性及其景观研究. 北京：北京林业大学，2014.

[27] 龙金花. 北京当代居住区植物景观的研究. 北京：中国农业科学院，2006.

[28] 宋宜昊. 基于易康软件平台下的北京城区林木树冠覆盖解译与检验. 北京：中国林业科学研究院，2016.

[29] 王凤珍. 南京市居住区绿化质量研究. 南京：南京林业大学，2004.

[30] 王近秋，吴泽民，吴文友. 上海浦东新区城市森林树冠覆盖分析. 安徽农业大学学报，2011，38（5）：726-732.

[31] 王磐岩，王玉洁. 我国居住环境绿化问题的探讨. 中国园林，1999，15（3）：50-51.

[32] 王应刚，李建梅，李淑兰，等. 人为干扰对城市地区植物多样性的影响. 生态学杂志，2004，23（2）：102-104.

[33] 肖大威，胡珊. 试论岭南居住区绿化配置的科学性——结合中心绿地植物的形态组织和生态组织分析. 中国园林，2002，18（5）：45-47.

[34] 谢高地，张彪，鲁春霞，等. 北京城市扩张的资源环境效应. 资源科学，2015，37（6）：1108-1114.

[35] 徐明尧. 也谈绿地率——兼论居住区绿地规划控制. 规划师，2000，16（5）：99-101.

[36] 徐志虎，宋坤，秦俊，等. 长三角新建居住区景观绿化植物组成的相似性. 生态学杂志，2009，28（10）：1956-1959.

[37] 许志敏. 居住区与居民身心健康的关系研究. 北京：北京林业大学，2015.

[38] 言静蓝. 北京经济适用房小区绿地环境探析. 北京：北京建筑工程学院，2011.

[39] 杨俏. 北京地区保障性住房居住区环境设计研究. 北京：北京林业大学，2014.

[40] 张纯，李娟娟. 常绿植物在杨凌居住区绿地中的应用调查研究. 河北林果研究，2016，31（2）：185-188.

[41] 张新献，古润泽，陈自新，等. 北京城市居住区的滞尘效益. 北京林业大学学报，1997，19（4）：12-17.

[42] 赵娟娟. 北京市建成区城市植物的种类构成与分布格局. 北京：中国科学院研究生院，2010.

[43] 朱双营. 重庆主城区居住区植物配置特点研究. 重庆：西南大学，2000.

第7章

单位附属绿地森林结构
特征及其树冠覆盖变化

　　本章以北京城区内的单位附属绿地为研究
对象。根据不同的行政级别、行政区域和单位性
质共选取了 50 个单位,对其进行城市森林树种
组成结构和空间结构特征的调查分析(图 7-1)。
在这 50 个单位中,由于某些政府单位的特殊性
未能对其进行内部测量调查,所以实际调查的单
位数共有 31 个。其中又由于一些街道办事处绿
化面积小甚至无绿化面积,所以最终只对 10 个
单位进行了标准样方调查,总计样方数量 19 个。
并以 2013 年北京城区的树冠覆盖/土地覆盖分类
结果为依据,对北京城区 50 个单位附属绿地在
总体水平、不同的环路、不同行政区以及不同分
类间的树冠覆盖情况以及潜在树冠覆盖情况进
行了量化分析与评价,希望能够对未来北京市单
位附属绿地城市森林建设提供数据基础。

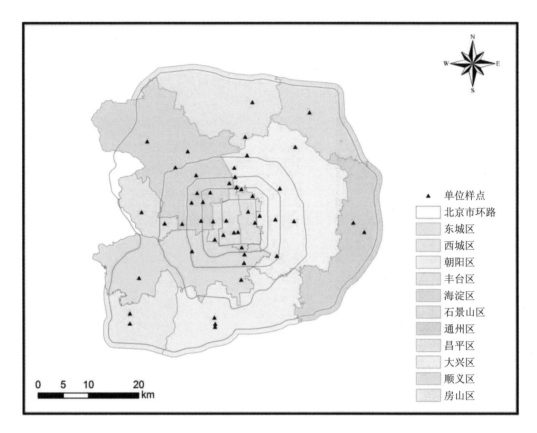

图 7-1　北京城区单位附属绿地样点分布

7.1　单位附属绿地城市森林结构分析

7.1.1　物种组成结构特征分析

7.1.1.1　科、属、种组成特征分析

在实际调查的 31 个单位附属绿地中,在对 10 个单位的样方调查与 21 个单位的全部树木调查结果中(表 7-1),共测量乔木 594 株,灌木 164 株,藤本 5 株,统计表明单位附属绿地城市森林树种共计 26 科 42 属 54 种,其中样方内植物共 25 科 40 属 50 种,乔木 17 科 28 属 34 种,灌木 8 科 12 属 12 种;非样方调查共 18 科 23 属 26 种,乔木 12 科 14 属 17 种,灌木 7 科 9 属 9 种;常绿树种共 251 株,5 科 8 属 11 种,落叶树种共 507 株,21 科 34 属 43 种。排名前 20 的优势树种主要有圆柏、银杏、紫叶李、

悬铃木、樱花、白玉兰、榆树、碧桃、白皮松、雪松等（表 7-2）。

表 7-1 北京城区单位附属绿地植物组成

分类	乔木数量/株		灌木数量/株		藤本数量	科	属	种
	落叶树	针叶树	落叶树	针叶树				
样方调查	267	97	56	31	5	25	40	50
非样方调查	172	58	12	65	—	18	23	26
总计	439	155	68	96	5	26	42	54

表 7-2 北京城区单位附属绿地乔木层优势树种

序号	树种	株数	比例	序号	树种	株数	比例
1	圆柏	37	10.16	10	雪松	16	4.40
2	银杏	27	7.42	11	龙爪槐	15	4.12
3	紫叶李	26	7.14	12	西府海棠	15	4.12
4	悬铃木	25	6.87	13	油松	9	2.47
5	樱花	23	6.32	14	核桃	8	2.20
6	白玉兰	22	6.04	15	山桃	8	2.20
7	榆树	21	5.77	16	刺柏	8	2.20
8	碧桃	20	5.49	17	杜仲	7	1.92
9	白皮松	18	4.95	18	红枫	7	1.92

7.1.1.2 树种应用频度分析

北京市六环内单位附属绿地中乔、灌木树种应用频度情况如下（图 7-2、图 7-3）：

单位附属绿地中共调查了 36 种乔木，出现频率较高树种有银杏、白玉兰、雪松、圆柏、紫叶李、白皮松、悬铃木、西府海棠、油松等。频率最高的乔木为银杏 52.63%，在调查的森林群落中有超过一半的群落均使用了银杏，其次为白玉兰和雪松为 47.37%。频率最低为 5.26%，这些树种在调查过程中只在一个样方群落中出现，包括树种有侧柏、刺槐、杜仲、鹅掌楸、构树、苦楝、木瓜海棠、梓树等。

单位附属绿地中灌木种类共 12 种，出现频率较高的灌木树种有大叶黄杨、紫丁香、连翘、金银木、榆叶梅、小叶黄杨、紫薇等，与居住区中灌木频率高的物种大致相似。其中频率最高的是大叶黄杨为36.84%，其次为紫丁香26.31%、连翘21.05%。

单位附属绿地与居住区树种应用频率相比较而言，首先，在乔木树种的应用中，单位附属绿地与居住区高频率树种相比差别较明显，单位中应用较多的乔木有银杏、雪松这种贵重树种以及像白玉兰此种有丰富寓意的树种；而居住区多为国槐、香椿、山桃这种乡土树种。其次，北京城区单位附属绿地乔木与灌木树种应用频度相比较，乔木树种的应用频度比灌木树种要高，与居住区的特点相同，这说明不管是在居住区绿化还是单位附属绿地绿化，规划者更注重乔木的使用，体现出城市绿化和森林建设是以乔木为主的特征，凸显出了乔木在城市绿化和城市森林建设中的重要地位和角色。

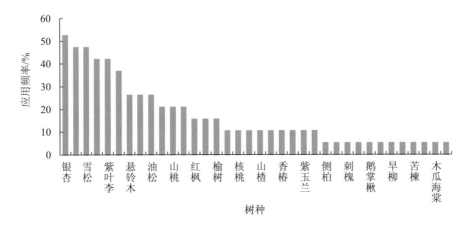

图7-2　北京城区单位附属绿地乔木应用频率

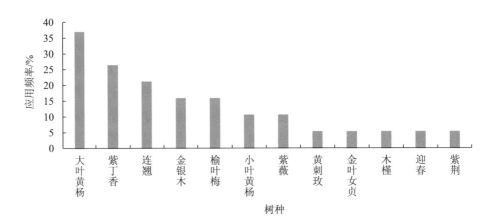

图7-3　北京城区单位附属绿地灌木应用频率

7.1.1.3　树种重要值分析

根据调查结果进行数据整理分析得出单位附属绿地树种重要值如下（表 7-3）：

表 7-3　单位附属绿地乔木层主要树种重要值

序号	树种	重要值/%	序号	树种	重要值/%
1	悬铃木	11.95	11	碧桃	2.99
2	圆柏	11.16	12	油松	2.74
3	银杏	9.49	13	龙爪槐	2.39
4	雪松	8.26	14	国槐	2.06
5	紫叶李	5.50	15	杜仲	1.86
6	白皮松	5.17	16	核桃	1.84
7	白玉兰	4.70	17	刺柏	1.82
8	榆树	4.59	18	栾树	1.46
9	樱花	4.03	19	元宝枫	1.38
10	西府海棠	3.18	20	山桃	1.38

北京市城区单位附属绿地森林群落乔木层主要树种有悬铃木、圆柏、银杏、雪松、紫叶李、白皮松、白玉兰、榆树、樱花等，与居住区相比，除了居住区中的国槐、白蜡、香椿等高频率树种外，其他树种均有着较高的相似度。重要值高的常绿树种有圆柏、雪松、白皮松等，单位附属绿地森林群落中常绿树种的重要值要高于居住区森林群落。

7.1.1.4　物种多样性指数特征分析

对北京市城区的城市森林结构进行调查，通过对每个样方乔灌木分别计算植物群落多样性 4 个指数，包括丰富度指数、Shannon-Wiener 指数、Simpson 指数和 Pielou 指数。

北京城区单位附属绿地群落多样性指数调查结果如下（表 7-4）：

在整个北京城区单位附属绿地所调查的样方中，整体的物种丰富度指数平均值为 7.8 种，略高于居住区群落丰富度指数 7.3 种，单位附属绿地群落物种组成更为丰富，物种丰富度处于 3～12 种，标准差为 2.54。

表 7-4　单位附属绿地群落各项多样性指数

多样性指数	丰富度指数 R	Shannon-Wiene 指数 H	Simpson 指数 D	Pielou 指数 J
平均值	7.80	1.756 6	0.767 2	0.868 9
标准差	2.54	0.44	0.13	0.10

在 Shannon-Wiener 指数中，单位附属绿地整体为 1.756 6，各群落变化范围在 0.9～2.28，标准差为 0.44；在 Simpson 指数中，北京城区单位附属绿地的整体水平为 0.767 2，各群落变化范围为 0.469 4～0.897 7，标准差为 0.13。单位附属绿地的 Shannon-Wiener 指数和 Simpson 指数与居住区群落相比无论是整体水平还是指数的最低值均高于居住区群落，说明单位附属绿地群落多样性更高。在 Pielou 指数中，北京城区整体为 0.868 9，仍高于居住区，说明单位附属绿地中分布均匀性更高。各群落变化范围在 0.572 2～0.956 1，标准差为 0.10。

单位附属绿地四项指数的标准差均低于居住区，说明单位附属绿地各群落的情况更加接近平均值，变异性低。

7.1.2　城市森林空间结构特征分析

7.1.2.1　城市森林密度分析

每公顷株数（株/hm²）以及每公顷胸高断面积（m²/hm²）都可以用来表示城市森林的密度。在 Rowantree（1994）的研究表明，只有当一个森林群落的树干基部断面积也就是乔木的胸高断面积之和达到 5.5～25 m²/hm² 时才能有效地发挥森林的各种功能。

调查结果显示：北京城区单位附属绿地城市森林的平均密度为 455 株/hm²，而平均胸高断面积为 18.79 m²/hm²，整体上均已达到了城市森林的水平。

7.1.2.2　胸径等级特征分析

树种的胸径是立木测定的基本因子之一，在一定程度上是树龄的间接划分指标。在自然状态下，胸径与树高、冠幅具有正相关关系，对径级的研究可以得到森林群落树种的年龄组成情况以及人为干扰情况，而对胸高断面积的研究可以了解到森林群落生态功能效益的大小。

北京城区范围内调查的单位附属绿地树木平均胸径为 19.86 cm，高于居住区的17.58 cm。单位附属绿地中的绿化基本与单位建成时间相同步，时间早、树龄大，胸径平均水平较高，而居住区中只有附属居住区和建成时间早的居住区中有树龄较大和胸径水平较高的树木，其余大多数商品房以及新建成的小区胸径水平较低。

北京单位附属绿地城市森林中调查的 364 株乔木胸径大小和径级分布情况如下：胸径在 10～20 cm 这一等级的占总数的 39.01%；胸径在 20～30 cm 的乔木占 23.63%；胸径在 30～40 cm 的乔木占 12.91%，明显高于居住区的 7.45%；胸径>40 cm 的乔木占 5.22%，而居住区仅为 2.6%。在整体水平上，接近一半的乔木处于<20 cm 等级内，但比居住区的占比小，且胸径>30 cm 树木的数量占比为 18.13%，大于居住区（表 7-5）。无论是整体的平均水平还是各胸径等级占比情况，单位附属绿地均优于居住区。

表 7-5　单位附属绿地乔木胸径等级分布

胸径等级	<10 cm	10～20 cm	20～30 cm	30～40 cm	>40 cm
株数/株	70	142	86	47	19
占比/%	19.23	39.01	23.63	12.91	5.22

7.1.2.3　冠幅等级特征分析

北京城区内单位附属绿地内树木平均冠幅为 5.34 m，与居住区的平均冠幅仅差 0.02 m。乔木冠幅分布情况具有中间等级即 4～6 m 等级占比最高，冠幅大于 10 m 和小于 2 m 的乔木数量占比最小的特征，呈现出金字塔分布的特点，与居住区的变化趋势一致，但峰值不同（表 7-6）。

表 7-6　单位附属绿地乔木冠幅等级分布

冠幅等级	<2 m	2～4 m	4～6 m	6～8 m	8～10 m	>10 m
株数/株	23	91	131	68	35	16
占比/%	6.32	25.00	35.99	18.68	9.62	4.40

7.1.2.4　树高等级特征分析

在树高特征上，北京城区单位附属绿地乔木的平均树高为 7.63 m，略低于居住区平均树高 7.76 m。高度级层次分布情况见表 7-7，单位附属绿地与居住区在各高度等级上分布数量十分接近，各个高度级数量占比相差在 2%以内；单位附属绿地有接近一半的乔木处于 5～10 m 等级内，大多数乔木均处于<15 m 的 3 个等级内，只有 4.94%的

树木的高度＞15 m，与居住区有着极为相似的结论。

表 7-7　单位附属绿地乔木高度等级分布

树高等级	＜5 m	5～10 m	10～15 m	15～20 m	＞20 m
株数/株	92	168	86	17	1
占比/%	25.27	46.15	23.63	4.67	0.27

7.2　北京城区单位附属绿地林木树冠覆盖分析

7.2.1　单位附属绿地树冠覆盖总体分析

据统计（表 7-8、表 7-9），在北京城区调查的 50 个单位附属绿地中，总面积为 133.55 hm^2，林木树冠覆盖总面积为 35.9 hm^2，林木树冠覆盖率为 26.88%，低于北京城区居住区树冠覆盖率。其中有 39 个单位低于平均水平，超过平均水平树冠覆盖的单位只占总数的 22%。虽然单位附属绿地树冠覆盖率整体偏低，但仍处于中等树冠覆盖度水平。树冠覆盖率最高的是位于五至六环内、昌平区的北七家镇政府，为 50.38%；最低的单位树冠覆盖率为 0，其单位性质均为街道办事处，包括朝阳区的八里庄街道办事处、丰台区的和义街道办事处以及海淀区的花园路街道办事处。树冠覆盖率极低的一般只有办公楼，无绿化或仅有少量小乔木或灌木零星点缀。

表 7-8　北京城区单位附属绿地林木树冠覆盖/土地覆盖统计

土地覆盖类型	面积/hm^2	比例/%
林木树冠覆盖	35.90	26.88
草地	0.86	0.64
裸土地	0.004	0.003
不透水地表	87.26	65.34
耕地	9.52	7.13
总计	133.55	100.00

表 7-9 单位附属绿地树冠覆盖等级统计

等级	极低覆盖度	低覆盖度	中覆盖度	高覆盖度	极高覆盖度
覆盖范围/%	<5.5	5.5~19.5	19.5~34.0	34.0~48.5	>48.5
单位附属绿地数量/个	15	17	10	6	2

在所调查的单位中，作为增加潜在树冠覆盖的土地覆盖类型只有裸土地，面积为 0.004 hm², 仅占 0.003%，即使这些面积全部都用来增加单位附属绿地乔灌木树冠覆盖，最大树冠覆盖率在理论上也只有 26.883%，潜力十分不明显。

在北京城区单位附属绿地调查范围内，大多数单位为极低、低、中等树冠覆盖，占单位总数的 84%，只有极少数为高覆盖度和极高树冠覆盖度。而极低、低覆盖度的单位占到了 64%，数量远远超过了一半，这些单位涵盖了 95%的街道办事处、55.6% 的区政府、60%的地区办事处和 60%的科研设计单位。

7.2.2 不同类别间树冠覆盖差异分析

根据《关于深化行政管理体制改革的意见》，事业单位按照现有的社会功能划分为 3 个类别：承担行政职能（划归行政机构）、从事公益服务（科研、医疗、教育等）和从事生产经营活动（主要为企业）。在这次单位附属绿地的调查范围内只涉及承担行政职能和从事公益服务两种。不同类别的单位附属绿地树冠覆盖情况（表 7-10）：从事公益服务单位＞承担行政职能单位。

表 7-10 不同类别单位附属绿地树冠覆盖统计

土地覆盖类型	承担行政职能单位		从事公益服务单位	
	面积/hm²	占比/%	面积/hm²	占比/%
林木树冠覆盖	8.71	23.59	27.19	28.14
草地	0.00	0.00	0.86	0.89
裸土地	0.00	0.00	0.004	0.004
不透水地表	28.21	76.41	59.05	61.12
耕地	0.00	0.00	9.52	9.85
总计	36.92	100.00	96.62	100.00

承担行政职能的单位共计 40 个，其中包括所有的区政府、街道办事处、地区办事处、镇政府以及 1 个国家直属单位和 2 个市直属单位，其中各类树冠覆盖平均水平为镇政府＞区政府＞地区办事处＞街道办事处。调查的总面积为 36.92 hm²，树冠覆盖面积为 8.71 hm²，树冠覆盖率为 23.59%，最高为 38.13%，最低为 0，且均无潜在树冠覆盖地类。

从事公益服务的单位共有 10 个，主要为科研单位和设计单位两大类，包括 5 个国家直属单位和 5 个市直属单位。调查的总面积为 96.62 hm²，树冠覆盖面积为 27.19 hm²，树冠覆盖率为 28.14%，高于承担行政职能的单位。树冠覆盖率最高的为中国林业科学研究院为 49.06%，最低的为北京市社会科学院为 3.39%。潜在树冠覆盖面积为 0.004 hm²，占比为 0.004%。在这些单位中，从事农业、林业、环境科学等方面的科研所树冠覆盖率要高于从事其他研究、设计等的科研单位，如中国林业科学研究院、北京市林业勘察设计院、北京市农林科学院高于中国社会科学院、中冶集团北京钢铁设计院等。

7.2.3　不同行政级别间树冠覆盖差异分析

将调查的单位根据不同行政级别分为 6 类，即国家直属单位、市直属单位、区政府、街道办事处、地区办事处和镇政府，单位个数分别为 6 个、7 个、9 个、19 个、5 个和 4 个。不同行政级别的单位附属绿地树冠覆盖情况如下（图 7-4）：镇政府＞国家直属单位＞区政府＞地区办事处＞市直属单位＞街道办事处。

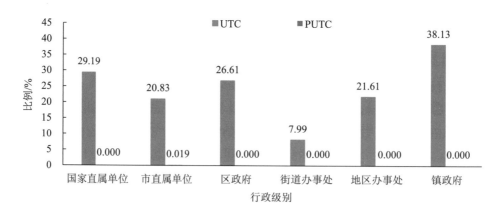

图 7-4　不同行政级别单位附属绿地树冠覆盖率变化

镇政府的树冠覆盖率平均为 38.13%，其中树冠覆盖率最大的镇政府为北七家镇政府，同时也是调查的全部单位中的最大树冠覆盖率。总的调查面积为 5.12 hm²，树冠覆盖面积为 1.95 hm²。镇政府一般都位于城市远郊区，占地面积相对于地区办事处和街道办事处较大，树冠覆盖率亦远高于这些单位。

国家直属单位的树冠覆盖率位居第二，为 29.19%。最高的树冠覆盖率为 49.06%，是位于海淀区、五至六环间的中国林业科学研究院；最低只有 9.39%，为中国社会科学院（本部）。市直属单位调查的总面积为 20.87 hm^2，树冠覆盖率平均为 20.83%，最高 48.23% 为北京市审计科学院。最低的为北京市社会科学院，只有 3.39%。

区政府、街道办事处、地区办事处 3 种单位分别调查了 9 个、19 个、5 个，总的调查面积分别为 16.35 hm^2、4.85 hm^2、4.51 hm^2，树冠覆盖率分别为 26.61%、7.99%、21.61%。在区政府中，树冠覆盖率最高的为海淀区政府 41.53%，最低的是通州区政府，为 4.02%；街道办事处较高的有空港街道办事处，为 38.54%，其次为云冈街道办事处，为 19.33%，大多数的街道办事处树冠覆盖率极低的特点，甚至为 0；地区办事处中，十八里店地区办事处最高达到了 30.47%，高碑店地区办事处最低，只有 4.66%。

从潜在树冠覆盖率方面，只有市直属单位有植被潜在树冠覆盖面积，其余行政级别的单位都没有潜在树冠覆盖率，包括国家直属单位、区政府、镇政府、地区办事处、街道办事处，它们的绿化建设用地目前已达到最大；市直属单位的潜在树冠覆盖面积为 0.004 hm^2，潜在树冠覆盖率为 0.02%。

7.2.4　不同环路间树冠覆盖差异分析

7.2.4.1　现实树冠覆盖分析

单位附属绿地树冠覆盖率在不同环路间的情况见图 7-5。总体来看，单位附属绿地树冠覆盖从二环到五至六环外 1 km 呈现出梯度升高的变化规律。

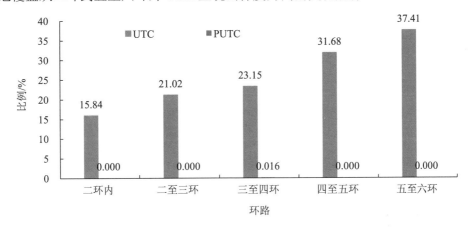

图 7-5　不同环路单位附属绿地树冠覆盖率变化

二环内单位附属绿地树冠覆盖率最低，为 15.84%。在其范围内调查的 6 个单位总面积为 5.19 hm^2，树冠覆盖面积为 0.82 hm^2。最低的为东城区政府，其树冠覆盖率为 8.78%；树冠覆盖率最高的单位是北京市审计科学院，为 48.23%，此调研单位是现北京市审计科学院旧址，位于北京城区四合院内，占地面积小但有树龄高、树冠大的乔木作为绿化，故树冠覆盖率较高。

二至三环内调查的单位共有 8 个，总面积为 47.45 hm^2，树冠覆盖面积为 9.97 hm^2，树冠覆盖率为 21.02%。在此区间内，永定门外街道办事处和紫竹院街道办事处树冠覆盖率较低，仅有 0.57% 和 0.81%，都小于 1%；其余两个街道办事处略高，但仍未超过 10%；树冠覆盖率最高的是中国农业科学研究院，达到了 24.19%，其次为国家林业局 20.58% 和中国科学院 16.02%。

在三至四环间，共计调查了 10 个单位，总面积为 24.42 hm^2，树冠覆盖面积为 5.65 hm^2，树冠覆盖率为 23.15%，高于二至三环间。在此范围内出现了树冠覆盖率为 0 的单位：八里庄街道办事处和花园路街道办事处。树冠覆盖率最高的为海淀区政府，为 41.53%，其次为北京市林业勘察设计研究院 26.74%、北京市农林科学研究院 22.65%。

在四至五环的调查区间，树冠覆盖平均水平为 31.63%。在调查的 9 个单位中，有 4 个单位的树冠覆盖均小于 10%，分别是和义街道办事处 0%、万寿路街道办事处 0.27%、北京市社会科学研究院 3.39% 和高碑店地区 4.66%。树冠覆盖率较高的有中国科学院奥运村科技园 34.56%，其次为十八里店地区办事处 30.47% 以及石景山区政府 29.39%。

在五至六环范围内，调查单位总面积为 27.12 hm^2，树冠覆盖面积为 10.15 hm^2，树干覆盖率为 37.41%，树冠覆盖率在各环路区间最高。这些单位中最高的是北七家镇政府 50.39%，其次为中国林业科学研究院 49.06%；较低的有马连洼街道办事处、奥运村街道办事处、金顶街街道办事处，树冠覆盖率在 2%～3%。

7.2.4.2　潜在树冠覆盖分析

居住区与单位边界线范围内潜在树冠覆盖都不大，其中二环内、二至三环、四至五环、五至六环的潜在树冠覆盖面积均为 0，只有三至四环内有 0.004 hm^2 的裸土地可以用来提升单位附属绿地的潜在树冠覆盖，植被潜在树冠覆盖率仅仅为 0.02%。

7.2.5　不同行政区划内树冠覆盖差异分析

7.2.5.1　现实树冠覆盖分析

由于昌平区、通州区、石景山区、顺义区、房山区和大兴区涉及的单位数量较少，只有 1～3 个，不足以反映整个行政区内的整体情况，故这里不对其做对比分析。

根据各行政区的统计结果（图 7-6），不同行政区间树冠覆盖率呈现朝阳区＞海淀区＞西城区＞东城区＞丰台区。东城区、西城区和丰台区属于低树冠覆盖度，海淀区和朝阳区为中等覆盖水平。

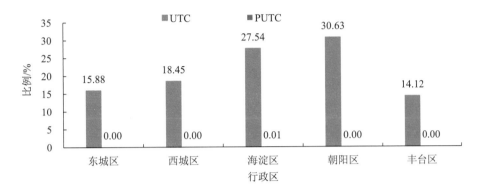

图 7-6　不同行政区单位附属绿地树冠覆盖率变化

东城区调查的总面积为 8.65 hm^2，树冠覆盖面积分别为 1.37 hm^2，树冠覆盖率为 15.88%，树冠覆盖率最低的单位为永定门外街道办事处 0.57%，最高的单位是国家林业局 26.75%，大多数单位基本为低、中等树冠覆盖，其余为极低树冠覆盖度。

西城区的单位中树冠覆盖率最高的是北京市审计科学研究院 48.24%、其次为西城区政府 26.62%，最低的为广安门外街道办事处 1.54%，整个行政区的平均树冠覆盖水平为 18.45%，略高于东城区。树冠覆盖度除极低、低和中等之外，出现了高树冠覆盖度。

海淀区范围内调查的单位数量最多，为 11 个，平均树冠覆盖水平是 27.54%，为中等树冠覆盖度。树冠覆盖率最高的是中国林业科学研究院 49.06%，其次为海淀区政府 41.52% 和温泉地区办事处为 38.24%，最低的为 0%。在覆盖度等级分布中，出现了 1 处极高覆盖度，其余单位（除上述提到的）都是极低、低和中覆盖度。

朝阳区是树冠覆盖率最高的行政区，达到了 30.63%，居树冠覆盖率之首。朝阳区极低树冠覆盖占比达到了 40%，这些极低覆盖度的单位均是面积较小的街道办事处。

丰台区单位附属绿地树冠覆盖率是各行政区中最低的，为 14.11%。所有单位全部为极低覆盖度和低覆盖度，无中、高和极高等级。树冠覆盖率最高的单位是云冈街道办事处，为 19.33%。

7.2.5.2　潜在树冠覆盖分析

在各行政区中，只有海淀区有潜在树冠覆盖面积，类型为裸土地共 0.004 hm^2，潜在树冠覆盖率为 0.01%。其余行政区潜在树干覆盖率为 0。

7.3 讨论

（1）随着城市的不断发展与人口的增加，城市用地日益紧张、环境不断恶化，机关单位附属绿地作为城市绿化和环境建设的有机组成部分，其绿化水平、绿地面积的高低不仅对人们的生产、生活具有相当重要的意义，对整个城市绿地系统的绿量增加、环境改善等也发挥着重要的作用（王继旭，2010；蒋莉，2012；康丹东等，2013）。良好的景观环境不仅标志着单位领导具有高层次的管理水平，还能反映出单位管理者对员工的关爱和远见卓识（冯京华，1999），一个生态绿化良好的企业才称得上是一个现代化的企业（沈雪娟，2002）。单位附属绿地作为城市绿化的重要组成部分，是提高城市林木树冠覆盖率的关键所在。本章研究结果显示，单位附属绿地现实树冠覆盖率为26.88%，潜在树冠覆盖率仅有 0.003%，用于提高树冠覆盖的面积极小；同时在环路的变化规律上与居住区十分一致，呈现出从二环到五至六环外 1 km 梯度化升高，同样说明城市化水平越高的区域其树冠覆盖率水平越低。此外，其他相关研究中也表明，单位附属绿地距离建设部的规定建设指标存在一定差距，单位绿化总体水平仍有待提高，重点对象是老城区、小单位的绿化（蔡春菊，2004）。但由于单位的特殊性质和管理体系，其绿地建设目前尚存在较多问题：①单位绿化面大线长，且点多片小，不易被人重视。②经费不足、只注重生产、经济效益差的企业顾不上搞绿化；另外由于一些单位领导把绿化当作软任务，对绿化工作的认识和重视程度不够，造成单位绿化建设进展缓慢。③不少单位缺乏具体规划和合理设计，业务技术人员严重不足且水平较低，有的盲目栽植高档树种、名贵花木，有的重建轻植。因此单位附属绿地在今后的城市森林规划中，应首先提高单位领导的绿化意识，解决视绿化为软任务的错误态度；其次明确控制绿化标准，一般单位绿化用地应不少于单位面积的 25%～30%，科研机构等不少于 40%～60%，绿化覆盖率要达到 35%以上，绿地应以绿为主，且要做到乔、灌、草合理布局，绿化面积有限单位要发展垂直绿化和"三台"（窗台、阳台、屋顶平台）丰富多彩的立体绿化；此外，通过开展文明单位、园林式单位的创建评比，促进单位绿地城市森林建设（程军，2010）。

（2）机关单位绿化植物普遍受污染影响小，环境条件好，植物种类比较多样，常绿植物比例较大，植物的长势总体上良好（蔡春菊，2004）。单位附属绿地常绿：落叶要高于居住区绿地，与王富彬（2008）的研究结果相一致：即常绿和落叶植物数量比在道路、居住区、公园、学校绿地中为最高（王富彬，2008）。单位附属绿地无论是丰富度指数、Shannon-Wiener 指数、Simpson 指数还是均匀度指数，均高于居住区绿地，说明单位附属绿地群落多样性更高。但在王富彬（2008）的研究结果中，相比道路、居住区、公园、学校绿地，企事业单位绿地从植物种类和数量上均为最少，物种多样性要低于居住区、公园和学校（王富彬，2008）；以及在蔡春菊（2004）的研究中，单位附属绿地的丰富度指数、Simpson 指数、Shannon-Wiener 多样性指数也排在公园绿地、居住区绿地和通道绿地之后，但 Pielou 均匀度指数却排在第一。本研究与其他研究结果不一致，这可能是由样本数量引起的。本研究实际野外调查单位数量为 31 个，在这 31 个单位中，由于一些街道办事处绿化面积小甚至无绿化面积，所以最终只对 10 个单位进行了标准样方调查，总计样方数量 19 个，而居住区绿地共计 85 个、标准样方 187 个。除此之外，这 10 个样方调查的单位大多数是科研机构、地区办事处、镇政府，有着较大的绿化面积且绿化水平高。

在树种应用上，相比居住区应用国槐、香椿、山桃等乡土树种，单位附属绿地应用较多的乔木有银杏、雪松这种贵重的树种以及像白玉兰有丰富寓意的树种；单位附属绿地城市森林树种选择可以考虑意境的创造，如代表着高尚品质的"岁寒三友"松、竹、梅，代表"玉、堂、春、富、贵"的玉兰、海棠、迎春、牡丹等，能给人们带来精神上的愉悦与慰藉，充分发挥植物联想美对人类精神文明的培育作用（蒋莉，2012）。

（3）机关单位作为一个严肃、有序的办公场所，决定其附属绿地的功能之一为降音减噪。单位附属绿地城市森林可以为办公楼等建筑建立绿色减噪防污屏障，创造较为幽静的办公环境（王继旭，2010）。城市森林对噪声的削减效果虽不如声屏障明显，但其降声减噪功能作为城市绿化美化措施的一个附带功能，是现有阻止噪声传播途径中最环保、最绿色和最经济的一种方式（毛东兴等，2010；刘磊，2012）。相关研究表明，密集的立体绿化带或枝叶繁茂的绿化植物如由绿化树木的树冠或绿篱构成"隔离墙"，对噪声的阻隔削减作用应大于稀疏的或结构单一的绿化带，绿化带内乔、灌、草紧密的结合配置可使噪声的衰减达到最大程度（袁秀湘，2009；施燕娥，2004；刘镇宇等，1982），而在单一结构的植物群落中，乔木的降噪效果最明显，灌木丛的降噪效果接近乔木，而草坪的降噪效果则明显低于灌木和乔木（郁东宁等，1998；日本公害防止技术和法规编委会，1988；孙伟等，2001；施燕娥等，2004；蒋美珍，2003；程明昆等，1982）。

（4）古树名木是城市一个重要的自然文化遗产资源，是悠久历史的见证，也是社会文明程度的标志（胡坚强等，2004；罗民，2017）。单位附属绿地中的古树、大树不仅可以提升树冠覆盖率，更可以见证这个单位的历史、传承这个单位的精神文化。野外调查发现，北京古树名木都主要集中在北京市的中心区域、三环以内区域，包括历史名园、风景名胜、单位、胡同四合院等地，具有较高的历史文化传承价值和一般树木难以比拟的生态服务价值（雷硕等，2017）。但由于自然、土壤、人为以及古树名木本身生长时间长、生理机能下降、老化等因素，极易衰弱死亡（胡坚强等，2004；罗民，2017），这会使这些古树名木出现后继无"人"的风险，不仅会损失宝贵的历史文化财富，还会降低老城区的生态服务功能。因此，在保护古树名木之外，还应注重开展古树替代树和后备树的培养，实现古树名木、历史文化、景观的可持续发展（赵亚洲等，2015）。在古树名木保护上，可以通过一系列措施来保护和管理，如为每一株古树名木确定唯一的数字化"地址"，为古树名木制作全市统一的"身份证"，为古树名木树碑立传、动员企业和个人认养古树名木，建立健全管护组织以及制定科学规范的养护管理技术措施等（施海，2006；胡惠蓉等，2003；黄苏娥；2017；罗民，2017；胡坚强等，2004）；在古树、大树培育上，应模拟以北京地区优势树种为主，选择长寿树种、大冠幅、高绿量的乡土树种来培育古树、大树如油松、白皮松、银杏、国槐、玉兰等，使古树名木后继有"人"，得到可持续发展，为城市树冠覆盖和生态服务功能提供保障。

7.4　结论

7.4.1　北京城区单位附属绿地城市森林结构

（1）在森林群落物种组成方面，单位附属绿地中乔木数量与灌木数量比为 3.62∶1，常绿树种与落叶树种比为 1∶2.52，灌木的应用以及常绿树种比例均大于居住区，但是常绿树种应用比例仍较低，应适当地提高常绿树种的应用。单位附属绿地出现频率较高乔木树种有银杏、白玉兰、雪松、圆柏、紫叶李、白皮松、悬铃木、西府海棠、油松等。单位附属绿地中灌木种类共 12 种，出现频率较高的灌木树种有大叶黄杨、紫丁香、连翘、金银木、榆叶梅、小叶黄杨、紫薇等，与居住区中灌木频率高的物种大致相似。单位附属绿地应用了较多的乔木有银杏、雪松这种贵重的树种以及像白玉兰此种有丰富寓意的树种；而居住区多为国槐、香椿、山桃这种乡土树种。

（2）单位附属绿地物种丰富度指数、Shannon-Wiener 指数、Simpson 指数、Pielou 指数均高于居住区群落，说明单位附属绿地植物群落的多样性更高、物种组成更丰富、分布均匀性高。

（3）在城市森林的平均密度上，单位附属绿地（455 株/hm²）＜居住区（543.8 株/hm²），而平均胸高断面积单位附属绿地（18.79 m²/hm²）＞居住区（17.29 m²/hm²），两者均已达到了城市森林的水平。

（4）单位附属绿地树木平均胸径为 19.97 cm、平均树高为 7.63 m、平均冠幅为 5.34 m，其三项指标等级分布情况与居住区的变化趋势相一致，均呈金字塔分布，但峰值不同。

7.4.2　北京城区单位附属绿地林木树冠覆盖

单位附属绿地林木树冠覆盖率为 26.88%，低于北京城区居住区树冠覆盖率，最高为 50.38%，最低为 0，潜在树冠覆盖率极小为 0.643%。大多数单位为极低、低、中等树冠覆盖，占单位总数的 84%，极低、低覆盖度的单位占到了 64%，涵盖了 95% 的街道办事处、55.6% 的区政府、60% 的地区办事处和 60% 的科研设计单位。不同行政级别的单位树冠覆盖率：镇政府国家直属单位＞区政府＞地区办事处＞市直属单位＞街道办事处，只有国家直属单位和市直属单位有植被潜在树冠覆盖面积。不同社会功能类别的单位附属绿地树冠覆盖率：从事公益服务单位（23.59%）＞承担行政职能单位（28.14%），只有从事公益服务单位有潜在树冠覆盖，占比为 0.89%。

在不同环路间，单位附属绿地树冠覆盖率：五至六环（37.41%）＞四至五环（31.68%）＞三至四环（23.15%）＞二至三环（21.02%）＞二环内（15.84%），呈现出由城市中心到城市外围伴随着环路的扩张不断增大的趋势。在潜在树冠覆盖率方面，二环内、三至四环、四至五环、五至六环的潜在树冠覆盖面积均为 0，只有二至三环内有 1.85% 的植被潜在树冠覆盖率。

在不同行政区间，单位附属绿地树冠覆盖率呈现朝阳区（30.63%）＞海淀区（27.54%）＞西城区（18.45%）＞东城区（15.88%）＞丰台区（14.12%）。东城区、西城区和丰台区属于低树冠覆盖度，海淀区和朝阳区为中等覆盖水平。只有海淀区有潜在树冠覆盖面积，潜在树冠覆盖率为 1.16%，其余行政区潜在树干覆盖率为 0。

参考文献

[1]　蔡春菊. 扬州城市森林发展研究. 北京：中国林业科学研究院，2004.

[2]　岑亚军. 机关单位绿地的配置及绿化技术刍议. 科技通报，1999，15（2）：137-140.

[3]　程军. 加强单位附属绿地的建设是提高城市绿化覆盖率的有效途径. 科技信息，2010（11）：365-365.

[4]　程明昆，柯豪. 城市绿化的声衰减. 环境科学学报，1982，2（3）：207-213.

[5]　冯京华. 浅谈厂矿企业绿化规划与设计. 山西林业，1999（4-5）：50-51.

[6]　郭一果，王成，彭镇华，等. 半干旱地区城市单位附属绿地绿化树种的选择——以神东矿区为例. 林业科学，2007，43（7）：35-43.

[7]　胡惠蓉，刘进明，杜雁. 北京古树名木的保护（下）. 花木盆景（花卉园艺），2003（2）：58-59.

[8] 胡坚强，夏有根，梅艳，等. 古树名木研究概述. 福建林业科技，2004，31（3）：151-154.

[9] 黄苏娥. 古树名木的养护与管理. 中国林业产业，2017（2）：200-200.

[10] 蒋桂香. 机关单位园林绿地设计. 北京：中国林业出版社，2002.

[11] 蒋莉. 公共事业庭院附属绿地规划设计研究. 杨凌：西北农林科技大学，2010.

[12] 蒋莉. 机关企事业单位附属绿地规划设计研究. 陕西林业科技，2012（4）：76-78.

[13] 蒋美珍. 城市绿地的生态环境效应. 浙江树人大学学报（人文社会科学版），2003，3（1）：79-82.

[14] 康丹东，钟坷. 基于地域特征的机关单位绿地规划设计. 大众文艺，2013（11）：124-125.

[15] 雷硕，马奔，温亚利. 北京市民对古树名木保护支付意愿及影响因素研究. 干旱区资源与环境，2017，31（4）：73-79.

[16] 刘磊. 不同类型城市绿地降噪效果研究综述. 科技创新与应用，2012（17）：123-123.

[17] 刘镇宇，程明昆，孙翠玲. 城市道路绿化减噪效应的研究. 北京园林，1982（2）：29-35.

[18] 罗民. 古树名木衰弱原因及其保护、复壮措施. 现代园艺，2017（2）：232-233.

[19] 毛东兴，洪宗辉. 环境噪声控制工程（第2版）. 北京：高等教育出版社，2010.

[20] 日本公害防止技术和法规编委会. 公害防止技术. 噪声篇. 北京：化学工业出版社，1988.

[21] 沈雪娟. 企业的生态园林建设——以宝钢生态园林建设为例. 城乡建设，2002（7）：36-37.

[22] 施海. 北京古树名木管护对策. 国土绿化，2006（10）：38-38.

[23] 施燕娥，王雅芳，陆旭蕾. 城市绿化降噪初探. 兵团教育学院学报，2004，14（1）：40-41.

[24] 孙伟，王德利. 草坪与稀树草坪生态作用的比较分析. 草原与草坪，2001（3）：18-21.

[25] 孙中党，赵勇，阎双喜. 郑州市单位附属绿地系统研究. 河南科学，2002，20（3）：324-327.

[26] 王富彬. 哈尔滨市园林植物多样性构建对策研究. 哈尔滨：东北林业大学，2008.

[27] 王继旭. 机关单位附属绿地园林植物配置研究——以北京市宣武区公安部消防局景观绿化工程为例. 中国园艺文摘，2010，26（4）：70-71.

[28] 王卓识. 浅谈机关单位园林绿地设计. 科技展望，2014（13）：41-41.

[29] 杨玲，吴岩，周曦. 我国部分老城区单位和居住区附属绿地规划管控研究——以新疆昌吉市为例. 中国园林，2013，29（3）：55-59.

[30] 郁东宁，王秀梅. 银川市区绿化减噪声效果的初步观察. 农业科学研究，1998，19（1）：75-78.

[31] 袁秀湘. 公路绿化林带对交通噪声的衰减效应分析. 公路与汽运，2009（2）：114-116.

[32] 赵亚洲，韩红岩，戴全胜，等. 北京颐和园古树替代树与后备树选择与培养. 中国园林，2015，31（11）：78-81.

第8章

城市道路林木结构特征及其树冠覆盖变化

　　许多学者对道路附属绿地开展了大量研究，其中量化研究的内容主要集中在树种选择、空间结构、生态效益及价值（李海梅等，2003；金莹杉等，2002；张玉阳等，2013；窦逗等，2007；陶晓等，2009；Richards N A，1983；Lovasi G S et al.，2008；Mcpherson E G et al.，2016；Thomsen P et al.，2016）等方面。北京是中国拥有最大建成区面积和最庞大道路交通系统的城市，由于道路空间是展现城市风貌、社会文明程度、城市管理水平的重要窗口（北京市规划委员会，2013），北京市的道路建设也极受关注，北京城市总体规划（2016—2035年）专门对道路空间规划提出要求，要求打造特色街道示范区，优化道路断面（北京市规划委员会，2017）。近几年来，由于北京市突出的空气质量问题，对北京市道路绿地的研究大多数集中在了道路绿地的生态功能上，包括改善城市小气候、净化空气、吸滞粉尘和有害气体（郭倩，2009；陈龙等，2011；李新宇等，2014；童明坤等，2015；张骁博等，2017）、生物多样性及森林结构（孟雪松等，2004）等方面。但城区范围内大数据量的研究较为少见，调查量不足以囊括所有道路类型，无法进行城市内不同区域或不同道路类型间的横向比较。

本章针对以上不足，扩大研究范围，抽样调查北京市六环外 1 km 范围内道路附属绿地的物种组成、森林结构，结合该范围内道路林木树冠覆盖率（UTC）进行研究，并根据北京城市特点从空间分布、道路类型两方面进行系统分析、比较，以期找出存在问题及梯度变化规律，从总体上把握北京市城区道路绿化建设状况，对北京市城市森林结构研究进行了一次新的探索。同时由于本研究数据量大，覆盖类型全，覆盖区域广，为今后进一步的时间动态研究留下珍贵的样本资料。

8.1　研究区概况与研究方法

8.1.1　研究区概况

北京市城区道路系统采用放射路、环路自城市中心向城外发展的方式（于伟等，2016），其他道路多以此为依托，形成与经纬线平行的网状结构（郭振等，2014）。根据前期目视解译 2013 年北京市城区遥感影像形成的道路矢量图，北京市六环内现有已命名道路共计 6 206.01 km，其附属绿地与其他绿地类型共同形成了点、线、面、带、环相结合的北京城市森林系统。

8.1.2　北京市六环内道路分类及调查方法

本章根据《北京市道路地图集（2014）》道路分类，将北京市六环外 1 km 范围内道路分为 9 类（表 8-1），并按照 I-Tree Streets（the USDA Forest Service，2018）要求，以每种类型道路总长度的 10% 作为调查长度，利用 ArcGIS 对北京市六环外 1 km 范围内已命名道路进行随机选取实地勘测路段（图 8-1）。

2017 年 8—9 月，对选取道路进行了实地勘测，共计测量道路 382 段，涉及道路312 条，总长度 638 168.09 m（表 8-1）。在测量道路中，19 条道路无植被覆盖，包括支路 1 条，胡同 18 条。

图 8-1　北京市道路附属绿地抽样调查路段分布图

表 8-1　北京市道路附属绿地调查样地选取路段及长度

道路类型	路段数/段	长度/m
高速公路	13	28 142.94
省道	25	22 304.72
国道	5	7 070.30
铁路	0	0
环路	29	84 241.24
主干道	31	79 759.53
次干道	47	125 891.84
支路	147	260 270.31
胡同	85	30 487.21

对选取的路段采用两种调查方式，即全面调查和抽样调查：全面调查是对分车绿带、行道树、路侧带状绿地被所有植物进行普查，即对选取路段每木检尺，若选取路段过长，则在全面调查该路段乔、灌木种类组成并清点不同树种总株数的基础上，对总株数超过 50 的树种（主要指乔木及大灌木）抽取总株数的 20%进行调查（刘德良，2009）；抽样调查主要针对路侧较宽面状绿地，由于此类绿地面积较大，种植方式并非列植，无法按道路的线型进行全面调查，因此根据实际情况，采用典型取样法，即在对样地整体踏勘的基础上，将绿地群落分出乔灌草、乔草、灌草、乔灌、草地等类型，确定主干树种及典型群落类型，并对典型群落按其群落大小设置样方 1～3 个，样方面积根据样地斑块大小设置为 10 m×10 m、20 m×20 m 或 20 m×30 m，对样方内植物每木检尺。采用两种调查方法对乔木、灌木、藤本同时取样，调查乔木层树种的名称、数量、胸径、树高、冠幅（分东西和南北两个方向）、枝下高、生长状况等；灌木层物种的名称、数量（株数/面积）、地径、树高（修剪后高度）、冠幅和生长情况等；藤本物种名称、种植面积、地径等（the USDA Forest Service，2018）。

8.2 研究结果

8.2.1 道路绿地森林结构

8.2.1.1 组成结构

（1）科、属、种组成特征。调查中共记录到木本植物 33 科、61 属、77 种。其中乔木 59 种，包括落叶植物 49 种，常绿植物 10 种；灌木 15 种，包括落叶 11 种，常绿 4 种；藤本 3 种，全部为落叶类。乔木使用数量最多的科、属、种分别为豆科（Leguminosae）（占总数 41.37%）、槐属（*Sophora*）（占总数 38.46%）、国槐（*Sophora japonica* Linn.）（占总数 37.97%），排名前 10 位的数量优势树种自国槐后依次为毛白杨（*Populus tomentosa* Carr.）（14.09%）、白蜡（*Fraxinus chinensis* Roxb.）（11.19%）、悬铃木（*Platanus orientalis* Linn.）（8.12%）、银杏（*Ginkgo biloba* Linn.）（7.77%）、臭椿 [*Ailanthus altissima* （Mill.）Swingle]（3.92%）、垂柳（*Salix babylonica* Linn.）（3.82%）、栾树（*Koelreuteria paniculata* Laxm.）（2.99%）、刺槐（*Robinia pseudoacacia* Linn.）（2.41%）、加杨（*Populus × canadensis* Moench）（1.71%），其中排前 5 位的乔木数量占到总数的 79.14%（表 8-2）。

表 8-2　北京市六环内道路附属绿地乔木数量优势树种

序号	树种	拉丁名	株数/株	比例/%
1	国槐	*Sophora japonica* Linn.	45 282	37.97
2	毛白杨	*Populus tomentosa* Carr.	16 800	14.09
3	白蜡	*Fraxinus chinensis* Roxb.	13 339	11.19
4	悬铃木	*Platanus orientalis* Linn.	9 687	8.12
5	银杏	*Ginkgo biloba* Linn.	9 266	7.77
6	臭椿	*Ailanthus altissima*（Mill.）Swingle	4 675	3.92
7	垂柳	*Salix babylonica* Linn.	4 552	3.82
8	栾树	*Koelreuteria paniculata* Laxm.	3 563	2.99
9	刺槐	*Robinia pseudoacacia* Linn.	2 877	2.41
10	加杨	*Populus* × *canadensis* Moench	2 045	1.71

　　五至六环外 1 km 植物种数最多（58 种），二环内科、属最多（31 科、47 属），二至三环间科、属、种均最少（表 8-3）。各环路区间应用最多的树种是国槐，二至五环国槐数量比例相差不大，五至六环外 1 km 由于增加了刺槐的应用，国槐的比例有所下降。各类型道路间，5 种城市道路种数总体高于 3 种公路（表 8-3），其中支路最多，国道最少。各类型道路应用最多的树种在省道是银杏，国道是毛白杨，其他类型道路均为国槐，尤其是在高速公路、胡同中，国槐占比高达 70%以上。

表 8-3　各环路及各类型道路附属绿地科、属、种特征

区域		科	属	种	株数最多的科		株数最多的属		株数最多的种	
					科名	比例/%	属名	比例/%	种名	比例/%
总计		33	58	75	豆科	41.37	槐属	38.46	国槐	37.97
环路	二环内	31	47	51	豆科	67.71	槐属	64.77	国槐	64.27
	二至三环	17	22	26	豆科	51.06	槐属	51.06	国槐	55.99
	三至四环	19	29	35	豆科	52.35	槐属	52.10	国槐	50.69
	四至五环	18	32	37	豆科	49.65	槐属	48.53	国槐	48.53
	五至六环外 1 km	26	44	58	豆科	33.03	槐属	28.80	国槐	28.28

区域		科	属	种	株数最多的科		株数最多的属		株数最多的种	
					科名	比例/%	属名	比例/%	种名	比例/%
类型	高速公路	10	12	14	豆科	72.22	槐属	71.62	国槐	71.62
	国道	10	11	12	杨柳科	86.49	杨属	86.25	毛白杨	52.07
	省道	14	19	20	银杏科	33.59	银杏属	33.59	银杏	33.59
	环路	24	35	40	豆科	52.23	槐属	52.14	国槐	52.29
	主干道	23	33	36	豆科	44.63	槐属	42.78	国槐	42.73
	次干道	20	34	42	豆科	40.69	槐属	37.97	国槐	37.78
	支路	27	46	58	豆科	37.25	槐属	33.74	国槐	33.17
	胡同	25	35	37	豆科	76.73	槐属	71.98	国槐	71.83

（2）物种来源。根据《北京植物志》（贺士元，1993）和《北京乡土植物》（熊佑清等，2015），本研究共记录北京市六环内道路附属绿地本地种 62 种，占总种数的80.52%。其中乔木 49 种，占乔木总种数的83.05%，灌木 10 种，占灌木总种数的66.67%。乔木类引进种主要有鹅掌楸[*Liriodendron chinense*（Hemsl.）Sarg.]、红槭[*Acer palmatum* Thunb. F. Atropurpureum（Van Houtte）Schwer.]、火炬（*Rhus Typhina* Nutt）、加杨、悬铃木、雪松 [*Cedrus deodara*（Roxburgh）G. Don]、云杉（*Picea asperata* Mast.）、紫叶李 [*Prunus cerasifera* Ehrhart f. *atropurpurea*（Jacq.）Rehd.]，灌木类主要包括平枝栒子（*Cotoneaster horizontalis* Dcne.）、铺地柏[*Sabina procumbens*（Endl.）Iwata et Kusaka]、桃叶珊瑚（*Aucuba chinensis* Benth.）、小叶女贞（*Ligustrum quihoui* Carr.）等。

各环路乔木本地种种数应用比例由内向外依次为 85%、80.95%、83.33%、80.77%、86.36%，呈现出高—低—高—低—高的折线形变化；株数应用比例由二环内的 98.45%到五至六环外 1 km 的 87.35%呈现逐级降低的变化。不同类型道路间的本地种的应用没有明显的规律。本地种种数在高速公路占比最低（71.43%），国道与胡同最高（90%），其余道路类型均在 80%～90%；本地种株数占比最高的是胡同（98.65%），最低的是国道（65.83%）。种数与株数的占比并非呈正相关，如高速公路的引进种（加杨、悬铃木、雪松、紫叶李）占总种数的 28.57%，在株数上仅占 5.6%，而国道的引进种（加杨）占总种数 10%，在株数上却占到 34.17%（表 8-4）。

表 8-4　北京市六环内道路附属绿地乔木本地种构成

区域	本地种种数/株	本地种种数占比/%	本地种株数占比/%	类型	本地种种数/株	本地种种数占比/%	本地种株数占比/%
二环内	34	85	98.45	高速公路	10	71.43	94.40
二至三环	17	80.95	96.78	国道	9	90.00	65.83
三至四环	25	83.33	91.70	省道	15	88.34	94.85
四至五环	21	80.77	87.46	环路	30	83.33	93.53
五至六环外 1 km	38	86.36	87.35	主干道	26	86.67	94.73
总计	49	83.05	89.25	次干道	26	86.67	95.06
—	—	—	—	支路	39	88.64	82.51
—	—	—	—	胡同	27	90.00	98.65

（3）树种应用频度。北京市道路附属绿地应用频度排名前 5 位的乔木为国槐、毛白杨、白蜡、银杏、臭椿，其中国槐频度达 62.30%（图 8-2），远高于其他树种。频度排名前 10 的灌木频度值则明显低于乔木（图 8-3），排首位的大叶黄杨频度值仅为 6.02%。

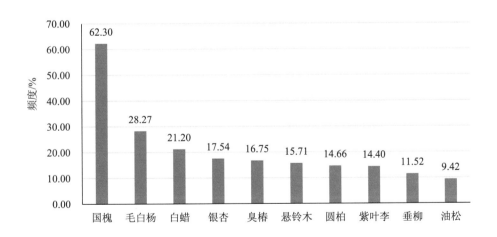

图 8-2　北京市道路附属绿地乔木应用频度

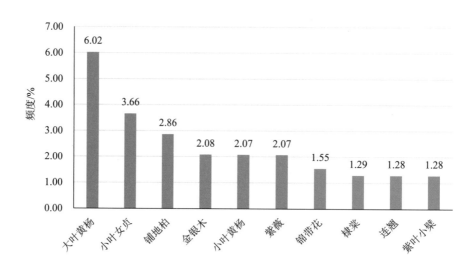

图 8-3　北京市道路附属绿地灌木应用频度

国槐在不同区域、不同类型道路表现出了较高的应用频度。在各环路间，其频度均排在首位（表 8-5）；在各类型道路间，城市道路 5 种类型全部排首位，公路 3 种类型中高速公路排首位，省道排第三，国道未见使用（表 8-6）。各环路频度排名前 5 位的重叠树种还有毛白杨、白蜡，部分重叠树种有二环内、四至五环间的臭椿；三环内的圆柏 [*Sabina chinensis*（Linn.）Ant.]；二至三环间、五至六环间的紫叶李；三至四环间、五至六环间的银杏。在各类型道路频度前 5 位的重叠树种除国槐外还有毛白杨，此外白蜡、银杏、紫叶李、圆柏频度也较高。

表 8-5　各环路间道路附属绿地森林群落乔木频度前 5 名树种

序号	二环		二至三环		三至四环		四至五环		五至六环	
	树种	频度/%	树种	频度/%	树种	频度/%	树种	频度/%	树种	频度/%
1	国槐	72.45	国槐	78.26	国槐	82.86	国槐	85.19	国槐	57.81
2	毛白杨	20.41	毛白杨	56.52	银杏	31.43	毛白杨	37.04	毛白杨	37.50
3	臭椿	16.33	白蜡	39.13	悬铃木	25.71	悬铃木	35.19	银杏	26.56
4	白蜡	15.31	圆柏	26.09	毛白杨	20.00	白蜡	31.48	白蜡	25.78
5	圆柏	15.31	紫叶李	17.39	白蜡	20.00	臭椿	31.48	紫叶李	24.22

表 8-6　各类型道路附属绿地森林群落乔木频度前 5 名树种

	序号	1	2	3	4	5
高速公路	树种	国槐	毛白杨	垂柳	圆柏	臭椿
	频度/%	21.74	19.57	10.87	8.7	6.52
国道	树种	毛白杨	银杏	栾树	榆树	油松
	频度/%	21.43	14.29	14.29	7.14	7.14
省道	树种	垂柳	毛白杨	国槐	紫叶李	银杏
	频度/%	14.29	10.71	10.71	7.14	7.14
环路	树种	国槐	毛白杨	白蜡	紫叶李	圆柏
	频度/%	20.93	12.4	6.20	4.65	4.65
	序号	1	2	3	4	5
主干道	树种	国槐	银杏	圆柏	紫叶李	毛白杨
	频度/%	19.51	11.38	8.94	8.13	7.32
次干道	树种	国槐	毛白杨	白蜡	银杏	油松
	频度/%	20.63	10.58	9.52	8.47	5.29
支路	树种	国槐	悬铃木	毛白杨	白蜡	紫叶李
	频度/%	18.39	8.88	8.03	7.82	5.71
环路	树种	国槐	臭椿	毛白杨	白蜡	刺槐
	频度/%	34.29	7.86	7.14	7.14	6.43

（4）物种多样性。北京市道路附属绿地物种丰富度平均值为 3.87，标准差系数为 0.85。丰富度最高的道路为翠湖北路，共有 20 种；最少的无植被道路包括有 18 条胡同，1 条支路；71 条道路仅有 1 种植物；应用 1～4 种植物的道路最为常见，占 63.61%。Shannon-Wiener 指数平均值为 0.74，Pielou 指数平均值为 0.67（表 8-7）。

物种丰富度指数（R）与 Shannon-Wiener 指数（H）平均值呈现沿环路梯度从内向外逐步增大的变化趋势，说明越向城外多样性水平越高。各类型道路相比较，环路物种多样性最高，胡同最低。5 种城市道路附属绿地的多样性随道路级别的降低而降低；3 种公路物种多样性在省道最高，高速公路丰富度最低，国道多样性指数最低。

表 8-7　不同道路附属绿地城市森林群落物种多样性

区域		丰富度指数 R		Shannon-Wiene 指数 H		Pielou 指数 J	
		平均值	标准差系数	平均值	标准差系数	平均值	标准差系数
环路	二环内	2.87	1.27	0.54	1.06	0.67	0.36
	二至三环	3.61	0.74	0.59	0.86	0.54	0.41
	三至四环	3.46	0.59	0.67	0.70	0.66	0.35
	四至五环	4.57	0.66	0.86	0.65	0.68	0.38
	五至六环外 1 km	4.51	0.74	0.87	0.67	0.70	0.33
类型	高速公路	3.83	0.60	0.75	0.80	0.66	0.47
	国道	4.00	1.19	0.65	1.26	0.77	0.12
	省道	5.17	0.80	0.81	0.58	0.61	0.43
	环路	5.75	0.51	1.00	0.36	0.62	0.26
	主干道	4.96	0.70	0.97	0.60	0.74	0.30
	次干道	4.83	0.66	0.90	0.60	0.69	0.32
	支路	4.09	0.83	0.75	0.77	0.66	0.38
	胡同	1.94	1.15	0.41	1.24	0.70	0.37
总计		3.87	0.85	0.74	0.77	0.67	0.36

Pielou 指数平均值及各指数的标准差系数相差不大，说明随城市建设的推进，各环路虽然从城内向城外多样性增加了，但在配置方式上并未形成明显的均匀度的差异；各类型中国道路物种丰富度低且分布均匀。

8.2.1.2　乔木结构分析

（1）乔木径级结构。北京市道路附属绿地乔木平均胸径为 24.07 cm（图 8-4），沿环路由内向外总体呈下降趋势，见图 8-4（a），最高值为二至三环的 29 cm，最低值为五至六环外 1 km 的 22.84 cm。不同类型道路间平均胸径最大值是国道的 29.82 cm，见

图 8-4（b），最小值是主干道的 22.69 cm，公路的 3 个类型未见规律性变化，城市道路的 5 个类型呈现出主干道＜次干道＜支路＜环路＜胡同的变化趋势。

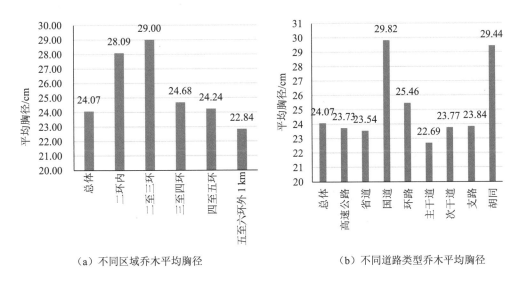

（a）不同区域乔木平均胸径　　　　　　（b）不同道路类型乔木平均胸径

图 8-4　北京市道路附属绿地乔木平均胸径

对乔木胸径分级后，胸径等级分布在Ⅲ级，即 20～30 cm 数量最多，占到总乔木数量的 43.97%，说明北京的道路绿地大部分乔木处于青年期（Mcpherson et al., 2016）。由Ⅲ级向两侧递减，Ⅰ级数量最少，仅占 2.95%，Ⅴ级次之，占 3.82%。大径级（Ⅴ级）的树种主要为泡桐［*Paulowinia fortunei*（seem.）Hemsl.］、榆（*Ulmus pumila* Linn.）、毛白杨、国槐、臭椿、加杨。

五环内各环路间均为Ⅲ级数量最多，由内向外Ⅲ级占比依次为 60.9%、60.22%、64.39%、48.28%。数量仅次于Ⅲ级的是Ⅳ级（三环内）或Ⅱ级（三至五环）。五至六环外 1 km Ⅱ级占比最多，达到该区域的 40.69%，其次为Ⅲ级，占该区域的 35.27%，见图 8-5（a）。在各类型道路间，国道Ⅳ级数量最多，占该类型道路乔木总数的 57.53%，其余各类型均是Ⅲ级数量占比最高，其中环路Ⅲ级乔木占到 75.4%。Ⅴ级在城市道路 5 个类型中，胡同占比最高（17.58%），在公路的 3 个类型中未见分布。此外，Ⅱ级胸径的数量也很可观，在高速公路、省道、主干道、次干道、支路类型中数量排第 2 位，见图 8-5（b）。

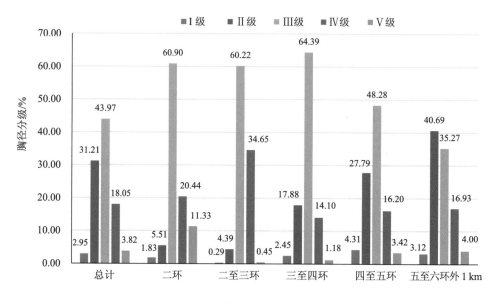

（a）不同区域道路乔木胸径分级

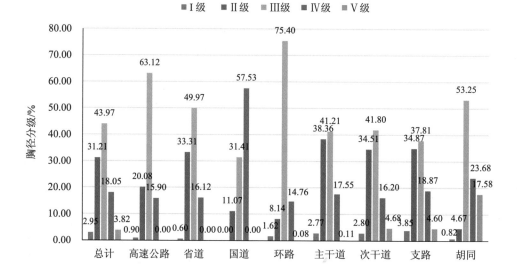

（b）不同类型道路乔木胸径分级

图 8-5　道路绿地乔木胸径分级占比

（2）冠幅结构。北京市道路附属绿地乔木平均冠幅为 6.33 m，二环内平均冠幅最大，达 7.71 m，后海北沿的榆树冠幅达 17.35 m。沿环路由内向外，平均冠幅值依次为 7.71 m、6.10 m、5.90 m、6.50 m、5.68 m，虽然在四至五环有所升高，但总体还是呈减小的变化趋势，见图 8-6（a）。在不同类型道路间比较，公路的 3 个类型平均冠幅均高于总体平均值，分别为高速公路 7.34 m、省道 6.38 m、国道 6.88 m。城市道路 5 种类型中仅胡同（9.02 m）高出平均值，其余 4 种道路类型均低于平均值，主干道为最小（5.33 m），见图 8-6（b）。

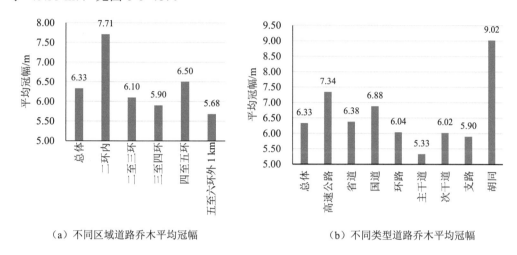

（a）不同区域道路乔木平均冠幅　　　　　　　（b）不同类型道路乔木平均冠幅

图 8-6　北京市道路附属绿地乔木平均冠幅

冠幅在各级的分配除 I 级较少（6.5%）外，其余级别分配较为均衡，处于 IV 级的冠幅占比最高，占 29.14%，其次是 II 级，占 25.26%。各环路间冠幅数量最多的，由城内向城外依次为 V 级、IV 级、IV 级、IV 级和 II 级，较大冠幅乔木随环路由城内向城外逐渐减少，见图 8-7（a）。各类型道路间，V 级冠幅在国道和胡同占明显优势，分别为59.45% 和 81.58%，主干道、次干道和支路的 II～IV 级 3 个级别具有较高比例，环路的 II 级和 IV 级占比较高，省道的 III～V 级 3 个级别占 76.75%，而高速公路中的 IV 级占比最高，达 58.33%，见图 8-7（b）。

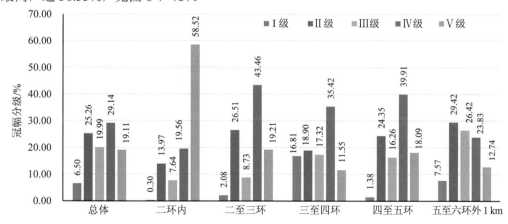

（a）不同区域道路乔木冠幅分级

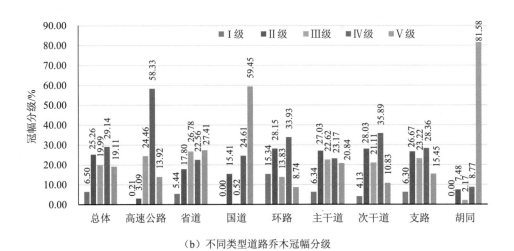

（b）不同类型道路乔木冠幅分级

图 8-7　道路绿地乔木冠幅分级占比

（3）树高结构。北京市道路附属绿地乔木平均树高为 10.11 m。三环内平均树高明显高于三环外，其中二环内最高，平均 10.48 m，三环外树高呈现依次升高的变化趋势，见图 8-8（a）。各行政区间国道平均树高值最大，为 16.92 m，这与国道优势树种为毛白杨有关，省道平均树高值最小，仅为 9.02 m，这是由于省道选用了大量银杏，而银杏作为行道树在北京健康状况较差，生长缓慢，树高值较小。城市内道路 5 种类型中，树高随道路级别的降低而变大，最大值是胡同，平均树高为 10.53 m，见图 8-8（b）。

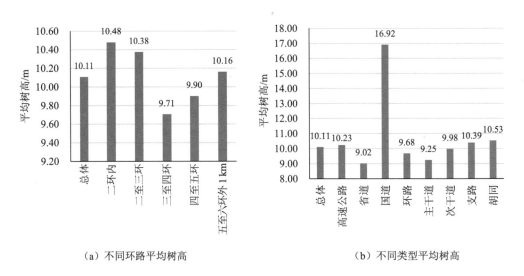

（a）不同环路平均树高　　　　　　（b）不同类型平均树高

图 8-8　北京市道路附属绿地乔木平均树高

　　乔木树高分级后，总体Ⅱ级 5～10 m 乔木数量最多（图 8-9），占总数的 60.47%，其次为Ⅲ级，占 23.50%。各环路均为Ⅱ级树高占比最多，Ⅲ级次之，Ⅰ级、Ⅳ级、Ⅴ级三个级别在各环路占比较少，Ⅱ级、Ⅲ级两个级别的总占比从内向外依次为 90.44%、86.27%、92.86%、88.23%、80.22%，见图 8-9（a）。各类型道路除国道Ⅴ级树高占比最高外（该区域主要为毛白杨），其余类型道路均为Ⅱ级树高占比最多，其次为Ⅲ级，在省道Ⅱ级树高占到该类型的 77.59%，见图 8-9（b）。

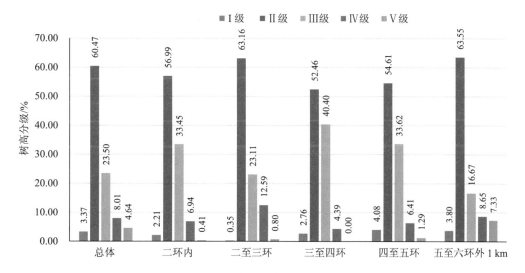

（a）不同环路树高分级

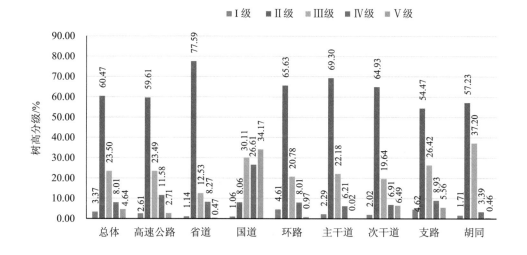

（b）不同类型树高分级

图 8-9　道路绿地乔木树高分级占比

8.2.2 道路绿地树冠覆盖

8.2.2.1 道路绿地树冠覆盖总体变化

根据对北京市道路系统林木树冠覆盖/土地覆盖解译的统计结果（表8-8），北京市道路绿地总体现实树冠覆盖率（EUTC）为33.39%、潜在树冠覆盖率（PUTC）为1.69%、不透水地表覆盖率为63.96%、草地为0.07%、水体为0.28%。137条道路无树冠覆盖，其中有1条高速公路、1条铁路、4条次干道、56条支路、75条胡同。覆盖率最高的是海淀区的上庄路，EUTC达100%，楼白路、清宁路、东小路、温榆河左堤路等15条道路总覆盖面积达222.51 hm²，EUTC达90%以上。

表 8-8　道路系统林木树冠覆盖/土地覆盖统计　　　　　　单位：%

区域		乔灌木	草地	潜在树冠覆盖率	不透水地表	水体
总计		33.39	0.07	1.69	63.96	0.28
环路	二环内	25.14	0.00	0.29	74.76	0.09
	二至三环	26.66	0.00	1.46	73.10	0.11
	三至四环	22.93	0.01	3.23	75.87	0.87
	四至五环	29.91	0.06	10.79	68.66	0.19
	五至六环外 1 km	37.97	0.10	24.47	58.25	0.21
类型	高速公路	35.15	0.01	0.59	63.78	0.36
	国道	29.71	0.00	1.08	68.55	0.18
	省道	36.67	0.10	1.79	60.29	0.32
	铁路	33.79	0.01	4.10	61.08	0.22
	环路	35.06	0.01	0.40	64.17	0.25
	主干道	25.56	0.04	0.70	72.73	0.79
	次干道	31.90	0.07	1.57	65.47	0.10
	支路	36.86	0.18	2.95	58.71	0.17
	胡同	28.51	0.00	0.06	71.46	0.00

各环路之间相比较，虽然树冠覆盖率最低值在三至四环间，但由城内向城外总体呈上升趋势，五至六环外 1 km 范围为现实树冠覆盖最高区域，达 37.97%。沿环路由

内向外逐渐增多的还有水体、草地与潜在树冠覆盖的占比，呈减少趋势的只有不透水地表，三至四环不透水地表覆盖率最高，五至六环外 1 km 最低。

各类型道路相比较，树冠覆盖率由高到低依次为支路＞省道＞高速公路＞环路＞铁路＞次干道＞国道＞胡同＞主干道。其中城市内部 5 种道路类型中，主干道、次干道、支路三者随着道路级别降低，树冠覆盖率与潜在树冠覆盖率均逐渐升高。胡同虽然也属于城市内部道路类型，但由于胡同处于老城区，建筑以单层居住建筑为主，人口密度大，道路不透水地表覆盖率高，绿化空间少，故而不仅树冠覆盖率低，潜在树冠覆盖率也是各道路类型中最低。铁路潜在树冠覆盖率最高，但这仅为解译理论数值，根据铁路安全管理条例规定，铁路外侧向外要有安全保护区，保护区的范围的宽度根据其所在位置及行车速度而不同，最少不能小于 8 m，在保护区范围内禁止种植影响铁路线路安全和行车瞭望的树木等植物（中国法制出版社，2013）。

8.2.2.2　道路绿地树冠覆盖分级

对道路绿地树冠覆盖率的分级方法参照刘秀萍（2017）对北京市居住区绿地树冠覆盖分级的方法：以树冠覆盖率均值作为基准，上下依次加减 0.5、1、1.5 倍标准差精准估算取"半整"所得值作为分界点为所得林木树冠覆盖值进行分级。最终道路绿地林木树冠覆盖分级为：极低覆盖度＜8.97%，8.97%≤低覆盖度＜19%，19%≤中覆盖度＜39.06%，39.06%≤高覆盖度＜59.12%，59.12%≤极高覆盖度（表 8-9）。分级后总体上中覆盖度道路最多，占到道路总面积的 42.64%。极低覆盖度与极高覆盖度占比较低，分别占总面积的 7.64%、8.58%。

表 8-9　道路 EUTC 分级占比情况表　　　　　　　　单位：%

		极低覆盖度 a<8.97%	低覆盖度 8.97%≤a<19%	中覆盖度 19%≤a<39.06%	高覆盖度 39.06%≤a<59.12%	极高覆盖度 a≥59.12%
项目						
总计		7.64	15.41	42.64	25.73	8.58
不同环路	二环内	13.05	22.03	52.45	8.59	3.88
	二至三环	13.25	29.41	32.77	19.85	4.71
	三至四环	9.09	27.66	54.98	6.60	1.67
	四至五环	9.12	14.67	45.64	27.77	2.79
	五至六环外 1 km	5.91	11.29	39.07	31.15	12.59

项目		极低覆盖度 a<8.97%	低覆盖度 8.97%≤a <19%	中覆盖度 19%≤a <39.06%	高覆盖度 39.06%≤a <59.12%	极高覆盖度 a≥59.12%
不同类型	高速公路	5.53	9.25	53.98	18.01	13.23
	省道	7.00	3.26	56.00	24.88	8.87
	国道	4.45	26.46	40.34	28.75	0.00
	铁路	9.99	12.03	41.71	26.32	9.96
	环路	2.28	8.67	44.10	44.94	0.00
	主干道	9.34	28.60	48.13	10.14	3.79
	次干道	6.32	19.07	43.41	23.82	7.38
	支路	10.37	14.44	34.33	24.07	16.80
	胡同	15.85	19.61	38.50	18.85	7.19

各环路与总体分布情况一致，中覆盖度占比最多，占比最多的是三至四环，占该区域道路总面积的54.98%，其次为二环内，占该区域的52.45%。极低、极高覆盖度在各区域均占比较低，尤其是极高覆盖度，该级别在三至四环占比最低，仅为1.67%，在五至六环外1 km占比最高，达12.59%。极低覆盖度三环外占比少于三环内，占比最高的是二至三环，占该区域的13.25%，最低是五至六环外1 km，仅为5.91%。

不同类型道路同样是中覆盖度占比最高，该级别占比最多的是省道，达56%，其次为高速公路53.98%。极低覆盖度占比最高的是胡同，占该类型的15.85%。在国道和环路均无极高覆盖度道路，此级别在支路占比最多，占到该道路类型的16.8%。

8.3 讨论

8.3.1 生物多样性

对比孟雪松等（2004）对北京市五环内道路绿地的调查结果可以发现，在过去14年中，北京市五环内道路的乔木种类变化不大，但灌木与藤本种数有所减少。从乔木优势树种来看，2004年结果显示乔木层主要有国槐、毛白杨、白蜡、银杏、圆柏、油松、栾树、臭椿、绦柳（*Salix matsudana* Koidz. var. *matsudana* f. *pendula* Schneid.）、元宝槭（*Acer truncatum* Bunge），而由于本次调查范围增加了五至六环间区域，因此优势树种增加了加杨、刺槐等树种。此外，两次调查结果的变化也与在城市发展过程中对道路绿地的改造有关。

较高的物种多样性可以通过降低害虫、干旱或风暴等的破坏程度来保护区域树木（Mcpherson et al.，2013），然而北京市道路绿地无论从物种的组成、频度或多样性指数，均表现出多样性低、单种优势强的特点。道路空间是众所周知的复杂环境，有限的空间、紧实的土壤、化学的影响，甚至机械的损伤等都会成为物种选择的限制因素。因此，许多物种被筛选掉，留下相对较少但具有更强适应性的种类，并形成其独特的种群结构。道路绿地相对于其他类型的城市森林来说多样性较差（Jim et al.，2001）的情况不仅在本次北京的调查中表现明显，在欧美的相关调查中也有类似情况。如在丹麦、芬兰、瑞典、挪威 4 个冰岛国家的调查显示，有 3～5 个属的数量占总数的 50%；在丹麦城市的调查中发现，有 12 个种的数量占了总数的 73%，6 个常见种占了总数的 50%（Thomsen et al.，2016）；英国梧桐（*London planetree*）在美国加州是数量最多的树种，占全部道路树木的 10.5%（Mcpherson，2016）。然而与国外研究结果相比，北京市道路绿地的国槐优势度显然更高，该树种不仅在六环内总体数量最多，在各环路间的不同区域同样数量最多、出现频率最高。国槐的大量使用除了因其有更强的适应性外，也与北京的文化、历史以及对该物种的偏好等多种原因有关（Thomsen et al.，2016）。北京市对国槐的喜爱自古有之，古人因槐有君子之风，正直、坚硬，荫盖广阔，各阶层都对它颇为喜爱，因而在老城区广为栽种。北京对国槐的应用从元代以来便有记载，而 1986 年国槐更是被评为北京市"市树"。但当一个物种产生过强的优势，该物种的衰退、疾病或衰老势必会引发巨大的维护成本（Mcpherson et al.，2013），而由多个树种的共同提供的稳定性将胜于单个强势树种，这种多物种的模式也更接近于自然森林生态系统的状况（Mcpherson et al.，2013）。为保证城市森林树种的多样性，Pernille Thomsen（2016）曾在研究中总结多位学者的研究，他们建议任何种的数量不能超过总数的 5%～10%，任何属的数量不能超过总数的 10%～20%。因此，可以在规划初期，对树种应用进行限制，如美国密歇根州在 2007 年就限制单个属的数量不能超过总数量的 15%（Mcpherson，2016），或者对现有树种进行调整。当然，不能简单地靠增加树种的数量来提高多样性，树种对城市道路环境的适应性也是必须考虑的因素，鉴于如今由于关于能适应道路恶劣生长环境的树种的研究不多（Sjöman，2010），可以参考利用的树种有限，可以考虑把有限的种类均衡的应用，对于提高多样性也是大有裨益的（Thomsen et al.，2016）。

8.3.2 乔木规格

Mcpherson 和 Rowntree 确定了一个良好的乔木规格结构，即 40%幼年期，青、壮年期之和高于幼年期（Mcpherson et al.，1989）；Richards 提出 40%幼年期，30%青年期、20%壮年期、10%老年期（Richards，1983）。北京市道路附属绿地从胸径、冠幅两方面均可以看出，乔木在数量上是符合各位学者推荐比例的，即青、壮年占比最多，但据实地调查发现，占比最多的是青年期植株，壮年期并没有明显优势，而三环外的壮年期树种比例更是明显低于三环内。三至六环是近 20 年逐步完成的城市化发展，壮年树的缺乏很大程度上是由于城市发展速度过快，道路绿地栽植的乔木还未来得及长成壮年。

幼年期与老年期乔木占比低是北京市道路乔木的另一个问题，老龄树在二环内最多，是老城区特有的文化特征，在增强城市森林景观效果、彰显城市文化底蕴及改善生态环境等方面功不可没，应重点保护；幼龄树承担着城市森林的持续性发展的重任，由于年幼的树木最容易因压力和破坏行为造成树木损失，因此理想的城市森林中应有大量的幼树，以便有足够的资源不断地取代老化的树木（Mcpherson et al.，2013）。

8.3.3 城市梯度变化规律

各环路间的物种多样性呈现了从二环向外逐渐增加的趋势，该区域是北京市近 20 年来快速发展的区域（葛荣凤等，2016），物种数量的逐渐增多与多样化的选择树种有关（Ye et al.，2012）。二至三环物种数最少，主要是由于该区域 20 年前就已完成了城市化（葛荣凤等，2016），建设时间较早，绿色空间面积相对于其他环路最小（张彪等，2015），绿地的规划较为粗放，加之管理不到位，道路绿化形式及植物选择都较为单一。二环内属于老城区，大部分道路是生活型道路，紧邻居民区，道路景观较主干道更为复杂细腻，因此树种选择更加富有生活气息，更加多样。

但同样是二环内的生活型道路，支路与胡同却有较大差异。胡同属于北京市特殊的支路，但其建筑布局却使绿地的用地受到极大限制，物种数明显少于一般支路。通过调查发现，胡同居民大多盆栽蔬菜、瓜果，生态效益更为突出的乔灌木树种在数量上没有明显优势。在其他类型道路中，公路与城市道路植物多样性相差较大。公路包括高速公路、省道、国道，是典型的交通型街道，这 3 种道路多为"一板二带"式，道路横断面以车行道为主，绿地管理粗放，结构较为简单，绿地内植物种类相对于城市道路较少；城市内部道路包括主干道、次干道、支路和胡同，其附属绿地以提高城市生态效益、改善道路环境为主，植被生长条件及管理优于公路的 3 个类型，因此植物种类更多。

乔木规格沿环路逐渐变小的梯度变化充分反映了北京城市的发展对道路乔木规格的影响；不同类型道路间规格的对比则反映出了不同经营措施对冠型及冠幅也会产生影响（朱春全等，2000），较大乔木在少人工干预的公路类道路的分布普遍多于人工干预较多的城市道路类型。

8.3.4　道路 UTC

道路 UTC 的大小影响道路绿地生态系统服务的多个方面，尤其影响其对路面及周边环境的降温效果，道路植物白天的降温作用在 1℃左右（Bowler D E et al.，2010），并且有证据表明这种效应的较大成分是由于树冠阴影造成的，植被对冠层以下微气候的调节作用取决于遮阴程度和蒸散速率（Wang et al.，2016），两者都与冠层覆盖比例有关。北京市道路绿地总体 UTC 不高，有 137 条道路甚至无树冠覆盖。在无树冠覆盖的道路类型中，胡同占比较高，作为生活型道路，这势必会影响周围居民的生活质量。造成 UTC 不高的原因是多方面的，国外曾有研究发现，对城市道路植树的动机起主要决定作用的是树种特征（100%）、地点因素（100%）、成本（92%）以及管理和维护问题（83%）（Roy S et al.，2016），北京市道路绿地 UTC 值较低的 3 个道路类型分别为国道、主干道、胡同，而导致这种情况的原因也主要与管理成本和地点空间限制等有关。胡同虽然 UTC 不高，但乔木规格相对于其他道路类型更大，北京市道路绿地最大冠幅乔木便出现在胡同（二环内），同样国道也是大冠幅乔木占比较高的道路类型，同时结合其径级分布发现，这些大冠幅乔木以青、壮年为主，是贡献其生态功能的最佳时期。

道路绿地不同于其他类型城市森林，不能盲目地仅以提高树冠覆盖为种植目标。许多研究者发现，在街道上植树，特别是在交通枢纽、街道峡谷（street canyons）等高污染地区种植，可能会导致地面污染物浓度的增加（Buccolieri et al.，2009，2011；Mitchell and Maher，2009；Vos et al.，2013；Amorim et al.，2013），因此对于公路及城市道路类型中的主干道，适当减少树冠闭合，保证空气的正常流通还是很有必要的。

8.4　结论

（1）本章对北京市六环外 1 km 范围内道路绿地按每种类型道路长度 10% 抽样调查，共记录木本植物 33 科、61 属、77 种，其中乔木 59 种、灌木 15 种、藤本 3 种。使用数量最多、频度最高的树种为国槐。北京本地种共 62 种，占总种数的 80.52%，其中乔木 49 种，占乔木总种数的 83.05%。本地种不仅在种数上占有较高的比例，在数量上优势更为明显。植物丰富度、多样性指数沿环路均呈现了由城内向城外逐步增加的变化趋势；在各类型道路间，城市道路 5 种类型丰富度、多样性高于公路 3 种类型。

（2）北京市道路附属绿地乔木平均胸径为 24.07 cm，胸径等级分布在Ⅲ级数量最多，占总乔木数量的 43.97%；平均冠幅为 6.33 m，Ⅳ级即平均胸径处于 6～8 m 最为常见，占总数的 29.14%；平均树高 10.11 m，总体Ⅱ级 5～10 m 乔木数量最多，占总数的 60.47%。乔木整体青年期植株较多，年龄结构趋于年轻化。青、壮年期的树种总体比例由城内向城外逐渐减少，幼年期的比例逐渐增多。不同类型的道路中，国道与胡同壮年期树种比例高于其他类型道路，省道幼年期树种高于其他类型。

（3）北京市六环内道路绿地树冠覆盖率不高，可发展空间不大。现实林木树冠覆盖率为 33.39%，低于城市总体水平 39.53%（宋宜昊，2016），潜在树冠覆盖率仅为 1.69%。UTC 沿环路由内向外呈现逐渐增大的趋势，不同类型道路 UTC 总体无规律性变化，但在城市内部道路间 UTC 随道路级别的降低而增加，支路 UTC 值最高。

（4）北京市道路绿地总体存在多样性不高、单种优势过强、年龄总体偏小、分布不均匀的特点。国槐的使用虽有文化及地域的原因，但应用过多会增加灾害风险，可以适当调整树种分布，提高物种多样性，降低因物种衰退、疾病或衰老而带来巨大的维护成本。道路上的植被，具有生态、经济和社会效益，但这些公共的功能高度依赖于具体的规划设计（Gwedla N et al.，2017）。增加幼龄树的比例，调整年龄结构，才能使其承担起城市森林持续性发展的重任，使道路绿地在今后的长期发展过程中形成持续、稳定的树冠覆盖。

参考文献

[1] Amorim J H，Rodrigues V，Tavares R，et al. CFD modelling of the aerodynamic effect of trees on urban air pollution dispersion. Science of the Total Environment，2013，461-462（7）：541-551.

[2] Arnold H F. Tree. in Urban olesign，1980.

[3] Beckett KP，FreerSmith P，Taylor G. Effective tree species for local air-quality management. Journal of Arboriculture，2000，26（1）：12-19.

[4] Bowler D E，Buyungali L，Knight T M，et al. Urban greening to cool towns and cities：a systematic review of the empirical evidence. Landscape & Urban Planning，2010，97（3）：147-155.

[5] Buccolieri R，Gromke C，Di S S，et al. Aerodynamic effects of trees on pollutant concentration in street canyons. Science of the Total Environment，2009，407（19）：5247-5256.

[6] Buccolieri R，Salim S M，Leo L S，et al. Analysis of local scale tree-atmosphere interaction on pollutant concentration in idealized street canyons and application to a real urban junction. Atmospheric Environment，2011，45（9）：1702-1713.

[7] Clark J R，Matheny N P，Wake V. A model of urban forest sustainability. Journal of Arboriculture，1997，23（1）.

[8] Forman R T T. Road ecology：A solution for the giant embracing us. Landscape Ecology，1998，13（4）：III-V.

[9] Grey G W，Deneke F J. Urban forestry. 2nd ed. 1986.

[10] Grey G W. The urban forest：comprehensive management. Urban Forest Comprehensive Management，1996.

[11] Gwedla N，Shackleton C M. Population size and development history determine street tree distribution and composition within and between Eastern Cape towns，South Africa. Urban Forestry & Urban Greening，2017，25.

[12] Jim C Y，Liu H T. Species diversity of three major urban forest types in Guangzhou City，China. Forest Ecology & Management，2001，146（1）：99-114.

[13] Konijnendijk C C. Adapting forestry to urban demands — role of communication in urban forestry in Europe. Landscape & Urban Planning，2000，52（2-3）：89-100.

[14] Lovasi G S，Quinn J W，Neckerman K M，et al. Children living in areas with more street trees have lower prevalence of asthma. J Epidemiol Community Health，2008，62（7）：647-649.

[15] Mcpherson E G，Doorn N V，Goede J D. Structure，function and value of street trees in California，USA. Urban Forestry & Urban Greening，2016，17：104-115.

[16] Mcpherson E G，Kotow L. A municipal forest report card：Results for California，USA. Urban Forestry & Urban Greening，2013，12（2）：134-143.

[17] Mcpherson E G，Rowntree R A. Using Structural Measures to Compare Twenty-Two U.S. Street Tree Populations. Landscape Journal，1989，8（1）.

[18] Mcpherson E G. Structure and sustainability of Sacramento's urban forest. Journal of Arboriculture，1998，24（4）.

[19] Miller R W. Urban forestry：planning and managing urban greenspaces. Urban Forestry Planning & Managing Urban Greenspaces，1996.

[20] Mitchell R，Maher B A. Evaluation and application of biomagnetic monitoring of traffic-derived particulate pollution. Atmospheric Environment，2009，43（13）：2095-2103.

[21] Nowak D J，Crane D E，Stevens J C，et al. A ground-based method of assessing urban forest structure

and ecosystem services. Arboriculture & Urban Forestry，2008，34（6）.

[22] Nowak D J，Crane D E，Stevens J C. Air pollution removal by urban trees and shrubs in the United States. Urban Forestry & Urban Greening，2006，4（3-4）：115-123.

[23] Richards N A. Diversity and stability in a street tree population. Urban Ecology，1983，7（2）：159-171.

[24] Roy S，Davison A，Östberg J. Pragmatic factors outweigh ecosystem service goals in street-tree selection and planting in South-East Queensland cities. Urban Forestry & Urban Greening，2016：166-174.

[25] Sieghardt M，Mursch-Radlgruber E，Paoletti E，et al. Urban Forests and Trees. Springer Berlin Heidelberg，2005.

[26] Sjöman H，Nielsen A B. Selecting trees for urban paved sites in Scandinavia - A review of information on stress tolerance and its relation to the requirements of tree planners. Urban Forestry & Urban Greening，2010，9（4）：281-293.

[27] Thomsen P，Bühler O，Kristoffersen P. Diversity of street tree populations in larger Danish municipalities. Urban Forestry & Urban Greening，2016，15：200-210.

[28] Vos P E，Maiheu B，Vankerkom J，et al. Improving local air quality in cities：to tree or not to tree？. Environmental Pollution，2013，183（4）：113-122.

[29] Wang Z H，Zhao X，Yang J，et al. Cooling and energy saving potentials of shade trees and urban lawns in a desert city. Applied Energy，2016，161：437-444.

[30] Ye Y，Lin S，Wu J，et al. Effect of rapid urbanization on plant species diversity in municipal parks，in a new Chinese city：Shenzhen. Acta Ecologica Sinica，2012，32（5）：221-226.

[31] 北京市规划委员会. 城市道路空间的合理利用. 北京：中国建筑工业出版社，2013.

[32] 北京统计局. 2017 北京统计年鉴. 2017.

[33] 部门中华人民共和国建设部. 城市道路交通规划设计规范. 北京：中国计划出版社，1995.

[34] 陈龙，谢高地，盖力强，等. 道路绿地消减噪声服务功能研究——以北京市为例. 自然资源学报，2011，26（9）：1526-1534.

[35] 窦逗，张明娟，郝日明，等. 南京市老城区行道树的组成及结构分析. 植物资源与环境学报，2007，16（3）：53-57.

[36] 符利勇，孙华，张会儒，等. 不同郁闭度下胸高直径对杉木冠幅特征因子的影响. 生态学报，2013，33（8）：2434-2443.

[37] 葛荣凤，王京丽，张力小，等. 北京市城市化进程中热环境响应. 生态学报，2016，36（19）：6040-6049.

[38] 郭倩. 北京城市绿地的避灾功能及其规划设计研究. 北京：北京林业大学，2009.

[39] 郭振，胡聃，李元征，等. 北京城区道路系统路网空间特征及其与 LST 和 NDVI 的相关性. 生态学报，2014，34（1）：201-209.

[40] 贺士元. 北京植物志. 北京：北京出版社，1993.

[41] 贾宝全，王成，邱尔发，等. 城市林木树冠覆盖研究进展. 生态学报，2013，33（1）：23-32.

[42] 金莹杉，何兴元，陈玮，等. 沈阳市建成区行道树的结构与功能研究. 生态学杂志，2002，21（6）：24-28.

[43] 李德志，臧润国. 森林冠层结构与功能及其时空变化研究进展. 世界林业研究，2004，17（3）：12-16.

[44] 李海梅，刘常富，何兴元，等. 沈阳市行道树树种的选择与配置. 生态学杂志，2003，22（5）：157-160.

[45] 李新宇，赵松婷，李延明，等. 北京市不同主干道绿地群落对大气 $PM_{2.5}$ 浓度削减作用的影响. 生态环境学报，2014（4）：615-621.

[46] 李秀芹，张国斌. 黄山市城区行道树结构特征分析. 中国农学通报，2007，23（4）：139-143.

[47] 刘德良. 梅州市城区行道树的结构特征. 林业科学，2009，45（5）：87-93.

[48] 孟雪松，欧阳志云，崔国发，等. 北京城市生态系统植物种类构成及其分布特征. 生态学报，2004，24（10）：2200-2206.

[49] 彭镇华. 中国城市森林. 北京：中国林业出版社，2003.

[50] 沈国舫. 森林培育学. 北京：中国林业出版社，2001.

[51] 陶晓，吴泽民，郝焰平. 合肥市行道树生态效益研究. 中国农学通报，2009，25（3）：75-82.

[52] 童明坤，高吉喜，田美荣，等. 北京市道路绿地削减 $PM_{2.5}$ 总量及其健康效益评估. 中国环境科学，2015，35（9）：2861-2867.

[53] 王木林. 城市林业的研究与发展. 林业科学，1995，31（5）：460-466.

[54] 王旭东，杨秋生，张庆费. 常见园林树种树冠尺度定量化研究. 中国园林，2016，32（10）：73-77.

[55] 吴泽民，黄成林，白林波，等. 合肥城市森林结构分析研究. 林业科学，2002，38（4）：7-13.

[56] 肖荣波，欧阳志云，蔡云楠，等. 基于亚像元估测的城市硬化地表景观格局分析. 生态学报，2007，27（8）：3189-3197.

[57] 熊佑清，李春玲. 北京乡土植物. 北京：中国林业出版社，2015.

[58] 于伟，宋金平，韩会然. 北京城市发展与空间结构演化. 北京：科学出版社，2016.

[59] 张彪，王硕，李娜. 北京市六环内绿色空间滞蓄雨水径流功能的变化评估. 自然资源学报，2015，30（9）：1461-1471.

[60] 张骁博，孙守家，郑宁，等. 北京市四环路及路旁绿地 CO_2 变化特征及来源分析. 生态学报，2017，37（9）：2943-2953.

[61] 张玉阳，周春玲，董运斋，等. 基于 i-Tree 模型的青岛市南区行道树组成及生态效益分析. 生态学杂志，2013，32（7）：1739-1747.

[62] 赵娟娟，欧阳志云，郑华，等. 北京城区公园的植物种类构成及空间结构. 应用生态学报，2009，20（2）：298-306.

[63] 赵娟娟，欧阳志云，郑华，等. 北京建成区外来植物的种类构成. 生物多样性，2010，18（1）：19-28.

[64] 中国城市规划设计研究院. 城市道路绿化规划与设计规范. 1997.

[65] 中国法制出版社. 铁路安全管理条例. 北京：中国法制出版社，2013.

[66] 朱春全，刘晓东，雷静品，等. 集约与粗放经营杨树人工林树冠结构的研究. 林业科学，2000，36（2）：60-68.

第 9 章

校园城市森林结构特征及其树冠覆盖变化

　　校园绿地是校园环境的重要组成部分，尤其是校园绿地中的森林群落，生物量高，环境生态功能多样，同时也承载着校园的历史和文化，是校园环境中最有生命力和感召力的部分，对于保障校园丰富多彩的物质与文化生活，促进校园的可持续发展发挥着不可替代的作用（肖爱华等，2018；朱丽娜，2007）。近年来，随着环境育人理念不断深入人心，校园环境建设越来越受到重视，各大学校都将"花园式校园"和"园林式校园"作为建设目标。目前，有关"校园绿地"的研究成果很多，国内主要集中在校园绿地景观设计、校园植物配置、不同类型校园绿地的功能与特色、校园绿地土壤养分以及校园绿地管理养护方面（熊瑶等，2018；邵海林，2018；胡楠等，2018；赵坤等，2018；徐秋未，2018），国外则主要集中在校园绿地的恢复性及其对学生健康的重要性（Qunyue Liu，et al.，2018；Zhang Y，et al.，2015；Kurt B，et al.，2013）、校园绿地质量感知（Qiao L，et al.，2013）以及绿地与健康习惯的形成（Pretty J，et al.，2013）等社会学方面，将研究对象聚焦在"校园森林群落"这一主体，系统分析校园内森林群落的物种组成、结构特征和变化趋势的研究还很少（王强等，2006），尤其是从森林城市这一新的视角来看，现有的学校附属绿地研究无论是理论还是实践，都还有很大的深化空间（王钰，2018）。北京市提出了建设国际一流和谐宜居之都的长远目标，目前正在编制森林城市发展规划，科学谋划首都森林城市建设的新蓝图，作为年轻一代成长期所处的学校校园环境，学校城市森林绿化现状和水平的提升不仅对和谐校园环境的营造非常关键，而且对北京城市森林建设也具有极其重要的作用。本章以北京市六环外1 km范围内的校园（大学、中学和小学）为研究对象，对其城市森林林木树冠覆盖、数量特征、空间结构和演变趋势进行了系统分析，以期为后期城市森林的深入研究提供较好的理论基础，同时为北京市未来城市森林的建设和发展提供技术支撑。

9.1　研究数据与研究方法

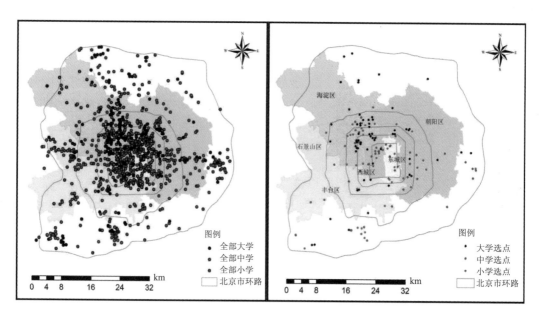

图 9-1　北京城区全部学校与学校选点分布

北京地区作为我国的政治、文化、经济中心，汇聚了国内众多知名高校，本研究以北京市基础地理信息数据库下载的 2016 年校园分布点状图为指导，以经过精校正的

2013 年 7—9 月 0.5 m 分辨率的 WorldView-2 遥感影像为基础，结合实地调研，完成了北京市六环外 1 km 以内校园的边界矢量化工作，结果显示研究区范围内共有大学 179 所、中学 327 所、小学 478 所，共计 984 所，学校总占地面积为 43.89 km²，其中大、中、小学占地面积分别为 31.39 km²、7.33 km²、5.17 km²（图 9-1），对学校整体林木树冠覆盖情况做了统计；然后，在 ArcGIS 10.0 平台下对 984 所学校进行分层随机抽样，共抽取 34 所大学（共计 53 个校区），45 所中学以及 47 所小学（图 9-1，表 9-1、表 9-2、表 9-3），对抽取学校进行野外典型样方调查，共计调查样方数量 296 个。

表 9-1 北京城区大学样点选取名录

序号	大学名称	序号	大学名称	序号	大学名称
1	北京城市学院表演学部	19	北京市体育职业学院	37	首都师范大学
2	北京城市学院航天城校区	20	北京外国语大学东校区	38	首都师范大学（北一区）
3	北京城市学院主校区	21	北京外国语大学西校区	39	首都师范大学（北二院）
4	北京大学	22	北京物资学院	40	首都师范大学良乡校区
5	北京电影学院	23	北京邮电大学	41	首都体育学院
6	北京工业大学	24	北京邮电大学（宏福校区）	42	首都医科大学
7	北京工业大学通州分校	25	北京邮电大学（沙河校区）	43	中国农业大学东校区
8	北京化工大学（东校区）	26	北京语言大学	44	中国农业大学西校区
9	北京化工大学（西校区）	27	北京中医药大学东校区	45	中国青年政治学院
10	北京建筑大学（大兴校区）	28	北京中医药大学良乡校区	46	中国人民大学
11	北京建筑大学（西城校区）	29	北京中医药大学西校区	47	中国戏曲学院
12	中国政法大学	30	北京师范大学（科培校区）	48	中央美术学院
13	北京经济管理职业学院	31	对外经济贸易大学	49	中央美术学院（后沙峪校区）
14	北京林业大学	32	华北电力大学	50	中央民族大学
15	北京农学院	33	清华大学	51	中央音乐学院
16	北京农业职业学院主校区	34	首都经济贸易大学华侨学院	52	北京第二外国语大学
17	北京农业职业学院北校区	35	首都经济贸易大学红庙校区	53	北京舞蹈学院
18	北京师范大学	36	首都经济贸易大学（本部）	54	—

表 9-2 北京城区中学样点选取名录

序号	中学名称	序号	中学名称	序号	中学名称
1	北京市八一中学	16	北京市第三中学（富国街）	31	北京市大兴区兴华中学
2	北京理工大学附属中学	17	通州区第四中学	32	北京市大兴区第七中学
3	中央民族大学附属中学	18	北京市第四中学	33	北京市大兴区第一中学
4	中国人民大学附属中学	19	北京市第一中学	34	北京市航天中学
5	北京市中关村中学	20	北京市第二十一中学	35	通州区次渠中学
6	清华大学附属中学永丰学校	21	北京市第二十五中学（近景山校区）	36	通州区运河中学
7	北京市太平桥中学	22	北京市第一零九中学	37	通州区玉桥中学
8	北京师范大学附属丽泽中学（南校区）	23	东方德才学校	38	北京市育才学校通州分校
9	首都师范大学附属云岗中学	24	北京市广渠门中学	39	北京什刹海体育运动学校
10	北京市第十中学高中部）	25	北京市垂杨柳中学	40	大望路中学
11	北京市第三十五中学高中部	26	北京市第七十一中学	41	北京市华侨城黄冈中学
12	北京市第三十五中学初中部	27	北京市八里庄第三中学	42	北京市国子监中学
13	北京市第八中学（百万庄校区）	28	北京市民族学校	43	北京市一零一中学
14	北京市第四十一中学	29	北京景山学校远洋分校	44	北京中医学院附属中学
15	北京市第三十九中学	30	良乡第四中学	45	北京外国语大学附属中学

表 9-3 北京城区小学样点选取名录

序号	小学名称	序号	小学名称	序号	小学名称
1	中国人民大学附属小学（银燕校区）	17	宏庙小学	33	崇文小学
2	中国人民大学附属小学	18	黑芝麻胡同小学	34	北京印刷学院附属小学
3	中关村第一小学	19	黑古台民族小学	35	北京小学大兴分校
4	中关村第三小学（北校区）	20	海淀区永泰小学	36	北京小学
5	中关村第二小学	21	海淀区实验小学（苏州街校区）	37	北京市一零一实验小学
6	枣园小学	22	海淀区七一小学	38	北京市海淀区培英小学

序号	小学名称	序号	小学名称	序号	小学名称
7	育民小学（真武庙头条）	23	高家园小学	39	北京市海淀区第四实验小学
8	羊坊店第五小学	24	丰台区南苑第一小学	40	北京市朝阳区十八里店小学
9	西苑小学	25	房山区良乡中心校太平庄完全小学	41	北京石油学院附属小学
10	通州玉桥小学	26	芳草地国际学校世纪小学	42	北京师范大学实验小学
11	首都师范大学附属朝阳实验小学	27	东铁匠营第一小学	43	北京柳荫街小学
12	首都经济贸易大学附属小学	28	东城区汇文实验小学朝阳学校	44	北京景泰小学
13	史家小学低年级部	29	大兴区第五小学	45	北京第一师范学校附属小学
14	清华大学附属小学	30	大兴区第十小学	46	北京大学附属小学
15	康乐园小学	31	大兴区第九小学	47	半壁店小学
16	黄城根小学	32	垂杨柳第四小学	48	—

9.2 研究结果

9.2.1 林木树冠覆盖

9.2.1.1 总体特征

北京市六环外 1 km 以内共有公办学校 984 所（含大学 179 所、中学 327 所、小学 478 所），校园整体 EUTC（现实树冠覆盖率，见第 2 章）为 27.62%，PUTC（潜在树冠覆盖率，见第 2 章）为 2.93%，若将潜在林木树冠覆盖区域全部用于绿化，理论上北京城区校园的最大树冠覆盖率能够达到 30.55%，依然低于北京城区整体树冠覆盖水平 39.53%（宋宜昊，2016）。从校园整体在各林木树冠覆盖等级的分布来看（表 9-4），大部分学校处于中、低两个覆盖度等级，总体数量占比达到了 70.93%；处于极低覆盖度、高覆盖度和极高覆盖度等级的校园数量占比分别为 1.93%、18.39%、8.74%。

表 9-4　校园林木树冠覆盖等级统计

等级	极低覆盖度	低覆盖度	中覆盖度	高覆盖度	极高覆盖度
覆盖范围/%	<1.50	1.50~12.00	12.00~22.50	22.50~33.00	>33.00
数量总计/个	19.00	339.00	359.00	181.00	86.00
数量占比/%	1.93	34.45	36.48	18.39	8.74

9.2.1.2　不同级别校园 UTC 特征

不同级别校园 EUTC 表现为：大学（31.91%）＞小学（17.08%）＞中学（16.52%），PUTC 表现为：大学（3.87%）＞中学（0.62%）＞小学（0.42%）。大学 EUTC 和 PUTC值相对较高，中学和小学的 EUTC 值差别不大，且 PUTC 值均极小，这与实地调研结果相一致——中学与小学整体校园面积较小，且学生活动空间如操场以及道路通行空间等不透水地表占据了校园大部分面积，现有绿化空间不足，且潜在可利用的绿化空间又微乎其微。

从各级别学校在不同林木树冠覆盖度等级的分布来看（图 9-2），大学校园林木树冠覆盖主要集中在中覆盖度和高覆盖度两个等级，数量占比达到 60.89%，绿化水平较好的即处于极高覆盖度等级的大学学校数量占比为 24.58%，没有学校处于极低覆盖度等级；中学和小学林木树冠覆盖均以低覆盖度和中覆盖度为主，二者数量占比之和分别达到了 82.88%、73.22%，分布在极低覆盖度等级上的小学学校数量（2.93%）高于中学学校数量（1.53%）。

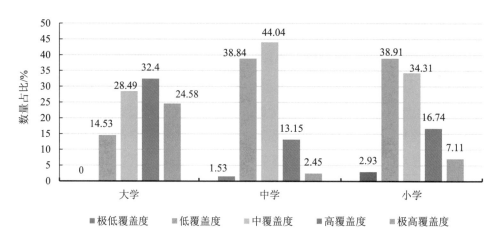

图 9-2　不同类别校园林木树冠覆盖等级分布

9.2.1.3　不同环路及行政区间校园 UTC 特征

二环内、二至三环、三至四环、四至五环、五至六环外 1 km 分布的学校数量分别为 149 个、188 个、142 个、173 个、332 个，共计 984 个。EUTC 变化表现为（图 9-3）：四至五环（30.42%）＞五至六环外 1 km（29.46%）＞三至四环（25.52%）＞二至三环（23.62%）＞二环内（18.67%），基本随环路向外扩张呈逐渐升高的变化趋势，五至六环外 1 km 相比四至五环有所下降；PUTC 变化表现为五至六环外 1 km（4.81%）＞三至四环（3.42%）＞二至三环（1.05%）＞四至五环（0.77%）＞二环内（0.25%），各环路 PUTC 均较低，其中五至六环外 1 km 与三至四环相对高于其他环路。

本次研究范围涉及的较完整的行政区共有东城区、西城区、朝阳区、石景山区、丰台区和海淀区 6 个，分布的医院数量分别为 100 个、130 个、241 个、50 个、98 个、208 个。6 个行政区间 EUTC 呈现为海淀区（30.04%）＞朝阳区（25.03%）＞石景山区（23.18%）＞丰台区（21.65%）＞西城区（21.21%）＞东城区（12.92%）。PUTC 呈现为丰台区（2.75%）＞朝阳区（2.05%）＞石景山区（1.66%）＞海淀区（0.94%）＞西城区（0.74%）＞东城区（0.01%）（图 9-3）。

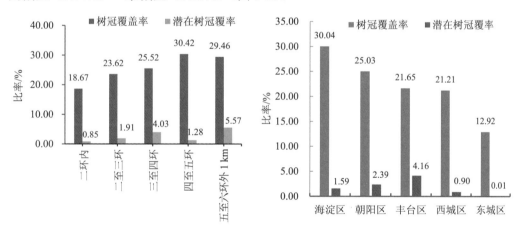

图 9-3　不同环路和行政区学校树冠覆盖与潜在树冠覆盖统计

9.2.2　校园森林结构

9.2.2.1　物种组成

（1）科、属、种组成特征。本次调研共记录到植物 125 种，分属于 44 科 85 属。其中裸子植物 6 科 10 属 17 种，被子植物 38 科 75 属 108 种；乔木 78 种，灌木 47 种。

从物种来源分析，在 125 种植物中，乡土树种 99 种，占总数的 79.20%，引进种 26 种，占总数的 20.80%。总体来看，北京城区校园植物种类构成以乡土树种为主。从植物生活型分析，北京各城区校园含有落叶树种 102 种，常绿树种 23 种，阔叶树种 109 种，针叶树种 16 种，落叶阔叶林是学校的主要植被类型。

大学共记录到植物 118 种，分属于 44 科 85 属，其中乡土树种 95 种，占比 80.51%，整体常绿落叶树种种类比例为 1：4.13，针阔树种种类比例为 1：6.87。应用种较多的科主要有蔷薇科（Rosaceae）（21 种）、木樨科（Oleaceae）（10 种）、豆科（Leguminosae）（9 种）、松科（Pinaceae）（7 种）、柏科（Cupressaceae）（5 种）和杨柳科（Salicaceae）（5 种）；中学共记录到植物 65 种，分属于 28 科 48 属，其中乡土树种 54 种，占比 83.08%，整体常绿落叶树种种类比为 1：4.42，针阔树种种类比例为 1：5.50。应用种达到 5 种及以上的科主要有蔷薇科（13 种）、松科（5 种）和杨柳科（5 种）；小学共记录到植物 55 种，分属于 29 科 41 属，其中乡土树种有 48 种，占比为 87.27%。整体常绿落叶树种种类比例为 1：5.11，针阔树种种类比例为 1：5.85。应用种达到 5 种及以上的科主要为蔷薇科（11 种）、松科（8 种）、柏科（8 种）、杨柳科（8 种）、豆科（6 种）和槭树科（Aceraceae）（6 种）。

在二环、二至三环、三至四环、四至五环、五至六环外 1 km 区域分别调查到学校数量为 21 个、23 个、35 个、32 个、38 个，分别记录到植物 48 种、67 种、80 种、89 种、87 种。基本呈现出随环路逐渐扩张，植物种类越来越丰富的变化规律（表 9-5）。

表 9-5　各环路校园城市森林群落植物组成

环路	乔木数量占比/%	灌木数量占比/%	阔叶树占比/%	落叶树占比/%	科	属	种
二环	86.75	13.25	89.07	86.42	27	41	48
二至三环	81.21	18.79	80.77	76.04	30	47	67
三至四环	82.31	17.69	85.89	83.35	34	57	80
四至五环	77.34	22.66	83.37	79.83	36	66	89
五至六环外 1 km	84.5	15.5	86.47	85.4	32	54	87

各环路校园城市森林建设均以乔木树种为主，乔灌比随环路变化规律呈"W"型（图 9-4），具体表现为：二环（6.55）＞五至六环外 1 km（5.45）＞三至四环（4.65）＞二至三环（4.32）＞四至五环（3.41）；常绿落叶比与针阔比随环路变化规律一致，基本呈"M"型，常绿落叶比具体表现为：二至三环（0.32）＞四至五环（0.25）＞三至四

环（0.20）＞五至六环外 1 km（0.18）＞二环（0.16）；针阔比表现为二至三环（0.24）＞四至五环（0.20）＞三至四环（0.16）＞五至六环外 1 km（0.15）＞二环（0.12），针阔比较常绿落叶比变化稍平缓。

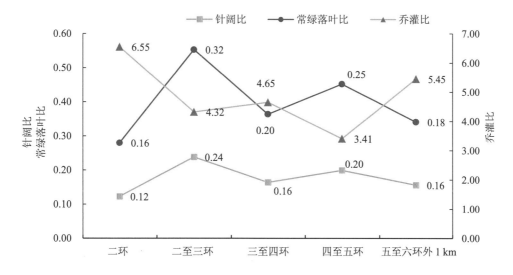

图 9-4　各环路校园城市森林群落调查结果

　　乔灌混交林是为增加城市植物群落观赏效果而形成的配置模式。科学的乔灌比、常绿落叶比、针阔比构建的乔灌混交群落不仅能够营造独具特色的城市景观，还能够使群落生态效益得到最大化发挥，但对于科学的乔灌比、常绿落叶比以及针阔比的界定，不同的研究学者因研究对象和评判标准的差异较大，目前相关的评判标准有：①最大化的生态效益——乔木本身的生态效益要高于灌木，但是单纯的乔木纯林与乔灌混交林相比生物多样性差，抵御有害生物的能力较差，群落稳定性不高，不利于群落的动态发展，合理的乔灌比能使群落更稳定从而发挥更大的生态效益；②景观效果——乔木营造的景观效果较单一，灌木物种丰富，不同的乔灌混交比例可营造丰富的景观效果；③人群偏好——景观服务的特定人群对乔灌比有特定的偏好；④空间营造——乔木营造的是郁闭、舒适、安全的林下空间、灌木可提供观赏性较强的开场空间，空间营造目的不同，乔灌比不同（张小卫等，2010；杨鑫霞等，2012；何兴元等，2003）。对常绿落叶比的解释较多的集中在季相景观的营造来丰富人们的视觉体验，还有考虑到冬季防风固沙能力的需求适当增加常绿树种比例，不同地域因为常绿树种的养护成本也会影响常绿落叶比例的确定（胡洁等，2006）。对针阔比的解释除从景观营造角度之外，较多的文献研究是从其对土壤的影响方面解释：针阔比与土壤养分显著相关，纯针叶树种会导致土壤酸化，微生物活力降低，不利于枯落物和腐殖质的分解和转化,林分养分还原力弱,不能很好保持和积累养分,阔叶树种会使土壤 pH 升高,合理的针阔混交比例可以为林地提供多样的枯落物,为微生物提供多样的生态位,从而有更高的分解速率,使土壤养分更高,还有从生物多样性保护能力最大化以及林分经济效益方面可对乔灌比做出界定(贺燕等,2015;李菁等,2012)。

从环路乔灌比变化来看,二至五环基本呈现逐渐下降的变化规律,灌木树种应用越来越多,说明随环路扩张校园绿化景观性更强,树种选择也更加多样化,五至六环外 1 km 乔灌比又有所上升是因为此区域分布着大量的高校新校区,如首都师范大学良乡校区、北京中医药大学良乡校区、北京邮电大学宏福校区等校园绿化只做了前期,还未全部完成,只栽植了乔木大苗,因此对整体乔灌比有所影响。常绿落叶比与针阔比均基本呈现随环路扩张而逐渐升高的变化趋势,这与北京城市化程度有直接的联系,北京市公园环的建设以及对生物多样性保护重视程度的提高,均是物种多样性不断提高的驱动原因。二至三环与四至五环有所起伏,是因为此两条环路调查的大学数量较多所造成。不得不说这种沿环路所呈现出的变化规律是多因素造成的,本研究只从生物多样性的角度进行了解释,有待后续进一步开展更深入的研究。

(2)树种应用频度。学校整体乔木树种应用频率较高的树种主要集中在松科、柏科、杨柳科、银杏科(*Ginkgoaceae*)、豆科、悬铃木科(*Platanaceae*)、蔷薇科,应用频率最高的前 15 位树种依次为圆柏(*Sabina chinensis*)(27.21%)、银杏(*Ginkgo biloba*)(22.45%)、国槐(*Sophora japonica*)(21.77%)、悬铃木(*Platanus acerifolia*)(20.75%)、紫玉兰(*Magnolia liliflora*)(20.41%)、紫叶李(*Prunus cerasifera* f. *atropurpurea*)(20.07%)、碧桃(*Amygdalus persica* var. *persica* f. *duplex*)(19.73%)、雪松(*Cedrus deodara*)(19.39%)、毛白杨(*Populus tomentosa*)(19.39%)、西府海棠(*Malus* × *micromalus*)(18.37%)、油松(*Pinus tabuliformis*)(15.65%)、龙爪槐(*Sophora japonica* var. *japonica* f. *pendula*)(12.24%)、白皮松(*Pinus bungeana*)(10.20%)、紫薇(*Lagerstroemia indica*)(9.52%)、旱柳(*Salix matsudana*)(8.84%);灌木树种应用频率较高的树种主要集中在卫矛科(*Celastraceae*)、黄杨科(*buxaceae*)、木樨科、蔷薇科和忍冬科(*Caprifoliaceae*),应用频率最高的前 10 位灌木树种依次为:大叶黄杨(*Buxus megistophylla*)(22.79%)、小叶黄杨(*Buxus sinica* subsp. *sinica* var. *parvifolia*)(11.90%)、紫丁香(*Syringa oblata*)(10.88%)、榆叶梅(*Amygdalus triloba*)(10.20%)、金银木(*Lonicera maackii*)(9.52%)、连翘(*Forsythia suspensa*)(7.48%)、木槿(*Hibiscus syriacus*)(6.08%)、石榴(*Punica granatum*)(5.78%)、紫叶小檗(*Berberis thunbergii*)(5.78%)、紫荆(*Cercis chinensis*)(4.76%)。

大学应用频度最高的乔木树种为圆柏(30.69%),中学和小学应用频度最高的乔木树种均为国槐（32.73%、32%）；大学、中学、小学应用频率最高的前 15 种乔木树种表现出了较高的相似性，在三类学校中均出现的树种有：紫玉兰、银杏、碧桃、紫叶李、悬铃木、雪松，在两类学校中出现的树种有：油松、紫薇、旱柳、柿树，只在小学出现的树种有刺槐（*Robinia pseudoacacia*）和加杨（*Populus × canadensis*）（表 9-6）。大学、中学、小学应用频率排位前 10 的灌木树种也表现出了较高的相似性（表 9-7），在三类学校中均出现的树种有：大叶黄杨、紫丁香、金银木、小叶黄杨、榆叶梅、木槿、石榴，在两类学校中出现的树种有：连翘、紫荆，只在一类学校中出现的树种有紫叶小檗、黄刺玫（*Rosa xanthina*）、绣线菊（*Spiraea salicifolia*）和铺地柏（*Sabina procumbens*）。

表 9-6　不同级别校园乔木应用频度前 15 名树种　　　　　单位：%

序号	大学		中学		小学	
	树种	频度	树种	频度	树种	频度
1	圆柏	30.69	国槐	32.73	国槐	32
2	紫玉兰	23.81	银杏	30.91	毛白杨	30
3	银杏	20.63	毛白杨	27.27	悬铃木	28
4	碧桃	20.63	西府海棠	27.27	紫玉兰	26
5	紫叶李	19.58	雪松	25.45	银杏	20
6	悬铃木	19.05	圆柏	23.64	紫叶李	20
7	雪松	18.52	紫玉兰	23.64	碧桃	18
8	油松	16.93	紫叶李	21.82	圆柏	18
9	国槐	15.87	悬铃木	20.00	雪松	16
10	毛白杨	14.29	碧桃	18.18	西府海棠	14
11	龙爪槐	12.17	油松	18.18	白皮松	12
12	紫薇	11.64	龙爪槐	16.36	刺槐	10
13	白皮松	11.64	柿树	14.55	柿树	10
14	西府海棠	10.58	旱柳	12.73	加杨	—
15	旱柳	8.99	紫薇	9.09	龙爪槐	—

表 9-7　不同级别校园灌木应用频度前 10 名树种　　　　　单位：%

序号	大学		中学		小学	
	树种	频度	树种	频度	树种	频度
1	大叶黄杨	24.87	榆叶梅	14.55	大叶黄杨	28
2	紫丁香	13.76	大叶黄杨	10.91	紫叶小檗	26
3	金银木	12.17	石榴	10.91	小叶黄杨	24
4	连翘	11.11	木槿	7.27	榆叶梅	8
5	小叶黄杨	11.11	金银木	7.27	石榴	4
6	榆叶梅	9.52	紫丁香	7.27	紫丁香	4
7	木槿	7.94	小叶黄杨	3.64	黄刺玫	2
8	月季	6.35	紫荆	3.64	金银木	2
9	紫荆	4.76	连翘	1.82	木槿	2
10	石榴	4.76	铺地柏	1.82	绣线菊	2

　　从各环路应用频度排名前 15 的乔木树种比较来看（表 9-8），各环路共有的乔木树种有白蜡（*Fraxinus chinensis*）、碧桃、侧柏、垂柳、国槐、龙爪槐、栾树（*Koelreuteria paniculata*）、毛白杨、泡桐（*Paulownia*）、青杆（*Picea wilsonii*）、元宝枫（*Acer truncatum*）、西府海棠、银杏、樱花（*Cerasus yedoensis*）、油松、圆柏、紫薇、紫叶李、白皮松、白玉兰（*Magnolia denudata*）、刺槐、杜仲（*Eucommia ulmoides*）、鹅掌楸（*Liriodendron chinensis*）、香椿（*Toona sinensis*）、悬铃木、雪松、紫玉兰，可以称为北京校园绿化的骨干树种，其中乡土树种占比达到了 88.9%。各环路特有的树种代表了本环路的特色：二环特有的乔木树种有黄连木（*Pistacia chinensis*）、山楂（*Crataegus pinnatifida*）、梧桐（*Firmiana platanifolia*）、文冠果（*Xanthoceras sorbifolia*），其中黄连木、山楂和梧桐均为乡土树种中较为有特色的树种，文冠果为较为珍贵的树种，说明二环内在绿化树种选择上更倾向于特色树种以及珍贵树种；二至三环特有的有白杆（*Picea meyeri* Rehd. et Wils.）、大叶冬青（*Ilex latifolia*）、二乔玉兰（*Magnolia×soulangeana*），没有表现出很显著的特色；三至四环特有的树种有黄栌、梨树（*Pyrus ussuriensis*）、山茱萸（*Cornus officinalis*）、洋白蜡（*Fraxinus pennsylvanica*）、榆树（*Ulmus pumila*）、楸树（*Catalpa bungei*）、糖槭（*Acer negundo*），观赏性较强的秋叶树种开始被广泛应用；四至五环特有的树种有柽柳（*Tamarix chinensis*）、山桃（*Amygdalus davidiana*）、桂花

（*Osmanthus fragrans*）、红豆杉（*Taxus chinensis*）、马尾松（*Pinus massoniana*），抗性较强的树种居多；五至六环外 1 km 特有的树种有合欢、馒头柳、丝棉木、毛梾木、小叶杨、紫叶矮樱，均为抗性较强较易成活且比较速生、观赏性也较好的树种，说明越到外环对树种的选择上有了更综合的考量。

表 9-8　各环路校园绿地乔木频度前 15 名树种　　　单位：%

序号	二环		二至三环		三至四环		四至五环		五至六环外 1 km	
	树种	频度	树种	频度	树种	频度	树种	频度	树种	频度
1	国槐	11.45	圆柏	10.22	银杏	8.15	毛白杨	7.51	悬铃木	16.50
2	樱花	9.16	银杏	6.98	悬铃木	7.70	圆柏	7.03	圆柏	7.70
3	西府海棠	7.25	毛白杨	6.81	碧桃	6.81	国槐	5.84	银杏	7.33
4	毛白杨	6.87	国槐	5.62	圆柏	6.25	紫叶李	5.72	碧桃	6.48
5	白玉兰	6.49	紫玉兰	5.62	紫玉兰	6.14	银杏	5.60	国槐	6.11
6	龙爪槐	6.11	龙爪槐	5.28	毛白杨	5.92	碧桃	4.53	西府海棠	4.52
7	柿树	4.96	紫叶李	4.77	国槐	5.25	油松	4.29	紫玉兰	4.40
8	梧桐	4.20	白皮松	4.26	雪松	4.80	悬铃木	4.17	旱柳	2.93
9	银杏	4.20	碧桃	3.41	紫叶李	4.35	龙爪槐	3.93	白蜡	2.81
10	油松	3.82	西府海棠	3.41	龙爪槐	3.68	西府海棠	3.93	毛白杨	2.69
11	紫玉兰	3.82	元宝枫	3.41	西府海棠	3.01	紫玉兰	3.58	紫叶李	2.69
12	紫薇	3.05	油松	3.24	刺槐	2.90	雪松	2.86	栾树	2.44
13	紫叶李	3.05	紫薇	3.07	紫薇	2.46	旱柳	2.50	油松	2.44
14	元宝枫	3.05	悬铃木	2.73	白蜡	2.23	枣树	2.50	七叶树	2.20
15	碧桃	2.67	海棠	2.21	加杨	1.79	紫薇	2.50	雪松	2.20

从各环路应用频度排名前 10 的灌木树种来看（表 9-9），各环路共有的灌木树种有大叶黄杨、小叶黄杨、金银木、连翘、石榴、迎春、榆叶梅、紫丁香、紫叶小檗，均为乡土树种。其中二环特有的有醉鱼草（*Buddleja lindleyana*），此灌木树种耐寒耐冷，花紫色而芬芳，实地调查中也发现其生长状况良好，有待进一步推广；二至三环特有的灌木树种有扶芳藤（*Euonymus fortunei*）、红瑞木（*Swida alba*）、雀舌黄杨（*Buxus bodinieri*），观赏效果较好；三至四环特有的灌木树种为花椒（*Zanthoxylum bungeanum*）；

四至五环特有的灌木树种为粗榧（*Cephalotaxus sinensis*）、大花溲疏（*Deutzia grandiflora*）、接骨木（*Sambucus williamsii*）、平枝枸子（*Cotoneaster horizontalis*）、山梅花（*Philadelphus incanus*）、十大功劳（*Mahonia fortunei*）、鼠李（*Rhamnus davurica*）、蝟实（*Kolkwitzia amabilis*）、小叶女贞、绣线菊、枳树（*Poncirus trifoliata*）、枣树（*Ziziphus jujuba*）；五至六环特有的灌木有红瑞木、树锦鸡儿（*Caragana arborescens*）、贴梗海棠（*Chaenomeles speciosa*），树种应用越来越丰富。

表 9-9　各环路校园绿地灌木频度前 10 名树种　　　　　　单位：%

序号	二环		二至三环		三至四环		四至五环		五至六环外 1 km	
	树种	频度	树种	频度	树种	频度	树种	频度	树种	频度
1	大叶黄杨	36.63	小叶黄杨	20.45	大叶黄杨	18.20	大叶黄杨	18.95	大叶黄杨	24.46
2	紫丁香	8.91	大叶黄杨	19.81	小叶黄杨	14.46	小叶黄杨	11.19	牡丹	6.73
3	小叶黄杨	8.91	紫丁香	9.74	榆叶梅	8.23	紫丁香	8.68	小叶黄杨	6.42
4	榆叶梅	7.92	连翘	7.14	连翘	7.98	金银木	8.22	紫丁香	6.12
5	金银木	6.93	月季	5.52	紫叶小檗	6.73	紫叶小檗	7.08	榆叶梅	5.81
6	铺地柏	6.93	紫叶小檗	5.19	木槿	6.48	木槿	5.71	月季	5.81
7	连翘	6.93	石榴	4.87	金银木	4.99	榆叶梅	4.79	连翘	4.89
8	紫叶小檗	6.93	榆叶梅	4.55	紫丁香	4.49	连翘	4.34	棣棠花	4.28
9	石榴	4.95	迎春	3.57	锦带花	3.99	紫荆	3.42	小叶黄杨	6.25
10	醉鱼草	3.96	木槿	3.57	腊梅	3.74	平枝枸子	2.97	水蜡	1.56

（3）乔木层树种重要值。校园森林乔木层树种重要值排位前 20 的树种有：悬铃木、毛白杨、国槐、圆柏、银杏、紫玉兰、雪松、碧桃、紫叶李、西府海棠、油松、旱柳、龙爪槐、加杨、白蜡、白皮松、刺槐、元宝枫、栾树、泡桐，其中乡土树种占比达到 80%，外来树种悬铃木、紫叶李、雪松、加杨已经在本地得到了很好的适应，重要值较高，成为城区绿化骨干树种的一部分。在重要值排位前 20 的树种中针叶树种只有 4 种，分别为圆柏、雪松、油松、白皮松，占比相对较少（表 9-10）。

各环路重要值排位前 15 的树种具有高度的相似性，其中各环路均有的树种有：国槐、毛白杨、悬铃木、雪松、银杏、油松、紫玉兰、龙爪槐，二环特有的有白玉兰、侧柏、柿树、梧桐、樱花；二至三环特有的有白皮松、核桃（*Carya cathayensis*）；三至四环特有的为刺槐，四至五环特有的为枣树，五至六环外 1 km 环没有特有的树种，基本呈现随环路逐渐向外扩张各环路重要值排名靠前的绿化树种呈现出逐渐趋于大众化的特点（表 9-11）。

表 9-10 学校绿地乔木层主要树种重要值

序号	树种	重要值/%	是否为乡土树种	序号	树种	重要值/%	是否为乡土树种
1	悬铃木	10.13	否	11	油松	2.52	是
2	毛白杨	8.87	是	12	旱柳	2.27	是
3	国槐	7.41	是	13	龙爪槐	2.21	是
4	圆柏	6.67	是	14	加杨	2.00	否
5	银杏	6.52	是	15	白蜡	1.99	是
6	紫玉兰	4.02	是	16	白皮松	1.86	是
7	雪松	3.93	否	17	刺槐	1.84	是
8	碧桃	3.51	是	18	元宝枫	1.79	是
9	紫叶李	3.44	否	19	栾树	1.61	是
10	西府海棠	2.76	是	20	泡桐	1.59	是

表 9-11 各环路校园绿地乔木重要值前 15 名树种 单位：%

序号	二环		二至三环		三至四环		四至五环		五至六环外 1 km	
	树种	重要值/%	树种	重要值/%	树种	重要值/%	树种	重要值/%	树种	重要值/%
1	国槐	21.64	毛白杨	12.73	毛白杨	9.72	毛白杨	12.39	悬铃木	24.23
2	毛白杨	12.71	圆柏	8.54	悬铃木	9.41	悬铃木	8.29	银杏	6.60
3	银杏	5.71	国槐	6.45	雪松	8.46	国槐	8.03	国槐	5.95
4	白玉兰	5.28	银杏	6.18	银杏	6.52	圆柏	5.30	圆柏	5.95
5	樱花	4.73	雪松	4.41	国槐	6.41	银杏	4.98	毛白杨	5.48
6	西府海棠	4.47	紫叶李	4.13	紫玉兰	5.76	泡桐	4.78	旱柳	4.09
7	柿树	4.05	紫玉兰	4.10	加杨	5.36	雪松	3.87	毛泡桐	3.79
8	油松	3.46	白皮松	3.99	圆柏	4.86	紫叶李	3.69	碧桃	3.50
9	龙爪槐	3.15	悬铃木	3.53	刺槐	3.93	旱柳	3.60	紫玉兰	3.17
10	紫玉兰	3.10	元宝枫	3.42	碧桃	3.84	油松	3.34	西府海棠	3.13

序号	二环		二至三环		三至四环		四至五环		五至六环外 1 km	
	树种	重要值/%	树种	重要值/%	树种	重要值/%	树种	重要值/%	树种	重要值/%
11	梧桐	3.10	泡桐	2.89	紫叶李	2.70	加杨	3.22	白蜡	2.95
12	悬铃木	2.65	核桃	2.87	白蜡	2.28	枣树	2.74	雪松	2.54
13	元宝枫	2.62	龙爪槐	2.85	旱柳	2.09	碧桃	2.41	加杨	2.06
14	侧柏	2.29	油松	2.51	毛泡桐	1.97	西府海棠	2.32	栾树	2.03
15	雪松	2.22	刺槐	2.50	龙爪槐	1.90	栾树	2.22	油松	1.82

（4）物种多样性。校园绿地多样性指数调查结果见表 9-12。学校整体物种丰富度指数（R）、Shannon-Wiener 指数（H）、Pielou 指数（J）平均值分别为 6.30%、1.55%、0.91%。物种丰富度和均匀度整体均较高。从大学、中学、小学的三项指标数值对比来看，丰富度指数（R）和 Shannon-Wiener 指数（H）均表现为大学最高，其次为中学、小学。但从 Pielou 指数（J）来看，小学最高，其次为大学、中学。中学和小学不仅物种丰富度低且变差系数大，这说明中小学校园绿化水平参差不齐，中学 Pielou 指数（J）变差系数达到了 0.2，校园整体物种均匀度最差。

表 9-12　校园森林群落各项多样性指数

多样性指数	丰富度指数 R		Shannon-Wiener 指数 H		Pielou 指数 J	
	平均值/%	变差系数	平均值/%	变差系数	平均值/%	变差系数
大学	8.90	0.35	1.93	0.22	0.91	0.04
中学	6.70	0.49	1.59	0.33	0.87	0.20
小学	6.10	0.54	1.52	0.35	0.92	0.09
全部学校	6.30	0.53	1.55	0.35	0.91	0.11

不同环路物种丰富度指数（R）呈现：四至五环（6.98）＞五至六环外 1 km（6.06）＞二至三环（6.16）＞三至四环（6.04）＞二环（5.93）；Shannon-Wiener 指数呈现：四至五环（1.67）＞五至六环 1 km（1.57）＞二至三环（1.53）＞三至四环（1.49）＞二环（1.45）；Pielou 指数呈现四至五环（0.94）＞五至六环 1 km（0.93）＞二至三环（0.92）＞三至四环（0.89）＞二环（0.83）；综合来看，物种多样性和均匀度均表现为四至五环＞五至六环 1 km＞二至三环＞三至四环＞二环。基本呈现出物种丰富度随环路向外扩张而

逐渐升高的变化趋势，四至五环为最高值（表 9-13）。

表 9-13　不同环路城市森林群落各项多样性指数

环路	丰富度指数 R		Shannon-Wiene 指数 H		Pielou 指数 J	
	平均值/%	变差系数	平均值/%	变差系数	平均值/%	变差系数
二环	5.93	0.38	1.45	0.38	0.83	0.19
二至三环	6.16	0.52	1.53	0.34	0.92	0.10
三至四环	6.04	0.54	1.49	0.38	0.89	0.16
四至五环	6.98	0.54	1.67	0.35	0.94	0.04
五至六环外 1 km	6.06	0.57	1.57	0.31	0.93	0.05

9.2.2.2　城市森林密度

如表 9-14 所示，北京城区校园城市森林的平均密度为 412 株/hm^2，平均胸高断面积为 25.41 m^2/hm^2，从各环路校园城市森林密度来看，每公顷株数表现为四至五环（461.59 株/hm^2）＞三至四环（439.47 株/hm^2）＞二至三环（393.26 株/hm^2）＞五至六环外 1 km（374.37 株/hm^2）＞二环（340 株/hm^2）；每公顷胸高断面积表现为：三至四环（46.93 m^2/hm^2）＞四至五环（30.55 m^2/hm^2）＞二至三环（23.18 m^2/hm^2）＞五至六环外 1 km（22.27 m^2/hm^2）＞二环（12.78 m^2/hm^2），基本表现为：随着环路向外扩张，每公顷株数逐渐升高，在五至六环外 1 km 略有下降；每公顷胸高断面积则呈现出先升高后降低的变化趋势，在三至四环达到最大值（表 9-14）。

表 9-14　不同环路校园城市森林密度

环路	每公顷株数/（株/hm^2）	每公顷胸高断面积/（m^2/hm^2）
二环	340.00	12.78
二至三环	393.26	23.18
三至四环	439.47	46.93
四至五环	461.59	30.55
五至六环外 1 km	374.37	22.27
总计	412.00	25.41

9.2.2.3　径级结构、冠幅结构、树高结构

由图 9-5（a）、图 9-5（b）可知，在北京六环外 1 km 以内校园树木平均胸径为 23.74 cm，有 4.80%的树木胸径小于 10 cm，这些小径木主要由龙爪槐、鸡爪槭、紫薇、黄栌等组成；23.49%的树木胸径大于 30 cm，其中胸径大于 50 cm 的树种占到了 7.16%，属于大径级树种，主要树种组成有毛白杨、泡桐、悬铃木、雪松、国槐、加杨、刺槐、臭椿、紫玉兰、枣树、银杏、垂柳、丝棉木、栾树和白蜡，其中许多为二级古树，如雪松、国槐、枣树、银杏等。不同类别学校树木平均胸径表现为小学（25.59 cm）＞大学（23.56 cm）＞中学（23.20 cm），大学、中学和小学均表现出随着胸径等级的增大其数量分布呈现先升高后降低的变化趋势，三类学校树木数量均在 10～20 cm 胸径等级分布最多，在大于 50 cm 的大径级等级的数量分布中，小学高于大学和中学。

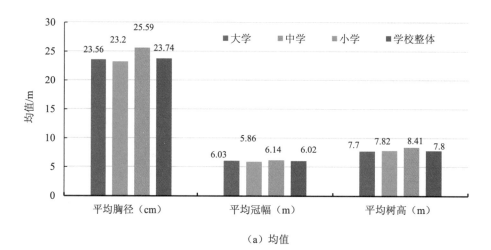

（a）均值

（b）胸径

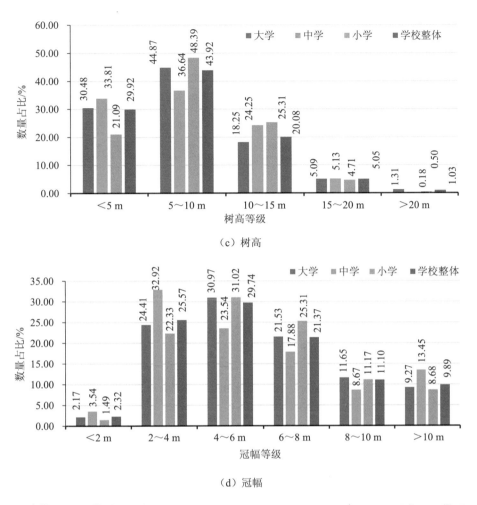

（c）树高

（d）冠幅

图 9-5　北京城区校园城市森林空间结构特征

校园整体树木平均高度为 7.80 m，其中小学树木的平均树高（8.41 m）＞中学
（7.82 cm）＞大学（7.70 cm）。分布在 5～10 m 等级的树木数量最多，达到了 43.92%。
高于 15 m 的树种占到 6.08%，主要有毛白杨、悬铃木、栾树、泡桐、圆柏、雪松、加
杨、国槐、白蜡、梧桐、梨树、水杉、鹅掌楸、垂柳、旱柳、紫玉兰、白皮松、核桃、
桑树、枣树、臭椿、银杏、刺槐、小叶杨。各类别学校平均树高表现为小学（8.41 m）
＞中学（7.82 cm）＞大学（7.70 cm），无论是大学、中学还是小学均表现出随着高度
等级的增大其数量分布先升高后降低的变化趋势，且三类学校树木数量均在 5～10 m
树高等级分布最多。在树高大于 20 m 等级的数量分布表现为大学高于中学和小学 [图
9-5（a）、图 9-5（c）]。

校园整体树木平均冠幅为 6.02 m，小冠幅（＜2 m）树种占比最少，只有 2.32%，

冠幅在 4～6 m 等级的树木数量最多，达到了 29.74%，冠幅大于 10 m 的树种占到 9.89%，组成树种中数量占比较高的主要有国槐、毛白杨、悬铃木、雪松、泡桐、加杨。各类别学校平均冠幅表现为小学（6.14 m）＞大学（6.03 m）＞中学（5.86 m），大学、中学和小学均表现出随着冠幅等级的增大数量分布呈现先升高后降低的变化趋势，其中大学和小学在 4～6 m 胸径等级数量分布最多，中学在 2～4 m 胸径等级分布数量最多，但中学在大冠幅（＞10 m）等级的数量分布百分比高于大学和小学见图 9-5（a）、图 9-5（d）。

9.2.3 大学新旧校区各项指标对比

在实际调研的大学中有 13 个学校涉及两个或者 3 个分校区。对各学校本部校区以及新校区的物种多样性指标以及城市森林结构指标进行统计和对比，其中涉及两个新校区的学校，采用将两个新校区各项指标数值取均值的处理方法来代表其新校区水平与本部校区进行对照（表 9-15）。

表 9-15　新旧校区各项指标比较

	R	H	J	每公顷株数/（株/hm²）	每公顷胸高断面积/（m²/hm²）	EUTC/%	PUTC/%
老校区	5.42	1.46	0.90	412.84	22.21	30.79	0.00
新校区	4.91	1.20	0.74	473.66	20.11	27.76	0.08
增（+）减（−）	−0.51	−0.26	−0.16	60.82	−2.10	−3.03	0.08

结果表明，物种多样性三项指标——物种丰富度指数（R）、Shannon-Wiener 指数（H）以及 Pielou 指数（J），新校区相比老校区均有所下降，减少量分别为 0.50、0.26 和 0.16；在城市森林密度方面，新校区每公顷株数增加了 60.82 株/hm²，每公顷胸高断面积下降了 2.10 m²/hm²；从 UTC 水平值来看，新校区 EUTC 值相比老校区下降了 3.03%，但 PUTC 增加了 0.08%。

9.3　讨论

9.3.1 林木树冠覆盖

林木树冠覆盖是衡量特定区域城市森林范围最简单、最直观的指标，是城市森林结构的最基础测度（贾宝全，2013），研究校园绿地城市森林林木树冠覆盖对于了解校园城市森林各项功能的发挥具有重要意义。国外学者对校园林木树冠覆盖的研究很多，其中包括对校园庇荫环境的评价（Moreno A et al.，2015），校园树冠覆盖对学生成绩的影响（Sivarajah S et al.，2018），校园林木树冠覆盖与学生恢复健康的关系（Qunyue Liu et al.，2018；Miisa Pietilä et al.，2015），校园林木树冠覆盖对学生抑郁、焦虑及压力患病率的影响（Beiter R et al.，2015），校园林木树冠覆盖恢复过程中的自然教育（Cole K et al.，2017）等。国内有关校园林木树冠覆盖的研究目前仍属空白。校园绿化建设是推进校园可持续发展的重要工作之一，在我国 2013 年正式发布的《绿色校园评价标准》中明确指出学校绿地率应高于国家及相关地区标准，不低于 35%，人均公共绿地面积不低于 2 m^2（胡楠等，2018），从前文对北京市六环外 1 km 范围内校园林木树冠覆盖率统计结果来看，校园整体 EUTC 为 27.62%，整体绿量有待进一步提升，尤其是中小学，EUTC 仅处在 16%～18%水平，绿量明显不足，相关研究也指出中小学校园室外环境现存的问题有很多，包括基址条件的限制、规划和设计中存在的问题、功能问题等（秦柯，2011），尤其是不合理的规划设计严重影响校园土地利用效率，针对此情况，各校园主体应当进一步优化本校园土地利用，使校园生态用地生态效益得到最大程度的发挥，同时要积极利用空闲地，对一些荒地、废弃地以及边角地进行改良并加以利用，充分利用校园土地开展校园绿地营造，是促进校园可持续发展的有效途径。

9.3.2　树种结构

据相关研究统计，北京城区大约有乔灌木树种共 233 种（孟雪松等，2004），本次学校共调研到植物 125 种，占比城区总树种的 53.65%。许多相关研究也指出，校园绿地物种多样性已经达到很高的水平，与公园一同构成城市的植物物种库，为城市物种多样性保护做出了重要的贡献（孟雪松等，2004；裴鑫，2016）。校园物种多样性较高与校园特殊的小气候有关，最主要的原因还是由于人为意识造成的，许多高校出于教学和科研的目的，进行引种栽培工作，极大地丰富了校园的物种多样性。此外，随着绿色校园，生态校园理念的传播，各学校开始加强对校园户外环境建设工作的重视，许多校园绿化部门都积极搜集植物来装点校园，也极大地促进了校园植物的丰富度。此外，虽然校园绿地养护管理仍然存在许多问题，但相比其他功能单元，整体处在比较高的水平，恰当地养护管理能够改善植物的生境，同时提高物种丰富度（费中平，2018）。从不同级别学校间物种丰富度指数对比来看，中小学明显偏低，近年来，虽然校园环境建设不断受到重视，但对中小学室外环境建设的认识还不够深刻和全面，目前我国绝大多数中小学校园建设还是停留在对师资和教学设备的投入，校园环境绿化建设还没有被摆到突出的位置，但其实中小学时期是人的身体和心智逐步走向成熟的过程中极为重要的阶段（崔易梦，2012），树木以及绿色的校园环境对中小学生自然观的形成，心理健康发育，感知力、想象力、创造力的激发和培养，甚至对学生的学习能力和学习成绩的影响是巨大的，中小学校园户外环境建设亟待加强（Wu J et al.，2017；Sivarajah S et al.，2018）。

9.3.3　校园自然教育功能的开发

近几年来，随着城市化进程的加快，越来越多的人群与自然产生断层，特别是当代的青少年学生群体，（汤广全，2017；陈健，2016；林巧霞等，2017；胡卉哲，2014）。城市森林作为城市地区最重要、最复杂和生物多样性最高的生态系统，是城市居民了解和接触自然的重要场所，承载着重要的自然教育功能，目前国内自然教育主要是依托各类城市公园、植物园等在学校外部来进行开展（李鑫等，2017），作为城市森林重要组成部分的校园城市森林，是学生日常生活最密切的场所，其自然教育功能的研究和开发却一直被忽视。我国在近现代教育探索中，加强教育与自然联系的实践探索从未停止过，"环境友好型校园""绿色校园""生态校园""低碳校园""可持续校园"等理念层出不穷，并在很大程度上推动了校园的绿色发展（顾建忠等，2009；姜其华等，2012；鲁敏等，2014）。许多学者的研究也表明校园环境已经十分接近森林的环境，而且其物种丰富度在不同用地类型单元中排位第二，仅次于公园（许克福等，2010）。

从本章对北京校园城市森林水平和北京其他用地类型单元城市森林水平的比较，尤其是与公园城市森林水平的比较来看：北京市六环外 1 km 以内各用地单元林木树冠覆盖率表现为：公园（81.46%）＞大学（31.91%）＞居住区（29.67%）＞单位（26.88%）＞小学（17.08%）＞中学（16.52%）（刘秀萍，2017），大学绿量是仅次于公园排位第二的用地类型单元，中、小学相对较差。从 UTC 斑块平均面积来看，公园（20 319.29 m²）＞大学（1 051.33 m²）＞居住区（833.81 m²），大学也仅次于公园，是斑块平均面积排位第二的用地类型单元，根据吴泽民的分类方法对斑块规模进行划分（小型斑块≤500 m²、500 m²＜中型斑块≤2 000 m²、2 000 m²＜大型斑块≤10 000 m²、10 000 m²＜特大型斑块≤50 000 m²、巨型斑块＞50 000 m²）（吴泽民等，2002），从大学内部林木树冠斑块在各斑块等级的数量分布与公园和居住区数量分布的比较来看（表 9-16），公园和大学大于 10 000 m² 的林木树冠斑块数量要明显高于居住区，且大学所拥有的 2 000～50 000 m² 的大斑块和特大林木树冠斑块数量与公园相差不大，在拥有的巨斑块数量上与公园还有一定的差距。总体来看，大学与公园在绿量上还有一定的差距，但它是除公园以外绿量最高、最适合开展自然教育的首选场地，而且根据 2016 年自然教育行业调查报告来看，自然教育机构主要的服务对象中青少年群体占比达到了 85%，在校园开展自然教育可以很好地运用学校的师资资源，学生对自然资源也触手可及，节约成本的同时也降低了学校的安全责任。

表 9-16　UTC 斑块规模数量分布比例　　　　　　　　单位：%

斑块规模名称	小型斑块	中型斑块	大型斑块	特大型斑块	巨型斑块
斑块规模范围/m²	≤500	500~2 000	2 000~10 000	10 000~50 000	≥50 000
公园	76.87	11.46	5.62	2.94	3.11
大学	77.76	15.11	5.52	1.40	0.21
居住区	74.99	17.53	6.14	1.25	0.10

除此之外，从前文分析结果来看，校园物种多样性高，根据 2007 年北京市古树调查数据，北京市六环外 1 km 共有古树 19 668 棵，其中有 278 棵古树分布在各大校园，丰富的物种组成和宝贵的古树资源成为各个校园中校园文化的重要组成部分，也为校园开展自然教育提供了重要的资源保障。

总之，自然教育长期囿于学校外部来开展难以为学校自然教育常态化实施提供资源保障，学校作为教育的主战场，应深度挖掘自身内部环境中自然资源的教育功能，才能取得有效保障和持久效果（刘静，2017；李箫童等，2014；维田青，2009）。大学校园应当进一步整合生态空间，提高林木树冠覆盖率，增加较大林木树冠斑块占比，同时不断丰富树种组成，加大对本地种植物的应用，使其能够更好地发挥自然教育的功能；中小学由于本身面积较小等制约因素，校园环境较差，一方面可以采用与大学形成长期合作机制联合开展环境教育，另一方面也要深度开发有限的校园空间，通过种植草花、摆放盆花等形式来提高校园物种丰富度，扩展校园生态空间，改善学生生活环境的同时培养学生对大自然的热爱。

9.3.4　新建校区发展趋势

伴随着全国高等教育扩招政策的出台与实施，高校新校区建设也已经纷纷展开，其中，绿化面积的扩展必然成为校园未来建设的发展趋势，如何建设一个环境优美、可持续发展、高效益、低养护成本的生态校园，十分值得深思（杨迪清，2016）。从前文的分析结果可以看出，新校区绿量没有明显的增加，整体物种多样性低，单一的树种结构会大大降低群落稳定性，还可能造成大量病虫害，进而增加养护管理难度及成本费用，不利于校园生态环境的长期稳定，也有其他研究学者指出了新建校区出现校园生态环境质量下降的表现（李青璇等，2018），新建校区整体绿化质量有待考究。笔者认为在新校园建设之初，首先就应当规范划定校园绿线，保证校园绿地面积（Aciksoz S et al.，2014），在此前提下，可以进一步均衡校园各绿地的性质和功能，形成以游憩观赏型绿地为基底，同时结合科教示范、自然教育型绿地的校园绿地建设体系，使校园绿地能够充分发挥其生态功能和自然教育功能（He J，2002；Jingtang H，2010；Orobchuk B，2003；Jorgensen H，2006）。此外，校园树种选择要注重对乡土树种的开发和利用，植物配置强调构建复层植物群落，保证植物种类的丰富和群落结构的稳定。北京是一个生态用地极度紧缺的城市，学校更是建设用地与生态用地极度矛盾的区域，可用于绿化的面积不断被压缩，要达到以较少的城市森林建设用地获得较高生态效益的目的，还要提高对枝繁叶茂的高生物量树种以及长寿命树种的应用，充分发挥其高生态效益的优势。

9.4 结论

9.4.1 林木树冠覆盖情况

北京市六环外 1 km 以内校园整体 EUTC 低于北京城区整体 EUTC 水平，但还有2.93%的提升潜力，且潜力区主要分布在大学，中小学 EUTC 及 PUTC 水平均较低的区域，需要寻求其他途径比如优化校园土地利用，改变绿化形式等来扩展校园生态空间。从学校整体 UTC 与 PUTC 水平随环路的变化趋势来看，均表现为外环高于内环，从各行政区来看，海淀区学校整体 UTC 水平最高，丰台区整体 PUTC 水平最高。

9.4.2 物种组成

校园森林群落整体以本地树种为主，且物种多样性较高，有利于校园森林群落的稳定发展，乔木中重要值较高的树种主要有悬铃木、毛白杨、圆柏、银杏、国槐和雪松；灌木中重要值较高的树种主要有大叶黄杨、小叶黄杨、榆叶梅、紫丁香、连翘和石榴；中小学相比大学校园物种多样性偏低，大学、中学、小学应用频率排位前 10 的树种表现出了较高的相似性，但整体景观树种在大学校园的重要值远高于中小学，抗性较强树种如国槐、毛白杨等在中小学绿化树种重要值中排位第一。

9.4.3　空间结构

北京城区学校森林平均胸径、冠幅、树高分别为 23.74 cm、6.02 m、7.80 m，其中胸径在 10～20 cm、冠幅在 4～6 m 以及树高在 5～10 m 等级的青、壮年树木数量占比最多，树冠自然扩展的潜力较强，是今后提高校园林木树冠覆盖的后备力量。

9.4.4　新旧校区对比

大学新建校区相比本部校区物种丰富度明显有所下降，不利于校园森林群落的长期稳定；新建校区 PUTC 值明显增加，校园绿化潜力相比老校区更大。

参考文献

[1] Aciksoz S，Bülent Cengiz，Bekci B，et al. The Planning and Management of Green Open Space System in University Campuses：Kutlubey-Yazıcılar Campus of Bartın University. Kastamonu Üniversitesi Orman Fakültesi Dergisi，2014.

[2] Beiter R，Nash R，Mccrady M，et al. The prevalence and correlates of depression，anxiety，and stress in a sample of college students. Journal of Affective Disorders，2015，173：90-96.

[3] Cole K，Bennington C . From the Ground Up：Natural History Education in an Urban Campus Restoration. Southeastern Naturalist，2017，16（sp10）：132-145.

[4] Jingtang H . Concept·Practice·Outlook——Contemporary Campus Planning and Design. Sciencepaper Online，2010.

[5] Jorgensen H . A Green Campus Culture in Wisconsin. Techniques Connecting Education & Careers，2006，81：23-25.

[6] He J. Several Trends in Campus Planning and Design. New Architecture，2002.Miisa Pietilä，Neuvonen M，Borodulin K，et al. Relationships between exposure to urban green spaces，physical activity and self-rated health. Journal of Outdoor Recreation & Tourism，2015，10：44-54.

[7] Moreno A，Tangenberg J，Hilton B N，et al. An Environmental Assessment of School Shade Tree Canopy and Implications for Sun Safety Policies：The Los Angeles Unified School District. ISPRS International Journal of Geo-Information，2015，4（2）：607-625.

[8] Orobchuk B . Inheriting Cultural Tradition and Fusing Emotion with Scenery——The Landscape Planning of the Green Area in the Xianlin Campus of Nanjing Chinese Traditional Medicine University. Journal of Chinese Landscape Architecture，2003：159-160.

[9]　Qunyue Liu，Yijun Zhang，Yiwei Lin，et al. The relationship between self-rated naturalness of university green space and students' restoration and health. Urban Forestry & Urban Greening，2018，34.

[10]　Sivarajah S，Smith S M，Thomas S C . Tree cover and species composition effects on academic performance of primary school students. Plos One，2018，13（2）：e0193254.

[11]　Wu J，Jackson L . Inverse relationship between urban green space and childhood autism in California elementary school districts. Environment International，2017，107：140.

[12]　毕凌岚. 生态城市物质空间系统结构模式研究. 重庆大学，2004.

[13]　陈健. 自然学校呼唤"自然教育". 教育，2016（41）：37-38

[14]　崔易梦. 小学校园室外环境安全性设计研究. 北京林业大学，2012.

[15]　费中平. 探讨校园绿化技术、养护措施和管理经验. 智库时代，2018（32）：192-193.

[16]　高智华，苑高兴. 廊坊高等院校校园植物配置调查与分析. 安徽农业科学，2006（19）：4928-4929，931.

[17]　顾建忠，王永刚，杨恺. 生态文明视野下的高校节约型校园建设. 改革与开放，2009（8）：157-158.

[18]　何兴元，胡志斌，金莹杉等.沈阳城市森林结构与生态效益. 中国城市林业，2003（3）：25-32.

[19]　黄德明. 校园绿地寓教特征及其探讨. 华中建筑，2016，34（7）：7-10.

[20]　胡卉哲. 自然教育，先做再说. 中国发展简报，2014，61（1）：28-33.

[21]　胡楠，王宇泓，李雄. 绿色校园视角下的校园绿地建设——以北京林业大学为例. 风景园林，2018，25（3）：25-31.

[22]　贾宝全，王成，邱尔发，等. 城市林木树冠覆盖研究进展. 生态学报，2013，33（1）：23-32.

[23]　姜其华，李清秀. 提倡节能环保 建设绿色校园. 科技信息，2012，（35）：797，851.

[24]　李青璇，丁山. 校园生态绿地景观调查——以南京林业大学为例. 绿色科技，2018（1）：145-149，154.

[25]　李小凤，王锦. 西南林学院校园园林植物群落结构分析——以教学区为例. 西南林学院学报，2007（3）：22-24，8.

[26]　李鑫，虞依娜. 国内外自然教育实践研究. 林业经济，2017，39（11）：12-18，23.

[27]　李箫童，魏智勇. 高校环境与可持续发展教育研究综述. 环境与可持续发展，2014，39（5）：110-114.

[28]　刘秀萍. 北京城区居住区和机关单位城市森林结构调查与树冠覆盖动态分析. 中国林业科学研究院，2017.

[29]　刘静. 自然教育理念背景下的小学校园软质景观设计研究. 成都：西南交通大学，2017.

[30]　林巧霞，洪志忠. 学校自然教育的营建：诉求、困境与出路. 福建教育，2017（26）：26-29.

[31]　鲁敏，杨盼盼，闫红梅，等. 高校生态校园植物配置概念设计——以山东建筑大学新校区为例. 山

东建筑大学学报，2014（1）：9-27.

[32] 孟雪松，欧阳志云，崔国发，等. 北京城市生态系统植物种类构成及其分布特征. 生态学报，2004（10）：2200-2206.

[33] 裴鑫. 浙江大学校园绿地乔木空间分布及多样性研究. 杭州：浙江大学，2016.

[34] 彭镇华. 中国城市森林. 北京：中国林业出版社，2003.

[35] 秦柯. 以北京市海淀区为例的当前我国中学室外环境设计研究. 北京林业大学，2011.

[36] 宋宜昊. 基于易康软件平台下的北京城区林木树冠覆盖解译与检验. 北京：中国林业科学研究院，2016.

[37] 宋荣兴. 城市生态系统可持续发展指标体系与实证研究. 青岛：中国海洋大学，2007.

[38] 汤广全. 儿童"自然缺失症"的危害及教育干预. 当代青年研究，2017（6）：116-122

[39] 王强，唐燕飞，王国兵. 城市森林中校园森林群落的结构特征分析. 南京林业大学学报（自然科学版），2006（1）：109-112.

[40] 王钰. 2020 年我国将建成 200 个国家森林城市. 林业与生态，2018（8）：48.

[41] 吴泽民，黄成林，白林波，等. 合肥城市森林结构分析研究. 林业科学，2002（4）：7-13.

[42] 万娟娟，陈璇. 土地发展权视域下中国城市土地集约利用效率空间格局及溢出效应. 经济地理，2018，38（6）：160-167.

[43] 维田青. 向台湾环境教育学什么？. 中国环境报，2009-12-31（004）.

[44] 肖爱华，马履一，王子成，等. 大学校园绿化效果综合评价指标体系研究——以北京林业大学为例. 西北林学院学报，2018，33（4）：246-253.

[45] 许克福，吴泽民，陈家龙. 合肥市不同类型城市森林树种多样性比较. 东北林业大学学报，2010，38（3）：26-30.

[46] 姚和金. 高等学校校园绿化如何实现生态化. 现代园艺，2018（19）：185.

[47] 杨迪清. 高校绿化养护管理成本的降低策略及意义探寻. 城市建筑，2016（2）：277，279.

[48] 杨鑫霞，亢新刚，杜志，等. 基于 SBE 法的长白山森林景观美学评价. 西北农林科技大学学报（自然科学版），2012，40（6）：86-90，8.

[49] 张小卫，李湛东，王继利，等. 北京市不同绿地类型乔灌比例分析. 北京林业大学学报，2010，32（S1）：183-188.

[50] 朱丽娜. 校园森林植被效益研究. 长沙：湖南农业大学，2007.

第 10 章

医院城市森林结构特征及其树冠覆盖变化

北京作为首都城市，医疗资源相当丰富，全国各地的患者纷至沓来，根据 2017 年《北京统计年鉴》，截至 2016 年年末，北京市共有卫生机构 10 637 个，卫生技术人员数 26.5×10^4 人，卫生总费用达 1 837.85 亿元，其中政府卫生支出 445.81 亿元，社会卫生支出 1 069.88 亿元，个人卫生支出 319.07 亿元。随着人们生活水平的提高和医学模式向生理、心理等方面的转变，人们对医疗环境的要求也越来越高，追求医疗环境的舒适愉悦，尽可能使患者与自然环境保持亲密接触，以缓解患者的焦虑情绪，已经成为现代医院环境建设发展的趋势，本章对北京市六环外 1 km 范围内的二级医院及三级医院的林木树冠覆盖和城市森林结构做了系统的调查和分析，可以全面了解北京城区医院户外环境水平，同时可以为后期北京城区医院城市森林的建设提供依据并为其他城市医院城市森林的建设提供参考。

10.1 研究数据与研究方法

10.1.1 医院等级的划分

在卫生部颁布的《医院分级管理办法》中将医院按照其功能、任务不同划分为一、二、三 3 个等级。

- ☞ 一级医院：病床数≤100 张，直接向一定人口的社区提供预防、医疗保健以及康复服务的基层医院、卫生院。
- ☞ 二级医院：100 张＜病床数≤500 张，向多个社区提供综合医疗卫生服务和承担一定教学、科研任务的地区性医院
- ☞ 三级医院：病床数＞500 张，向几个地区提供高水平专科性医疗卫生服务和执行高等教育、科研任务的地区性医院。

由于一级医院选址较为灵活，所处地理位置条件复杂多样，很难划为同一研究类型，而且医院面积相对有限，户外绿地面积占比更少，因此不在本次调查研究范围之内。

10.1.2 研究对象与研究方法

本研究在 ArcGIS 平台下，以北京市基础地理信息数据库下载的 2016 年医院分布点状图为指导，以经过精校准的 2013 年 7—9 月分辨率为 0.5 m 的 WorldView-2 遥感影像为基础结合实地勘察，完成了北京市六环以内二级医院 73 个、三级医院 55 个，共计 128 个医院的边界矢量化工作，对医院整体林木树冠覆盖情况做了统计，然后在 ArcGIS10.0 平台下，利用空间分层随机抽样法，从 128 个医院抽样 20%作为野外调查样本，并根据空间分布均衡的原则对随机抽样结果进行人为调整，最终样本量共计 27 个，其中二级医院 13 个，三级医院 14 个。对其中的 13 个医院进行了样方调查，设置样方数共计 44 个，其余 14 个医院由于绿化树木过少，对其采取全面调查，对所有乔木和灌木进行每木检尺（图 10-1、表 10-1）。

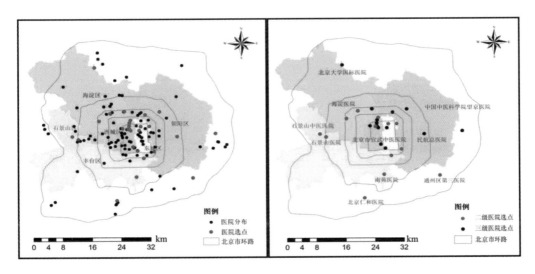

图 10-1　北京城区全部医院与选点分布图

表 10-1　北京城区医院样点选取名录

序号	二级医院名称	序号	三级医院名称
1	北京按摩医院	1	北京大学第一医院
2	北京朝阳区妇幼保健中心	2	北京大学第三医院
3	北京仁和医院	3	北京大学国际医院
4	北京市第六医院	4	北京市宣武中医医院
5	北京市肛肠医院	5	北京中医药大学附属护国寺中医医院
6	北京市东城区东外医院	6	北京积水潭医院
7	北京市丰台区铁营医院	7	民航总医院
8	北京市海淀医院	8	北京大学人民医院
9	北京市石景山区中医医院	9	首都医科大学附属北京中医医院
10	北京市石景山医院	10	首都医科大学附属北京胸科医院
11	南苑医院	11	首都医科大学附属北京安定医院
12	四季青医院	12	北京天坛医院
13	通州区第三医院	13	中国中医科学院望京医院
14	—	14	中日友好医院

10.2 结果与分析

10.2.1 林木树冠覆盖情况

10.2.1.1 总体特征

北京市六环外 1 km 范围内共有二级医院以及三级医院总面积为 362.11 hm²，林木树冠覆盖面积为 67.30 hm²，EUTC（现实树冠覆盖率，见第 2 章）为 18.59%，PUTC（潜在树冠覆盖率，见第 2 章）为 0.93%，将 PUTC 区域全部用于绿化能够达到的最高林木树冠覆盖率为 19.53%，仍远低于北京城区整体水平 39.53%（宋宜昊，2016）。从其总体分级统计来看，处在极低覆盖度、低覆盖度、中覆盖度、高覆盖度和极高覆盖度 5 个等级的医院数量占比分别为 11.72%、22.66%、39.84%、10.94%、14.84%（表 10-2），标准差分别为 1.130 5、1.597 7、3.020 0、1.351 6、8.451 2，说明大部分医院的 EUTC 处在 3.5%～19% 的水平范围内，且极高覆盖度等级范围内部的医院 EUTC 值变异性较大，其他各等级内部相对比较均匀。

表 10-2　不同级别医院林木树冠覆盖等级统计

	范围/%	二级医院		三级医院		整体情况	
		数量占比/%	标准差	数量占比/%	标准差	数量占比/%	标准差
极低覆盖度	<3.5	19.18	1.173 1	1.82	0.000 0	11.72	1.130 5
低覆盖度	3.5～9.0	20.55	1.032 1	25.45	1.712 5	22.66	1.597 7
中覆盖度	9.0～19.0	39.73	2.948 6	40.00	3.163 4	39.84	3.020 0
高覆盖度	19.0～24.5	12.33	1.091 5	9.09	1.862 1	10.94	1.351 6
极高覆盖度	>24.5	8.22	5.915 9	23.64	9.432 8	14.84	8.451 2

10.2.1.2 不同类别医院 UTC 特征

二级医院的 EUTC 和 PUTC 分别为 13.45% 和 1.38%，三级医院分别为 20.62% 和 1.62%，这表明，无论是 EUTC 还是 PUTC，三级医院均高于二级医院。从二级医院和三级医院在各林木树冠覆盖率等级的数量分布来看（表 10-2），二者均以低覆盖度和中覆盖度为主，占比分别为 20.55%和 39.73%、25.45%和 40%，三级医院在极高覆盖度等级的数量分布明显高于二级医院（23.64%、8.22%），在极低覆盖度的数量分布远低于二级医院（1.82%、19.18%），从各等级所分布医院的林木树冠覆盖标准差来看，依然是极高覆盖度等级内部变异性较大，其他等级相对比较均匀。

10.2.1.3　不同环路和行政区间医院 UTC 特征

二环内、二至三环、三至四环、四至五环、五至六环外 1 km 外分布的医院数量分别为 31 个、27 个、18 个、14 个、38 个，共计 128 个。EUTC 值变化表现为五至六环外 1 km（19.15%）＞三至四环（13.03%）＞二至三环（11.64%）＞四至五环（11.18%）＞二环内（8.16%），基本为城区外围林木树冠覆盖率高于城区内部，其中四至五环林木树冠覆盖率值较低，我们推测一方面是因为四至五环 60%以上的医院为二级医院，二级医院整体建设面积和林木树冠覆盖率值均低于三级医院，另一方面也可能是由于样本数量较少导致的偏差；PUTC 变化表现为五至六环外 1 km 为 1.93%，其他各环路 PUTC 值均为 0（图 10-2）。

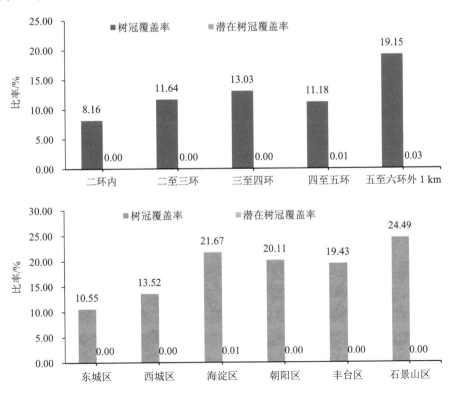

图 10-2　不同环路与行政区间医院树冠覆盖率与潜在树冠覆盖率

本次研究范围涉及的较完整的行政区共有东城区、西城区、朝阳区、石景山区、丰台区和海淀区 6 个区，分布的医院数量分别为 18 个、25 个、20 个、8 个、23 个、20 个。6 个行政区间 EUTC 呈现为石景山区（24.49%）＞海淀区（21.67%）＞朝阳区（20.11%）＞丰台区（19.43%）＞西城区（13.52%）＞东城区（10.55%）；各行政区 PUTC 值几乎均为 0（图 10-2）。借助城市化水平指数 PU（PU=U/P×100%，其中 U 为城镇人口数，P 为总人口数）来探究各行政区林木树冠覆盖值与城市化水平之间的关系，结果显示（图 10-3），除石景山区以外基本表现为城市化水平越高的行政区域林木树冠覆盖率值越低，这也从侧面反映出城市化水平也是影响林木树冠覆盖的因素之一，城市化水平较高的区域生态空间受到更为严重的挤压，UTC 值通常较低。石景山区出现特殊情况很可能是分布在该区的样本数量较少而导致的结果，其他各行政区样本数量均在 18～25 个之间，石景山区只有 9 个。

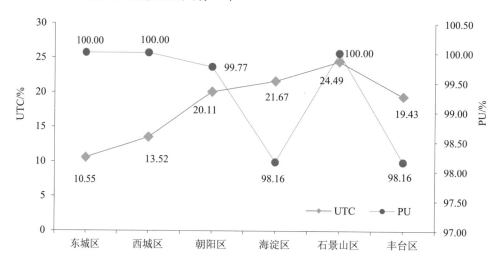

图 10-3　各行政区 UTC 与 PU 值

10.2.2　医院森林群落空间结构

10.2.2.1　物种组成

（1）科属种组成。对 13 个医院的样方调查和 14 个医院的全部树木调查结果中，共测量乔木 424 株，灌木 199 株，共记录到乔灌木植物 60 种，分属于 33 科 53 属，其中乔木树种 41 种，包括落叶乔木 34 种，常绿乔木 7 种；灌木树种 19 种，包括落叶灌木 14 种，常绿灌木 5 种（表 10-3）。

表 10-3　北京六环外 1 km 以内医院绿地树种组成统计表

类别	乔木			灌木			总计		
	落叶	常绿	合计	落叶	常绿	合计	落叶	常绿	合计
科	22	2	24	8	5	13	26	7	33
属	29	5	34	14	5	19	43	10	53
种	34	7	41	14	5	19	48	12	60
株数	336	88	424	96	103	199	432	191	623

　　北京城区医院城市森林构建过程中主要应用的20种乔木树种分别为雪松、紫玉兰、银杏、龙爪槐、毛白杨、圆柏、国槐、油松、碧桃、海棠、紫叶李、悬铃木、白玉兰、樱花、白蜡、龙柏、紫薇、水杉、杏树、白皮松；主要应用的 10 种灌木树种为榆叶梅、大叶黄杨、金银木、石榴、木槿、紫丁香、锦带、迎春、连翘和小叶黄杨（表 10-4）。其中，乡土乔木和灌木树种占比分别为 85%、100%，且乔灌木均以落叶阔叶型植被类型为主，常绿以及针叶树种运用相对较少，说明北京医院城市森林的构建多以落叶阔叶乡土树种为骨干树种。

表 10-4　医院绿地乔木层主要树种重要值

序号	树种	拉丁名	重要值/%	应用频率	植被类型
1	雪松	*Cedrus deodara*	8.59	27.27	针叶常绿
2	紫玉兰	*Magnolia liliflora*	8.02	31.82	阔叶落叶
3	银杏	*Ginkgo biloba*	7.21	27.27	阔叶落叶
4	龙爪槐	*Sophora japonica* var. *japonica* f. *pendula*	6.66	27.27	阔叶落叶
5	毛白杨	*Populus tomentosa*	5.19	9.09	阔叶落叶
6	圆柏	*Sabina chinensis*	5.17	11.36	针叶常绿
7	国槐	*Sophora japonica*	5.14	18.18	阔叶落叶
8	油松	*Pinus tabuliformis*	5.11	22.73	针叶常绿
9	碧桃	*Amygdalus persica* var. *persica* f. *duplex*	4.19	15.91	阔叶落叶
10	海棠	*Malus × micromalus*	3.94	13.64	阔叶落叶
11	紫叶李	*Prunus cerasifera* f. *atropurpurea*	3.92	20.45	阔叶落叶

序号	树种	拉丁名	重要值/%	应用频率	植被类型
12	悬铃木	*Platanus acerifolia*	3.43	9.09	阔叶落叶
13	白玉兰	*Magnolia denudata*	3.06	11.36	阔叶落叶
14	樱花	*Cerasus yedoensis*	2.70	15.91	阔叶落叶
15	白蜡	*Fraxinus chinensis*	2.60	9.09	阔叶落叶
16	龙柏	*Sabina chinensis* cv. Kaizuca	2.44	6.82	针叶常绿
17	紫薇	*Lagerstroemia indica*	2.33	15.91	阔叶落叶
18	水杉	*Metasequoia glyptostroboides*	1.98	4.55	阔叶落叶
19	杏树	*Armeniaca vulgaris*	1.73	9.09	阔叶落叶
20	白皮松	*Pinus bungeana*	1.69	9.09	针叶常绿

在乔木层树种中（表 10-4），雪松、紫玉兰、银杏的重要值以及应用频度均较高，是北京城区医院城市森林构建的核心树种，在徐晓霞（2009）对江苏大型综合医院户外植物应用与优化研究结果中这 3 个树种的重要值也相对较高，从这 3 个树种被普遍应用在医院城市森林的原因来看，雪松能够很好地适应北京的气候环境，且作为针叶常绿树种中观赏价值较高的树种深受人们的喜欢，除此之外，雪松为松柏科类植物，能够挥发植物杀菌素起到净化空气的作用，因此被广泛地应用在医院中；紫玉兰季相变化明显，树形美观，尤其是早春时节，花团锦簇，香气迷人，给人身心愉悦的感觉，有利于人体身心健康；银杏除较高的观赏价值之外，银杏叶还能散发出氢氟酸，具有净化空气，强身健体的功能（缪存忠等，2018；黄利斌等，2006）。以上三者均为保健树种。

从灌木树种重要值及应用频率均较高的树种特性来看（表 10-5），其均为观花观果树种，丰富的花果颜色在美化医院环境的同时也给病人带来了不一样的视觉体验，有研究表明色彩是医院环境的重要组成部分，能起到辅助治疗的功效，如红色可以给人以积极的心理暗示，促进人的思维能力，提高人的精、气、神，对抑郁病患者有很好的疗养功效；粉色给人一种亲切感，能够唤起病人对年轻的记忆，从而唤起病人对生活的希望；橙色能改善消化系统，加速新陈代谢，对脾胃患病者有辅助疗效等（孙晓铭等，2009；张星彦，2008）。

表 10-5　医院绿地灌木层主要树种重要值

序号	树种	拉丁名	重要值/%	应用频率	植被类型
1	榆叶梅	*Amygdalus triloba*	20.13	9.09	落叶阔叶
2	大叶黄杨	*Buxus megistophylla*	19.64	31.82	常绿阔叶
3	金银木	*Lonicera maackii*	16.41	6.82	落叶阔叶
4	石榴	*Punica granatum*	11.11	11.36	落叶阔叶
5	木槿	*Hibiscus syriacus*	9.21	6.82	落叶阔叶
6	紫丁香	*Syringa oblata*	5.89	6.82	落叶阔叶
7	锦带	*Weigela florida*	2.90	6.82	落叶阔叶
8	迎春	*Jasminum nudiflorum*	2.61	6.82	落叶阔叶
9	连翘	*Forsythia suspensa*	2.57	4.55	落叶阔叶
10	小叶黄杨	*Buxus sinica* subsp. *sinica* var. *parvifolia*	1.86	4.55	常绿阔叶

总体来看，在医院应用频度和重要值较高的乔灌木树种中乡土树种和保健树种占比较高，一方面是医院绿化进行长期树种选择的结果，另一方面也反映出我国医院城市森林构建过程中也开始注重开发医院户外环境的辅助疗养功能，园艺疗法、康复景观构建的理念在我国医院城市森林构建过程中有所渗透。

（2）物种多样性。如表 10-6 所示，医院所调查的全部样方中，物种丰富度介于 1～12 种，整体物种丰富度指数（R）、Shannon-Wiener 指数（H）、Pielou 指数（J）平均值分别为 5.50、1.44、0.91，变差系数分别为 0.52、0.36、0.1。

表 10-6　医院绿地物种多样性指数

多样性指数	丰富度指数 R		Shannon-Wiener 指数 H		Pielou 指数 J	
	平均值	变差系数	平均值	变差系数	平均值	变差系数
二级医院	3.50	0.43	1.09	0.33	0.94	0.05
三级医院	6.20	0.48	1.56	0.35	0.90	0.11
全部医院	5.50	0.52	1.44	0.36	0.91	0.10

从二级医院和三级医院的四项指数数值来看，丰富度指数（R）表现为：三级医院（6.20）＞二级医院（3.50）；Shannon-Wiener 指数（H）表现为：三级医院（1.56）＞二级医院（1.09）；Pielou 指数（J）则表现为：二级医院（0.94）＞三级医院（0.90）。三级医院丰富度指数、多样性指数较高，说明三级医院的群落物种组成较为丰富。

10.2.2.2 空间结构

（1）密度。城市森林中森林密度的大小直接影响群落的发展和群落功能的发挥。调查结果显示：北京城区医院城市森林的平均密度为 55 株/hm²，平均胸高断面积为 2.23 m²/hm²。整体来看，医院城市森林密度较低。

（2）水平径级结构、冠幅结构、垂直树高结构。如图 10-4（a）所示，北京市医院城市森林树木的平均胸径、平均冠幅、平均树高分别为 17.69 cm、4.65 m、6.60 m，而三级医院的平均胸径（19.07 cm）、平均冠幅（4.73 m）、平均树高（7.17 m）均高于二级医院（15.74 cm、4.52 m、5.73 m），三级医院树种规格相比较大。

医院整体树木在各胸径等级数量分布比例依次为23.11%、49.06%、17.22%、5.19%、3.54%、1.89%，其中中小胸径等级树木数量较多，DBH≤20 cm 径级树木数量占比为72.17%；大径级树木数量较少，DBH＞50 cm 径级树木数量占比 1.89%，组成树种主要有毛白杨和垂柳。另外，二级医院和三级医院树木均在 10≤DBH＜20 等级数量分布最多，分别占比为 51.79%、47.27%，其中三级医院大径级树种相对较多，DBH＞50 cm 径级树木数量占比 3.13%，二级医院为 0。二级医院和三级医院树木数量分布均表现出随着胸径等级的增大先升高后降低的变化趋势见图 10-4（b）。

医院整体小冠幅等级（G＜2 m）树木数量占比最少见图 10-4（c），只有 2.36%，中等冠幅（2 m≤G＜4 m）等级的树木数量最多，为 44.10%。冠幅大于 10 m 的树木数量占比只有 2.59%，组成树种主要有雪松、悬铃木、国槐、毛白杨、白蜡、垂柳。二级医院和三级医院均为 2～4 m 冠幅等级树木数量分布最多，分别达到 52.38%、38.67%，大冠幅树种（G＞10 m）数量占比表现为三级医院（3.13%）＞二级医院（1.79%）。各等级医院树木数量分布呈现出在 G＜2 m 冠幅等级较少，在 2 m≤G＜4 m 冠幅等级骤然增加，之后又随着冠幅等级的增大逐渐降低的变化趋势，医院城市森林树木在各胸径和冠幅等级数量分布的变化趋势表明其在水平方向上还有较大的发展潜力（郄光发等，2011）。

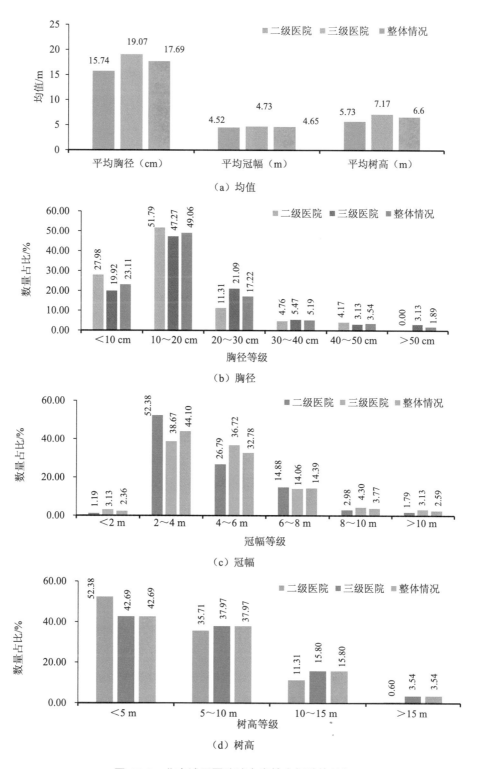

（a）均值

（b）胸径

（c）冠幅

（d）树高

图 10-4　北京城区医院城市森林空间结构特征

医院整体 5 m 以下的中小树高等级的树木占比最多见图 10-4(d)，达 42.69%，10 m 以下的树木数量占比为 80.66%。高于 15 m 的树种只有 3.54%，组成树种主要有毛白杨、圆柏、雪松、水杉、油松、悬铃木。二级医院与三级医院均在 $H<5$ m 树高等级数量分布最多，分别为 52.38%、42.69%，之后均表现出随着立木层次的升高，树木数量分布逐渐减少的变化趋势。

10.3 讨论

10.3.1 林木树冠覆盖

林木树冠覆盖率是衡量城市森林范围的最简单、最直观的指标（贾宝全等，2013）。从研究结果来看，医院林木树冠覆盖率只有 18.59%，城市森林范围不大，廖存忠、程萍等学者的相关研究也指出了医院绿地覆盖率不高、绿地率不足的问题（缪存忠等，2018；陈萍，2007）。随着生活水平的提高，人们的择医标准更趋向于综合化，除关心医院技术水平和医德医风之外也开始格外关注医院的环境质量（迟振东，2013），有学者对北京大型综合医院进行调查，结果显示：17% 的人认为医院最需要改善的为医院绿地环境，78% 的人希望医院能有更多的绿色停留空间，因此，医院亟须拓展绿化空间，增加城市森林面积（陈萍，2007）。但是，从潜在林木树冠覆盖率来看，医院可进行绿化的用地较少，只有 1.55%，针对此情况，一方面从绿化树种选择上，建议优先考虑大冠幅树种：如雪松、悬铃木、国槐、毛白杨、白蜡、垂柳等，长寿命树种：如松、柏、槐、银杏等，使有限的绿化空间发挥最高的生态效益；另一方面从绿化形式上，可以考虑改用垂直绿化、屋顶绿化等来拓展绿化空间，尤其是屋顶绿化，在北京城市绿化覆盖中所占比例逐年提高，且有研究表明医院建筑是北京市城区实施屋顶绿化的主体之一，因此更多的医院可以乘着北京大力推广屋顶绿化政策的春风，积极发展屋顶绿化来拓宽绿化空间，改善户外环境状况（刘博杰等，2018）。除此之外，室内绿化可以营造出和谐、自然的气氛，分散病人的注意力，缓解患者焦躁不安的情绪。北京市的多数医院缺少室内绿化，只有寥寥无几的盆栽植物摆放在过道一角。可选用一些耐阴观叶植物，如发财树、铁树、吊兰等来拓展室内绿化空间。但是值得注意的是，在重视林木树冠覆盖的同时一定要考虑到医院环境服务对象的特殊性，如高烧、低烧的病人、服用不易接受阳光直射药物的病人、需要多接受阳光照射来加快疾病恢复的病人以及皮肤病患者等，他们对室外温度的感知较敏感，对庇荫以及向阳的室外环境有更多样化的要求（Marcus et al.，1999），这就要求，医院户外环境在追求高林木树冠覆盖率的同时也要尽量能够给病人提供遮阴、半遮阴以及阳光照射等多种户外空间，满足不同病人的需求。

10.3.2　城市森林结构

本研究结果显示北京医院城市森林密度偏小，绿化层次单一，国内许多学者也得出了同样的结论，并多从生态学角度进行分析，认为此种绿化形式不能够有效地利用土地和发挥较高的生态效益（陈萍，2007；徐晓霞，2009），但国外有研究学者指出医院适合营造疏林草地景观，并从社会学和心理学角度给出解释——疏林方便病人进入从而起到更好的保健效果，密度较高的林地环境容易让病人感到压抑，相反疏林景观更能让病人感到身心舒畅（Gökcen Firdevs Yücel，2013），但这两类解释均以森林群落的健康性作为前提。北京市医院森林群落树木规格整体偏小，较小的城市森林密度下树种规格也不大，而且实地调研中发现许多医院树木病虫害滋生同时也缺乏适度的修剪和灌溉，健康状况较差，这些均表明目前北京城区医院城市森林现状质量较差。究其原因，一方面从医院整体布局密度来看，中心稠密（陈萍，2007），从前文医院 EUTC 随环路变化趋势分析也可以看出，城区内部生态用地与建设用地矛盾高于外围区域，再加上四环以内多为知名医院，就医患者广泛，不仅包括北京市的患者还包括外地患者，平时人车混杂，人为活动对自然空间的干扰程度过大；另一方面与我国长期以来"重造轻管"的传统思维有很大关系（叶智等，2017；王成等，2004），在极强人工环境中建设的城市森林如果没有适度的养护，很难达到预期的效果；此外，也可能是因为最初的绿地规划设计就欠缺对易于管理的思考，设计出的绿地景观不能够激发员工养护管理的信心（Gökcen Firdevs Yücel，2013）。总之，健康状况较差的森林任何生态功能和社会功能的发挥都得不到保障。

10.3.3　医院城市森林辅助疗养功能的开发

现代医学模式要求医院的功能由单纯的医学模式转化为生物医学、心理行为、社会综合医学模式，且随着我国医疗体制改革的不断深入，要求医院的社会属性从功能机构向服务机构转变，医院不仅要提供对疾病本身的治疗，更需要提供各种有利于救治和健康的环境服务（刘志芬，2011），在医院户外环境建设面临新挑战的情形下，园艺疗法、康复景观、芳香疗法、花草疗法等理念层出不穷（牛雯，2015），从许多研究学者以及本书对南北方医院主要应用树种的分析结果显示这些理念确实在医院户外环境建设过程中有所渗透，但只限于对保健树种选择倾向的影响（高国庆，2008；龙秋萍等，2016；雷亮等，2016），关于保健群落的构建，康复绿地辅助疗养功能的发挥均未实现,很大一部分原因是园艺疗法等理念的实施不是单纯的绿地构建,在国外其有专门的从事园艺疗法项目的机构、医疗保健师或者护理员组织特定类群的病人在相应的康复景观绿地场所中开展园艺活动,达到治疗身心的效果,对园艺疗法人才有特定要求(李树华,2000),实施起来相对较难。相应的城市森林也具有极强的保健功能,城市森林所释放的空气负离子对神经系统、呼吸系统、循环系统、消化系统、五官、外科、皮肤、职业病 7 个系统的 30 多种疾病有抑制、缓解和辅助疗效,总效率达 89%(邵海荣等,2000),且相比园艺疗法等建设实施更容易,这就要求医院城市森林建设过程中不能只追求快速化运动式造林,注重造林树种选择与人体健康,注重保健群落的构建,注重服务设施建设,让医院城市森林不仅能够改善生态环境,同时也能为人们提供休闲健身、康复疗养等生态产品,从而协调好医院城市森林建设与医护人员需求之间的关系。

10.4 结论

10.4.1 林木树冠覆盖情况

北京市六环外 1 km 范围内医院整体 EUTC 为 18.59%,PUTC 为 0.93%,大部分医院的 EUTC 处在 3.5%~19% 的低覆盖度和中覆盖度水平范围内,从医院整体 UTC 水平随环路的变化趋势来看,基本表现为城区外围医院高于城区内部医院,从各行政区医院 UTC 水平来看,城市化水平较高的行政区域林木树冠覆盖率值偏低。

10.4.2 物种组成

医院调研过程中共记录到乔灌木植物 60 种,分属于 33 科 53 属,从其重要值和应用频率均较高的乔灌木树种来看,大部分为乡土树种以及保健树种。从物种多样性指数来看,物种丰富度指数、Shannon-Wiener 指数、Pielou 指数平均值分别为 5.50、1.44、0.91,其中三级医院物种丰富度要高于二级医院。

10.4.3 空间结构

北京城区医院城市森林的平均密度为 55 株/hm^2,平均胸高断面积为 2.23 m^2/hm^2,平均胸径、冠幅、树高分别为 17.69 cm、4.65 m、6.60 m,其中小胸径(DBH≤20 cm),中等冠幅(2 m≤G<4 m)以及树高小于 5 m 的树木数量占比最高。

参考文献

[1] Bodicoat D H，O'Donovan G，Dalton A M，et al. The association between neighbourhood greenspace and type 2 diabetes in a large cross-sectional study. BMJ Open，2014，4（12）.

[2] Brown T，Cummins S . Intervening in health：The place of urban green space. Landscape and Urban Planning，2013，118：59-61.

[3] Gascon M，Triguero-Mas M，Martínez D，et al. Residential green spaces and mortality：A systematic review. Environment International，2016，86：60-67.

[4] Gökçen Firdevs Yücel. Hospital Outdoor Landscape Design.IntechOpen：2013-07-01.

[5] Laurent O，Wu J，Li L，et al. Green spaces and pregnancy outcomes in Southern California. Health & Place，2013，24（6）：190-195.

[6] Marcus，Clare Cooper and Barnes，Marni. Healing Gardens：Therapeutic Benefits and Design Recommendations，John Wiley & Sons，1999.

[7] Riaz A，Younis A，Ali W，et al. Well-planned green spaces improve medical outcomes，satisfaction and quality of care：a trust hospital case study. Acta Horticulturae，2010（881）.

[8] Wu J，Rappazzo K M，Jr R J S，et al. Exploring links between greenspace and sudden unexpected death：A spatial analysis. Environment International，2018，113：114-121.

[9] 陈萍. 北京大型综合医院户外环境研究初探. 北京林业大学，2007.

[10] 迟振东. 基于康复性及文化性角度的综合性医院景观设计研究. 雅安：四川农业大学，2013.

[11] 邓勇，陈海勇，郑懿.康复绿地规划设计分析——以华西医院永宁院区康复绿地设计为例. 四川林业科技，2013，34（1）：94-101.

[12] 高国庆. 医院户外空间园林植物景观研究. 福州：福建农林大学，2008.

[13] 胡辉. 长沙市建成区综合医院户外空间植物景观研究. 长沙：中南林业科技大学，2014.

[14] 黄利斌，李晓储，蒋继宏，等. 城市绿化中环保型与保健型树种选择. 中国城市林业，2006（1）：47-49.

[15] 贾宝全，王成，邱尔发，等. 城市林木树冠覆盖研究进展. 生态学报，2013，33（1）：23-32.

[16] 李树华. 尽早建立具有中国特色的园艺疗法学科体系（上）.中国园林，2000（3）：15-17

[17] 李树华. 尽早建立具有中国特色的园艺疗法学科体系（下）. 中国园林，2000（4）：32.

[18] 雷亮，郝口明. 观赏性芳香植物在南京医院休憩绿地中的应用研究. 江苏林业科技，2016，43（1）：36-39.

[19] 缪存忠，杜宇宾，桑利群. 北京市医院植物多样性与植物景观分析. 现代园艺，2018（7）：7-11.

[20] 刘博杰，王仕豪，逯非，等. 北京市城区 2005—2015 年屋顶绿化发展趋势、分布格局及政策推动. 生态学杂志，2018，37（5）：1509-1517.

[21] 刘志芬. 综合医院园林环境研究. 北京林业大学，2011.

[22] 龙秋萍，和太平，李琦，等. 南宁市医院园林芳香植物及其景观调查. 中国城市林业，2016，14（6）：29-33.

[23] 牛雯. 康复景观设计中的植物应用探索. 西安建筑科技大学，2015.

[24] 宋宜昊. 基于易康软件平台下的北京城区林木树冠覆盖解译与检验. 北京：中国林业科学研究院，2016.

[25] 孙晓铭，王逢瑚. 医院公共空间视觉环境的设计研究. 低温建筑技术，2009（5）：23-24.

[26] 邵海荣，贺庆棠. 森林与空气负离子. 世界林业研究，2000（5）：19-23.

[27] 王成，彭镇华，陶康华. 中国城市森林的特点及发展思考. 生态学杂志，2004（3）：88-92.

[28] 王艺林. 综合医院外部空间环境景观艺术研究. 西安建筑科技大学，2009.

[29] 吴泽民，黄成林，白林波，等. 合肥城市森林结构分析研究. 林业科学，2002（4）：7-13.

[30] 徐晓霞. 江苏大型综合医院户外空间植物应用与优化研究. 南京农业大学，2009.

[31] 杨欣露，肖威，张明娟，等. 南京医院绿地园林植物调查研究. 江苏林业科技，2016，43（3）：29-33.

[32] 叶智，郄光发. 中国森林城市建设的宏观视角与战略思维. 林业经济，2017，39（6）：20-22.

[33] 张志强. 城市森林与人体健康. 经济日报，2007-05-16（011）.

[34] 张星彦. 基于人的知觉环境研讨医院环境人性化设计. 福建工程学院学报，2008（3）：247-250.

[35] 郄光发，任启文，李伟，等. 北京不同类型居住区树种组成结构及其三维空间配置. 生态学杂志，2011，30（9）：1886-1893.

第11章

第一道绿化隔离地区林木树冠覆盖变化

北京是我国实施绿化隔离政策最早、持续时间最长的城市。第一道绿化隔离带建设构想提出于 1958 年,启动建设开始于 1992 年,全面启动实施于 2000 年(杨小鹏,2009),基本建设完成于 2003 年(Jun Yang,Zhou Jinxing,2007)。自北京市绿化隔离带建设启动以来,许多学者对此开展了大量的研究工作,其研究成果主要集中在宏观规划制定(徐波等,2001;欧阳志云等,2005)、规划实施成效评价(王昊等,2011;Jun Yang,Zhou Jinxing,2007;韩昊英、龙瀛,2010;甘霖,2012)、土地利用及其开发模式(曾赞荣等,2014)、建设机制(李海琳,2015)、绿地变化分析(张保钢等,2008;孙小鹏等,2012;孟媛等,2015)、游憩开发利用(蓝斌才,2009;郭竹梅等,2009;李功等,2015)、监测系统设计(刘忠卿等,2008;

张良等，2011；刘清丽等，2012）等方面。尤其是有部分学者，通过对不同年份一道隔离区内土地覆被现状的遥感解译结果分析认为，一道隔离区实际的建设规模与规划规模相比，出现了规模萎缩结果（闵希莹、杨宝军，2003），没有起到维护"分散集团式"空间布局的作用（Jun Yang，Zhou Jinxing，2007）。由于这些研究工作都是在第一道绿化隔离地区建设高峰刚刚结束之后开展的，其依据的信息源存在两个"短板"：时效性差和空间分辨率太低，无法全面、准确地描述破碎化程度深、景观异质性强的城市区域的地表覆盖状况。俗话讲"十年树木、百年树人"，一道隔离区基本建成的2003年至今已经过去了整整13个年头，随着Quickbird、WorldView、高分2号等国内外高分辨率商用遥感影像的普及，也为第一道绿化隔离区建设成效的回头看，提供了重要的技术保障。为此，本章以2002年和2013年0.5 m分辨率的航片、卫片为基本信息源，以国外通用的城市森林评价指标——城市林木树冠覆盖为中心，利用景观生态学的原理与方法，对其10余年的建设成效做出评价。

11.1　总体变化

eCongnition 的解译结果见图 11-1。从中可以看出，2013 年与 2002 年相比，明显呈现出"一少两多"的特点，即耕地明显减少了，而树冠覆盖与草地则明显增多了。从空间分布上看，若以东西长安街轴线分隔南、北来看，北部增减最为明显，呈现了连片成团的分布格局；若以南北中轴线分隔东、西来看，则树冠覆盖和草地增加的总的空间分布要相对均衡一些。从 GIS 统计数据来看（表 11-1），2002—2013 年，不透水地表的面积比例从 49.58%增加到了 50%，虽增幅不大，但其拥有高的景观连通度，根据景观生态学的"斑块—基质—廊道"范式中的景观基质判别标准（Forman R.T.T，2006），其为名副其实的景观基质，对整个区域景观的变化起着主要的控制作用，这说明，在整个一道绿化隔离地区内，无论是过去还是现在，以不透水地表为标志的城市化进程依然是这一区域最重要的变化过程。

从其他地表覆盖类型的变化过程看，则以林木树冠覆盖的增加最为明显，2002—2013 年，面积增加了 5 262.03 hm²，面积比例增加了 20.57%，年均增幅分别达到了 478.37 hm² 和 1.87%，而减少最显著的为裸土地和农田，2002—2013 年分别减少了 4 117.34 hm² 和 2 156.7 hm²，减少比例分别达到了 16.10%和 8.43%（表 11-1）。

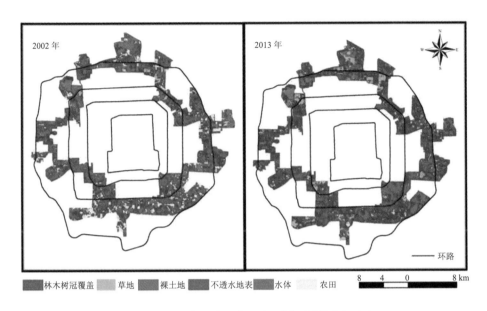

图 11-1　北京市一道绿化隔离区树冠覆盖空间分布

表 11-1　一道绿化隔离区内基于树冠覆盖及相关地表覆盖变化

	2002 年		2013 年		增（+）减（−）	
	面积/hm²	比例/%	面积/hm²	比例/%	面积/hm²	比例/%
林木树冠覆盖	4 832.98	18.90	10 095.01	39.47	5 262.03	20.57
草地	537.39	2.10	1 397.42	5.46	860.02	3.36
裸土地	4 459.89	17.44	342.55	1.34	−4 117.34	−16.10
不透水地表	12 680.14	49.58	12 788.79	50.00	108.65	0.42
水域	716.79	2.80	760.13	2.97	43.34	0.17
农田	2 347.95	9.18	191.24	0.75	−2 156.70	−8.43
合计	25 575.15	100.00	25 575.15	100.00	0.00	0.00

　　从不同的统计口径来看，2002—2013 年，绿地率（林木树冠覆盖面积与草地覆盖面积之和占区域土地面积比例）从 21% 增加到了 44.94%，净增 23.94 个百分点，从生态用地率（林木树冠覆盖面积、草地面积和水域面积之和占区域土地面积比例）23.8%增加到了 47.91%，净增 24.11 个百分点，年均净增 2.19%。从绿色生态空间的角度看（孙海清、许学工，2007），生态空间面积（林木树冠覆盖面积、草地覆盖面积与农田面积之和）从 8 435.11 hm² 增加到了 12 443.80 hm²，净增 4 008.69 hm²，但由于耕地绝

对面积的减少,致使绿色生态空间的增加比例不大,只有 15.67%。北京市一道绿化隔离地区的大规模建设集中在 2000—2003 年这一时段(陈雪原,2012),这一变化说明,一方面一道绿化隔离区的生态建设并没有因为建设高潮期的过去而放慢,另一方面也显示出其建设成效是非常显著的。

11.2　景观动态变化

景观动态变化是景观生态学的三大核心问题之一,它利用转移概率矩阵分析方法来详细刻画不同景观要素内部的相互转换过程。北京市一道绿化隔离区 2002—2013 年的转移概率矩阵分析结果见表 11-2。

表 11-2　一道绿化隔离区 2002—2013 年树冠覆盖转移概率矩阵　　单位:%,hm²

	林木树冠覆盖	草地	裸土地	不透水地表	水域	农田	2002 年面积合计
林木树冠覆盖	60.11	3.74	0.81	33.75	1.41	0.18	4 835.30
草地	38.49	28.63	0.86	30.46	1.32	0.24	537.42
裸土地	63.58	6.60	1.07	26.21	1.94	0.60	4 458.03
不透水地表	24.70	4.44	1.35	68.74	0.61	0.15	12 676.60
水域	14.10	3.17	1.46	10.68	68.85	1.74	716.77
农田	38.98	7.79	2.98	43.89	1.15	5.21	2 346.99
2013 年面积合计	9 967.04	1 992.94	761.42	11 223.40	294.98	1 331.33	—

从表 11-2 和图 11-2 可以看出,一道绿化隔离区内最稳定的土地覆盖类型有 3 个:林木树冠覆盖、不透水地表和水域,2002—2013 年,其保持不变的概率都在 60% 以上;而最不稳定的土地覆盖类型为裸土地和农田,其变化的概率分别达到了 98.93% 和 94.79%,其也是该区域生态建设用地与城市建设用地最重要的来源类型,其中裸土地的主要变化去向是生态功能更强的林木树冠覆盖类型,该方向的变化面积占到了该类型总面积的 63.58%,而农田向生态用地和城建用地的变化比例相差不大,比例分别为 38.98% 和 43.89%。从全部 6 个地类的变化的方向看,主要的变化方向有两个:林木树冠覆盖和不透水地表,向其他类型变化的概率绝大多数都在 5% 以内,这一方面体现出了该区域强烈的城市化过程,另一方面也体现出了生态过程得以强化的变化特点。从林木树冠覆盖有 33.75% 转化为不透水地表的情况来看,说明一道绿化隔离区内生态建

设和生态破坏两个过程同时存在，对于生态建设而言，只有空间上的长期稳定，才能够保障其生态效益的稳定有效发挥，这种情况在今后的城市绿地维护与进一步建设过程中是应该尽量避免的。

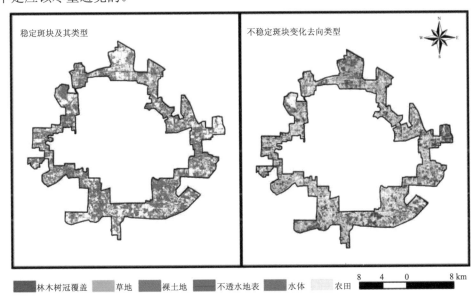

稳定斑块及其类型　　　　　　　　　不稳定斑块变化去向类型

林木树冠覆盖　草地　裸土地　不透水地表　水体　农田　　8　4　0　8 km

图 11-2　北京市一道绿化隔离区稳定斑块与不稳定斑块类型空间分布

11.3　景观格局变化

11.3.1　景观格局指数变化

从整个景观水平来看（表 11-3），其呈现出了多样性和均匀度下降的变化特征，与之伴随的是斑块数量下降，从 2002 年的 141 586 个减少到了 2013 年的 71 240 个，减少率达到了 49.7%，在斑块数量减少的同时，平均斑块面积则从 0.181 hm^2/个增加到了 0.359 hm^2/个。从斑块形状指数来看，其从 2002 年的 1.862 增加到了 2013 年的 1.890，这说明景观斑块形状越发不规则、斑块越来越离散；从斑块的边缘密度看，其从 190.177 m 增加到了 339.394 m，这说明景观被边界割裂的程度在升高，景观斑块的空间连通度有所降低；平均斑块分维数从 1.645 增加到了 1.723，这表明景观斑块的复杂性程度在增高，景观斑块的稳定性有所增加。这表明，整个一道绿化隔离区域内景观的破碎化程度在加深，景观斑块空间分布的均匀化趋势在减弱，景观边缘的生态过程更加活跃。

表 11-3 一道绿化隔离区 2002—2013 年斑块尺度与景观尺度的景观格局指数*

| | | | 2002 年 | | | | | 2013 年 | | | | |
		NumP	MPS	MPFD	MSI	MPE	PSSD	NumP	MPS	MPFD	MSI	MPE	PSSD
斑块类型水平	林木树冠覆盖	91 848	0.053	1.757	1.977	120.687	0.564	48 604	0.208	1.711	1.888	232.456	3.751
	草地	2 021	0.266	1.349	1.618	187.297	1.010	1 257	1.112	1.529	2.262	745.917	2.430
	裸土地	29 226	0.153	1.250	1.538	118.357	2.786	484	0.708	1.614	2.399	550.976	2.629
	不透水地表	16 735	0.758	1.769	1.803	645.050	77.965	19 485	0.656	1.778	1.839	565.596	59.089
	水体	1 229	0.583	1.594	2.055	378.311	4.005	1 327	0.573	1.579	2.146	424.526	4.603
	农田	527	4.455	1.451	2.193	1 411.805	8.328	83	2.304	1.462	2.268	1 106.584	3.765
景观水平	NumP	14 586						71 240					
	MPS		0.181						0.359				
	MPFD			1.645						1.723			
	MSI				1.862						1.890		
	MPE					190.177						339.394	
	PSSD						26.848						31.067
	SDI	1.368						1.071					
	SEI	0.763						0.598					

* NumP: 斑块数目; MPS: 斑块平均大小; MPFD: 斑块平均分维数; MSI: 平均斑块形状指数; MPE: 平均斑块边缘度; PSSD: 斑块大小标准差; SDI: 香侬多样性指数; SEI: 香侬均匀度指数。

从景观斑块类型水平来看，林木树冠覆盖斑块类型的平均斑块分维数和平均斑块形状指数同时呈现了下降的变化趋势，这说明，林木树冠覆盖斑块的形状越来越规则、受到的人类活动影响程度也越发强烈；草地斑块的景观格局指数变化与整个景观尺度的相关指数的变化趋势保持了高度的一致性；不透水地表与农田的变化趋势一致，除平均斑块与斑块面积标准差双降低之外，其余景观格局指数与景观尺度水平的格局指数变化同步，一方面说明这两种景观类型的破碎化程度在加深，另一方面也说明景观斑块类型的面积大小的差异程度在减弱，其分布更趋向于平均值方向；裸土地斑块类型与景观水平的格局指数变化趋势有异的指标只有斑块面积标准差，该指标呈现了微弱降低的变化趋势，这说明 2013 年该类型景观斑块的大小分布与 2002 年相比，更趋向于平均斑块大小的趋势；水体景观类型的格局指数只有平均斑块大小的变化趋势与整个景观水平的变化趋势不同，其值从 2002 年的 0.583 降低到了 2013 年的 0.573，说明其景观破碎化程度在加深。总体来看，斑块类型尺度的景观格局指数的变化在绝大多数的景观指数上呈现了与整个景观水平一致的变化趋势，除林木树冠覆盖斑块类型外，其变化的差异性主要体现在了斑块平均面积的降低与斑块面积标准差的减少上，这表明景观斑块类型水平上的景观破碎化程度要高于景观水平的破碎化程度。

11.3.2　林木树冠覆盖斑块规模变化

景观斑块的大小是一个重要的景观特征参数，其对景观的能流、物流、物种流有重要影响，因此，植被斑块的大小一直是自然保护区建设与城市公园景观设计的关注焦点（Forman R.T.T，Godron M.，1990；邓毅，2007）。从表 11-4 的数据来看，研究区域的林木树冠覆盖斑块在数量上以小斑块为主，2002 年和 2013 年的小斑块数量占比分别达到了 88.4%和 80.05%，中斑块的数量占比分别为 8.11%和 13.1%，二者合计的数量占比都达到了 90%以上，因此，总体上一道绿化隔离区的斑块数量上以中、小型斑块为主。但从面积上来看，两个年度的中小型斑块总面积分别占林木树冠覆盖总面积的 29.47%和 11.36%，而特大型斑块和巨型斑块的面积合计分别达到了 48.71%和78.36%，尤其是面积大于 50 000 m^2 的巨型斑块的面积在 2002 年和 2013 年分别占到了24.27%和 65.69%。

从时间动态变化上来看，一道绿化隔离地区的林木树冠覆盖斑块在 2002—2013 年的 11 年中，呈现了斑块数量大幅度下降、斑块面积迅速增长的特点。2002 年总的斑块数量为 91 848 个，而 2013 年全部斑块数量只有 48 604 个，减幅达 47.08%；与此同时，林木树冠覆盖斑块的总面积则从 2002 年的 4 382.98 hm^2 增加到了 10 094.1 hm^2，增幅达到了 108.86%。

表 11-4　北京市一道绿化隔离区内林木树冠覆盖斑块大小分级统计

景观斑块	2002 年		2013 年		增（+）减（−）	
	数目	面积/hm²	数目	面积/hm²	数目	面积/hm²
小型斑块	81 194	716.02	38 908	529.94	−42 286	−186.08
中型斑块	7 446	708.04	6 365	616.80	−1 081	−91.24
大型斑块	2 526	1 054.57	2 475	1 037.93	−51	−16.65
特大型斑块	578	1 181.49	622	1 278.83	44	97.33
巨型斑块	104	1 172.85	234	6 630.60	130	5 457.75
合计	91 848	4 832.98	48 604	10 094.10	−43 244	5 261.12

从其内部变化来看，不同大小等级的林木树冠覆盖斑块的数目和面积减少都集中在小型斑块、中型斑块和大型斑块 3 个等级上，斑块数量在 2013 年与 2002 年相比分别减少了 42 286 个、1 081 个、51 个，斑块面积则分别减少了 186.08 hm²、91.24 hm²和 16.65 hm²。而特大型斑块与巨型斑块无论是斑块数量还是斑块面积都呈现了增加的变化特点，2013 年斑块数量分别比 2002 年增加了 44 个和 130 个，而斑块面积则分别增加了 97.33 hm² 和 5 457.75 hm²。可以看出，不同等级内部主要斑块数目和斑块面积的变化主要集中在小型斑块的双减少与巨斑块的双增加上面。

11.4　一道绿化隔离区林木树冠覆盖变化的动因分析

北京市一道隔离区建设从一开始就是在强烈的人为意识指导下产生的，因此，它的发展变化一直受到人为影响的制约与促进。其中对本研究 2002—2013 年时段影响较大的人为事件有 3 个：城市总体规划与 2008 年奥运会的绿色需求、城市公园环建设决策和首都百万亩平原大造林。

从城市规划来看，对其影响较大的分别为 1993 年批复的《北京市城市建设总体规划（1991—2010 年）》和 2005 年批复的《北京市城市建设总体规划（2004—2020 年）》。1958 年的城市规划，虽然首次提出了城市绿化隔离区建设的蓝图构想，并被以后的历次总体规划所继承，但直到 1993 年的城市总体规划才真正拉开了北京绿化隔离地区生态建设的序幕。在 1993—1999 年的 19 个试点单位建设的基础上，2000—2003 年，北京市政府先后出台了 30 多项针对绿化隔离地区的政策文件，并明确提出了"10 年任务 3 年完成"和"绿化达标、环境优美、经济繁荣、农民致富"的目标，从而掀起了一道绿化隔离地区建设的高潮，根据北京市园林年鉴资料统计（图11-3），仅这3年时间内，每年新增的绿化面积都在2 000 hm² 左右。另外从图11-3还可以看出，虽然原定的规划实施完成期为2003年，但2003年之后，尽管实际的建设规模大幅度降低，但整个建设活动一直持续到了2008年，从2004—2008年的5年中，累计完成造林绿化面积达1 016.7 hm²，占到了2000—2008年总造林面积的11.84%。

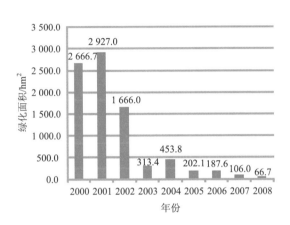

图11-3　一道隔离区历年造林绿化规模

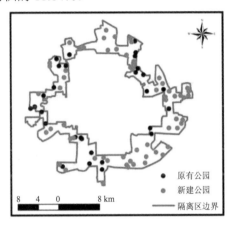

图11-4　一道隔离区内公园分布

2004年的北京城市总体规划针对一道绿化隔离地区建设，提出了"围绕中心城以及一道绿化隔离地区形成公园环"、将其建设成"具有游憩功能的景观绿化带和生态保护带"，2007年正式启动了一道绿化隔离地区郊野公园环建设，2007—2012年，先后完成了新建52个郊野公园的建设任务，加上2007年之前就已经存在的28个公园，一道绿化隔离地区的公园数量达到了81个，占地5 406.87 hm²，形成了初具规模的城市公园环（图11-4）。

除了上述的城市规划因素之外，对北京绿化隔离地区建设具有极其重要意义的事件莫过于2008年第二十八届奥运会的申请与举办。在1993年申办2000年第27届奥运会的举办城市失败5年之后，1998年11月25日，北京宣布申办2008年奥运会，1999年4月7日，经中国奥委会批准，北京市正式向国际奥委会递交申请书，2001年7月13日22时10分，北京申办2008年的第二十九届奥运会获得成功。而对于北京提出的"绿色奥运、科技奥运、人文奥园"三大主题中，"绿色奥运"无疑是2000年北京重启一道绿化隔离带建设，并于2003年提出第二道绿化隔离带建设的最重要原因。

随着2011年第二道绿化隔离地区生态绿化建设工程的收尾，北京市政府在2011年又提出并部署了《北京市百万亩平原大造林工程》项目，在2012—2013年的两年中，共在一道绿化隔离区域的南部、西南部和东北部造林559.29 hm²（图11-5、图11-6），其中 2012 年和 2013 年分别占 69.7%和 30.3%。在造林类型中，平原大造林共包括了景观生态林、绿色通道两个类型，没有湿地保护与建设类型，其中景观生态林占 84.88%。

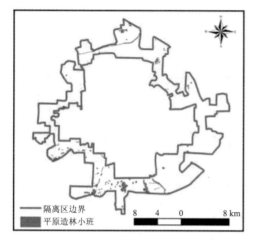

图 11-5　一道隔离区内平原大造林分布

图 11-6　研究区百万亩大造林不同年限与不同类型造林面积

可以说，在 1993 年城市总体规划的部署与北京举办 2008 年奥运会的契机，促成了一道绿化隔离地区树冠覆盖的面积的大规模增长，而 2004 年的北京城市总体规划提出的一道绿化隔离地区"环城市公园环"建设目标的实施，以及 2012 年开始的百万亩平原大造林项目的实施，在增加该区域树冠覆盖面积的同时，对该区域城市树冠覆盖的景观格局朝破碎化程度减弱、斑块形状指数增大、斑块平均面积变大和分维数增加的方向的发展起到了至为关键的作用。

11.5　结论

对于城市森林绿地系统具有斑块面积小、破碎化程度高的特点，用中比例尺卫片很难反映其实际状况。本章利用 0.5 m 的 2002 年和 2013 年航片卫片解译发现，北京市一道绿化隔离地区林木树冠覆从 2002 年的 4 832.98 hm² 增加到了 2013 年的 10 095.01 hm²，12 年共增加了 20.57 个百分点。从不同的统计口径来看，绿地率净增 23.94 个百分点，生态用地率净增 24.11 个百分点。由此来看，北京市一道绿化隔离地区的生态建设成效是非常巨大的。

从整个景观尺度来看，其斑块平均分维数和斑块面积形状指数呈现不断增加的特点，这说明随着时间的延续，整个一道绿化隔离地区受人为影响的程度在减弱，其自然化程度在增加。树冠覆盖斑块的斑块平均分维数和斑块面积形状指数呈现不断降低的特点表明，该类型景观要素斑块所受到的人为活动影响在加强。从斑块大小的尺度变化来看，其呈现了小型、中型、大型斑块数量与面积同步减少，而特大型斑块与巨型斑块的斑块数量和面积同步增加的变化趋势，这其中以小型斑块和巨型斑块的增减变化最为显著，13 年数量与面积分别减少了 42 286 个（186.08 hm^2）和 130 个（5 457.75 hm^2），这表明该区域的树冠覆盖斑块在城市生物多样性保护中起到的作用越来越大。

　　从一道绿化隔离区树冠覆盖变化的动因来看，城市总体规划与 2008 年奥运会的绿色需求、城市公园环建设决策和首都百万亩平原大造林是其变化的最主要驱动力。其中 1993 年批复的《北京市城市建设总体规划（1991—2010 年）》和 1998 年北京市成功获得申办 2008 年的第二十九届奥运会的契机，直接导致了"绿色奥运"主题下的一道绿化隔离地区生态建设的提速发展，而 2005 年批复的《北京市城市建设总体规划（2004—2020 年）》中明确提出了"北京市环城市公园环"建设的要求，进而导致了 2007 年开始的以一道绿化隔离区为核心的城市公园化建设，树冠覆盖格局的变化与该公园环建设关系密切。而 2012 年北京市又在更大的范围内实施"百万亩平原大造林"工程，该工程直接导致一道绿化隔离地区在 2012 年和 2013 年的两年内再新增林地 559.29 hm^2。

　　北京是一个寸土寸金的特殊区域，生态用地与城市建设用地的矛盾异常突出，能取得上述生态建设成就实非易事，但建设难，长期保存维护更难，尤其是在目前这些土地绝大多数是采取租用农村集体土地建成的情况下，它的长期维系面临了太多的现实与未来的不确定性，如何依法治绿是一个迫切需要解决的问题。另一方面，从目前的实际情况来看，建设过程得到高度重视与投入，而对建成之后的时空变化和生态服务功能效益监测一直没有跟进，这也为后续的成效评价带来了不小的难度。

　　根据相关文献，绝大多数情况下，林木树冠覆盖主要以城市乔木为核心，由于乔木的生态功能普遍比灌木大，在土地资源极度紧张的城市地区，更倾向于发展乔木林或者是乔灌草相结合的复层城市森林。本研究中，由于受遥感影像分辨率制约，在面向对象的解译过程中，还无法将乔木和灌木纯林完全区别开来，因此，这在一定程度上影响到了分析的完整性。

参考文献

[1]　陈雪原. 加快北京绿隔地区发展. 推进首都城乡一体化进程. //张宝秀. 中国城乡一体化发展报告（北京卷）. 北京：社会科学文献出版社，2012.

[2] 邓毅. 城市生态公园规划设计方法. 北京：中国建筑工业出版社，2007.

[3] 福尔曼·R.T.T，戈德罗恩·M. 景观生态学. 北京：科学出版社，1990.

[4] 甘霖. 基于遥感影像的北京绿隔规划控制成效分析. 北京规划建设，2012（5）：37-40.

[5] 郭竹梅，徐波，钟继涛. 对北京绿化隔离地区"公园环"规划建设的思考. 北京园林，2009，25（4）：7-11.

[6] 韩昊英，龙瀛. 绿色还是绿地？——北京市第一道绿化隔离带实施成效研究. 北京规划建设，2010（3）：59-63.

[7] 贾宝全，王成，邱尔发，等. 城市林木树冠覆盖研究进展. 生态学报，2013，33（1）：0023-0032.

[8] 蓝斌才. 公园环京城. 绿色促发展——北京市城市绿化隔离地区郊野公园环建设. 绿化与生活，2009（3）：10-12.

[9] 李海琳. 北京第一道绿化隔离地区城市化建设试点新机制. 北京规划建设，2015（5）：118-122.

[10] 李功，刘家明，宋涛，等. 北京市绿带游憩空间分布特征及其成因. 地理研究，2015，34（8）：1507-1521.

[11] 刘清丽，顾娟，白晓辉，等. 北京市绿化隔离地区绿地监测管理系统设计与开发. 测绘与空间地理信息，2012，35（2）：30-34.

[12] 刘忠卿，杨柏钢，任海英，等. WebGIS技术在动态监测北京市绿化隔离地区建设中的应用研究. 测绘通报，2008（2）：48-51.

[13] 孟媛，姜广辉，张旭红. 北京市朝阳区绿化隔离地区绿地变化分析. 国土资源科技管理，2015，32（3）：126-133.

[14] 闵希莹，杨宝军. 北京第二道绿化隔离带与城市空间布局. 城市规划，2003（9）：20-25.

[15] 欧阳志云，王如松，李锋，等. 北京市还成绿化隔离带生态规划. 生态学报，2005，25（5）：965-971.

[16] 孙海清，许学工. 北京绿色空间格局演变研究. 地理科学进展，2007，26（5）：48-56.

[17] 汪永华. 环城绿带理论及基于城市生态恢复的环城绿带规划. 风景园林，2004（53）：20-25.

[18] 王昊，蔡玉梅，张文新. 北京市朝阳区第一道绿化隔离带政策实施评价. 国土资源科技管理，2011，28（2）：6-12.

[19] 王旭东，王鹏飞，杨秋生. 国内外环城绿带规划案例比较及其展望. 规划师，2014，30（12）：93-99.

[20] 文萍，吕斌，赵鹏军. 国外大城市绿带规划与实施效果——以伦敦、东京、首尔为例. 国际城市规划，2015，30（S1）：57-63.

[21] 吴泽民. 城市景观中的树木与森林—结构、格局与生态功能. 北京：中国林业出版社，2011.

[22] 徐波，郭竹梅，钟继涛. 北京城市环境建设的新课题——北京绿化隔离地区绿地总体规划研究. 中国园林，2001（4）：67-69.

[23]　杨小鹏. 北京市区绿化隔离地区政策回顾与事实问题. 城市与区域规划研究，2009，2（1）：171-183.

[24]　张保钢，全明玉，杨伯钢，等. 北京绿化隔离地区绿化面积监测及其分析. 测绘通报，2008（6）：35-36，53.

[25]　孙小鹏，王天明，葛剑平. 基于 MODIS 的北京绿化隔离地区植被格局与趋势分析. 地理与地理信息科学，2012，28（6）：20-23.

[26]　张怀振，姜卫兵. 环城绿带在欧洲的发展与应用. 城市发展研究，2005，12（6）：34-38.

[27]　张良，杨柏钢. 北京市绿化隔离地区信息化管理的研究. 北京测绘，2011（4）：22-24.

[28]　曾赞荣，王连生. "绿隔" 政策是时下北京市城乡接合部土地利用问题及其开发模式. 城市开发研究，2014，21（7）：24-28.

[29]　Forman R.T.T，Land mosaic-the ecology of landscapes and regions. Cambridge University Press，2006：277-282.

[30]　L. Monika Moskal，Diane M. Styers and Meghan Halabisk，2011，Monitoring Urban Tree Cover Using Object-Based Image Analysis and Public Domain Remotely Sensed Data. Remote Sens，2011，3：2243-2262.

[31]　USDA Forest Service：Urban Natural Research Stewardship. About the Urban Tree Canopy Assessment，2008.

[32]　Yang Jun，Zhou Jinxing，The failure and success of greenbelt program in Beijing. Urban Forestry & Urban Greening，2007，6：287-296.

第 12 章

第二道绿化隔离地区林木树冠覆盖变化

　　北京是我国具有世界意义的大都市，也是我国最早实施环城绿化隔离带规划与建设的城市，从 1958 年制定的《北京城市建设总体规划方案》中首次提出建设绿化带用于分隔中心城区和外围卫星城镇的构想以来，随着城市建设规模的不断扩大与调整，已经先后于 1993 年和 2004 年分别规划并实施了第一道和第二道绿化隔离地区建设任务，并于 2003 年和 2010 年分别完成了规划的建设任务。截至目前，已形成了围绕北京城市中心区域的两个明显的环状绿色开放空间，这对改善城市生态环境质量、满足市民生态休闲需求起到了非常重要的作用。与一道绿化隔离区相比，二道绿化隔离区无论是在建设规模还是环境效应上，都远超一道隔离区建设。但从科学研究的角度看，对二道绿化隔离区的关注度则远低于一道绿化隔离区，目前的相关研究主要集中在规划思路（施卫良、吕佳，2003）、空间布局（闵希莹、杨保军，2003）、规划与建设策略（欧阳志云等，2005；张永仲，2007）、节水（龚应安等，2006）、土地补偿（成旭东、张平，2005）、建筑物限高（周蓉、张葵，2003）等方面，研究内容宏观而分散，时间上也主要集中在绿化隔离带实施的前期阶段，仅有的少量定量研究也都以 MODIS、TM 和 SPOT 等大、中尺度的数据为依托得到的研究成果（YangJ.，ZhouJ.，2007；甘霖，2012；孙晓鹏等，2012）。由于城市绿色植被具有斑块面积小、数量多、空间分散等特点（车生泉，2003），只有以高分辨率的航片、卫片为基础，才能准确反映出城市绿色植被的本底情况，因此这些过往的定量研究结果只能反映变化的大体趋势，与实际的建设效果还有很大的差异。城市区域是地表景观变化最快的区域，第二道绿化隔离区建成于 2010 年，建成后的保存利用状况如何？成效能否完全满足当初的规划设计初衷？这些后效性研究工作至今还未看到相关的研究成果出现。为此，本章以 2002 年和 2013 年 0.5 m 分辨率的高分辨率航片、卫片为基本信息源，以国外通用的城市林木树冠覆盖评价指标为中心，拟对其 11 年来的建设成效做出全面的定量分析，以对今后的北京市相关生态建设提供一些依据和支撑。

12.1　总体变化

从解译结果看（图 12-1），2013 年与 2002 年相比较，二道绿化隔离区域内呈现出明显的"两多两少"的变化特点，一方面林木树冠覆盖与草地覆盖类型增多了、不透水地表范围增大了；另一方面农田范围缩减了、大面积的裸地"不见了"。从变化的空间分布看，林木树冠覆盖增加的主要区域有两处：一处在西部的山地与永定河沿岸一带，一处在东北部温榆河两岸。

从 2002—2013 年的动态变化看（表 12-1），呈现了"三增三减"的变化过程，林木树冠覆盖、不透水地表与草地 2013 年分别比 2002 年增加了 34 870.10 hm^2、14 484.81 hm^2 和 12 705.14 hm^2，增幅分别达到了 21.4%、8.89% 和 7.8%，这充分彰显了该区域生态建设所取得的巨大成就；农田、裸土地和水域分别减少了 34 278.07 hm^2、27 365.66 hm^2 和 416.33 hm^2，减幅分别为 21.4%、16.79% 和 0.26%，这一过程一方面揭示了传统的作物种植型农业发展在该区域越来越处于退化发展的基本态势，同时也揭示了"灭荒"是该区域生态建设的主要实施场所的事实。

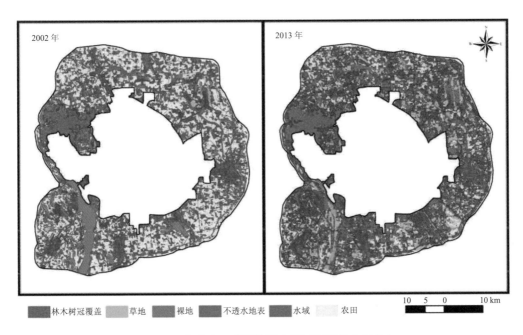

图 12-1 北京市二道绿化隔离区树冠覆盖空间分布

表 12-1 二道绿化隔离区内基于树冠覆盖及相关地表覆盖变化

分布状况	2002 年		2013 年		增（+）减（−）	
	面积/hm²	比例/%	面积/hm²	比例/%	面积/hm²	比例/%
林木树冠覆盖	28 839.84	17.70	63 709.95	39.10	34 870.10	21.40
草地	2 534.31	1.56	15 239.45	9.35	12 705.14	7.80
裸土地	31 246.69	19.18	3 881.03	2.38	−27 365.66	−16.79
不透水地表	44 814.49	27.50	59 299.30	36.39	14 484.81	8.89
水域	4 775.14	2.93	4 358.81	2.67	−416.33	−0.26
农田	50 739.78	31.14	16 461.71	10.10	−34 278.07	−21.04
合计	162 950.26	100.00	162 950.26	100.00	0	0

从不同地表覆盖的统计结果看（表 12-1），2002 年，占优势的地表覆盖类型为农田与不透水地表，其占区域土地面积的比例分别为 31.14% 和 27.5%，其次为裸土地与林木树冠覆盖，分别占 19.18% 和 17.7%，水域和草地所占比例极低，只有 2.93% 和 1.56%，按照景观生态学的斑块-基质-廊道理论，没有一种土地覆盖类型可以单独成为基质，从控制作用看，农田斑块与不透水地表斑块共同组成了该年度的景观基质。2013 年，占优势的斑块类型为林木树冠覆盖斑块与不透水地表斑块，面积比例分别为 39.1% 和

36.39%，其次为农田斑块与草地斑块，分别占 10.1%和 9.35%，面积占比最小的地表覆盖斑块为水域和裸土地，面积比例分别只有 2.67%和 2.38%，与 2002 年一样，也没有哪一种地表覆盖类型可以单独成为基质，林木树冠覆盖与不透水地表共同构成该年度的景观基质。这一情况说明，在第二绿化隔离区域，生态化与城市化是该区域并行发生的两个最重要的变化过程，在研究时段内，生态化过程稍强于城市化过程。

12.2 景观动态变化

转移概率矩阵方法是研究定量景观斑块转移去向与来源的最有效方法，北京市二道绿化隔离 2002—2013 年的转移概率矩阵见表 12-2。

表 12-2 　二道绿化隔离区 2002—2013 年树冠覆盖转移概率矩阵 　　　　单位：%，hm²

2013 年 ＼ 2002 年	林木树冠覆盖	草地	裸土地	不透水地表	水域	农田	2002 年面积合计
林木树冠覆盖	60.34	5.37	1.27	28.49	0.85	3.67	28 839.84
草地	31.67	27.25	1.77	34.17	1.38	3.77	2 534.31
裸土地	51.80	11.39	3.20	22.26	4.13	7.21	31 246.69
不透水地表	23.94	8.36	1.34	64.59	0.35	1.43	44 814.49
水域	18.96	9.47	3.78	18.67	47.86	1.26	4 775.14
农田	34.86	10.33	3.33	26.46	0.68	24.35	50 739.78
2013 年面积合计	63 709.95	15 239.45	3 881.03	59 299.30	4 358.81	16 461.71	162 950.26

从表 12-2 与图 12-2 可以看出，最稳定的树冠覆盖/地表覆盖类型为不透水地表和林木树冠覆盖，11 年其保持自身不变的面积比例分别达到了 64.59%和 60.34%，水域保持面积不变的比例为 47.86%，其他覆盖的地表类型则呈现出了较大的不稳定性，其中以裸土地的不稳定性最高，差不多 95%以上的面积发生了变化。从不同地表类型变化的去向看，主要为林木树冠覆盖、不透水地表和草地。2002 年的林木树冠覆盖地表类型有 28.49%转变为不透水地表，转为其他类型的面积比例都较小，介于 1%～6%；不透水地表类型有 23.94%转换成了林木树冠覆盖类型，另有 8.36%转移为草地，转变为其他类型的比例都小于 1.5%；裸土地最主要的转变方向有两个：林木树冠覆盖（51.8%）和不透水地表（22.26%），另有 11.39%转为草地、7.21%转为农田；水域向林

木树冠覆盖和不透水地表方向转变的比例相差不大，分别为 18.96%和 18.67%，另有
9.47%的面积转为草地；农田的转变方向主要有 3 个：林木树冠覆盖占比为 34.86%、
不透水地表为 26.46%、草地为 10.33%。

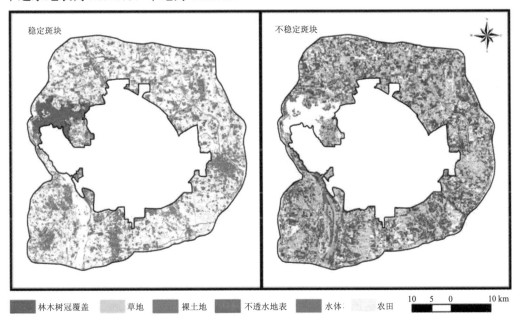

图 12-2　北京市二道绿化隔离区稳定斑块与不稳定斑块类型空间分布

12.3　景观格局变化

12.3.1　景观格局指数变化

从整个景观水平尺度来看（表 12-3），2002—2013 年，绝大多数景观格局指数均
呈现了下降的变化趋势。从斑块数量看，其数值从 2002 年的 475 259 个减少到了 2013
年的 298 280 个，降幅达到 37.24%，这表明整个景观的破碎化程度在降低；斑块的分
维数和斑块形状指数分别从 2002 年的 1.786 和 2.098 下降到了 2013 年的 1.734 和 1.970。
这表明整个景观斑块所受到的人为影响程度也有所趋缓，景观斑块的自然化程度在提
高；景观水平的多样性指数与均匀度指数也分别由 2002 年的 1.51 和 0.843 降到了 2013
年的 1.374 和 0.767，这表明整个研究区域的景观构成的复杂性与景观斑块在空间分布
的不均匀程度都在降低。与以上 5 个景观格局指数的降低变化不同，平均斑块大小
（MPS）、平均斑块边缘密度（MPE）和斑块大小标准差（PSSD）3 个指数呈现了增加

表 12-3　二道绿化隔离区 2002—2013 年斑块尺度与景观尺度的景观格局指数*

		2002 年						2013 年					
		NumP	MPS	MPFD	MSI	MPE	PSSD	NumP	MPS	MPFD	MSI	MPE	PSSD
斑块类型水平	林木树冠覆盖	343 605	0.084	1.819	2.131	161.360	11.08	189 168	0.337	1.729	1.987	291.305	18.560
	草地	2 753	0.921	1.423	1.820	437.914	3.83	5 943	2.564	1.510	2.319	1 092.989	7.639
	裸土地	46 405	0.673	1.553	2.243	455.475	14.64	2 245	1.729	1.584	2.657	941.883	4.302
	不透水地表	71 744	0.625	1.844	1.891	687.964	89.25	93 104	0.637	1.782	1.883	568.152	164.984
	水体	8 052	0.593	1.469	1.697	389.625	4.82	5 822	0.749	1.546	2.037	450.738	5.284
	农田	2 700	18.795	1.440	2.499	3 427.757	53.90	1 998	8.239	1.433	2.429	2 182.385	16.686
景观水平	NumP	475 259						298 280					
	MPS	0.343						0.546					
	MPFD	1.786						1.734					
	MSI	2.098						1.970					
	MPE	293.599						414.368					
	PSSD	36.480						93.380					
	SDI	1.510						1.374					
	SEI	0.843						0.767					

* NumP: 斑块数目 (个); MPS: 斑块平均大小 (hm²); MPFD: 斑块分维数; MSI: 平均斑块形状指数; MPE: 斑块平均边缘长度 (m); PSSD: 斑块大小标准差;
SDI: 香侬多样性指数; SEI: 香侬均匀度指数。

的变化过程。平均斑块大小在 2002 年为 0.343 hm^2，2013 年提升到了 0.546 hm^2，这一变化与该时段内景观斑块总数量的大幅减少密切相关，表明研究区域的景观破碎化程度在减弱；平均斑块边缘从 2002 年的 293.599 m 提升到了 2013 年的 414.368 m，这表明在景观水平尺度上，斑块的活动能力有所加强；斑块大小标准差从 2002 年的 36.48 hm^2 提升到了 2013 年的 93.38 hm^2，这表明景观尺度的斑块大小差异性在扩大。

从不同斑块类型看，在斑块数目上，无论是 2002 年还是 2013 年，都以林木树冠斑块占绝多优势，2002 年共有该类型斑块 343 605 个，占当年总的景观斑块类型的 72.3%，2013 年该类型斑块总数虽然减至 189 168 个，但依然占该年度总斑块数目的 63.42%，从其斑块平均大小来看，2002 年只有 0.084 hm^2，2013 年虽然增加到了 0.337 hm^2，但在研究区域的 6 类景观斑块中，两个年度的斑块平均大小均排位于最末，这也进一步印证了前人"城市绿地景观斑块数目多而分散、景观破碎化程度高"的结论（车生泉，2003）。与整个景观水平尺度的格局变化有所不同，林木树冠覆盖斑块的景观格局指数增加与降低的各占到了一半，从表 12-3 来看，除斑块数目降低外，斑块分维数与斑块形状指数也分别从 2002 年的 1.819 和 2.131 下降到了 2013 年的 1.729 和 1.987，这表明其受人为因素的影响程度在增强，斑块的近自然化程度有所减弱。斑块数目居第二位的斑块类型为不透水地表，2002 年共有斑块 71 744 个，占总斑块数目的 15%，2013 年该类型斑块总数为 93 104 个，数目比例占到了 31.21%，数量与比例增加都非常明显；其斑块的平均面积也从 2002 年的 0.625 hm^2 增加到了 2013 年的 0.637 hm^2，斑块面积大小标准差由 89.25 hm^2 增加到 164.984 hm^2，这一方面与表 12-1 中其面积的大幅增长相呼应，表明该区域的城市化进程呈现了点、面结合、同步演进的变化特征。另外也说明，不透水地表斑块在大小分布上更加不均衡，有更多的斑块向平均斑块大小的更高和更低两个方向发展。斑块数目变化非常明显的另一个斑块类型为裸土地，其斑块数目在 2002 年为 46 405 个，2013 年仅剩 2 245 个，11 年减幅比例达到了 95.16%，其斑块面积大小标准差也由 14.64 hm^2 减小到 4.302 hm^2，说明其本身的破碎化程度有所降低；其平均斑块大小、斑块分维数和斑块形状指数与斑块平均边缘密度的增加变化趋势说明，该类型的斑块受到的人为活动影响的程度在降低。

12.3.2　林木树冠覆盖斑块规模变化

而从不同斑块类型的数目和面积变化情况看，呈现了小型斑块、中型斑块、大型斑块和特大型斑块数目与面积双减少的变化过程（表 12-4），其中数目和面积减少最大的为小斑块类型，其斑块数目从 2002 年的 294 189 减少到了 2013 年的 149 725 个，面积则从 2002 年的 3 103.45 hm^2 减少到了 2013 年的 2 037.88 hm^2，减幅分别达到了 49.11%

和 34.34%，减少幅度最小的为特大型斑块，其 11 年的斑块数目和斑块总面积减小幅度分别只有 5.35%和 2.53%，其他两个类型的减幅都在 19%～25%。在这 11 年中，只有巨斑块的数目和面积呈现了双增加的变化过程，其数目从 2002 年的 459 个增加到了 2013 年的 1 212 个，面积则从 2002 年的 11 022.72 hm² 增加到了 2013 年的 48 890.78 hm²，增幅分别为 160.05%和 343.55%。

表 12-4　北京市二道绿化隔离区内林木树冠覆盖斑块大小分级统计

斑块类型	2002 年			2013 年			增（+）　减（−）		
	数目	总面积/hm²	平均斑块面积/m²	数目	总面积/hm²	平均斑块面积/m²	数目	总面积/hm²	平均斑块面积/m²
小型斑块	294 189	3 103.45	105.49	149 725	2 037.88	136.11	−144 464	−1 065.58	30.62
中型斑块	33 619	3 238.74	963.37	25 405	2 466.50	970.87	−8 214	−772.25	7.50
大型斑块	12 233	5 149.89	4 209.83	9 887	4 140.48	4 187.80	−2 346	−1 009.41	−22.03
特大型斑块	3 105	6 334.35	20 400.48	2 939	6 174.32	21 008.22	−166	−160.03	607.74
巨型斑块	459	11 013.4	240 146.49	1 212	48 890.78	403 389.26	753	37 877.38	163 242.77
合计	343 605	28 839.84	839.60	189 168	63 709.95	3 367.90	−154 437	34 860.79	2 528.30

从不同类型斑块的平均斑块面积来看，除大型斑块类型从 2002 年的 4 209.83 m² 减少到了 2013 年的 4 187.80 m²（减幅为 0.52%）之外，其他类型的斑块平均面积都呈现出增加的变化过程，其中以巨斑块的平均面积增幅最大，达到了 67.98%，其次为小型斑块类型，11 年其增幅达 29.03%，中型斑块和特大型斑块平均面积的增幅分别只有 0.78%和 2.98%。

12.4　二道绿化隔离区林木树冠覆盖变化的动因分析

12.4.1　二道绿化隔离区规划实施的影响

根据《北京市第二道绿化隔离区建设规划》，二道绿化隔离区建设期为 2003—2010 年，但在规划的实际执行过程中，其造林过程一直持续到了 2011 年。根据北京市绿化年鉴、北京市林业年鉴和 2004—2014 年历年的《北京市生态环境建设发展报告》等资料解析汇总的 2003—2011 年二道绿化隔离区历年完成的绿化情况统计数据来看（图 12-3），该规划实施的 9 年，累计共完成造林绿化面积 16 300 hm²，平均每年完成

1 811.11 hm²，其中完成绿化造林任务最少的年份为 2005 年，该年度只完成了 1 205 hm² 的造林绿化任务，造林绿化任务完成最好的为 2009 年，当年共完成造林绿化面积 2 666.67 hm²。9 年完成的造林绿化统计面积占到了 2002—2013 年林木树冠覆盖面积增量的 46.76%，由此可见，在 2002—2013 年二道绿化隔离区的林木树冠覆盖变化中，二道绿化隔离区规划的建设实施起到的作用非常巨大，是对研究时段内 UTC 增量做出最大贡献的影响因素。

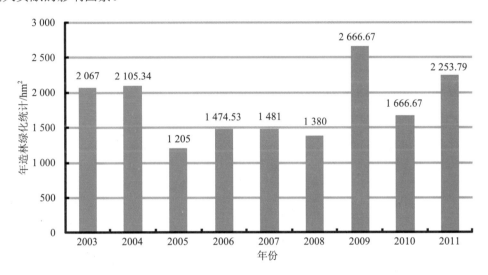

图 12-3　二道绿化隔离区建设中的年造林绿化统计

12.4.2　大型河道生态治理工程建设的影响

北京历史悠久，纵观其城市发展演变的历史不难发现，北京城的发展壮大，得益于周边河流水系的长期浸润，然而随着社会经济以及城市各项建设事业的快速发展，北京的城市河流也在经历着河水断流、河道蚕食、河流水体污染等问题，给城市的环境可持续发展带来了非常严重的影响，因此河流及其两岸的环境治理一直是北京市水务工作的重中之重。在 2002—2013 年的这一时段内，涉及研究区域的大型河流治理工程主要两个：永定河治理工程和温榆河治理工程。

12.4.2.1　永定河治理工程

永定河是北京市域内最大的水系，涉及二道绿化隔离区范围的河段，主要是三家店村以南至六环路交界处的河段，全长大约 33 km，河道最宽处 3.5 km。由于长期的河道断流，加之地处平原城市段，因此该河段内，河道沙坑遍布、垃圾堆积与污染加剧、小区和工厂排入的污水在河道内漫流，河床因长期处于裸露无植被覆盖导致沿河生态系统退化严重见图 12-4（a）、图 12-4（b），河道断流、河段防洪能力不足也非常严重，因此，永定河治理一直是北京市水务工作的重中之重。在研究时段的 2002—2013年，实施的永定河治理工程包括：2005—2005 年，完成了永定河综合治理工程一期工程；2006—2008 年启动完成永定河综合治理二期工程；2009—2013 年又启动完成了"五湖一线一湿地"工程，包括门城湖、莲石湖、晓月湖、宛平湖、园博湖、调水管线和园博园湿地等项目，治理河长 18.4 km。如果说前两项工程还重点在于通过工程措施恢复河道本身的自然样貌以增强其防洪能力的话，则"五湖一线一湿地"工程的实施才真正开创了永定河生态恢复与建设的新局面，工程实施后新增水面 180 hm^2，新增绿化面积 300 hm^2，彻底消除了 14.2 km 河段的扬沙、扬尘现象（张敏秋，2016）。

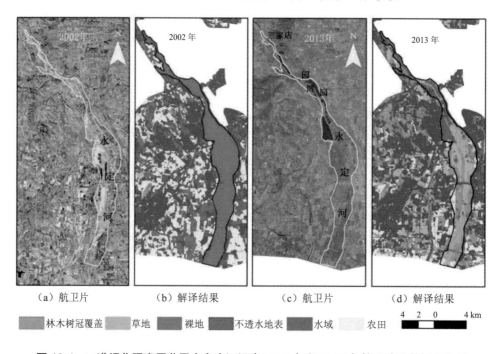

| （a）航卫片 | （b）解译结果 | （c）航卫片 | （d）解译结果 |

林木树冠覆盖　　草地　　裸地　　不透水地表　　水域　　农田

图 12-4　二道绿化隔离区范围内永定河沿岸 2002 年和 2013 年航卫片及其解译结果

从我们的解译结果也可以明显看出这一变化见图 12-4（b）、图 12-4（d），从具体的统计结果来看（表 12-5），2002 年，永定河河道以裸土地居优势地位，总面积 4 911.34 hm^2，占河道总面积的 97.6%，而到了 2013 年裸土地的面积仅剩 0.99 hm^2，基本上被消除殆尽，取而代之的是以林、草、水体为主体的生态用地，其 2013 年的面积分别达到了 2 688.07 hm^2、1 191.35 hm^2 和 614.9 hm^2，分别占到了河道总面积的 53.42%、23.67% 和 12.22%，尤其是以园博园为中心的大型生态公园的建成，更为广大市民提供了一个更好、更人、更全面的休闲旅游去处。

表 12-5　永定河河道内 2002—2013 年不同地类的转移矩阵　　　单位：hm²

不同地类	林木树冠覆盖	草地	裸土地	不透水地表	水域	农田	2002 年合计
林木树冠覆盖	0.00	3.04	0.00	2.38	0.52	2.53	8.47
草地	0.00	0.00	0.00	0.00	0.00	0.00	0.00
裸土地	2 595.00	1 183.38	0.00	273.96	607.67	251.33	4 911.34
不透水地表	76.50	0.69	0.50	0.00	3.89	3.56	85.15
水域	8.46	0.00	0.48	0.79	0.00	0.00	9.72
农田	8.11	4.25	0.00	2.28	2.81	0.00	17.45
2013 年合计	2 688.07	1 191.35	0.99	279.40	614.90	257.42	5 032.12

在改善河道内生态环境质量状况的同时，这些工程也对河道两岸的生态环境产生了明显的影响，从图 12-4 可以看出，河道两岸与河道内一样，林草地增加得非常明显。在 GIS 平台下的 30 m 距离间隔的河岸外缓冲区分析结果表明，以土地利用综合动态度为指标的变化梯度结果显示（图 12-5），河道两岸生态变化范围在距离河道 0～30 m 的范围内相对较小，综合土地利用动态度只有 2.69，之后随着距离河道越来越远，其变化的影响强度呈现先增后减再增的变化过程，在 120～150 m 与 150～180 m 缓冲区范围内，其综合土地利用动态度从 90～120 m 处的 2.77，一下子降到了 2.69 和 2.70，之

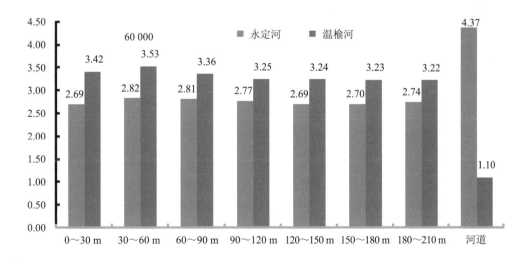

图 12-5　永定河与温榆河不同缓冲区的综合土地利用动态度变化

后又增到了 180～210 m 缓冲区的 2.74，这一变化结果表明，对河岸的生态变化最远的影响在距离河岸 150～180 m 这一空间范围内。

12.4.2.2　温榆河生态治理工程

温榆河是贯穿整个第二道绿化隔离区东北以及东部区域的河流，该河流是北京市五大水系中唯一发源于北京境内且常年有水的河流。在改革开放至 2002 年之前这一时段，该河流面临着水体严重污染、河道生态功能退化、河道径流量不足等问题，面对 2008 年的"北京绿色奥运"承诺目标，2002 年市政府专题会议审议通过《温榆河绿色生态走廊规划》，对全流域范围进行水系整治及污水治理。其治理目标包括了 3 个方面：①通过实施全流域综合治理，扩大水面和沿岸绿化，实现温榆河水清、流畅、岸绿、部分通航，满足城市排洪要求，创建优美的水生态环境；②改善沿河生态和景观，在河道两堤外各建设 200 m 宽的绿化带，绿化带以外辐射形成 1～1.5 km 宽的绿色生态走廊，使沿河地区成为城市的旅游休闲区和景观带，创造出最佳的人居环境；③通过旧村改造和农业产业结构调整，促进农村地区环境改善和城市化进程，实现地区经济与社会的可持续发展。通过 4 年的治理，到 2006 年基本上完成了规划的治理建设内容，为奥运会提供一个优美的水生态环境。该工程实施的生态效果在本次研究时段的 2002 年和 2013 年的航卫片上也有明显的反映（图 12-6），最为显著的是河道两侧沿河的裸土地几乎全部转换成了绿色树冠覆盖的绿色走廊。

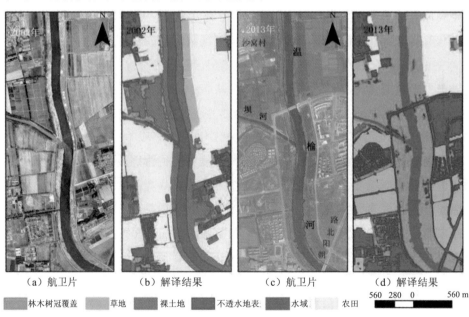

（a）航卫片　　　（b）解译结果　　　（c）航卫片　　　（d）解译结果

林木树冠覆盖　　草地　　裸土地　　不透水地表　　水域　　农田

图 12-6　温榆河沙窝村—朝阳北路段 2002 年和 2013 年航卫片及其解译结果

从相关解译的结果来看，与永定河治理不同的是，温榆河河道内变化不大，变化主要发生在河道两侧各 200 m 的范围内（从图 12-5 可见，其最远的影响距离也在距离河岸 150～180 m 这一空间范围内），从河道两侧 210 m 范围内的缓冲区分析结果来看（表 12-6），变幅最大的地类有 3 个：林木树冠覆盖、裸土地和农田，其中裸土地减少了 970.18 hm²，11 年减幅达到了 40.61%，农田 11 年减少了 314.14 hm²，减幅为 13.15%，增幅最大的地类为林木树冠覆盖类型，11 年净增加 1 181.97 hm²，增幅接近 50%。

表 12-6　温榆河河道外侧 210 m 区域内地表覆盖变化　　　单位：%，hm²

覆盖状况	2002 年		2013 年		增（+）减（−）	
	面积/hm²	比例/%	面积/hm²	比例/%	面积/hm²	比例/%
林木树冠覆盖	427.47	17.90	1 609.44	67.38	1 181.97	49.48
草地	46.16	1.93	202.51	8.48	156.35	6.55
裸土地	1 043.57	43.69	73.40	3.07	−970.18	−40.61
不透水地表	373.31	15.63	347.95	14.57	−25.35	−1.06
水域	86.36	3.62	57.72	2.42	−28.65	−1.20
农田	411.90	17.24	97.76	4.09	−314.14	−13.15
合计	2 388.77	100.00	2 388.77	100.00	0	0

从温榆河河道外侧 210 m 区域内地表覆盖的转移概率矩阵来看（表 12-7），该区域最稳定的地表覆盖景观斑块类型分别为林木树冠覆盖、不透水地表和水域，其保持不变的概率分别达到了 77.8%、45.64% 和 40.83%。变化最剧烈的为草地斑块、裸土地斑块和农田斑块，其发生变化的面积比例分别达到了 98.36%、96.83% 和 89.76%。从不同类型斑块的转移去向来看，其主要的变化方向有 3 个：林木树冠覆盖斑块、草地斑块和不透水地表斑块。从 2013 年的林木树冠覆盖斑块的来源来看，在 2002—2013 年的 11 年，草地、裸土地、农田、不透水地表和水域斑块类型转变为林木树冠覆盖斑块类型的概率分别达到了 80.22%、75.24%、67.41%、41.04% 和 27.59%；从草地斑块类型看，2013 年其主要来源于 3 个，分别是水域、裸土地和不透水地表，其转化为草地斑块类型的概率分别为 22.23%、10.77% 和 8.07%，其他类型转为草地的概率均相对较低；从不透水地表类型看，2013 年其面积来源构成分别为农田、林木树冠覆盖和草地，这几个景观类型转变为不透水地表类型的概率分别达到了 13.81%、11.15% 和 8.5%。

表 12-7　温榆河河道外侧 210 m 区域内 2002—2013 年不同地类的转移矩阵

单位：%，hm^2

不同类型	林木树冠覆盖	草地	裸土地	不透水地表	水域	农田
林木树冠覆盖	77.80	5.73	2.54	11.15	0.54	2.23
草地	80.22	1.64	0.00	8.50	0.34	9.31
裸土地	75.24	10.77	3.17	6.12	1.38	3.33
不透水地表	41.04	8.07	3.16	45.64	0.61	1.49
水域	27.59	22.23	1.60	6.04	40.83	1.72
农田	67.41	3.76	3.97	13.81	0.82	10.24

12.4.3　城市规划影响

　　城市总体规划是确定一个城市的性质、规模、发展方向以及制定城市中各类建设的总体布局的全面环境安排的城市规划，它是城市发展的纲领性指导文件，是对城市景观变化与景观斑块的稳定性具有最直接的决定性影响的最大政策因素（贾宝全等，2013）。在 2002—2013 年这一研究时段内，刚好经历着《北京市城市总体规划（2004—2020 年）》的实施过程。从该次规划的城市建成区空间分布来看，其与二道绿化隔离区有一定的空间交集，交集面积达 28 891.32 hm^2，占到了二道绿化隔离区总面积的 17.73%见图 12-7（a）。从综合动态度来看，二道绿化隔离区范围内的规划建成区与非规划建成区该指数值分别为 2.65 和 2.83，这表明，规划建成区的变化幅度要比非规划建成区区域相对缓和一些。

表 12-8　规划建成区区域内 2002—2013 年不同地类的转移矩阵　单位：%

规划建成区	林木树冠覆盖	草地	裸土地	不透水地表	水域	农田
林木树冠覆盖	69.28	4.54	0.94	23.65	0.66	0.92
草地	36.88	30.74	2.10	28.16	1.42	0.70
裸土地	53.61	8.43	3.68	28.86	2.86	2.57
不透水地表	23.95	8.20	1.19	66.10	0.20	0.36
水域	22.05	6.47	3.78	30.00	37.26	0.45
农田	35.66	15.26	3.21	31.02	1.20	13.66

从这两个区域的景观类型稳定性来看（表 12-8、表 12-9），其也表现出了一定的差异性，其中林木树冠覆盖斑块类型、草地、裸土地和不透水地表类型的稳定性，在规划建成区区域要高于非规划建成区区域，其保持不变的概率分别比非规划区高了 11.55 个、4.42 个、0.55 个和 1.88 个百分点。这一变化情况说明，城市建成区区域对于生态用地的保护更为关注，效果也更为明显。而水域和农田的稳定性则表现为非规划建成区要高于规划建成区，其高出比例分别达到了 13.31 个和 12.69 个百分点。由于二道绿化隔离区地处城乡交错地带，在其从内向外的梯度变化过程中，乡村农业所占地位越来越重要，农田与水域的变化情况显然与这一梯度状况密切相关。

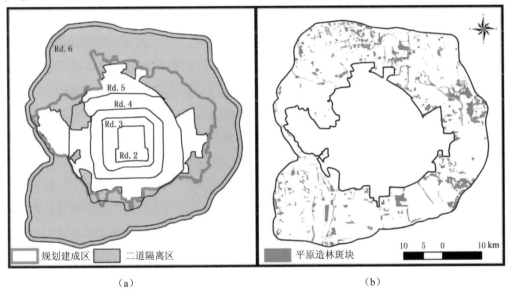

（a）　　　　　　　　　　　　　　　（b）

图 12-7　二道绿化隔离区与 2004 年城市规划建成区和百万亩平原大造林林地斑块空间分布

表 12-9　非规划建成区区域内 2002—2013 年不同地类的转移矩阵　　单位：%

非规划建成区	林木树冠覆盖	草地	裸土地	不透水地表	水域	农田
林木树冠覆盖 UTC	57.75	5.62	1.37	29.89	0.91	4.47
草地	30.29	26.32	1.68	35.76	1.37	4.58
裸土地	51.53	11.84	3.13	21.26	4.33	7.91
不透水地表	23.93	8.40	1.37	64.22	0.39	1.69
水域	18.17	10.23	3.78	15.78	50.57	1.47
农田	34.71	9.41	3.35	25.60	0.58	26.35

12.4.4　百万亩平原大造林工程的影响

二道绿化隔离区地处北京平原区的核心地带，平原区的任何一项大的经济社会活动都会对其产生影响，从宏观生态的视角看，2012—2015 年实施的百万亩平原造林工程是本次研究时段内对其林木树冠覆盖影响最大的生态建设实践活动见图 12-7（b），北京平原百万亩造林工程自 2012 年开始以来，其造林面积之大、社会影响之深、市委市政府重视程度之高都受到社会各界的广泛关注（冯雪等，2016）。其中 2012 年和 2013 年实施的造林活动对本时段内的二道绿化隔离区的影响最为直接。由于造林过程均采用大苗造林方式，乔木的平均胸径 8.13 cm、树高 5.09 m（贾宝全、仇宽彪，2017），且造林均在春季，因此在 2013 年的卫星影像上反映明显。根据北京市林业勘察设计研究院的平原造林实施地 1∶1 万 GIS 矢量图层的相关统计，2012 和 2013 年造林面积分别为 6 759.81 hm^2 和 4 222.21 hm^2，总计占到了 2013 年卫星影像解译的林木树冠覆盖面积的 17.24%，占到了整个二道绿化隔离区面积的 6.74%。从 2012—2013 年平原造林地块的转移概率矩阵来看（表 12-10），各土地覆盖类型中，除林木树冠覆盖类型保持了 70.09% 的不变面积比例之外，其余类型土地覆盖都发生了很大的变化，除水域外，其他类型向林木树冠覆盖类型转化的面积比例都在 50% 以上，其中以草地、裸土地的定向转换比例最大，分别达到 77.39% 和 74.64%，农田向林木树冠覆盖类型的定向面积转换比例也达到了 68.12%，尤其值得一提的是，水域向林木树冠覆盖类型的定向面积转换比例也达到了 32.54%，这可能与造林规划及实施过程中的工程类型有关，根据工程规划资料，平原百万亩大造林的工程类型共包括了景观生态林、绿色通道、湿地建设、恢复和其他等 4 类，根据二道绿化隔离区工程实际实施的矢量图件计算，各类工程所占的同期造林总面积的比例分别为 74.09%、22.60%、0.69% 和 2.62%，湿地建设与恢复工程的实施面积只有 75.53 hm^2，占比也只有区的 0.69 个百分点。

表 12-10　二道绿化隔离区内平原造林区域 2002—2013 年不同地类的转移矩阵

单位：%

规划建成区	林木树冠覆盖	草地	裸土地	不透水地表	水域	农田
林木树冠覆盖	70.09	5.38	3.14	16.00	1.22	4.17
草地	77.39	7.54	2.27	9.70	1.04	2.06
裸土地	74.64	7.53	5.86	7.98	1.65	2.34
不透水地表	50.42	11.20	3.40	33.21	0.57	1.20
水域	32.54	4.73	7.76	5.03	49.55	0.39
农田	68.12	3.59	9.34	7.09	0.41	11.45

12.4.5　新农村建设的影响

为了改变我国农村经济社会落后、生态环境退化的严峻现实,从2006年中共中央、国务院《关于推进社会主义新农村建设的若干意见》发布,我国正式实施了"新农村建设"活动,提出了"生产发展、生活宽裕、乡风文明、村容整洁、管理民主"的新农村建设二十字方针,农村生态环境作为新农村建设过程中的最突出问题之一,受到了普遍的重视。对于地处"北京湾"六环以内的区域而言,新农村建设对该区域乡村的生态影响既体现在宏观整体的土地利用变化上,更主要的是体现在以人居林为重要载体的农村居民点上。从2001年和2013年研究区域的1∶10 000土地利用的变化情况来看(图12-8、表12-11),2001—2013年,二道绿化隔离区内土地利用以农田的绝对减少、草地与建设用地的绝对增加变化为主,其中农田共计减少了22.98个百分点,而草地和城镇建设用地以及其他建设用地分别增加了10.23个、10.17个和8.8个百分点,另外有林地也呈现了缓慢增加的良好势头,共计增加了1.44个百分点。

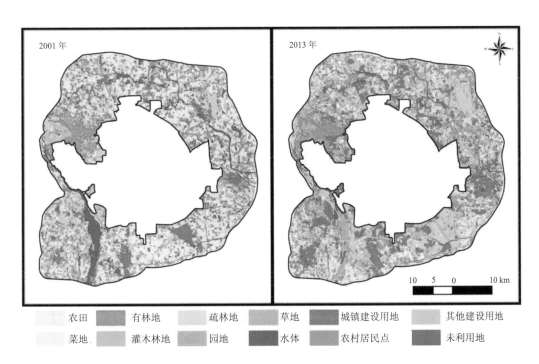

| 农田 | | 有林地 | | 疏林地 | | 草地 | | 城镇建设用地 | | 其他建设用地 |
| 菜地 | | 灌木林地 | | 园地 | | 水体 | | 农村居民点 | | 未利用地 |

图 12-8　二道隔离区内土地利用现状分布(2001—2013 年)

表 12-11   二道隔离区内土地利用现状统计

土地类型	2001 年		2013 年		增（＋）减（－）	
	面积/hm²	比例/%	面积/hm²	比例/%	面积/hm²	比例/%
农田	59 055.32	36.24	21 610.07	13.26	−37 445.25	−22.98
菜地	0	0.00	5 191.10	3.19	5 191.10	3.19
有林地	16 960.22	10.41	19 300.88	11.84	2 340.67	1.44
灌木林地	1 671.31	1.03	533.56	0.33	−1 137.75	−0.70
疏林地	532.20	0.33	41.43	0.03	−490.76	−0.30
园地	9 443.00	5.79	8 061.38	4.95	−1 381.62	−0.85
草地	4.31	0.00	16 673.31	10.23	16 669.00	10.23
水体	14 348.63	8.81	6 228.28	3.82	−8 120.35	−4.98
城镇建设用地	8 158.74	5.01	24 727.32	15.17	16 568.58	10.17
农村居民点	18 241.77	11.19	13 750.52	8.44	−4 491.25	−2.76
其他建设用地	30 957.05	19.00	45 296.53	27.80	14 339.47	8.80
未利用地	3 584.44	2.20	1 542.46	0.95	−2 041.98	−1.25

从研究区域 1∶10 000 土地利用图提取的居民点信息来看（图 12-9），2013 年与 2001 年相比，居民点数量从 1 412 个减少为 653 个，减少幅度达到了 53.8%；同时居民点占地面积也从 2002 年的 18 241.89 hm² 下降到 2013 年的 13 750.93 hm²，降幅达 24.62%；此外，居民点的空间分布在农村土地整理的大背景下呈现了更趋集中的分布趋势。

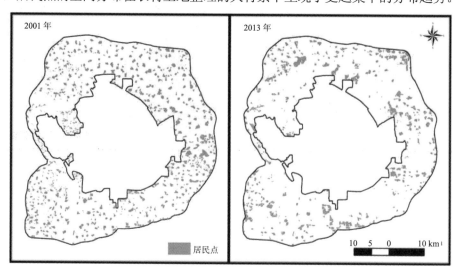

图 12-9   二道隔离区内农村居民点空间分布（2001—2013 年）

从两个年度整个居民点的统计情况来看（表 12-12），林木树冠覆盖比例（林木树冠覆盖面积/整个居民点面积×100%）、生态用地比例［（林木树冠覆盖面积+草地面积+水域面积）／整个居民点面积×100%］，在 2013 年均比 2002 年提高了 8 个和 12.38 个百分点，这表明农村居民点的生态状况是在逐步改善的，在生态改善的同时，居民点内部林木树冠覆盖潜力［（裸土地面积+草地面积）／整个居民点面积×100%］也呈现了缓慢增加的趋势，2013 年与 2002 年相比，潜力增加了 0.91 个百分点。

表 12-12　二道隔离区内居民点内土地覆盖统计　　　　单位：hm^2

项目	整个居民点		空间稳定的居民点	
	2002 年	2013 年	2002 年	2013 年
林木树冠覆盖	3 526.42	3 758.29	1 158.80	1 229.49
草地	103.76	680.94	12.23	207.81
裸土地	751.79	89.65	185.95	17.24
不透水地表	12 213.04	8 376.04	3 941.09	4 122.04
水域	198.47	149.22	58.52	29.58
农田	1 448.42	696.78	413.75	164.39
合计	18 241.89	13 750.93	5 770.34	5 770.54
UTC 比例/%	19.33	27.33	20.08	21.31
生态用地比例/%	20.99	33.37	21.31	25.42
UTC 潜力/%	4.69	5.60	3.43	3.90

由于两个年度的居民点面积与空间变化很大，为了探索居民点空间内 UTC 等的绝对变化，我们将两个年度的居民点边界在 arcmap 平台上做交集，交集空间即代表了空间稳定的居民点范围，利用该矢量数据对 2002 年和 2013 年的 UTC 解译图层做统计（表12-12），可以看出空间上保持不变的居民点面积只有 5 770.34 hm^2，分别占到了 2001 年和 2013 年居民点面积的 31.63%和 41.96%。在该稳定的居民点范围内，林木树冠覆盖比例、生态用地比例指标，2013 年均比 2002 年分别提高了 1.22 个和 4.11 个百分点，该比例都远低于全部居民点两个年度的相关指标比例，这也从另一个侧面说明，林木树冠覆盖比例和生态用地比例的提升主要发生在了新居民点建设的过程中。

12.5 结论

第二道绿化隔离区 UTC 从 2002 年的 28 839.84 hm^2 增加到了 2013 年的 63 709.95 hm^2，11 年共增加了 21.4 个百分点，不透水地表与草地同期分别只增加了 8.89 个和 7.8 百分点，而耕地、水域和裸土地则呈现了面积下降的变化过程。

从景观基质的构成看，2002 年农田斑块与不透水地表斑块共同组成了该年度的景观基质，到了 2013 年，景观基质转变成了 UTC 斑块与不透水地表斑块，这表明，随着时间的推移，该区域的生态化过程对区域控制作用在逐步增强。从景观斑块的稳定性看，最稳定的景观斑块类型为不透水地表和林木树冠覆盖，其保持自身不变的面积比例分别达到 64.59% 和 60.34%，而裸土地则是最不稳定的景观斑块类型，其 95% 以上的面积都发生了地表覆盖性质的变化。

从研究区域总体的景观格局变化来看，总的斑块数量 2013 年比 2002 年减少了 176 979 个，而斑块的分维数和斑块形状指数分别降低了 0.052 和 0.128，同时景观水平的多样性指数与均匀度指数也分别降低了 0.136 和 0.076。这些情况表明，整个二道绿化隔离区景观的破碎化程度、斑块的复杂性与空间分布的不均匀程度都在降低，整个研究区域斑块所受到的人为影响程度也在趋缓，景观斑块的自然化程度在提高。

从 UTC 斑块本身的变化来看，斑块数目净减 154 437 个，而总的斑块面积则净增了 34 860.79 hm^2，斑块的平均面积也净增了 2 528.3 m^2。从 UTC 斑块的分级看，呈现了小型斑块、中型斑块、大型斑块和特大型斑块数目与面积双减少的变化过程。这表明，2002—2013 年的 11 年，第二道绿化隔离区林木树冠覆盖不仅取得了面积上的快速扩大，而且其在城市生物多样性保护中的潜在作用也越来越大。

从变化动因看，二道绿化隔离区规划的实施、城市总体规划、新农村建设政策，以及永定河与温榆河等大型河道生态治理、百万亩平原大造林等工程的实施都是第二道绿化隔离区内 UTC 变化的最重要驱动因素。

参考文献

[1] Moskal L M，Styers D M，Halabisky M. Monitoring urban tree cover using object-based image analysis and public domain remotely sensed data. Remote Sensing，2011，3（10），2243-2262.

[2] USDA Forest Service：Urban Natural Research Stewardship. About the Urban Tree Canopy Assessment，2008.

[3] Yang J，Zhou J，The failure and success of greenbelt program in Beijing. Urban Forestry & Urban Greening，2007，6：287-296.

[4] Zemin Wu，Chenglin Huang，Wenyou Wu，et al. Urban forestry structure in Hefei，China，In：Margret M. Carreiro，Yong-Chang Song，Jianguo Wu editors，Ecology，Planning，and Management of Urban Forests，Springer，2008：279-292.

[5] 车生泉. 城市绿地景观结构分析与生态规划. 南京：东南大学出版社，2003.

[6] 成旭东，张平. 北京第二道绿化隔离带建设中的土地利用补偿制度分析. 城市发展研究，2005，12（6）：39-42.

[7] 冯雪，马履一，蔡宝军，等. 北京平原百万亩造林工程建设效果评价研究. 西北林学院学报，2016，31（1）：136-144.

[8] 甘霖. 基于遥感影像的北京绿隔规划控制成效分析. 北京规划建设，2012（5）：37-40。

[9] 龚应安，陈建刚，张书涵. 第二道绿化隔离地区节约用水潜力. 北京水务，2006（5）：45-46.

[10] 关小克，张凤荣，王秀丽，等. 北京市生态用地空间演变与布局优化研究. 地域研究与开发，2013，32（3）：119-124.

[11] 郭光磊. 北京农村研究报告. 北京：社会科学文献出版社，2014.

[12] 韩昊英，冯科，吴次芳. 容纳式城市发展政策：国际视野和经验. 浙江大学学报（人文社会科学版），2009，39（2）：162-171.

[13] 贾宝全，王成，邱尔发. 南京市景观时空动态变化及其驱动力. 生态学报，2013，33（18）：5848-5857.

[14] 贾宝全，仇宽标. 北京市平原百万亩大造林工程降温效应及其价值的遥感分析. 生态学报，2017，33（3）：726-735.

[15] 贾宝全，王成，邱尔发，等. 城市林木树冠覆盖研究进展. 生态学报，2013，33（1）：23-32.

[16] 李琨. 当前城市环境现状及检测、治理研究. 资源节约与环保，2016（2）：100，112.

[17] 李功，刘家明，宋涛，等. 城市绿带及其游憩利用研究进展. 地理科学进展，2014，33（9）：1252-1261.

[18] 刘纪远，布和敖斯尔. 中国土地利用变化现代过程时空特征的研究——基于卫星遥感数据. 第四纪研究，2000，20（3）：22-239.

[19] 闵希莹，杨保军. 北京第二道绿化隔离带与城市空间布局. 城市规划，2003，27（9）：17-26.

[20] 欧阳志云，王如松，李锋，等. 北京市环城绿化隔离带生态规划. 生态学报，2005，25（5）：965-971.

[21] 施卫良，吕佳. 环状加楔形绿化结构与总量控制——北京市第二道绿化隔离地区规划思路. 北京规划建设，2003（增刊）：32-33.

[22] 宋宜昊. 基于易康软件平台下的北京城区林木树冠覆盖解译与检验. 北京：中国林业科学研究

院，2016.

[23] 孙小鹏，王天明，葛剑平. 基于 MODIS 的北京绿化隔离地区植被格局与趋势分析. 地理与地理信息科学，2012，28（6）：20-23.

[24] 王芳，葛全胜. 根据卫星观测的城市用地变化估算中国 1980—2009 年城市热岛效应. 科学通报，2012，57（11）：951-958.

[25] 王海鹰，秦奋，张新长. 广州市城市生态用地空间冲突与生态安全隐患情景分析. 自然资源学报，2015，30（8）：1304-1318.

[26] 文萍，吕斌，赵鹏军. 国外大城市绿带规划与实施效果——以伦敦、东京、首尔为例. 国际城市规划，2015，30（S1）：57-63.

[27] 杨小鹏. 英国的履带政策及对我国城市绿带建设的启示. 国际城市规划，2010，25（1）：100-106.

[28] 张怀振，姜卫兵. 环城绿带在欧洲的发展与应用. 城市发展研究，2005，12（6）：34-38.

[29] 张敏秋. 北京市永定河"五湖一线"综合治理思路与经验启示. 水利规划与设计，2016（2）：7-8，20.

[30] 张永仲. 创建绿色宜居北京——北京第二道绿化隔离地区的规划与建设. 北京规划建设，2007（6）：88-91.

[31] 周蓉，张葵. 北京第二道绿化隔离地区内建筑限高问题的追问. 北京规划建设，2003（增刊）：134-135.

[32] 周忠学. 城市化对生态服务功能的影响机制探讨与实证研究. 水土保持研究，2011，18（5）：18-32.

第13章

北京城市建成区林木树冠覆盖动态变化研究

　　北京是中国的政治、经济和文化中心，其在城市规模、经济总量与潜力方面也是中国最大的城市之一，作为特大型核心城市，它也一直是我国华北地区社会经济发展的最重要驱动源地。作为最大的发展中国家，北京也面临着诸多由经济发展与城市化而引起的环境问题（Yang et al., 2005），这其中生态用地的短缺及其在城市化过程中与城市建设用地等的矛盾冲突，是最重要的问题根源。统计数据表明，1996—2017年，北京市的人口由 $1\,295.4\times10^4$ 人增加到了 $2\,170.7\times10^4$ 人，北京市城市建成区面积也由 $476.8\ km^2$ 扩大到 $1\,401.01\ km^2$，年均增速达到了 $44.01\ km^2/a$，而同一时期城市的绿地面积从 $51.47\ km^2$ 增加到了 $835.01\ km^2$，年均增速达 $37.31\ km^2/a$。

13.1　建成区选择

　　北京市全区域基本由山地和平原两大地貌单元构成见图 13-1（a），山地主要盘踞在市域的西部和北部区域，平原区则主要位于市域的东南部，绝大部分地区海拔在 30～50 m，该区域是北京市开发强度最高的区域，也是北京城市建成区所在区域。目前的城市建成区主要集中在北京市的第二道绿化隔离区以内见图 13-1（a）中的影像解译区域]，其中以二至五环分布最为集中，北京的城市建成区是北京市各类经济、社会活动最密集的地区，也是城市人口分布的集中区域，同时又是各种用地转换最频繁的地区，因此我们选择《北京城市总体规划（2004—2020 年）》确定的城市规划建成区范围作为本次的研究区域见图 13-1（b）中的研究区域。

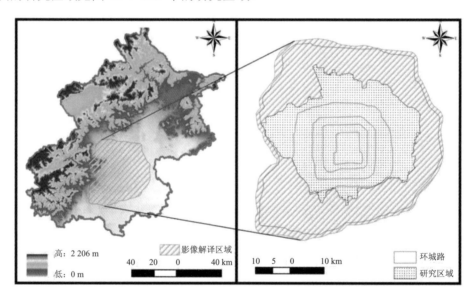

（a）北京地势　　　　　　　　　　　（b）研究区位置

图 13-1　北京地势和研究区位置

13.2　研究结果

13.2.1　总体变化

　　从解译结果直观来看（图 13-2），2013 年与 2002 年相比较，一方面城市林木树冠覆盖与草地覆盖类型在空间上扩展了，不透水地表的范围扩大了，另一方面农田范围呈现了大面积的萎缩，同时裸土地也呈现消失殆尽的状态。从变化的空间区域分布看，主要集中在四环路以外的区域，其中城市林木树冠覆盖增加明显的区域有两处：一处在西部的山地一带，另一处在东北部温榆河两岸，另外四环路与五环路之间的南部区域林木树冠覆盖也呈现了不断增加的变化趋势。

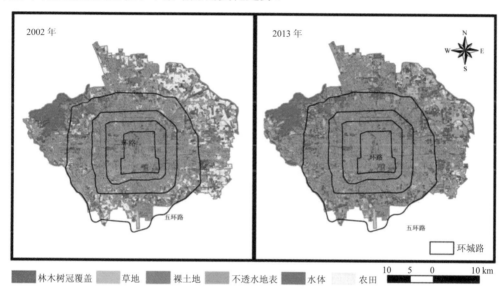

图 13-2　研究区域城市林木树冠覆盖及其他土地覆盖空间分布图（2002—2013 年）

从统计结果看（表 13-1），林木树冠覆盖、不透水地表与草地 2013 年分别比 2002 年增加了 12 923.58 hm²、4 293.03 hm² 和 3 651.42 hm²，增幅分别达到了 11.89%、3.95% 和 3.36%，这表明在城市不断扩大的过程中，城市的生态基础设施处于不断改善的变化过程中，且其增速远高于城市不透水地表的增幅；农田、裸土地和水域分别减少了 10 879.68 hm²、9 647.33 hm² 和 341.01 hm²，减幅分别为 10.01%、8.88% 和 0.31%，这一过程说明，传统的作物种植型农业发展在该区域越来越处于退化发展的基本态势，同时也揭示了"消灭荒地"农业用地的用途改变是北京城市生态建设的主要途径的事实。

从不同地表覆盖的统计结果看（表 13-1），2002 年与 2013 年，占优势的地表覆盖类型均为不透水地表，其占区域土地面积的比例分别为 51.25% 和 55.2%，其次为城市林木树冠覆盖，分别占 22.89% 和 34.78%，水域和草地所占比例极低，只有 2.3%、1.99% 和 1.83%、5.19%，按照景观生态学的斑块-基质-廊道理论（Forman，R.T.T.，1995），无论是从绝对面积比例、控制作用还是连通性来看，不透水地表斑块都是研究区域的景观基质。这一情况表明，城市化过程与生态化过程是研究区域最重要的两个变化过程，其中城市化依然是引领研究区域宏观生态变化的最主要过程。

表 13-1　研究区内基于树冠覆盖及相关地表覆盖变化

项目	2002 年		2013 年		增（+）　减（−）	
	面积/hm²	比例/%	面积/hm²	比例/%	面积/hm²	比例/%
林木树冠覆盖	24 872.76	22.89	37 796.34	34.78	12 923.58	11.89
草地	1 986.00	1.83	5 637.42	5.19	3 651.42	3.36
裸土地	11 063.76	10.18	1 416.43	1.30	−9 647.33	−8.88
不透水地表	55 694.74	51.25	59 987.77	55.20	4 293.03	3.95
水域	2 499.51	2.30	2 158.50	1.99	−341.01	−0.31
农田	12 553.66	11.55	1 673.98	1.54	−10 879.68	−10.01
合计	108 670.43	100.00	108 670.43	100.00	—	—

13.2.2　城市林木树冠覆盖的空间分布

北京城市的空间发展过程是一个典型的"摊大饼"模式，北京城市环路的发展基本上反映了北京城市的这种发展变化过程（吕拉昌、黄茹，2016）。为了反映北京市不同空间的林木树冠覆盖特点及其变化过程，我们按照城市环路区间，分别对二环以内、二至三环间、三至四环间、四至五环间、五至六环间等区域的 UTC 进行了统计，并计算了其城市林木树冠覆盖率，结果表明（图 13-3），单以 2013 年来看，林木树冠覆盖率沿城市环路梯度从内向外呈现了不断增加的变化趋势，二环以内只有 23.43%，而到了五至六环间则达到了 41.92%，远高于当年度全区域的平均值；同时通过该数据还可以看出，四环以内区域，其林木树冠覆盖率变化相对平稳，数值介于 23%～26%，从四环以外开始，城市林木树冠覆盖率呈现了一个跳跃式的增加趋势，四至五环间达到了 34.45%，五至六环间更是高达 41.92%，分别比三至四环间增加了 9.06 个百分点和16.53 个百分点。从 2002—2013 年的变化来看，除二环以内区域 2013 年的林木树冠覆盖率比 2002 年降低了 0.47 个百分点之外，其他环路间区域都呈现了不断增加的变化趋势，且增加值随着环路的外扩也在不断增大，二至三环间仅增加了 1.65 个百分点，五至六环间则增加值扩大到了 15.94 个百分点。另外，从两个年度的林木树冠覆盖率分布来看，四环以内区域数据的空间变化与时间变化都相对比较平稳，虽然在二至四环间城市林木树冠覆盖率有所增加，但增加的幅度不大，这一情况表明，该区域林木树冠覆盖的挖掘潜力已经非常有限，而四环以外区域的增幅相对较大，这里应该是北京城市规划区今后增加林木树冠覆盖的主要区域。

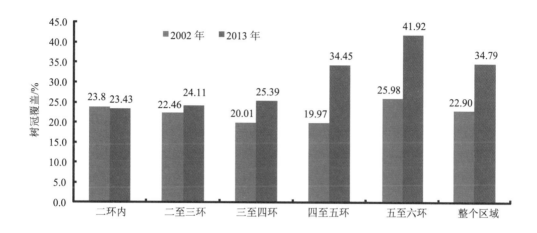

图 13-3　不同环路间的城市林木树冠覆盖比较

13.2.3　景观动态变化

在景观生态学研究中，转移概率矩阵方法是定量研究动态的最有效的常用方法。研究区域 2002—2013 年的转移概率矩阵见表 13-2。

表 13-2　研究区 2002—2013 年树冠覆盖转移概率矩阵　　　　　单位：%，hm²

项目	林木树冠覆盖	草地	裸土地	不透水地表	水域	农田	2002 年面积合计
林木树冠覆盖	60.77	2.67	0.63	35.02	0.59	0.32	24 872.76
草地	36.42	24.53	1.19	36.76	0.85	0.26	1 986.00
裸土地	54.57	6.82	2.14	32.89	2.18	1.39	11 063.76
不透水地表	20.06	3.60	1.02	74.92	0.26	0.14	55 694.74
水域	15.44	4.01	1.90	19.01	58.95	0.68	2 499.51
农田	34.78	12.95	3.08	37.45	1.05	10.70	12 553.66
2013 年面积合计	37 796.34	5 637.42	1 416.43	59 987.77	2 158.5	1 673.98	108 670.43

从表 13-2 可以看出,研究区域最稳定的景观斑块类型为不透水地表,11 年其保持不变的面积比率达到了 74.29%,其次为城市林木树冠覆盖斑块与水体斑块类型,其保持不变的概率分别为 60.77% 和 58.95%,而其他土地覆盖类型均表现出了极大的不稳定性,其中以裸土地的稳定性最差,在 2002—2013 年的 11 年,其发生变化的面积比例高达 97.96%,其次为农田斑块类型,11 年其发生变化的面积比例达到了 89.3%。

从不同地表覆盖类型的转化方向看,整个研究区域主要的转化方向有两个:不透水地表和林木树冠覆盖。从不透水地表转化方向看,林木树冠覆盖 11 年有 35.02% 的面积转换为了不透水地表,这也是城市不断扩大的必然趋势。除林木树冠覆盖之外,向不透水地表转化面积较大的土地覆盖类型还有草地、裸土地和农田,其转化的面积比例分别达到了 36.76%、32.89% 和 37.45%,其中水域还有 19.01% 的面积转化成了不透水地表。从林木树冠覆盖方向看,各地表覆盖类型都有较大的转入比例,其中裸土地的转入比例最高,11 年有 54.57% 的面积转化为了林木树冠覆盖类型,其次为草地和农田,分别有 36.42% 和 34.78% 的面积转换成了林木树冠覆盖类型,不透水地表和水域的转入比例较低,分别只有 20.06% 和 15.4%。

13.2.4 景观的稳定性分析

利用 GIS 的空间叠加分析功能对变化初期的 2002 年景观斑块的稳定性空间分布提取结果见图 13-4。从该图可以看出,稳定性斑块的分布沿二环以内到五至六环间方向,呈现了不断降低的变化过程,稳定性斑块分布以二环以内区域分布最为广泛、也最为集中,而不稳定性斑块则呈现了刚好相反的变化趋势,其分布的主要区域集中在五至六环间区域。

从不同区域景观稳定性指数的变化来看(图 13-5),也充分体现了图 13-3 的变化规律,四环以内区域的稳定性指数高于整个研究区的平均值,而四环以外区域的稳定性指数则低于研究区域的平均值。其中三环以内区域的景观稳定性指数与整个研究区域的平均值相差不大,都在 72%~75%,这表明这两个区域在 11 年的变化过程中,只有 25%~28% 的区域的地表覆盖状况发生了变化;到了三至四环区域,其区域稳定性比三环以内区域有所降低,降低幅度达到了 7~9 个百分点,而四至五环间区域的稳定性指数变化表明,这一区域有 46% 左右的区域土地覆盖发生了变化,五至六环区域的稳定性指数只有 47.79%,发生变化的地表覆盖范围占到了区域总面积的一半以上。

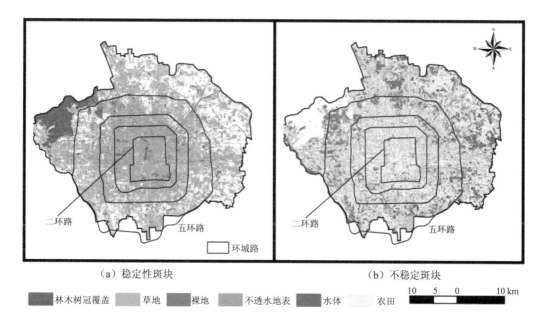

（a）稳定性斑块　　　　　　　　　　　　　　　　（b）不稳定斑块

林木树冠覆盖　　草地　　裸地　　不透水地表　　水体　　农田

图 13-4　研究区域稳定性斑块与不稳定斑块类型（2002）空间分布

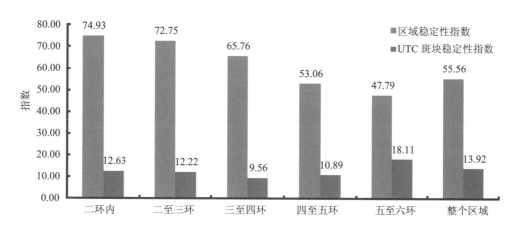

图 13-5　不同环路间的综合稳定性指数与 UTC 斑块稳定性指数变化

从 UTC 斑块的稳定性指数来看（图 13-5），其表现的变化过程与区域景观稳定性指数有很大的差异，其变化趋势整体上呈现了一个"U"形曲线，最高的区域为三环以内区域和五至六环区域，其保持不变的面积比例分别占到了相应区域总面积的 12% 和 18% 以上，最低的区域为三至四环间区域，其林木树冠覆盖保持不变的面积比例只有 9.56%。而且，除五至六环区域 UTC 斑块的稳定性高于研究区域平均值之外，其他区域都低于整个研究区域的平均值。另外，从 UTC 斑块的稳定性指数的变化还可以看出，随着沿二至六环环路空间逐渐向外推移，UTC 稳定性斑块对区域稳定性的贡献在逐步增强，三环以内区域 UTC 稳定性斑块对区域景观稳定性的贡献率只有 16.86%（二环以内区域）和 16.80%（二至三环区域），而到了四至五环和五至六环区域，其贡献率则分别达到了 20.52% 和 37.89%，贡献率最低的为三至四环区域，只有 14.54%。

13.2.5 景观格局变化

13.2.5.1 景观格局指数变化

从整个景观水平尺度来看（表 13-3），2002—2013 年，出现下降与升高的景观指数各占一半。从斑块数量来看，其数值从 2002 年的 568 229 个减少到了 2013 年的 334 617 个，11 年减少了 233 612，这表明整个景观的破碎化程度有所降低；斑块的形状指数也从 2002 年的 1.886 8 下降到了 2013 年的 0.324 8，表明整个景观斑块的规则化程度在加强，斑块所受到的人为影响程度也在逐步增强；景观水平的多样性指数与均匀度指数也分别由 2002 年的 1.321 9 和 0.737 8 降到了 2013 年的 1.047 5 和 0.584 6，这表明整个研究区域的景观构成的复杂性在降低，而景观斑块在空间分布的不均匀程度却在增加。与上述 4 个景观格局指数的降低变化不同，平均斑块大小（MPS）、斑块分维数（MPFD）、平均斑块边缘长度（MPE）和斑块大小标准差（PSSD）4 个指数呈现了增加的变化过程，平均斑块大小在 2002 年为 0.191 2 hm^2，2013 年提升到了 0.324 8 hm^2，这一变化再次表明，研究区域的景观破碎化程度在减弱；斑块分维数从 2002 年的 1.713 3 提升到了 2013 年的 1.723 6，这说明，在景观水平尺度上，斑块的形状复杂程度在增加，斑块形状呈现愈加复杂的趋势；斑块平均边缘长度从 2002 年的 212.845 m 提升到了 2013 年的 320.986 m，这说明斑块边缘增加，斑块的边缘效应强度在增强；而斑块大小标准差从 2002 年的 70.928 5 hm^2 提升到了 2013 年的 99.010 5 hm^2，这说明景观尺度的斑块大小差异性在扩大，即小的越小、大的越大。

表 13-3　研究区域 2002—2013 年景观尺度的景观格局指数[*]

年份	NumP	MPS	MPFD	MSI	MPE	PSSD	SDI	SEI
2002	568 229	0.191 2	1.713 3	1.886 8	212.845 0	70.928 5	1.321 9	0.737 8
2013	334 617	0.324 8	1.723 6	0.324 8	320.986 0	99.010 5	1.047 5	0.584 6
变化量	−233 612	0.133 5	0.010 3	−1.562 0	108.141 0	28.082 0	−0.274 4	−0.153 1

* NumP：斑块数目（个）；MPS：斑块平均大小（hm^2）；MPFD：斑块分维数；MSI：平均斑块形状指数；MPE：斑块平均边缘长度（m）；PSSD：斑块大小标准差；SDI：香侬多样性指数；SEI：香侬均匀度指数。

从其环路梯度变化来看（这里以多样性和均匀度指数为例）（图 13-6），不同环路内的时间变化上，也呈现了与整体相同的变化特点，即随着时间的推移也无一例外地呈现了不断降低的变化趋势，其中降幅最大的区域为三至四环间区域，11 年多样性指数与均匀度指数分别降低了 0.430 8 和 0.240 4。而从环境空间梯度来看，其多样性不分年度，均呈现了随着环路的外扩延伸，其表现出了明显的逐步增加的变化趋势，以二环以内区域最低、以五至六环间区域最高；均匀度指数呈现了与多样性指数基本相同的变化趋势，唯一例外的是，在 2013 年，二环以内区域的均匀度指数出现了反常，其数值出现了高于二至三环间区域与三至四环间区域的情况。

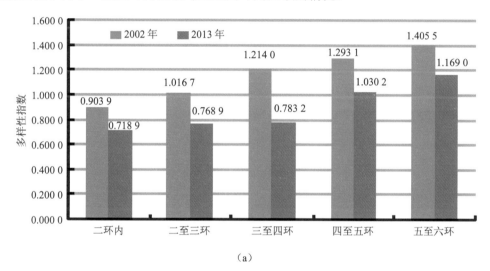

（a）

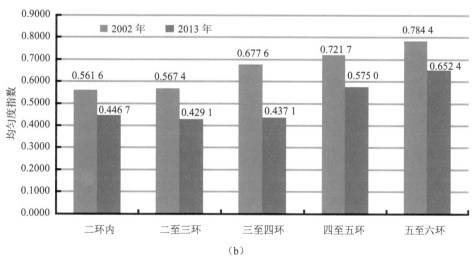

（b）

图 13-6　景观水平的多样性指数与均匀度指数变化

从林木树冠覆盖斑块类型尺度看（图 13-7），其时间变化趋势与上述的景观水平的景观格局指数变化趋势基本相同，但在空间梯度变化上则存在有一定微小的差异。

从斑块数量来看见图 13-7（a），整个研究区域的城市林木树冠覆盖斑块呈现了减少的变化趋势，2013 年与 2002 年相比，总的 UTC 斑块数量减少了 140 441 个，但其空间分布格局则与上述总体变化趋势有了很大的不同：①在二环以内区域，UTC 斑块数量呈现了不降反增的变化，由 2002 年的 28 186 个增加到了 2013 年的 31 513 个；②UTC 斑块数量最多的区域出现在了四至五环区域，2002 年和 2013 年该区域的 UTC 斑块数量分别达到了 121 648 个和 75 721 个，稳居各环路空间之首。

而从平均斑块大小见图 13-7（b）来看，除二环以内区域由 2002 年的 0.053 hm^2 减少到了 2013 年的 0.046 6 hm^2，呈现了降低的变化趋势外，其他各环路间都呈现了随着时间的推移，平均斑块大小都不断增大的变化过程，其中斑块平均面积最大的区间为五至六环之间区域，其平均斑块大小在 2002 年和 2013 年分别达到了 0.105 2 hm^2 和 0.279 7 hm^2。

UTC 斑块的分维数见图 13-7（c）和平均斑块形状指数见图 13-7（d）的空间变化都呈现了从二环以内到五至六环方向逐渐增加的变化过程，从年度变化过程来看，其总体也呈现了逐年降低的变化趋势，且其值最高的区域都在五至六环之间区域。

从 UTC 的斑块平均边缘长度来看见图 13-7（e），其年际之间的不同区域的变化趋势与景观水平的总体变化趋势基本一致，都呈现了随着时间的推移而不断增加的变化过程，唯有的不同主要体现在两个方面：①二环以内区域，随着时间的推移其 UTC 斑块的平均边缘长度呈现了降低的变化过程，从 2002 年的 146.979 m 降低到了 2013 年的 116.64 m；②在 2002 年，其边缘平均长度的最低值出现在三至四环区域，这与平均斑块大小的变化规律非常一致。

从斑块大小标准差来看见图 13-7（f），无论是研究区域整体的 UTC 还是个环路区域间的 UTC 斑块，2013 年其离散程度均较 2002 年更大，其离散程度最大的区域在五至六环之间，四至五环间的 UTC 大小离散程度是仅次于五至六环区域的，其年际间差值（2.373 hm^2）与整个研究区的 UTC 离散程度差值（2.485 4 hm^2）非常接近。总体来看，五环以内区域的 UTC 斑块大小差异不大，距离平均斑块大小的程度较近，五至六环区域的 UTC 斑块大小差异程度更为显著。

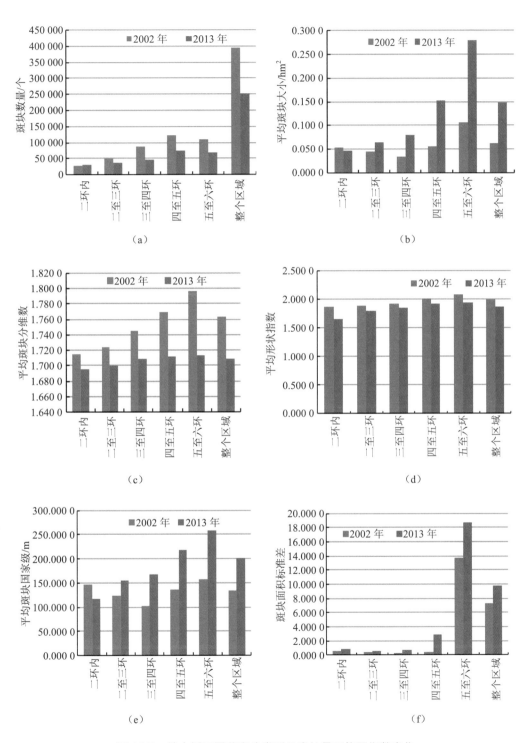

图 13-7　林木树冠覆盖斑块类型尺度的景观格局指数变化

13.2.5.2 林木树冠覆盖斑块规模变化

景观斑块的大小变化是一个很重要的景观过程，从研究区域不同 UTC 斑块尺度类型的数目和面积变化情况看，呈现了 UTC 小型斑块和中型斑块数量与面积双减少，而大型斑块、特大斑块和巨型斑块数量与面积双增加的变化过程（表 13-4）。从减少方向来看，以小型斑块的数量与面积减少最多，其斑块数量从 2002 年的 342 581 个降低到了 2013 年的 202 498 个，而总面积则从 2002 年的 3 289.68 hm² 减少到了 2013 年的 2 880.12 hm²，11 年斑块数目和面积分别净减少 140 083 个和 409.56 hm²，在斑块数目与总面积减少的同时，其 UTC 斑块的平均面积却净增加了 46.2 m²，到 2013 年达到了 142.23 m²。虽然中斑块的变化趋势与小斑块完全相同，但其变化的幅度均较小，11 年其斑块数量净减少了 1 055 个，斑块的总面积仅减少了 92.4 hm²，斑块的平均面积增幅也是所有尺度类型中幅度最小的，只增加了 2.28 m²。与中、小型斑块变化不同，大型斑块、特大型斑块和巨型斑块都呈现了斑块数量与斑块面积同步增加的变化过程，这其中以巨型斑块的变化最为显著，2002—2013 年的 11 年，其斑块数量增加了 283 个，斑块面积增加了 12 816.97 hm²，斑块的平均面积也增加了 94 913.4 m²；其次为特大型斑块，其数量、总面积、斑块的平均面积 2013 年分别比 2002 年增加了 249 个、511.05 hm²和 58.89 m²；增幅最小的为大型斑块，其斑块数量增加了 165 个，斑块总面积增加了 96.76 hm²，斑块的平均面积增幅只有 25.09 m²。

表 13-4　研究区域内林木树冠覆盖斑块大小分级统计

斑块分级	2002 年			2013 年			增（＋）减（−）		
	数目/个	总面积/hm²	平均斑块面积/m²	数目/个	总面积/hm²	平均斑块面积/m²	数目/个	总面积/hm²	平均斑块面积/m²
小型斑块	342 581	3 289.68	96.03	202 498	2 880.12	142.23	−140 083	−409.56	46.2
中型斑块	37 105	3 538.93	953.76	36 050	3 446.53	956.04	−1 055	−92.4	2.28
大型斑块	11 601	4 727.77	4 075.31	11 766	4 824.53	4 100.4	165	96.76	25.09
特大型斑块	2 276	4 535.38	19 926.98	2 525	5 046.43	19 985.87	249	511.05	58.89
巨型斑块	382	8 780.91	229 866.77	665	21 597.88	324 780.17	283	12 816.97	94 913.4
合计	393 945	24 872.67	—	253 504	37 795.49	—	−140 441	12 922.82	—

13.3 讨论

城市化过程是城市区域土地覆盖变化最重要的驱动因素，北京城市林木树冠覆盖变化与北京城市化进程息息相关。有关研究表明，城市发展不仅直接取代了一些树木和森林用地，而且增加了人口密度和相关的人类活动和基础设施，进而影响森林及其管理（Nowak D.J. and Walton J. T.，2005），进一步的研究工作揭示，在非林区区域，城市化进程可以导致区域的林木树冠覆盖的增加（Nowak D.J. and Greenfield E.J.，2012），尤其是当城市化发生在农业用地上时，这种趋势会更加明显（Adam Berland，2012）。北京市是我国城市扩张最迅速的地区之一，全市人口的 78%聚集在六环以内的中心城区区域，城市建成区也以每年 109 km² 的速度扩张，形成了一个单极型的饼状中心城区（谢高地等，2015）。

目前，常用的城市化指标为人口数量（这里为研究方便以人口密度代之），另外城市区域不透水地表也可以作为区域城市化的间接指标。从研究区 2000 年和 2010 年的人口密度空间分布来看见图 13-8（a），整个研究区域的人口密度从 2000 年的 3 935 人/km² 增加到了 2010 年的 6 052 人/km²，增幅达到了 53.8%。从不同区域来看，人口密度呈现了沿环路梯度从二环以内到五至六环逐步降低的变化过程，不同年限间也呈现了与研究区域相同的变化趋势，即随着时间的后延，人口密度也在不断增加，其中增加最为明显的区域为四至五环和五至六环区域，其人口密度增幅分别达到了 70.38%和98.69%，其次为三至四环和二至三环区域，增幅分别为 16.76%和36.15%，仅二环以内区域人口密度从 2000 年的 22 126 人/km² 下降到了 21 767 人/km²，呈现了 1.62%的减幅变化。作为城市扩张的直接结果，研究区域的城市不透水地表指标也呈现了基本相似的变化趋势见图 13-8（b），整个研究区域的不透水地表率从 2002 年 51.24%增加到了 2013 年的 55.19%，11 年净增长了 3.95 个百分点，而在不同环路之间，其变化率差异很大，其中增幅最小的为二至三环区域，11 年仅增长了 0.65%，增幅最大的区域为五至六环，同期的增长率达到了 7.04%，其次为二环以内区域，其 11 年增幅达到了 4.8%，其总体也呈现了沿二至三环—五至六环外空间梯度渐次增加的变化趋势，且增幅也越来越大（图 13-9）。因此，无论是人口密度变化还是不透水地表比例所揭示的研究区城市化进程，在二环以外区域都呈现了城市化程度由内而外不断加深的过程（图 13-9），与此同时，各区域相应的林木树冠覆盖也都呈现了与城市化进程同步增加的变化过程，这些过程与上述的国外相关文献非常一致。

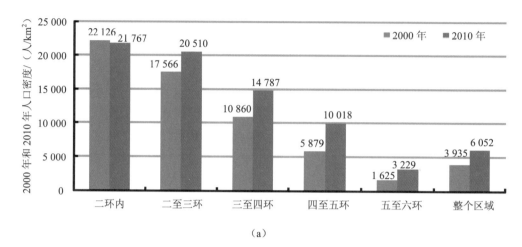

（a）

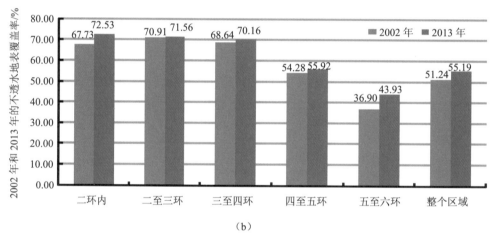

（b）

图 13-8　研究区域及不同环路间人口密度与不透水地表占比变化

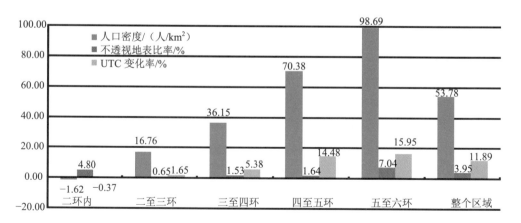

图 13-9　研究区不同区域人口密度、不透水地表比例和林木树冠覆盖率指标变化

　　探究上述变化的原因，我们认为这既与变化前期的土地覆盖类型相关，也与城市化过程中的绿化政策因素有关。从图 13-2 可以看出，农田全部分布在二环以外区域，且沿着环路外扩，其数量占比也在不断增加，从表 13-2 可以看出，研究区域的城市化进程，主要以农田、裸土地、草地和水域等土地覆盖类型向不透水地表和城市林木树冠覆盖类型的转化为特征，但由于草地与水域在 2002 年所占绝对面积不大，因此，在这一转换过程中农田与裸土地成了最主要的转出土地覆盖类型，由于这些土地覆盖类型上林木树冠覆盖本来就极为有限，在城市化的过程中，鉴于城市绿色空间重要的生态服务功能在有效减缓城市化过程中的负面环境效应方面的无可替代的积极作用，在推进城市化的过程中，政府部门常通过相关的绿化政策措施的实施，来保证新的城市化区域绿色空间的建立和维持（Xiaolu Zhou，Yi-chen Wang，2011）。在 2002—2013 年这一研究时段内，北京市先后完成和实施了一道绿化隔离区建设、五河十路绿色通道工程、二道绿化隔离区建设工程、百万亩平原大造林工程、河道治理等，这些工程在 2002—2013 年，在研究区范围内共计实施的造林绿化规模就达到了 12 637.52 hm^2（表 13-5）。

表 13-5　研究区 2002—2013 年已经实施的重点生态工程

工程名称	工程期限/年	工程规划范围	工程规划建设绿地面积/hm^2	2002—2013 年间研究区域实施面积/hm^2
一道绿化隔离区建设	2000—2008	朝阳区、丰台区、海淀区、石景山区、昌平区、大兴区等	15 600	2 995.6
五河十路绿色通道建设	2001—2005	"五河"为永定河、潮白河、大沙河、温榆河、北运河；"十路"为京石、京开、京津塘、京沈、顺平、京承、京张、六环 8 条主要公路和京九、大秦两条铁路	25 666.67	1 540
二道绿化隔离区建设	2003—2010	一道绿化隔离区及城市边缘集团外援六环路外侧 1 km，规划区域总面积 165 000 hm^2；涉及朝阳区、丰台区、海淀区、石景山区、昌平区、大兴区、通州、顺义、房山、门头沟等 10 个区县	41 200	2 836.9
一道隔离区郊野公园建设	2006—2011	同"一道绿化隔离区建设"	新建郊野公园 52 个，面积 5 406.87 hm^2	新建郊野公园 52 个，面积 5 406.87 hm^2

工程名称	工程期限/年	工程规划范围	工程规划建设绿地面积/hm²	2002—2013年间研究区域实施面积/hm²
永定河治理工程	2010—2011	四湖一线，全长14.2 km，总面积550万m²	新增林地2 688.07 hm²、草地1 191.35 hm²，水面614.9 hm²	新增林地140.59 hm²、草地62.03 hm²
温榆河绿色生态走廊建设	2002—	河道两堤外各建设200 m宽的绿化带，绿化带以外辐射形成1~1.5 km宽的绿色生态走廊	15 000	3 121.5
百万亩平原大造林工程（一期）	2012—2016	除东西城区外的全部平原区域	2 906.39	1 940.9

与二环以外区域的变化不同，二环以内区域则呈现了不透水地表比率增加，而人口密度和林木树冠覆盖率双下降的变化趋势（图13-9），2013年与2002年相比，不透水地表比例增加了4.8%，人口密度和林木树冠覆盖比例分别下降了2人/km²和0.37%，这一不同寻常的变化情况展示了后城市化地区城市林木树冠变化的内在信息。二环以内区域从明清以来，一直是北京城市的核心地区，这一功能定位随着新中国1949年定都北京以后便愈加强化，因此，该区域可以说是北京市城市化时间最长的区域。从图13-8（b）可以看出，二至五环，以不透水地表为代表的人工建筑覆盖面积增幅很小，只有0.65%~1.64%，远低于研究区域3.95%的平均增幅，基本上保持了相对的稳定，这说明这些区域的城市化已经相当成熟，而在五至六环，不透水地表的增幅达到了7.04%，这表明这一区域正处于城市化的增长阶段。与其他区域不同，作为长期以来城市发展的核心地域，在二环以内人口密度下降的情况下，不透水地表也呈现了4.8%的增幅比例，这表明该区域已经进入了城市化发展的后期阶段，在这一阶段中，区域景观以不透水地表为景观基质，其区域面积占比达到了50%以上，其次以UTC的占比最大，两者面积合计可以占到区域面积的80%以上。

从北京市二环以内的情况来看，2002年和2013年不透水地表占比分别达到了67.73%和72.53%，林木树冠覆盖与不透水地表面积合计占比分别达到了91.53%和95.96%（图13-10、表13-6）。从二环以内区域土地覆盖内在变化情况来看（表13-7），不透水地表和水体的景观要素类型稳定性指数，分别比整个研究区域的稳定性指数提高了11.97和24.78，而林木树冠要素类型的稳定性指数则下降了7.68，草地景观要素类型的稳定性指数下降了23.41，保持不变的面积比例只有2.14%，裸土地则100%发生了变化。

由于在该区域占比最大的地表覆盖类型只有不透水地表和林木树冠覆盖这两种类型，其占比合计占到了二环以内区域总面积的 90% 以上，而其他地表覆盖类型所占比例均很小，这就从根本上决定了主要的地表覆盖转化面积都被聚焦到了这两种类型内部。从其转移概率矩阵来看（表 13-7），林木树冠覆盖类型转为不透水地表覆盖类型的面积和比例要远高于不透水地表转为林木树冠覆盖的面积与比例，2002—2013 年的 11 年，林木树冠覆盖类型有 691.29 hm^2（占比 46.26%）的面积转成了不透水地表，相反，这 11 年不透水地表有 12.49%、总计面积 531.19 hm^2 转化为了林木树冠覆盖地表覆盖类型，这表明，在市场自由经济的运行规则下，城市林木树冠覆盖地表覆盖类型，虽然具有重要的生态服务功能，但在城市的不断发展过程中其依然处于弱势地位，如果没有足够的法律法规对其予以保护性约束，则很难保证其在城市未来发展过程中生态可持续性的稳定维持。

表 13-6　二环以内区域树冠覆盖及相关地表覆盖变化

项目	2002 年		2013 年		增（+）减（−）	
	面积/hm^2	比例/%	面积/hm^2	比例/%	面积/hm^2	比例/%
林木树冠覆盖 UTC	1 494.13	23.80	1 470.98	23.43	−23.15	−0.37
草地	110.70	1.76	14.56	0.23	−96.14	−1.53
裸土地	191.69	3.05	12.23	0.19	−179.46	−2.86
不透水地表	4 252.14	67.73	4 553.21	72.53	301.07	4.80
水体	229.14	3.65	226.82	3.61	−2.32	−0.04

表 13-7　二环以内区域 2002—2013 年树冠覆盖转移概率矩阵　　单位：%，hm^2

项目	林木树冠覆盖	草地	裸土地	不透水地表	水体	2002 年面积合计
林木树冠覆盖	53.09	0.19	0.18	46.26	0.28	1 494.13
草地	60.30	1.12	0.01	38.46	0.11	110.71
裸土地	37.82	0.70	0.00	61.47	0.01	191.69
不透水地表	12.49	0.21	0.23	86.89	0.18	4 252.14
水体	3.21	0.00	0.00	3.06	93.73	229.14
2013 年面积合计	1 470.98	14.56	12.23	4 553.21	226.82	—

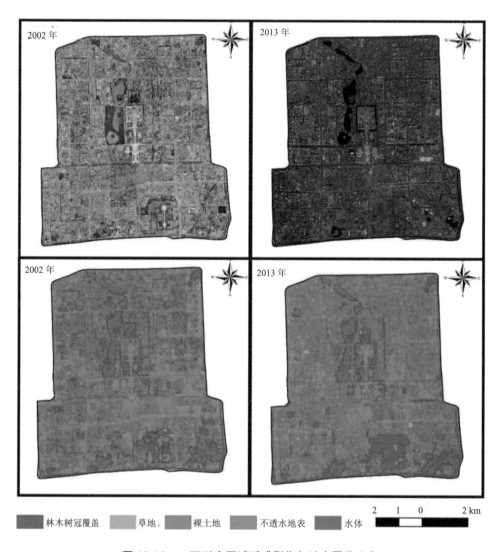

| 林木树冠覆盖 | 草地 | 裸土地 | 不透水地表 | 水体 |

图 13-10　二环以内区域遥感影像与地表覆盖分布

13.4　结论

　　城市的林木树冠覆盖是城市最重要的绿色基础设施，它的健康发展与城市的可持续发展息息相关。在全球城市化迅猛发展的背景下，积极探索在协调城乡经济发展与生态环境建设过程中，发展中国家城市林木树冠覆盖的变化过程、特征、原因等。对于其城市今后的健康发展，具有重要的理论和实践指导意义。本章利用 RS 和 GIS 技术，以高分辨率航片与卫星影像为依托，对北京市 2002—2013 年的城市林木树冠覆盖动态进行了深入分析。结果表明，11 年北京市城市规划区的林木树冠覆盖呈现了明显的增加趋势，其林木树冠覆盖率从 2002 年的 22.89%增长到了 2013 年的 34.78%，其区域空间分布也呈现了与城市化发展历程密切相关的特点。沿二环路到六环路这一空间梯度，其 UTC 增幅呈现了逐步扩大的趋势，这与北京城市的发展过程和城市化进程呈现正相关。有文献研究表明，发生在农业用地或非林地区的城市化可以导致林木树冠覆盖的增加（Nowak D.J. and Greenfield E.J.，2012；Adam Berland，2012）。北京城市发展是建立在华北平原北部这一地貌基础之上的，在建立北京城市之前，这里一直是农业发达之地，到目前为止，北京城市周边广阔分布的依然是广袤的农田景观。本章的研究表明，在研究区段的 11 年，北京城市的扩张依然主要是以牺牲农田为代价的，11 年农田的面积减少了 10 879.68 hm^2，其中总农田面积中的 37.45%转化为了不透水地表，另有 34.78%转化为了林木树冠覆盖类型。因此，从林木树冠覆盖变化的动因来看，作为城市建成区扩张前身的农田背景，是其实现增长的最重要保证，而在这一基础之上的，城市化过程中的各类生态建设项目的实施，无疑是最终促成林木树冠覆盖增长的必要条件。

研究结果说明，在北京城市的二环以内的老城区区域，其林木树冠覆盖却呈现出了下降的变化趋势，11 年中林木树冠覆盖率从 2002 年的 23.8%下降到了 2013 年的 23.43%，虽然降幅只有 0.37%，但其反映的内在机理值得关注。从土地覆盖类型占比来看，该区域两个年度的不透水地表分别达到了 67.73%和 72.53%，这表明该区域的基础设施的城市化过程依然有所发展，但人口的城市化已经呈现了下降的发展态势，在这样的背景之下，随着城市社会经济的进一步发展，作为面积占比第二的林木树冠覆盖区域，必然会成为城市基础设施完善建设时用地侵占的首选，从而会导致这些区域的林木树冠覆盖的总体下降，进而给区域城市的可持续发展带来潜在的不利影响。

参考文献

[1]　Adam Berland. Long-term urbanization effects on tree canopy cover along an urban-rural gradient，Urban Ecosyst，2012，15（3）：721-738.

[2]　Ali S.B.，Patnaik S.，Madguni，O.Microclimate land surface temperatures across urban land use/land cover forms，Global J. Environ. Sci. Manage.，2017，3（3）：231-242 .

[3]　Beckett K，Freer-Smith P，Taylor G. Effective tree species for local air quality management. J Arboric Urban For，2000，26：12-19.

[4]　Bottalico F.，Chirici G.，Giannetti F.，et al. Air Pollution Removal by Green Infrastructures and Urban

Forests in the City of Florence，Agriculture and Agricultural Science Procedia，2016，8：243-251.

[5] Bowler D E，Buyung-Ali L，Knight T M，et al. Urban greening to cool towns and cities：A systematic review of the empirical evidence. Landscape and Urban Planning，2010，97（3）：147-155. DOI：https：//doi.org/10.1016/j.landurbplan.2010.05.006.

[6] Bowler D E，Buyung-Ali L，Knight T M，et al. Urban greening to cool　town and cities：A systematic review of empirical evidence，Landscape and Urban Planning，2010，97：147-155.

[7] Chiesura A. The role of urban parks for the sus tainable city. Landscape and Urban Planning，2004，68（1）：129-138. DOI：https：//doi.org/10.1016/j.landurb plan.2003.08.003.

[8] Haase D. Sustainable Landscape Design，Urban Forestry and Green Roof Science and Technology，Introduction. In: Meyers R.A.（eds）Encyclopedia of Sustainability Science and Technology. Springer，New York，NY，2012.

[9] Hamilton I，Stock J，Evan S，et al. The impact of the London Olympic Parkland on the urban heat island，Journal of Building Performance Simulation，2014，7（2）：119-132.

[10] Kabisch N，Haase D. Green spaces of European cities revisited for 1990—2006. Landscape and Urban Planning，2013，110，113-122.

[11] Krzyżaniak M，Świerk D，Szczepańska M，et al. Changes in the area of urban green space in cities of western Poland. Bulletin of Geography. Socio-economic Series，2018，39（39）：65-77. DOI：http：// doi.org/10.2478/bog-2018-0005.

[12] Maller C，Townsend M，Pryor A，et al. Healthy nature healthy people："contact with nature" as an upstream health promotion intervention for populations. Health Promotion International，2006，21（1）：45-54. DOI：https：//doi.org/10.1093/heapro/dai032.

[13] Moskal L M，Styers D M，Halabisky M. Monitoring urban tree cover using object-based image analysis and public domain remotely sensed data. Remote Sensing，2011，3（10）：2243-2262.

[14] Nowak D J，Crane D E，Stevens J C. Air pollution removal by urban trees and shrubs in the United States. Urban Forestry & Urban Greening，2006，4：115-123.

[15] Nowak D J，Greenfield E J. Tree and impervious cover change in U.S. cities，Urban forestry & Urban Greening，2012，11：21-30.

[16] Nowak D J，Walton J T. Projected Urban Growth（2000—2050）and Its Estimated Impact on the US Forest Resource，Journal of Forestry，2005，103（8）：383-389.

[17] Ragusa A T. Seeking Trees or Escaping Traffic？ Socio-Cultural Factors and'Tree-Change' Migration in Australia. In：Luck G.，Black R.，Race D.（eds）Demographic Change in Australia's Rural Landscapes. Landscape Series，2010，12.

[18] Richardson J，Moskal L. Uncertainty in urban forest canopy assessment：Lessons from seattle，WA，USA，Urban Forestry and Urban Greening，2014，13（1）：152-157.

[19] Scholz T，Hof A，Schmitt T. Cooling Effects and Regulating Ecosystem Services Provided by Urban Trees—Novel Analysis Approaches Using Urban Tree Cadastre Data，Sustainability，2018，10（3）：712.

[20] Tzoulas K，Korpela K，Venn S，et al. Promoting ecosystem and human health in urban areas using Green Infrastructure：A literature review. Landscape and Urban Planning，2007，81（3）：167-178.

[21] Vailshery L S，Jaganmohan M，Harini N H. Effect of street trees on microclimate and air pollution in a tropical city，Urban Forestry & Urban Greening，2013，12：408-415.

[22] Wu Z M，Huang C L，Wu W Y，et al. Urban forestry structure in Hefei，China，In：Margret M. Carreiro，Yong-Chang Song，Jianguo Wu editors，Ecology，Planning，and Management of Urban Forests，Springer，2008：279-292.

[23] Xiaolu Zhou，Yi-chen Wang，Spatial-temporal dynamics of urban green space in response to rapid urbanization and green policies，Landscape and urban planning，2011，100：268-277.

[24] Yang J，McBride J，Zhou J，et al. The urban forest in Beijing and its role in air pollution reduction. Urban Forestry & Urban Greening，2005，3：65-78.

[25] Zhang Y，Song W，Chen W，et al. The Cultural Ecology Protection and Management of Urban Forests in China，Asian Agricultural Research，2013，5（9）：116-119.

[26] 贾宝全，王成，邱尔发，等. 城市林木树冠覆盖研究进展. 生态学报，2013，33（1）：23-32.

[27] 吕拉昌，黄茹. 新中国成立后北京城市形态与功能演变. 广州：华南理工大学出版社，2016.

[28] 宋宜昊. 基于易康软件平台下的北京城区林木树冠覆盖解译与检验. 北京：中国林业科学研究院，2016.

[29] 谢高地，张彪，鲁春霞，等. 北京城市扩张的资源与环境效应. 资源科学，2015，37（6）：1108-1114.

第 14 章

城市林木树冠覆盖的景观格局梯度特征

城市树冠覆盖的梯度变化是树冠覆盖研究的主要内容之一。但在已有梯度变化的研究中，研究对象多集中为绿地覆盖（green space coverage）。如Nowak 等（1996）对美国主要城市的城市植被覆盖度进行的分析。Dallimer 等对 1991—2006 年英格兰主要城市植被覆盖变化特征进行的研究（Dallimer et al.，2011）。Fuller 等对欧洲 386 个城市绿地植被覆盖与城市大小、人口规模的分析（Fuller and Gaston，2009）。Zhao 等（2013）对中国 286 个城市的绿地植被覆盖。Yang 等（2014）对中国 30 个大型城市的研究。但这些研究只是着眼于城市间植被覆盖的比较，对单个城市内的植被覆盖的研究还较为缺乏。目前，对于单个城市的树冠覆盖研究，朱耀军等（2011）、姚佳等（2015）、王近秋等（2011）等分别对广州、北京北部和上海浦东三个地区的树冠覆盖进行了探索。这些研究多选择单一时段开展相关的格局梯度研究，对城市树冠覆盖的时空变化特征的分析还不深入。

北京市是中国的特大城市之一，其城市扩张速度以及城市植被建设均具有典型性。经济上表现出从城市核心区、城乡过渡区到远郊区的有序过渡，映射出人类活动从高强度区（城区）、中等强度区（城乡过渡区）到一般强度区（远郊区）的完整变化过程。因此，本章将以样带研究法，分析其在东—西和南—北两条样带上的林木树冠覆盖斑块景观格局的梯度分布特征，以为今后城市植被建设提供参考。

14.1　研究方法

14.1.1　样带划分

根据以往对北京市城乡景观格局梯度时空变化方面的研究，选取的样带宽度大体在 3～6 km（王静爱等，2002；周亮等，2006；全泉等，2008；姚佳等，2015）。本研究考虑到北京市中轴线是城市化发展的重要地区，景观异质性大，因此参照姚佳等研究（姚佳等，2015），W-E 和 N-S 样带宽度选定为 5 km。W-E 样带东起通州区，西到石景山区，共 8 个 5 km×5 km 的正方形样方，总长度 40 km，总面积 20 000 hm²；N-S 样带北起昌平区，南至大兴区，共有 8 个 5 km×5 km 的正方形样方，总长度 40 km，总面积 20 000 hm²（图 14-1）。

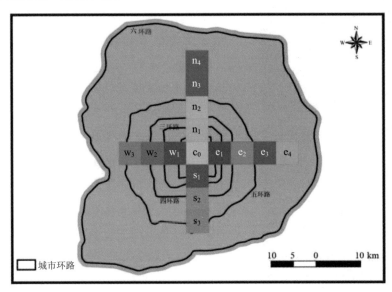

图 14-1　研究区位置图（样方代码与后面分析图相同）

14.1.2　树冠覆盖斑块连接度

景观连接度主要研究景观斑块之间联系，可表征斑块分布对某种生态过程的作用。景观连接度对生态系统功能，如种子扩散、动物迁移、基因流动、干扰渗透和土壤的侵蚀等具有重要影响，关系到生态系统完整性、可持续性和稳定性。近年来，连接度在景观生态研究中渐趋普遍（陈杰等，2012；Uezu et al.，2005）。通过对北京市南北轴线和东西轴线上各样方树冠覆盖斑块的连接度评价，可以识别各样方内关键的树冠覆盖斑块，以探索这些斑块分布格局的特点。在研究中，将空间最大距离选定为 500 m，超过 500 m 的斑块则认为空间不连接。之所以选定 500 m 作为最大距离阈值，是因为城市绿地的降温距离多在 500 m 以内，而在城市中心区域，有关动物运动距离等生物多样性方面的指标可不予考虑，因此在仅考虑绿地降温效应这一生态功能时，将最大距离阈值设定为 500 m。一般认为，面积达 9 800 m^2 的绿地斑块可形成内部生境，因此将能够形成内部生境的斑块作为连接度分析的对象，将斑块面积阈值设定为 0.98 hm^2，小于 0.98 hm^2 的树冠覆盖斑块则不予考虑。为确定每一树冠覆盖斑块对景观连接度的贡献程度，对每一树冠覆盖斑块的连接度（IIC）进行计算。通过连接度可以表征北京市中轴线树冠覆盖斑块的重要程度。

14.2　树冠覆盖总体变化

14.2.1　南北轴线总体变化

2002 年和 2013 年，北京市东西轴线各样方林木树冠覆盖率分布呈相反特征（图 14-2）。2002 年，林木树冠覆盖率最大值出现在 n$_1$ 样方，达 25.05%。自 c$_0$ 样方向东西两侧，林木树冠覆盖率逐渐减小，到 s$_3$ 和 n$_4$ 样方，林木树冠覆盖率分别为 19.69% 和 16.02%。

2013 年，林木树冠覆盖率最小值出现在 c$_0$ 样方，为 19.86%。自 c$_0$ 样方向西，林木树冠覆盖率逐渐增大，到 s$_2$ 样方，林木树冠覆盖率达 30.09%；在 s$_3$ 样方，其林木树冠覆盖率则回落到 23.50%。自 c$_0$ 样方向东，林木树冠覆盖率逐渐增大到 n$_3$ 样方的 40.95%；而在 n$_4$ 样方林木树冠覆盖率回落到 37.86%。

回归分析显示，2002 年和 2013 年，东西轴线林木树冠覆盖率与二次曲线拟合度较高，两期 R^2 值分别达 0.85 和 0.60，显示出明显的城乡梯度变化特征，其中，2002 年东西轴线城区林木树冠覆盖率高于城市外围，而 2013 年则相反，城区林木树冠覆盖率低于城市外围，但城乡梯度相对不明显。

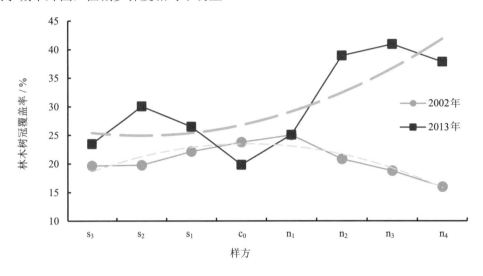

图 14-2　2002 年和 2013 年南北轴线树冠覆盖率梯度变化

14.2.2　东西轴线总体变化

2002 年和 2013 年，北京市东西轴线各样方林木树冠覆盖率分布呈现相反特征（图 14-3）。2002 年，林木树冠覆盖率最大值出现在 c_0 样方，达 23.81%。自 c_0 样方向东西两侧，林木树冠覆盖率逐渐减小，到 w_3 和 e_4 样方，林木树冠覆盖率分别为 21.53%和 17.93%。

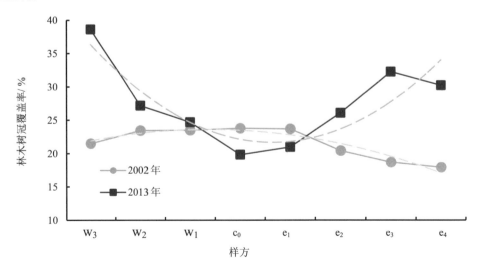

图 14-3　2002 年和 2013 年东西轴线树冠覆盖率梯度变化

2013 年，林木树冠覆盖率最小值出现在 c0 样方，为 19.86%。自 c0 样方向西，林木树冠覆盖率逐渐增大，到 w_3 样方，林木树冠覆盖率达 38.63%。自 c0 样方向东，林木树冠覆盖率逐渐增大到 e3 样方的 32.28%；而在 e4 样方林木树冠覆盖率又回落到 30.25%。

回归分析显示，2002 年和 2013 年，东西轴线树冠覆盖 PLAND 与二次曲线拟合度较高，两期 R^2 值分别达 0.79 和 0.90，显示出明显的城乡梯度变化特征，其中，2002 年东西轴线城区树冠覆盖高于城市外围，而 2013 年则相反，城区树冠覆盖低于城市外围，且城乡梯度表现得更为明显。

14.3　树冠覆盖斑块等级梯度变化分析

14.3.1　南北轴线斑块等级变化

（1）小型斑块。2002 和 2013 年，南北轴线各样方树冠覆盖小型斑块数量梯度分布见图 14-4。2002 年，n_1 样方小型斑块数量最大，达 10 740 个；c0 样方小型斑块 9 432 个。自 c_0 向南，小斑块数量逐渐减少，到 s_3 样方，小型斑块数量达 8505 个。自 n_1 样方向北，小型斑块数量逐渐减少到 n_3 样方的 6 557 个，而后在 n_4 样方有小幅增加，达 6 884 个。

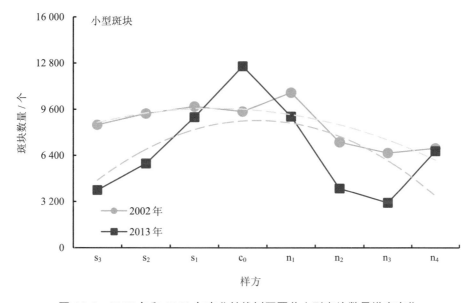

图 14-4　2002 年和 2013 年南北轴线树冠覆盖小型斑块数量梯度变化

2013 年，小型斑块数量最大值出现在 c_0 样方，达 12 568 个。自此向南，小型斑块数量逐渐减少，到 s_3 样方，小型斑块数量为 3987 个。自 c_0 样方向北，小型斑块数量逐渐减少到 n_3 样方的 3 104 个，而后在 n_4 样方有小幅增加，达 6 684 个。

回归分析显示，2002 年和 2013 年树冠覆盖小型斑块数量与二次曲线拟合度较高，R^2 值分别为 0.67 和 0.35，显示出较强的城乡梯度分布特征，具体表现为小型斑块城市中心较多、城市外围较少的分布特征。从变幅来看，研究期内南北轴线城市外围小型斑块数量减幅大于城市中心。

（2）中型斑块。2002 年和 2013 年，南北轴线各样方树冠覆盖中型斑块数量梯度分布见图 14-5。2002 年，n_1 样方小型斑块数量最大，达 1 482 个。自此向南北两侧，中型斑块数量逐渐减少，到 s_3 和 n_4 样方，中型斑块数量分别为 745 个和 741 个。

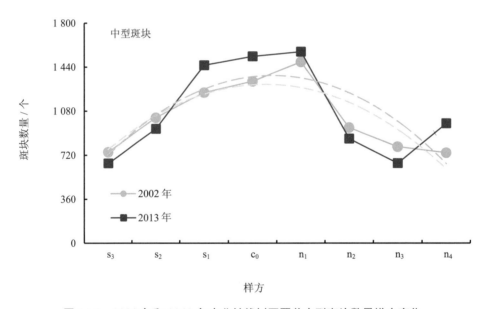

图 14-5　2002 年和 2013 年南北轴线树冠覆盖中型斑块数量梯度变化

2013 年，中型斑块数量较大值出现在 s_1、c_0 和 n_1 样方，分别达 1 455 个、1 427 个和 1 565 个。自 s_1 向南，中型斑块数量逐渐减少，到 s_3 样方，中型斑块数量为 653 个。自 n_1 样方向北，中型斑块数量逐渐减少到 n_3 样方的 655 个，而后在 n_4 样方增加到 980 个。

回归分析显示，2002 年和 2013 年树冠覆盖小型斑块数量与二次曲线拟合度较高，R^2 值分别为 0.52 和 0.78，显示出较强的城乡梯度分布特征，具体表现为中型斑块城市中心较多、城市外围较少的分布特征。从变幅来看，研究期内中型斑块数量变幅差异较小。

（3）大型斑块。2002 年和 2013 年，南北轴线各样方树冠覆盖大型斑块数量梯度分布见图 14-6。2002 年，n_1 样方小型斑块数量最大，达 418 个。自此向南，大型斑块数量呈波动减少，到 s_3 样方，大型斑块数量 227 个。自 n_1 样方向北，大型斑块数量逐渐减少，到 n_4 样方，大型斑块数量 224 个。

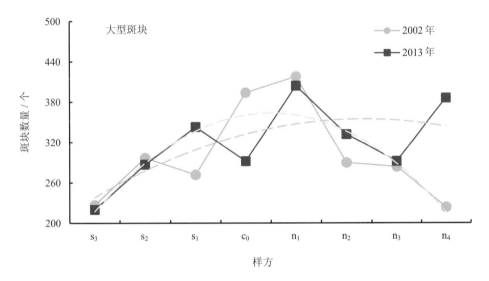

图 14-6　2002 年和 2013 年南北轴线树冠覆盖大型斑块数量梯度变化

2013 年，大型斑块数量较大值出现在 n_1 样方，数量达 404 个。自 n_1 向南，大型斑块数量呈波动减少，到 s_3 样方，大型斑块数量为 220 个。自 n_1 样方向北，大型斑块数量逐渐减少到 n_3 样方的 292 个，而后在 n_4 样方增加到 386 个。

回归分析显示，2002 年树冠覆盖大型斑块数量与二次曲线拟合度较高，R^2 值为 0.69，显示较强的城乡梯度分布特征，具体表现为大型斑块城市中心较多、城市外围较少的分布特征。从变幅来看，研究期内大型斑块数量变幅无明显变化规律。

（4）超大型斑块。2002 年和 2013 年，南北轴线各样方树冠覆盖超大型斑块数量梯度分布见图 14-7。2002 年，各样方超大型斑块数量大体在 50～65 个。其中，$s_2 \sim n_2$ 样方超大型斑块数量均在 60 个以上；s_3、n_3 样方超大型斑块数量最少，均为 52 个。

2013 年，超大型斑块数量最小值出现在 c_0 样方，数量达 32 个。自此向南，大型斑块数量先增加到 s_2 样方的 60 个，而后在 s_3 样方回落至 50 个。自 c_0 样方向北，超大型斑块数量呈波动增加，到 n_4 样方，超大型斑块数量达 108 个。

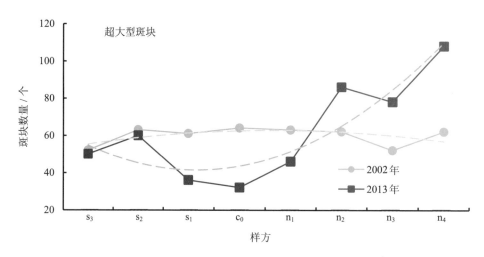

图 14-7 2002 年和 2013 年南北轴线树冠覆盖超大型斑块梯度变化

回归分析显示,2013 年树冠覆盖超大斑块数量与二次曲线拟合度较高,R^2 值为 0.81,显示出较强的城乡梯度分布特征,具体表现为超大型斑块数量城市中心较少、城市外围较多的分布特征。从变幅来看,研究期内大型斑块数量变幅在北段大于南段,但无明显城乡梯度分布规律。

(5)巨大型斑块。2002 年和 2013 年,南北轴线各样方树冠覆盖巨大型斑块数量梯度分布见图 14-8。2002 年,巨大型斑块最多的样方出现在 s_3,达 14 个。自此向北,大型斑块数量呈波动减少,到 n_4 样方,巨大型斑块数量仅为 8 个。

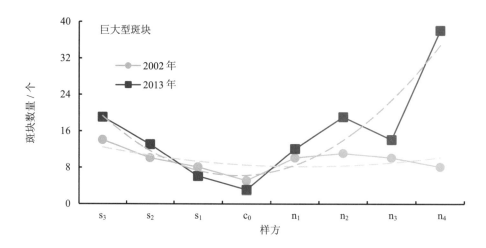

图 14-8 2002 年和 2013 年南北轴线树冠覆盖巨大型斑块梯度变化

2013 年，巨大型斑块数量最小值出现在 c_0 样方，数量为 3 个。自 c_0 样方向南，巨大型斑块数量逐渐增大，到 s_3 样方，巨大型斑块数量为 19 个。自 c_0 样方向北，巨大型斑块数量呈波动增大，到 n_4 样方，巨大型斑块数量为 38 个。

回归分析显示，2013 年树冠覆盖巨大型斑块数量与二次曲线拟合度较高，R^2 值为 0.83，显示较强的城乡梯度分布特征，具体表现为巨大型斑块城市中心较少、城市外围较多的分布特征。从变幅来看，研究期内巨大型斑块数量在城市外围有所增大，而在城市中心则有所减小。

14.3.2　东西轴线斑块等级变化

（1）小型斑块。2002 年和 2013 年，东西轴线各样方树冠覆盖小型斑块数量梯度分布见图 14-9。2002 年，小型斑块数量呈 "M" 形分布。w_2 和 e_1 样方小型斑块数量最大，分别达 14 006 个和 12 345 个；w_1 样方有小型斑块数量谷值 7 038 个。自 e_1 样方向动，小型斑块数量逐渐减少，到 e_4 样方，小型斑块为 6 372 个。

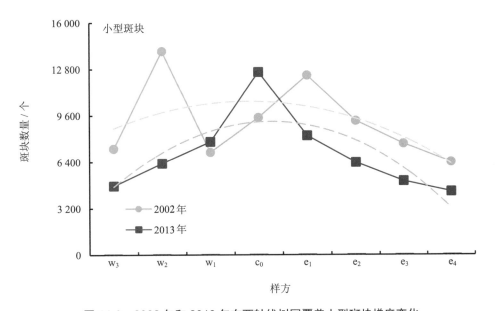

图 14-9　2002 年和 2013 年东西轴线树冠覆盖小型斑块梯度变化

2013 年，小型斑块数量最大值出现在 c_0 样方，达 12 568 个。自此向东西两侧，小型斑块数量逐渐减少，在 s_3 和 e_4 样方，小型斑块数量分别为 4 720 个和 4 329 个。

回归分析显示，2013 年树冠覆盖小型斑块数量与二次曲线拟合度较高，R^2 值可达 0.64，显示较强的城乡梯度分布特征，具体表现为小型斑块城市中心较多、城市外围较小的分布特征。从变幅来看，研究期内东西轴线小型斑块数量减少，城市外围减幅稍大于城市中心。

（2）中型斑块。2002 年和 2013 年，东西轴线各样方树冠覆盖中型斑块数量梯度分布见图 14-10。2002 年，w_2 样方中型斑块数量最大，达 1 421 个。自此向东，中型斑块数量逐渐减小，到 e_3 样方，中型斑块数量为 840 个；到 e_4 样方，中型斑块有所增多，数量为 958 个。

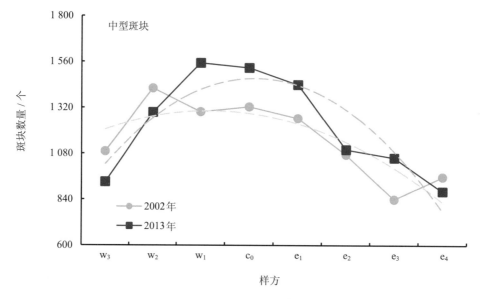

图 14-10　2002 年和 2013 年东西轴线树冠覆盖中型斑块梯度变化

2013 年，中型斑块数量较大值出现在 w_1、c_0 和 e_1 样方，分别达 1 552 个、1 527 个和 1 439 个。自 w_1 向西，中型斑块数量逐渐减少，到 s_3 样方，中型斑块为 931 个。自 e_1 样方向东，中型斑块数量也逐渐减少，到 e_4 样方，中型斑块为 882 个。

回归分析显示，2013 年树冠覆盖中型斑块数量与二次曲线拟合度较高，R^2 值可达 0.82，显示较强的城乡梯度分布特征，具体表现为中型斑块城市中心较多、城市外围较少的分布特征。2002 年中型斑块数量则显示出西段多于东段的特征。从变幅来看，研究期内东西轴线中型斑块数量增多。

（3）大型斑块。2002 年和 2013 年，东西轴线各样方树冠覆盖大型斑块数量梯度分布见图 14-11。2002 年，大型斑块数量较大值出现在 w_1 和 c_0 样方，分别达 398 个和 394 个。自 w_1 样方向西，大型斑块数量逐渐减小，到 w_3 样方，大型斑块数量为 332 个。自 c_0 向东，大型斑块数量逐渐减小，到 e_4 样方，大型斑块数量为 254 个。

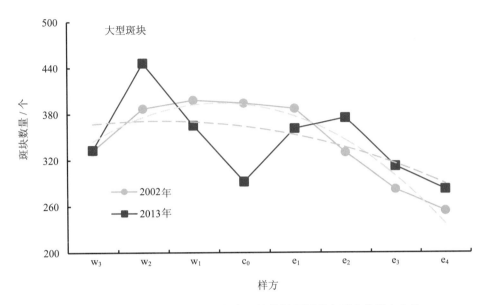

图 14-11　2002 年和 2013 年东西轴线树冠覆盖大型斑块梯度变化

2013 年，大型斑块数量最大值出现在 w_1 样方，斑块数量为 446 个。在 c_0 样方处有谷值，为 292 个。自 w_2 向东，大型斑块数量波动减少，到 e_4 样方，大型斑块 282 个。

回归分析显示，2002 年树冠覆盖大型斑块数量与二次曲线拟合度较高，R^2 值可达 0.94，显示较强的城乡梯度分布特征，具体表现为大型斑块城市中心较多、城市外围较少的分布特征。2013 年大型斑块数量则显示出西段多于东段的特征。从变幅来看，研究期内东西轴线城市中心大型斑块数量增多。

（4）超大型斑块。2002 年和 2013 年，东西轴线各样方树冠覆盖超大型斑块数量梯度分布见图 14-12。2002 年，大型斑块数量较大值出现在 w_3 和 w_2 样方，分别达 65 个和 72 个。自 w_2 样方向东，超大型斑块数量波动减小，到 e_4 样方，超大型斑块数量 332 个。自 c_0 向东，大型斑块数量逐渐减小，到 e_2 样方，超大型斑块数量 54 个。在 e_3 和 e_4 样方，超大型斑块数量增大。

2013 年，超大型斑块数量最小值出现在 c_0 样方，斑块数量 32 个。自此向西，超大型斑块数量逐渐增大，在 w_3 样方，斑块数量达 99 个。自 c_0 样方向东，超大型斑块数量逐渐增大，到 e_2 样方，斑块数量 78 个；而后在 e_3 和 e_4 样方，超大型斑块数量逐渐减小。

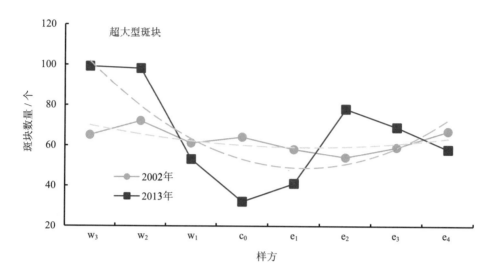

图 14-12　2002 年和 2013 年东西轴线树冠覆盖超大型斑块梯度变化

　　回归分析显示，2013 年树冠覆盖超大型斑块数量与二次曲线拟合度较高，R^2 值可达 0.53，显示出较强的城乡梯度分布特征，具体表现为超大型斑块城市中心较少、城市外围较多的分布特征。2002 年超大型斑块数量则显示出西段多于东段的特征。从变幅来看，研究期内东西轴线西段大型斑块数量增幅较大。

　　（5）巨大型斑块。2002 年和 2013 年，东西轴线各样方树冠覆盖巨大型斑块数量梯度分布见图 14-13。2002 年，各样方巨大型斑块数量维持在 5～10 个。

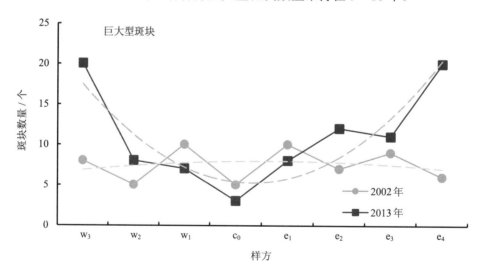

图 14-13　2002 年和 2013 年东西轴线树冠覆盖巨大型斑块梯度变化

2013 年，巨大型斑块数量最小值出现在 c_0 样方，斑块数量为 3 个。自此向西，超大型斑块数量逐渐增大，在 w_3 样方，斑块数量达 20 个。自 c_0 样方向东，超大型斑块数量波动增大，到 e_4 样方，斑块数量为 2 个。

回归分析显示，2013 年树冠覆盖巨大型斑块数量与二次曲线拟合度较高，R^2 值可达 0.83，显示出较强的城乡梯度分布特征，具体表现为巨大型斑块城市中心较少、城市外围较多的分布特征。从变幅来看，研究期内东西轴线城市中心巨大型斑块有所减少，而城市外围则有所增多。

14.4　树冠覆盖格局特征变化分析

14.4.1　景观多样性指数（SHDI）变化分析

（1）南北轴线。2002 年和 2013 年，北京市南北轴线均呈现 "V" 形分布特征（图 14-14）。2002 年，SHDI 较小值出现在 n_1 样方，其值为 0.79。自 n_1 样方向南北两侧，SHDI 逐渐升高，到 s_3 和 n_4 样方，SHD 分别达 1.37 和 1.50。

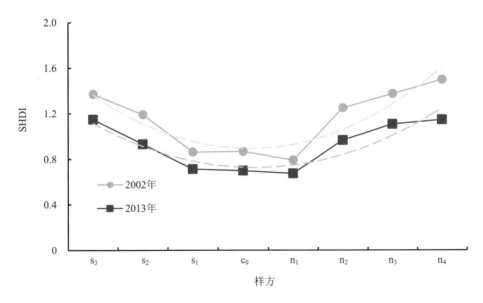

图 14-14　2002 年和 2013 年南北样带 SHDI 梯度变化

2013 年，SHDI 较小值出现在 n_1 样方，其值为 0.68。自此向西，SHDI 逐渐增大，到 s_3 样方，SHDI 达 1.15。自此向东，SHDI 也逐渐增大，到 n_4 样方，SHDI 达 1.15。

回归分析显示，2002 年和 2013 年，南北轴线 SHDI 与二次曲线拟合度较高，两期 R^2 值均为 0.83，显示出明显的城乡梯度变化特征。但 2013 年南北轴线各样方 SHDI 均小于 2002 年，表明 2013 年南北轴线 SHDI 有所减小。

（2）东西轴线。2002 年和 2013 年，北京市东西轴线均呈现"V"形分布特征（图 14-15）。2002 年，SHDI 最小值出现在 e_1 样方，其值为 0.83；在 w_2、w_1 和 c_0 样方，SHDI 大体维持在 0.84～0.87。w_3 样方 SHDI 增大到 1.13。而自 e_1 样方向东，SHDI 逐渐增大，到 e_4 样方，SHDI 为 1.31。

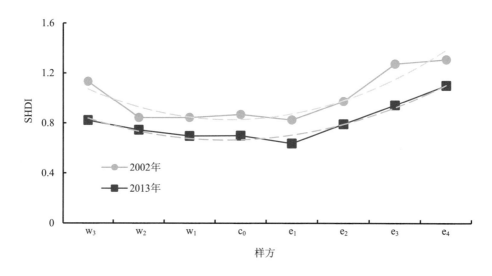

图 14-15　2002 年和 2013 年东西轴线 SHDI 梯度变化

2013 年，SHDI 较小值出现在 e_1 样方，SHDI 为 0.70。自此向西，SHDI 逐渐增大，到 w_3 样方，SHDI 达 0.82。自此向东，SHDI 也逐渐增大，到 e_4 样方，SHDI 达 1.10。

回归分析显示，2002 年和 2013 年，东西轴线 SHDI 与二次曲线拟合度较高，两期 R^2 值分别达 0.87 和 0.96，显示出明显的城乡梯度变化特征，其中 2013 年表现得更为明显。但 2013 年东西轴线各样方 SHDI 均小于 2002 年，表明 2013 年东西轴线 SHDI 有所减小。

14.4.2　景观均匀度指数（SHEI）变化分析

（1）南北轴线。2002 年和 2013 年，北京市南北轴线 SHEI 均呈现"V"形分布特征（图 14-16）。2002 年，SHEI 较小值出现在 n_1 样方，其值为 0.44。自 n_1 样方向南，SHEI 逐渐升高，到 s_3 样方，SHEI 达 0.77；自 n_1 样方向北，SHEI 也逐渐升高，到 n_4

样方，SHEI 达 0.84。

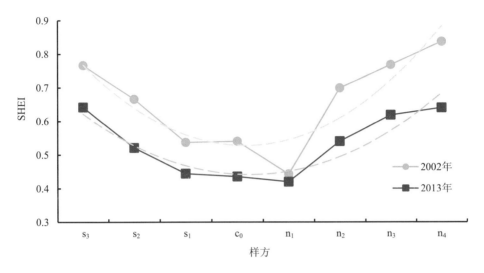

图 14-16　2002 年和 2013 年南北轴线 SHEI 梯度变化

2013 年，SHEI 较小值出现在 n_1 样方，SHEI 为 0.42。自此向西，SHDI 逐渐增大，到 s_3 样方，SHEI 达 0.64。自此向东，SHEI 也逐渐增大，到 n_4 样方，SHDI 达 0.64。

回归分析显示，2002 年和 2013 年，东西轴线 SHDI 与二次曲线拟合度较高，两期 R^2 值分别达 0.81 和 0.87，显示出明显的城乡梯度变化特征，其中 2013 年表现得更为明显。但 2013 年南北轴线各样方 SHEI 小于 2002 年，表明 2013 年南北轴线整体上 SHEI 有所减小。

（2）东西轴线。2002 年和 2013 年，北京市东西轴线 SHEI 大体呈现"V"形分布特征（图 14-17）。2002 年，SHEI 较小值出现在 w_2 样方，SHEI 分别为 0.47；w_1、c_0、e_1 和 e_2 样方 SHEI 大体在 0.51～0.55。自 e_2 样方向东，SHEI 逐渐增大，到 e_4 样方，SHEI 达 0.73。

2013 年，东西轴线除 w_1 和 w_2 样方外，其余样方 SHEI 均小于 2002 年，表明 2013 年东西轴线整体上 SHEI 有所减小。SHEI 较小值出现在 e_1 和 w_2 样方，为 0.40 和 0.42；c_0 和 w_1 样方 SHEI 稍高，分别为 0.44 和 0.43。自 w_2 向西，w_3 样方 SHEI 达 0.51。自 e_1 样方向东，SHEI 也逐渐增大，到 e_4 样方，SHEI 达 0.62。

回归分析显示，2002 年和 2013 年，东西轴线 SHEI 与二次曲线拟合度较高，两期 R^2 值分别达 0.80 和 0.92，显示出明显的城乡梯度变化特征，其中 2013 年表现得更为明显。但 2013 年东西轴线各样方 SHEI 小于 2002 年，表明 2013 年南北轴线整体上 SHEI 有所减小。

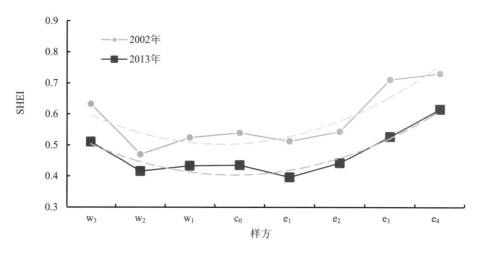

图 14-17　2002 年和 2013 年东西轴线 SHEI 梯度变化

14.4.3　树冠覆盖平均斑块大小（MPS）变化分析

（1）南北轴线。2002 年和 2013 年，北京市东西轴线 SHEI 大体呈现 "V" 形分布特征（图 14-18）。2002 年，南北轴线树冠覆盖 MPS 的最大值出现在 n_3 样方，MPS 为 $0.062\ hm^2$。自此向南，MPS 呈波动减小，在 n_1 样方 MPS 减小到 $0.048\ hm^2$，而后在 c_0 样方增加到 $0.054\ hm^2$，之后又减小到 s_2 样方的 $0.046\ hm^2$。

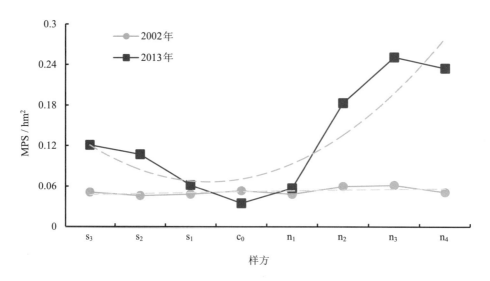

图 14-18　2002 年和 2013 年南北轴线树冠覆盖 MPS 梯度变化

2013 年，MPS 最小值出现在 c_0 样方，为 0.035 hm^2。自此向南，MPS 逐渐增大，到 s_3 样方，MPS 为 0.121 hm^2。自 c_0 样方向北，MPS 逐渐增大，到 n_3 样方达最大值 0.252 hm^2，而在 n_4 样方则回落至 0.235 hm^2。

回归分析显示，2013 年，南北轴线 MPS 与二次曲线拟合度较高，R^2 值达 0.79，显示出明显的城乡梯度变化特征，城市中心 MPS 较小，而城市外围 MPS 较大。而 2002 年树冠覆盖 MPS 的城乡梯度不明显，大体呈现出北段高于南段的分布特征。2013 年南北轴线各样方 MPS 均大于 2002 年，表明 2013 年南北轴线整体上树冠覆盖斑块增大。

（2）东西轴线。2002 年和 2013 年，北京市东西轴线 SHEI 大体呈现"V"形分布特征（图 14-19）2002 年，东西轴线树冠覆盖 MPS 呈"W"形分布。MPS 的峰值点出现在 w_3 和 w_1 样方，MPS 分别为 0.062 hm^2 和 0.067 hm^2；MPS 的谷值点出现在 w_2 和 e_1 样方，MPS 分别为 0.037 hm^2 和 0.042 hm^2。自 e_1 样方向东，MPS 逐渐增大，到 e_4 样方 MPS 为 0.060 hm^2。

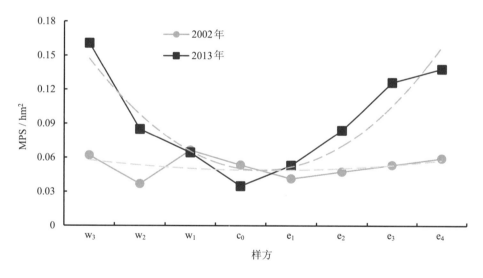

图 14-19　2002 年和 2013 年东西轴线树冠覆盖 MPS 梯度变化

2013 年，MPS 最小值出现在 c_0 样方，MPS 为 0.035 hm^2。自 c_0 样方向东西两侧，MPS 逐渐增大，到 w_3 和 e_4 样方，MPS 分别为 0.161 hm^2 和 0.138 hm^2。

回归分析显示，2013 年，东西轴线 MPS 与二次曲线拟合度较高，R^2 值达 0.88，显示出明显的城乡梯度变化特征，城市中心 MPS 较小，而城市外围 MPS 较大。而 2002 年树冠覆盖 MPS 的城乡梯度不明显。2013 年南北轴线多数样方 MPS 均大于 2002 年，表明 2013 年南北轴线整体上树冠覆盖斑块增大。

14.4.4 树冠覆盖最大型斑块指数（LPI）变化分析

（1）南北轴线。2002年和2013年，北京市南北轴线树冠覆盖 LPI 梯度分布特征不同（图 14-20）。2002 年，树冠覆盖 LPI 最大值出现在 s_1 样方，LPI 达 2.30%。自此向两侧，LPI 呈波动减小，南段最小值 0.51% 出现在 s_2 样方，而北段最小值 0.39% 出现在 n_4 样方。

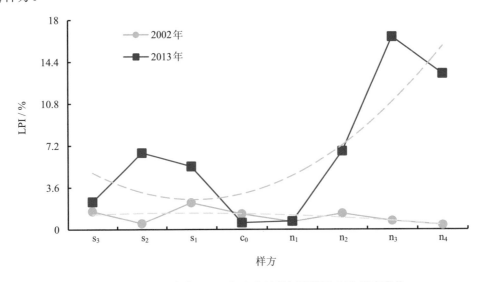

图 14-20　2002 年和 2013 年南北轴线树冠覆盖 LPI 梯度变化

2013 年，c_0 和 n_1 样方树冠覆盖 LPI 最小，分别为 0.57% 和 0.70%。自 c_0 样方向南，LPI 逐渐增大到 s_2 样方的 6.58%，而后在 s_3 样方回落至 2.38%。自 n_1 样方向北，LPI 逐渐增大到 n_3 样方的 6.73%，而后在 n_4 样方回落至 13.39%。

回归分析显示，2013 年，南北轴线树冠覆盖 LPI 与二次曲线拟合度较高，R^2 值可达 0.64，显示出明显的城区小、外围大的城乡梯度变化特征。而 2002 年 R^2 值仅为 0.29，这表明 2002—2013 年北京市南北轴线树冠覆盖 LPI 城乡梯度特征渐趋明显。

（2）东西轴线。2002年和2013年，北京市南北轴线树冠覆盖 LPI 梯度分布特征不同（图 14-21）。2002 年，树冠覆盖 LPI 最大值出现在 e_2 样方，LPI 达 1.79%。自此向东，LPI 逐渐减小，到 e_4 样方 LPI 仅 0.33%。自 e_2 向西，LPI 呈波动变化，e_1 样方 LPI 减小到 1.07，而后增加到 w_1 样方的 1.34，在 w_2 和 w_3 样方又逐渐减小。

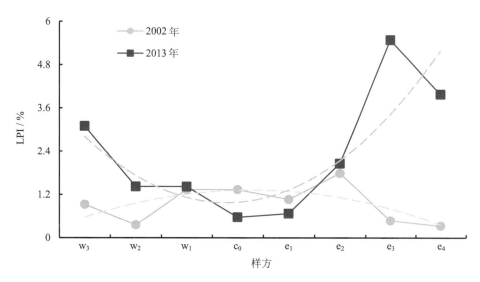

图 14-21　2002 年和 2013 年东西轴线树冠覆盖 LPI 梯度变化

2013 年，c_0 和 e_1 样方树冠覆盖 LPI 最小，分别为 0.57% 和 0.67%。自 c_0 样方向西，LPI 逐渐增大到 w_3 样方的 3.10%。自 c_0 样方向东，LPI 逐渐增大到 e_3 样方的 5.49%，而后在 e_4 样方回落至 3.98%。

回归分析显示，2002 年和 2013 年，南北轴线树冠覆盖 LPI 与二次曲线拟合度较高，R^2 值分别达 0.43 和 0.68，但 2002 年显示出明显的城区大、外围小的城乡梯度变化特征，而 2013 年则相反。而且，2002—2013 年北京市南北轴线树冠覆盖 LPI 城乡梯度特征渐趋明显。

14.4.5　树冠覆盖斑块密度（PD）变化分析

（1）南北轴线。2002 年和 2013 年，北京市南北轴线树冠覆盖 PD 呈较为明显的梯度分布特征（图 14-22）。2002 年，树冠覆盖 PD 最大值出现在 n_1 样方，PD 达 518 个/km²。自此向两侧，PD 呈波动减小，南段最小值 384 个/km² 出现在 s_3 样方，而北段最小值 303 个/km² 出现在 n_3 样方。

2013 年，c_0 样方树冠覆盖 PD 最大，达 567 个/km²。自 c_0 样方向南北两侧，PD 逐渐减小，在 s_3 和 n_4 样方，PD 分别为 194 个/km² 和 161 个/km²。

回归分析显示，2002 年和 2013 年，南北轴线树冠覆盖 PD 与二次曲线拟合度较高，R^2 值可达 0.68，显示出明显的城区大、外围小的城乡梯度变化特征。从两期 PD 变幅来看，城市外围 PD 减幅较大，体现 2013 年城市外围树冠覆盖斑块减少较多。

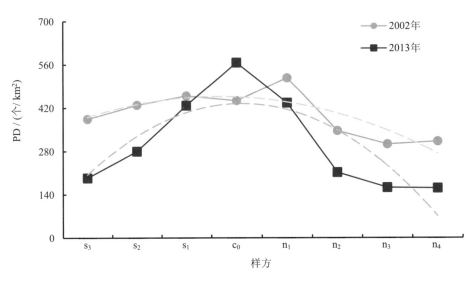

图 14-22　2002 年和 2013 年南北轴线树冠覆盖 PD 梯度变化

（2）东西轴线。2002 年和 2013 年，北京市东西轴线树冠覆盖 PD 呈较为明显的城乡梯度分布特征（图 14-23）。2002 年，树冠覆盖 PD 呈"M"形分布，最大值出现在 w_2 和 e_1 样方，PD 分别达 634 个/km^2 和 570 个/km^2。w_1 样方处有 PD 谷值，为 353 个/km^2。自 e_1 样方向东，PD 逐渐减小，到 e_4 样方，PD 仅 301 个/km^2。

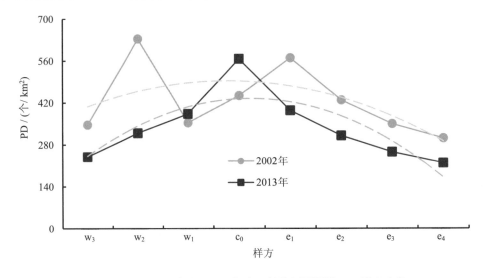

图 14-23　2002 年和 2013 年东西轴线树冠覆盖 PD 梯度变化

2013 年，c_0 样方树冠覆盖 PD 最大，达 567 个/km^2。自 c_0 样方向南北两侧，PD 逐渐减小，在 s_3 和 n_4 样方，PD 分别为 240 个/km^2 和 219 个/km^2。

回归分析显示，2013 年，东西轴线树冠覆盖 PD 与二次曲线拟合度较高，R^2 值可达 0.69，显示出明显的城区大、外围小的城乡梯度变化特征。而 2002 年东西轴线树冠覆盖 PD 的城乡梯度特征则不明显。从两期 PD 变幅来看，城市外围 PD 减幅稍大。与南北轴线相比，城市外围 PD 较大，显示出东西轴线外围树冠覆盖斑块多于南北轴线外围的特征。

14.4.6 树冠覆盖斑块的边缘密度（ED）变化分析

（1）南北轴线。2002 年和 2013 年，北京市南北轴线树冠覆盖 ED 呈现出较为明显的城乡梯度分布特征（图 14-24）。2002 年，树冠覆盖 PD 呈倒"V"形分布，最大值出现在 n_1 样方，ED 达 866.11 m/hm^2。自此向南，ED 逐渐减小，到 s_3 样方，ED 为 699.30 m/hm^2。自 n_1 样方向北，ED 迅速减小到 n_2 样方的 577.08 m/hm^2，而后在 n_3 和 n_4 样方大体保持在 570～580 m/hm^2。

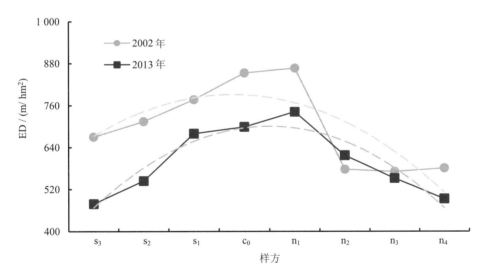

图 14-24　2002 年和 2013 年南北轴线树冠覆盖 ED 梯度变化

2013 年，n_1 样方树冠覆盖 ED 最大，达 741.29 m/hm^2。自 n_1 样方向南北两侧，ED 逐渐减小，在 s_3 和 n_4 样方，ED 分别为 478.11 m/hm^2 和 492.63 m/hm^2。

回归分析显示，2002 年和 2013 年，南北轴线树冠覆盖 ED 与二次曲线拟合度较高，R^2 值分别达 0.60 和 0.89，显示出明显的城区大、外围小的城乡梯度变化特征。从两期 ED 变幅来看，南北轴线南段 ED 减幅较大。

（2）东西轴线。2002 年和 2013 年，北京市东西轴线树冠覆盖 ED 呈较为明显的城乡梯度分布特征（图 14-25）。2002 年，树冠覆盖 ED 呈"M"形分布，最大值出现在 w_2 和 e_1 样方，ED 分别达 866.64 m/hm^2 和 867.14 m/hm^2。ED 谷值出现在 w_1 样方，其值为 762.77 m/hm^2。自 e_1 样方向东，ED 逐渐减小，到 e_4 样方，ED 仅 539.91 m/hm^2。

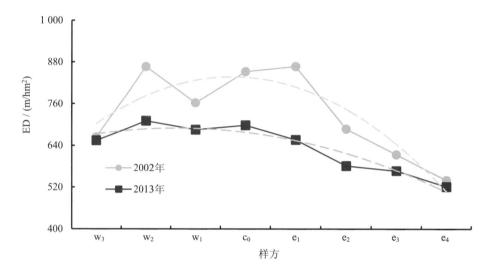

图 14-25　2002 年和 2013 年东西轴线树冠覆盖 ED 梯度变化

2013 年，w_2 样方树冠覆盖 ED 最大，达 710.59 m/hm^2。自 w_2 样方向东，ED 逐渐减小，在 e_4 样方，ED 仅 521.30 m/hm^2。

回归分析显示，2002 年和 2013 年，南北轴线树冠覆盖 ED 与二次曲线拟合度较高，R^2 值分别达 0.60 和 0.89，但 2013 年更多地显示出西段 ED 高于东段的特征，城乡梯度的特征不及 2002 年。从两期 ED 变幅来看，东西轴线终端 ED 减幅较大。

14.4.7　树冠覆盖斑块平均形状指数（MSI）变化分析

（1）南北轴线。2002 年和 2013 年，北京市南北轴线树冠覆盖 MSI 分布见图 14-26。2002 年，树冠覆盖 MSI 最大值出现在 s_3 样方，MSI 为 9.74。自此向北，MSI 呈波动减小，到 e_4 样方，MSI 仅 5.60。

2013 年，树冠覆盖 MSI 最小值出现在 c_0 样方，MSI 仅为 3.52。自此向南，MSI 逐渐增大，在 s_3 样方，MSI 为 9.27。自 c_0 样方向北，MSI 先增加到 n_3 样方的 13.42，而后在 n_4 样方回落到 10.41。

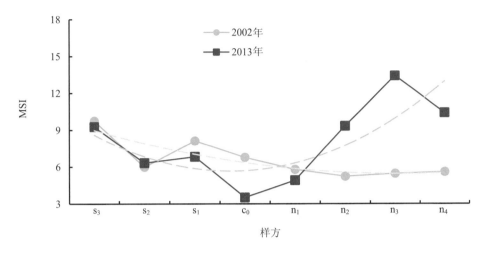

图 14-26　2002 年和 2013 年南北轴线树冠覆盖 MSI 梯度变化

回归分析显示，2002 年和 2013 年，南北轴线树冠覆盖 MSI 与二次曲线拟合度较高，R^2 值分别达 0.69 和 0.59，但 2002 年大体呈现出南段 MSI 高于北段的特征，其城乡梯度分布特征不及 2013 年。而 2013 年北段样方树冠覆盖 MSI 小于 2002 年，而南段则大于 2002 年，表明研究期内南北轴线南北两段树冠覆盖 MSI 变化不一致。

（2）东西轴线。2002 年和 2013 年，北京市东西轴线树冠覆盖 MSI 分布见图 14-27。2002 年，树冠覆盖 MSI 最大值出现在 e_1 样方，MSI 为 7.72。自此向东西两侧，MSI 均呈波动减小，到 w_3 和 e_4 样方，MSI 分别为 5.62 和 4.68。

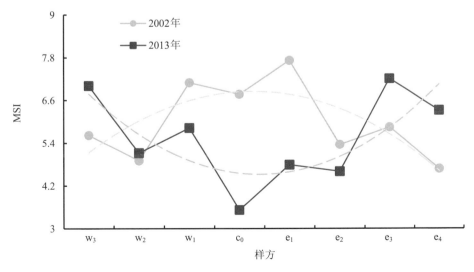

图 14-27　2002 年和 2013 年东西轴线树冠覆盖 MSI 梯度变化图

2013 年，树冠覆盖 MSI 最小值出现在 c_0 样方，MSI 仅为 3.52。自此向东西两侧，MSI 均呈波动增大，到 w_3 和 e_4 样方，MSI 分别为 7.01 和 6.32。

回归分析显示，2002 年和 2013 年，南北轴线树冠覆盖 MSI 与二次曲线拟合度较高，R^2 值分别达 0.55 和 0.57，但 2002 年表现出城市中心 MSI 较大而城市外围 MSI 较小的特征，2013 年则与之相反。此外，研究期内，城市中心 MSI 增大，而城市外围 MSI 减小，表明研究期间市中心树冠覆盖斑块形状渐趋狭长，而城市外围树冠覆盖斑块则较为规整。

14.4.8 树冠覆盖分维数（MPFD）变化分析

（1）南北轴线。2002 年和 2013 年，北京市南北轴线树冠覆盖 MPFD 分布见图 14-28。2002 年，树冠覆盖 MPFD 最大值出现在 s_3 样方，MPFD 为 1.397。自此向北，MPFD 呈波动减小，到 e_4 样方，MSI 仅 1.362。

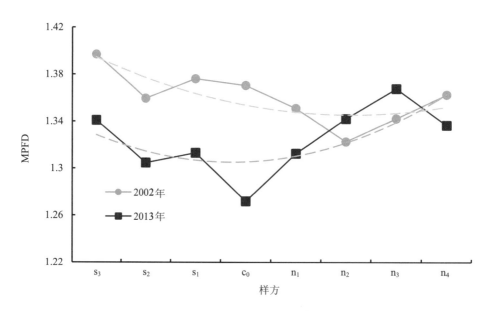

图 14-28　2002 年和 2013 年南北轴线树冠覆盖 MPFD 梯度变化

2013 年，树冠覆盖 MSI 最小值出现在 c_0 样方，其值仅为 1.272。自此向南，MSI 呈波动增大，在 s_3 样方，MSI 为 1.341。自 c_0 样方向北，MSI 先增加到 n_3 样方的 1.367，而后在 n_4 样方回落到 1.336。

回归分析显示，2013 年，南北轴线树冠覆盖 MPFD 与二次曲线拟合度较高，R^2 值分别达 0.44，但 2002 年大体呈现出南段 MSI 高于北段的特征，其城乡梯度分布特征不及 2013 年。而 2013 年南段样方树冠覆盖 MPFD 小于 2002 年，表明研究期内南北轴线南北两段树冠覆盖 MPFD 变化不一致。MPFD 与 MSI 城乡梯度分布较为一致。

（2）东西轴线。2002 年和 2013 年，北京市东西轴线树冠覆盖 MPFD 分布见图 14-29。2002 年，树冠覆盖 MSI 最大值出现在 e_1 样方，MSI 为 7.72。自此向东西两侧，MSI 均呈波动减小，到 w_3 和 e_4 样方，MPFD 分别为 1.339 和 1.322。

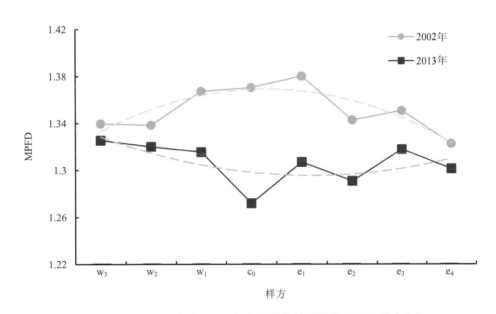

图 14-29　　2002 年和 2013 年东西轴线树冠覆盖 MPFD 梯度变化

2013 年，树冠覆盖 MPFD 最小值出现在 c_0 样方，MPFD 仅 1.272。自此向西，MPFD 逐渐增大，到 w_3 样方，MPFD 为 1.325。自 c_0 样方向东，MPFD 呈波动增大，到 e_4 样方，MPFD 为 1.301。

回归分析显示，2002 年和 2013 年，南北轴线树冠覆盖 MSI 与二次曲线拟合度较高，R^2 值分别达 0.73 和 0.39，其中 2002 年 MPFD 的城乡梯度分布特征更为明显。但 2002 年表现为城市中心 MPFD 较大而城市外围 MPFD 较小的特征，2013 年则与之相反。此外，研究期内，城市中心 MPFD 减幅较大，表明研究期间市中心树冠覆盖斑块形状渐趋相似的规则。

14.4.9　树冠覆盖斑块散布与并列指数（IJI）分析

（1）南北轴线。2002 年和 2013 年，北京市南北轴线树冠覆盖 IJI 呈较为明显的城乡梯度分布特征（图 14-30）。2002 年，树冠覆盖 IJI 呈"V"形分布，最小值出现在

n_1 样方，IJI 为 10.36%。自此向南北两侧，IJI 逐渐增大，到 s_3 和 n_4 样方，IJI 分别达 24.68%和 33.32%。

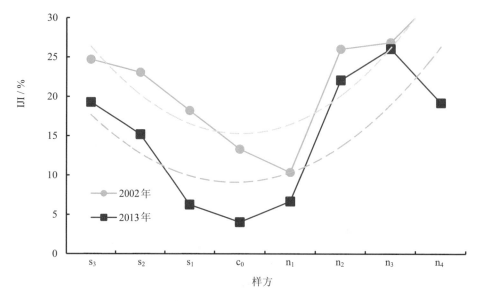

图 14-30　2002 年和 2013 年南北轴线树冠覆盖 IJI 梯度变化

2013 年，树冠覆盖 IJI 最小值出现在 c_0 样方，IJI 仅 4.02%。自此向南，IJI 逐渐减小，在 s_3 样方，IJI 为 19.25%。自 c_0 样方向北，IJI 先增加到 n_3 样方的 26.06%，而后在 n_4 样方回落到 19.20%。

回归分析显示，2002 年和 2013 年，南北轴线树冠覆盖 IJI 与二次曲线拟合度较高，R^2 值分别达 0.77 和 0.51，均表现为城市中心较低、而城市外围较大的城乡梯度分布特征，其中 2002 年 IJI 的城乡梯度特征更为明显。而 2013 年各样方树冠覆盖 IJI 均有所减小，表明树冠覆盖与其他类型的邻接情况较少，这可能与城市不透水地表扩展、城市土地覆盖类型多样性减小有关。

（2）东西轴线。2002 年和 2013 年，北京市东西轴线树冠覆盖 IJI 呈较为明显的城乡梯度分布特征（图 14-31）。2002 年，树冠覆盖 IJI 呈"W"形分布，最小值出现在 w_2 样方，IJI 为 9.62%。自此向东，IJI 在 w_1 样方处增大到 14.11%，而后则减小到 e_1 样方处的 11.69%。自 e_1 样方向东，IJI 逐渐增大，到 e_4 样方，IJI 达 27.15%。

2013 年，树冠覆盖 IJI 最小值出现在 c_0 样方，IJI 仅 4.03%。自此向东西两侧，IJI 逐渐增大，在 w_3 和 e_4 样方，IJI 分别达 11.92%和 17.24%。

回归分析显示，2002 年和 2013 年，东西轴线树冠覆盖 IJI 与二次曲线拟合度较高，R^2 值分别达 0.80 和 0.94，均表现为城市中心较低、而城市外围较大的城乡梯度分布特征，其中 2013 年 IJI 的城乡梯度特征更为明显。而 2013 年各样方树冠覆盖 IJI 均有所减小，表明树冠覆盖与其他类型的邻接情况较少，这可能与城市不透水地表扩展、城市土地覆盖类型多样性减小有关。

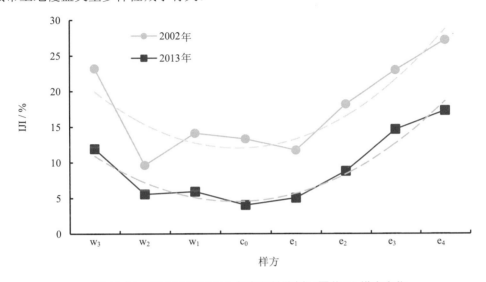

图 14-31　2002 年和 2013 年东西轴线树冠覆盖 IJI 梯度变化

14.5　树冠覆盖连通性分析

14.5.1　组分（NC）分析

研究期内，北京市中轴线组分（NC）个数见表 14-1。2002 年和 2013 年两期，南北轴线 NC 少于东西轴线，这表明北京市南北轴线连接度高于东西轴线。从时间变化来看，2013 年南北轴线 NC 增多，显示连接度有所下降，而 2013 年东西轴线 NC 个数显著减小，表明研究期内东西轴线连接度有较大改善。

表 14-1　2002 年和 2013 年北京市中轴线连接度组分　　　　单位：个

指标	NS		WE	
	2002 年	2013 年	2002 年	2013 年
NC	7	11	19	15

注：为样方内 NC 数量。

从组分界限位置来看，2002 年 n_3 样方南北阻隔，北段地区连接度弱于南段；2013 年，南北连接阻隔位置较多，在 s_2、s_1、c_0 样方与 s_1、s_2 样方边界均存在组分边界，南段地区连接度弱于北段。2002 年东西轴线在 w_1、e_4 样方存在连接度阻隔；2013 年阻隔状况与 2002 年相似，阻隔出现在 c_0 和 w_1 样方交界处。

14.5.2 连通性关键节点分析

按照各期景观斑块重要值（dIIC）的自然间断点分割各斑块重要性等级，分为非常低、低、中等、高、非常高五级。重点分析各样方 dIIC 为"高"和"非常高"两个等级的斑块，给出斑块名称和面积等；通过各组分的分布情况，给出研究期内连接度好转的地区，以及今后尚需加强树冠覆盖建设的地区。各样方树冠覆盖关键节点见表 14-2 和图 14-32、图 14-33。

表 14-2 2002 年和 2013 年北京市中轴线树冠覆盖连接度重要斑块位置

样方	2002 年	2013 年	样方	2002 年	2013 年
w_3	老山	老山城市休闲公园、西郊砂石坑、四季青镇群众文化广场	s_3	南苑机场以东警备东路以南地区、南苑机场向阳路南八条西侧、南苑机场西南黄亦路金安南路交叉口东北	
w_2	301 医院绿地		s_2	大红门西侧松林庄小区	
w_1	北蜂窝、羊坊店西路西侧绿地、玉渊潭公园		s_1	天坛公园、安乐林路琉璃井社区、沙子口路西南侧建工四建工程公司绿地、西罗园南里社区、海户屯小区、西罗园学校	
c_0	景山公园		c_0	景山公园、前门西大街南侧绿地	
e_1	使馆区绿地		n_1		
e_2	平房公园	平房公园	n_2	奥林匹克森林公园	奥林匹克森林公园
e_3		京城梨园、常营公园、叠泉乡村俱乐部	n_3		东小口森林公园、九台庄园西侧天硕伟业高尔夫球场
e_4	八里桥	三八国际友谊林、高安屯南街南侧绿地	n_4		国家新闻出版广电总局北京监测台

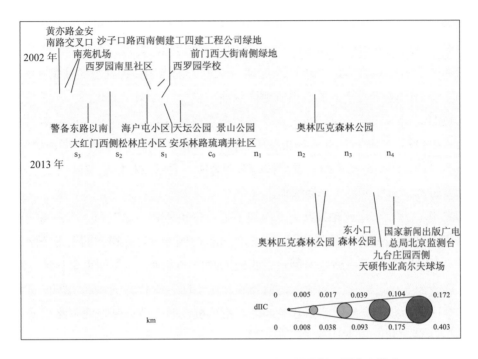

图 14-32　2002 年和 2013 年北京市南北轴线树冠覆盖连接度

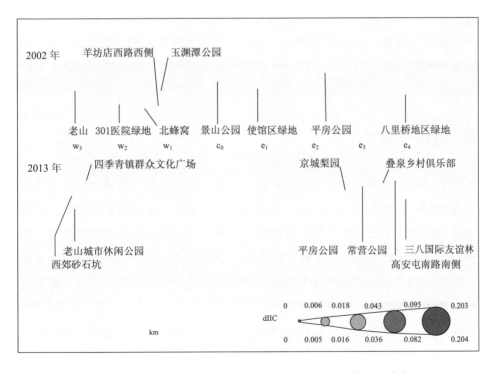

图 14-33　2002 年和 2013 年北京市东西轴线树冠覆盖连接度

2002 年，北京市东西轴线共有 9 个树冠覆盖斑块达到"高"和"非常高"连接度等级。其中包括 c_0 样方的景山公园，w_1 样方的北蜂窝地区绿地、羊坊店西路西侧绿地以及玉渊潭公园，w_2 样方的 301 医院绿地，w_3 样方的老山，e_1 样方的使馆区绿地，e_2 样方的平房公园以及 e_4 样方的八里桥地区绿地。

2013 年，北京市东西轴线也有 9 个树冠覆盖斑块达到"高"和"非常高"连接度等级。其中包括 w_3 样方的老山城市休闲公园、西郊砂石坑、四季青镇群众文化广场，e_2 样方的平房公园，e_3 样方的京城梨园、常营公园、叠泉乡村俱乐部以及 e_4 样方的三八国际友谊林、高安屯南街南侧绿地。

2002 年，北京市南北轴线共有 9 个树冠覆盖斑块达到"高"和"非常高"连接度等级。其中包括 c_0 样方的景山公园、前门西大街南侧绿地，s_1 样方的天坛公园、安乐林路琉璃井社区、沙子口路西南侧建工四建工程公司绿地、西罗园南里社区、海户屯小区、西罗园学校，s_2 样方的大红门西侧松林庄小区，s_3 样方的南苑机场以东警备东路以南地区、南苑机场向阳路南八条西侧、南苑机场西南黄亦路金安南路交叉口东北以及 n_2 样方的奥林匹克森林公园。

2013 年，北京市南北轴线共有 9 个树冠覆盖斑块达到"高"和"非常高"连接度等级。其中包括 n_2 样方的奥林匹克森林公园，n_3 样方的东小口森林公园、九台庄园西侧天硕伟业高尔夫球场以及 n_4 样方的国家新闻出版广电总局北京监测台。

从以上分析可见，相比于 2002 年，2013 年北京市中轴线连接度达到"高"和"非常高"等级的树冠覆盖斑块更多分布于城市外围，城市中心树冠覆盖斑块重要度有所降低。

14.6　讨论与结论

本研究针对北京市六环内树冠覆盖斑块，选取东西和南北两条样带，分析了树冠覆盖斑块的梯度分布特征。结果发现，2002 年和 2013 年市中心现状树冠覆盖面积和潜在树冠覆盖面积均小于城市外围，且树冠覆盖潜力也表现出市中心较低而城市外围较高的分布特征。从时间变化上来看，2002 年，北京市六环内树冠覆盖的梯度变化较不明显，而到 2013 年则有较为明显的梯度分布特征，这表明随着城市扩展，树冠覆盖的城乡梯度变化逐渐显著。

上述变化特征与土地利用的梯度变化较为一致，表明基于功能的土地利用与基于自然属性的树冠覆盖城乡梯度变化比较相似。不过，虽然对城市树冠覆盖与林地之间的差异并没有相关研究，但对林地与林木覆盖的研究显示，基于用途分类的林地与基于树冠覆盖的林地两者之间存在差别，而且两者之间并没有相关性（Coulston et al.，2013）。这可能与林地植物配置有关。研究表明，随着城市扩张，人与自然之间的关系越来越受到现存植被覆盖外景观质量的影响，如街道绿化、公园管理及公园植被组成等（Fuller and Gaston，2009）。但目前尚缺少基于上述两种分类标准的景观类型的梯度变化研究的比较。

与 2002 年相比，各树冠覆盖斑块等级分布也具有梯度分布的特征。中小型斑块主要集中在市中心，而超大型及巨型斑块则集中分布在城市外围。研究发现，社区建成年代对树冠覆盖与人为活动之间的关系变化有影响。具体表现为：社区建成年代较晚，街道密度与社区树冠覆盖呈正相关；但随着社区年代变早，这种正相关关系逐渐减弱，这也与居住区建造理念等有关（Lowry et al.，2012）。图 14-2 和图 14-4 也显示了这一特征。在建成时间较早的城市中心区，树冠覆盖总体持平或有所减少（图 14-2），具体表现为大型斑块减少而小型斑块增多（图 14-4）；而在建成时间较晚的城市外围，树冠覆盖则有所增加（图 14-2），同时超大型和巨型斑块增多（图 14-4）。2002—2013 年，城市外围大多以公园与居住区建设为主。对于城市公园建设而言，为达到快速郁闭的效果，公园营林多采用大树移植方式，以造成树冠覆盖的迅速增加；而对于居住区而言，由于休闲效应（luxury effect）（Hope et al.，2003；Martin et al.，2004），外围居住区在建造时也会尤其注重绿化。

由此可见，在城市市区尺度上，人为影响亦可增加城市树冠覆盖，城市发展规划、城市建设理念等政策因素均对树冠覆盖梯度分布有较为明显的影响（Dallimer et al.，2011）。Nowak 等（1996）也发现在荒漠地带的城市，其树冠覆盖受到城市特征的影响。而在更大的时空尺度上，自然环境、生物量和地形地貌对土地利用则有较大影响（王思远等，2003；赵志轩等，2011）。

树冠覆盖面积分布存在明显的城乡梯度差异，随着城市扩张，树冠覆盖表现为城市中心较小，而城市外围较大的特征。树冠覆盖格局特征中，小型、中型及大型树冠覆盖斑块均表现为城市中心较少，而城市外围较多的特征，但超大和巨大型斑块与之相反，城市外围数量较多。

在各格局指数中，SHDI、SHEI、IJI 城乡梯度表现明显，均表现为市中心较小，而城市外围较大的特征。PD 和 ED 城乡梯度表现明显，均表现为市中心较大，而城市外围较小的特征。随着城市扩张，树冠覆盖斑块 MPS、LPI 渐趋明显，表现为随着城市扩张，城市中心树冠覆盖斑块 MPS、LPI 较小而城市外围较大的特征。随着城市扩张，东西轴线上 MSI 和 MPFD 分布相反。

此外，考虑到城市是以不透水地表为景观基质，树冠覆盖很难大面积铺开。因此，需着重考量树冠覆盖的连接情况。基于此,本章就北京市中轴线树冠覆盖斑块的连接度进行了分析。研究发现,2013 年南北轴线 NC 增多,显示出连接度有所卜降,而东西轴线 NC 个数显著减小,表明研究期内东西轴线连接度有较大改善。

参考文献

[1] Coulston J W,Reams G A,Wear D N,et al. An analysis of forest land use,forest land cover and change at policy-relevant scales. Forestry,2013,87(2):267-276.

[2] Dallimer M,Tang Z,Bibby P R,et al. Temporal changes in greenspace in a highly urbanized region. Biology letters,2011,7(5):763-766.

[3] Fuller R A,Gaston K J. The scaling of green space coverage in European cities. Biology letters,2009,5(3):352-355.

[4] Hope D,Gries C,Zhu W,et al. Socioeconomics drive urban plan diversity. Proceedings of the National Academy of Science,2003,100(15):8788-8792.

[5] Lowry J H,Baker M E,Ramsey R D. Determinants of urban tree canopy in residential neighborhoods:Household characteristics,urban form,and the geophysical. Urban ecosystems,2012,15(1):247-266.

[6] Martin C A,Warren P S,Kinzig A P. Neighborhood socioeconomic status is a useful predictor of perennial landscape vegetation in residential neighborhoods and embedded small parks of Phoenix,AZ. Landscape & urban planning,2004,69(4):355-368.

[7] Maps. Computer software program produced by the authors at the University of Massachusetts,Amherst. Available at the following web site:http://www.umass.edu/landeco/research/fragstats/fragstats.html.

[8] Moskal L M,Styers D M,Halabisky M. Monitoring urban tree cover using object based image analysis and public domain remotely sensed data. Remote sensing,2011,3(10):2243-2262.

[9] Myeong S,Nowak D J,Hopkins P F,et al. Urban cover mapping using digital,high spatial resolution aerial imagery. Urban ecosystems,2001,5(4):243-256.

[10] Nowak D J,Rowntree R A,Mcpherson E G,et al. Measuring and analyzing urban tree cover. Landscape & urban planning,1996,36(1):49-57.

[11] Uezu A,Metzger J P,Vielliard J M E. Effects of structural and functional connectivity and patch size on the abundance of seven Atlantic Forest bird species. Biological Conservation,2005,123(4):507-519.

[12] Yang J,Huang C,Zhang Z,et al. The temporal trend of urban green coverage in major Chinese cities

between 1990 and 2010. Urban forestry & urban greening，2014，13（1）：19-27.

[13] Zhao J，Chen S，Jiang B，et al.Temporal trend of green space coverage in China and its relationship with urbanization over the last two decades. Science of the total environment，2013，442（1）：455-465.

[14] 陈杰,梁国付,丁圣彦. 基于景观连接度的森林景观恢复研究——以巩义市为例. 生态学报,2012, 32（12）：3773-3781.

[15] 贾宝全，刘秀萍. 北京市第一道绿化隔离区树冠覆盖特征与景观生态变化. 林业科学，2017，53（9）：1-10.

[16] 全泉,田光进. 基于 GIS 的北京市城乡景观格局梯度时空变化研究. 生态科学,2008(4):254-261.

[17] 宋宜昊. 基于易康软件平台下的北京城区林木树冠覆盖解译与检验. 北京：中国林业科学研究院，2016.

[18] 王近秋，吴泽民，吴文友. 上海浦东新区城市森林树冠覆盖分析. 安徽农业大学学报，2011，38（5）：726-732.

[19] 王静爱，何春阳，董艳春，等. 北京城乡过渡区土地利用变化驱动力分析. 地球科学进展，2002（2）：201-208，304.

[20] 王思远，张增祥，周全斌，等. 中国土地利用格局及其影响因子分析. 生态学报，2003(4)：649-656.

[21] 吴泽民，吴文友，高健，等. 合肥市区城市森林景观格局分析. 应用生态学报，2003（12）：2117-2122.

[22] 姚佳，贾宝全，王成，等. 北京的北部城市森林树冠覆盖特征. 东北林业大学学报，2015，43（10）：46-50，62.

[23] 赵娟娟，欧阳志云，郑华，等. 北京城区公园的植物种类构成及空间结构. 应用生态学报，2009，20（2）：298-306.

[24] 赵志轩，张彪，金鑫，等.海河流域景观空间梯度格局及其与环境因子的关系. 生态学报，2011，31（7）：1925-1935.

[25] 周亮，张志云，吴丽娟，等. 北京城市扩展轴上的绿地景观格局梯度分析. 林业资源管理，2006，5：47-52

[26] 朱耀军，王成，贾宝全，等. 广州市主城区树冠覆盖景观格局梯度. 生态学报，2011，31（20）：5910-5917.

第15章

城市林木树冠覆盖的景观动态梯度变化特征

景观一直处于动态变化之中。某一时刻景观的分布格局特征是先前各种生态过程的综合作用（Forman，1995）。景观中变化的斑块则是这些生态过程集中发生作用的部位，对揭示生态过程的空间分异特征有指示作用，同时亦能表征景观动态变化的驱动力因素。在已有的研究中，景观动态变化的分析及驱动力的分析多依据前后两期景观格局特征的对比（刘纪远等，2009，2018；李传哲等，2011），而对于景观中变化斑块的变化模式的研究，多见于城镇用地扩张斑块的分析（周翔等，2014），而对于其他类型的斑块，以及分布有所萎缩的城镇用地斑块的变化模式研究尚较缺乏。

林木树冠覆盖是现代城市地表覆盖的重要组分之一。传统的城市景观研究，对城镇用地与周边用地，尤其是与耕地之间变化情况研究较多

（师满江等，2015）。但在城市建设讲求绿色、宜居的今天，城市内部树冠覆盖与不透水地表之间的变化情况显得更为重要，而树冠覆盖斑块的变化程度、转换类型以及变化模式，对城市生态环境和生活质量都有至关重要的影响。对树冠覆盖变化斑块的梯度分布特征进行研究，对城市不同部位树冠覆盖的驱动力识别有重要支撑作用。本章在对 2002 年和 2013 年北京市城市发展两条轴线上的树冠覆盖分布特征定量分析的基础上，主要针对 2002—2013 年树冠覆盖动态度、变化方向、空间分布变化以及空间变化模式进行研究。

15.1　研究方法

15.1.1　树冠覆盖变化数量分析

15.1.1.1　综合动态度与单一动态度

具体公式见第 2 章相关内容。

15.1.1.2　地类空间结构稳定度

本章采用徐建华等（2001）给出的土地利用稳定性指数表示研究期初、期末两期北京市城市发展轴线上树冠覆盖斑块的空间结构稳定程度。地理空间结构稳定度计算方法为

$$S = |1.5 - D|$$

式中，D 为树冠覆盖的分维数。

S 越小表示树冠覆盖空间结构越不稳定；反之，树冠覆盖空间结构则越稳定。S 对树冠覆盖的潜在变化趋势具有一定的指示意义。分维数 D 计算方法为

$$\log A = \frac{2}{D} \log P + C$$

式中，A 为斑块面积；P 为斑块周长；D 为分维数；C 为常数。

D 值介于 1～2，D 越大，表示树冠覆盖斑块边界越复杂；$D = 1.5$ 则表示树冠覆盖斑块处于随机运动状态，结构不稳定。通过 Fragstats 软件直接计算树冠覆盖栅格数据的分维数（McGarigal et al.，2012）。

15.1.2　林木树冠覆盖变化方向

土地利用转移矩阵是一种描述土地利用类型之间转换的分析方法（史培军等，2000；蒙吉军等，2004）。转移矩阵不仅可反映研究期初和研究期末的土地利用结构，还可以反映研究期内土地利用类型的转移变化情况，能反映土地利用变化下的结构特征和各类型之间的转移方向，从而便于揭示研究期初各土地利用的流向，以及研究期末各土地利用类型的来源和构成（朱会义、李秀彬，2003）。

15.1.2.1　景观要素类型的稳定性指数

具体公式见第 2 章相关内容。

15.1.2.2　流向百分比

流向分析，可解释土地利用类型变化的动因。通过计算流向百分比，可识别地类变化的主导类型和次要类型，进而分析其内在原因。在环渤海土地利用变化的研究中已有所应用（朱会义等，2001）。在本研究中，为突出表示转换类型，在此采用贡献率的概念，计算方法如下：

$$TC_{ij} = \frac{U_{ij}}{\sum\limits_{j=1,\ i \neq j}^{J} U_{ij}} \times 100\%$$

$$TC_{ji} = \frac{U_{ji}}{\sum\limits_{j=1,\ i \neq j}^{J} U_{ji}} \times 100\%$$

式中，i 和 j 表示土地覆盖类型，其中 i 表示树冠覆盖；U_{ij} 和 U_{ji} 分别表示树冠覆盖输出和输入为树冠覆盖的面积；J 表示除树冠覆盖之外的其他土地覆盖类型的数量。

15.1.3　林木树冠覆盖变化方式

为分析树冠覆盖动态变化过程，将树冠覆盖空间格局与变化过程结合在一起进行考虑，本章采用景观扩张指数进行分析。刘小平等（2009）采用景观扩张指数对东莞城市扩张的 3 种类型（填充式、边缘式和飞地式）进行分析。

但该指数的应用只是针对城镇用地的扩张，对其他景观类型，特别是对其他景观类型的萎缩过程分析还不充分。本章采用景观扩张指数，对树冠覆盖的扩张与萎缩的类型进行分析。根据树冠覆盖斑块的扩张与萎缩情况，可划分为 6 种类型：斑块完全消失、斑块半岛消失、斑块内凹消失、斑块边缘增长、斑块填充增长、斑块飞地增长。通过缓冲区分析计算景观扩张指数（Liu et al.，2010；周翔等，2014）。景观扩张指数具体计算方法为

$$PI = \frac{U}{A} \times 100\%$$

式中，PI 表示景观扩张（萎缩）指数；U 表示新增（或消失）树冠覆盖斑块周边 1 m 缓冲区范围内原树冠覆盖的面积；A 表示新增（或消失）树冠覆盖斑块周边 1 m 缓冲区面积。PI 取值范围在 0～100%。PI 取值区间及含义见图 15-1。

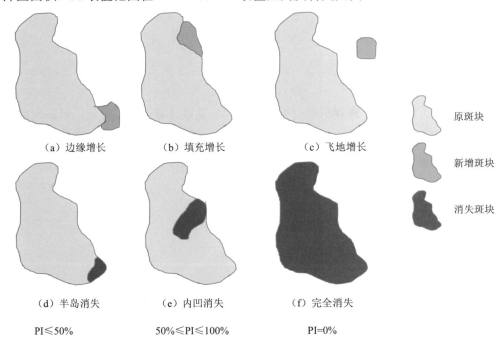

（a）边缘增长　　　（b）填充增长　　　（c）飞地增长

（d）半岛消失　　　（e）内凹消失　　　（f）完全消失

PI≤50%　　　50%≤PI≤100%　　　PI=0%

原斑块

新增斑块

消失斑块

图 15-1　树冠覆盖斑块消长变化模式示意

为定量分析植被树冠覆盖各变化模式之间的差异，本章采用重要度对各种类型树冠覆盖进行度量。重要度表示土地利用变化类型对于区域的重要程度，是确定土地利用变化类型的重要依据（李传哲等，2011）。其计算方法为

$$I_i = D_i + P_i = \frac{n_i}{N} + \frac{a_i}{A}$$

式中，i 表示某种树冠覆盖变化模式；D_i 表示变化模式 i 的多度；P_i 表示变化模式 i 的面积与变化斑块总面积的比值；n_i 表示变化模式 i 的斑块数量；N 表示树冠覆盖变化斑块总数量；a_i 表示变化模式 i 的面积；A 表示树冠覆盖变化斑块的总面积。

15.1.4　统计方法

本章假定树冠覆盖动态度、变化方向、空间分布变化及变化方式均表现有城乡梯度分布差异，上述各指标与样方的分布情况大致符合二次曲线分布。因此，为验证此一假设，本章采用回归分析，通过决定系数 R^2 值，作为判定与二次曲线相拟合的指标。因为南北轴线和东西轴线样方数量较少，因此采用统计学上对 R^2 值的界定，采用 $R^2 = 0.3$ 作为判断是否符合二次曲线分布的阈值。

15.2　结果与分析

15.2.1　树冠覆盖斑块变化数量

15.2.1.1　变化面积

2002—2013 年，北京市南北轴线和东西轴线各样方树冠覆盖面积变化分布特征较为一致（图 15-2）。对于南北轴线，最小值出现在 c_0 样方，此样方内树冠覆盖面积有所减小，减小量为 1.01 km^2，减小率为 16.67%；自此向南，直到 s_2 样方，树冠覆盖变化面积逐渐增大，且自 s_1 样方开始，树冠覆盖呈正向变化；s_3 样方树冠覆盖变化面积有所回落，较之于 s_2 样方，减幅达 1.64 km^2。自 c_0 样方向北，直到 n_3 样方，树冠覆盖变化面积逐渐增大，且自 n_1 样方开始树冠覆盖呈正向变化；n_4 样方树冠覆盖变化面积有小幅回落，较之于 n_3 样方，减幅为 0.08 km^2。由此可见，南北轴线南北两段树冠覆盖面积变化分布情况较为相似，表现为最外侧样方面积变化值有所减少。回归分析显示，南北轴线各样方树冠覆盖面积变化量的分布与二次曲线的拟合度较高（$R^2 = 0.67$）。

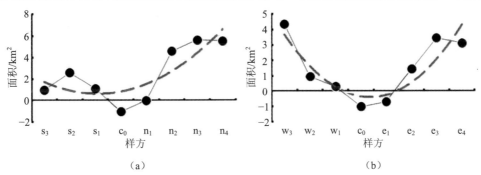

图 15-2　2002—2013 年北京市南北轴线（a）和东西轴线（b）各样方树冠覆盖面积变化量

这表明研究期内北京市南北轴线树冠覆盖面积变化量具有明显的梯度分布特征，市区树冠覆盖增幅不明显，甚至有所减小，而在城市外围树冠覆盖面积增幅较大。

对于东西轴线，自 c_0 样方向西，树冠覆盖面积变化量逐渐增大，到 w_3 样方，树冠覆盖面积变化量达 4.35 km²，且自 w_1 样方开始树冠覆盖面积呈正向变化。自 c_0 样方向东，树冠覆盖面积变化量逐渐增大，到 e_3 样方，树冠覆盖增多 3.46 km²，增加率为 72.69%；较之于 e_3 样方，e_4 样方树冠覆盖增加量有所减少，减幅达 0.33 km²。由此可见，研究期内北京市东西轴线东西两段树冠覆盖面积变化并不一致，林木树冠覆盖集中表现在城市外围样方。回归分析显示，东西轴线上树冠覆盖面积变化量与二次曲线拟合度较高（$R^2 = 0.79$），表明研究期内北京市东西轴线树冠覆盖面积变化量有明显的梯度分布特征，具体表现为市区内树冠覆盖减少或增幅较小，而城市外围树冠覆盖增幅较大的特征。

15.2.1.2　综合动态度

南北轴线各样方综合动态度呈"V"形分布见图 15-3（a）。在 c_0 样方，综合动态度仅为 1.05%，是南北轴线各样方综合动态度的最小值。自此向南北两侧，综合动态度均逐渐增大，到 n_4 和 s_3 样方，综合动态度分别为 2.88% 和 2.34%。回归分析显示，研究期内南北轴线各样方土地覆盖综合动态度与二次曲线拟合度较高（$R^2 = 0.83$），这表明南北轴线土地覆盖综合动态度在城乡市中心较小，而城市外围较大的城乡梯度分布特征。而且北部地区土地覆盖变化大于南部地区。

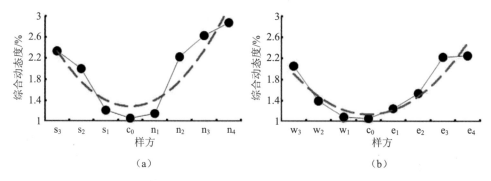

图 15-3　2002—2013 年北京市南北轴线（a）和东西轴线（b）各样方土地覆盖综合动态度

东西轴线，综合动态度最小值出现在 c_0 样方见图 15-3（b）。自此向南北两侧，综合动态度逐渐增大，到 w_3 和 e_4 样方，综合动态度分别为 2.05% 和 2.25%。回归分析显示，研究期内南北轴线各样方土地覆盖综合动态度与二次曲线拟合度较高（$R^2 = 0.87$），这表明东西轴线土地覆盖综合动态度在城乡市中心较小，而城市外围较大的城乡梯度分布特征。

通过以上分析可见，研究期内，北京城市轴线东部和北部地区土地覆盖变化程度较高，而南部和西部则相对较低，这也与北京城市发展的重心有关。

15.2.1.3　单一动态度

对于南北轴线，市中心样方动态度为负值，显示出研究期内市中心样方树冠覆盖有所减少见图 15-4（a）。自此向北，树冠覆盖单一动态度逐渐增大，到 n_4 样方，树冠覆盖单一动态度高达 12.38%。自市中心样方向南，树冠覆盖单一动态度逐渐增大，到 s_2 样方高达 4.72%；而到 s_3 样方树冠覆盖单一动态度回落到 1.75%。这表明南北轴线两端，树冠覆盖变化较大；北段树冠覆盖单一动态度城乡梯度较南端更为明显。回归分析显示，研究期内南北轴线各样方树冠覆盖单一动态度与二次曲线拟合度较高（$R^2 = 0.78$），表明在南北轴线上，树冠覆盖单一动态度在市中心较小，而在城市外围较大，显示出明显的城乡梯度分布特征。

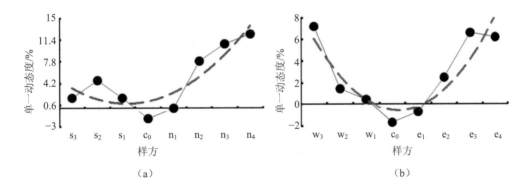

图 15-4　2002—2013 年北京市南北轴线（a）和东西轴线（b）各样方树冠覆盖单一动态度

对于东西轴线，c_0 样方和 e_1 样方树冠覆盖单一动态度为负值，显示 c_0 和 e_1 样方树冠覆盖有所减少见图 15-4（b）。自 c_0 样方向西，树冠覆盖单一动态度逐渐增大，到 w_3 样方，树冠覆盖单一动态度达 7.22%。自 c_0 样方向东，树冠覆盖单一动态度逐渐增大，到 e_3 样方高达 6.62%；到 e_4 样方树冠覆盖单一动态度回落到 6.22%。回归分析显示，研究期内东西轴线各样方树冠覆盖单一动态度与二次曲线拟合度较高（$R^2 = 0.82$），表明在东西轴线上，树冠覆盖单一动态度在市中心较小，而在城市外围较大，显示出明显的城乡梯度分布特征。

但从各样方树冠覆盖单一动态度来看，南北轴线与二次曲线拟合度小于东西轴线，表明南北轴线各样方树冠覆盖单一动态度的城乡梯度弱于东西轴线。

15.2.1.4 空间结构稳定度指数变幅

2002—2013 年，北京市南北轴线和东西轴线树冠覆盖空间结构稳定度变幅均为正值（图 15-5），表明城市发展轴线附近树冠覆盖空间结构稳定度有所增强。其中，南北轴线空间结构稳定度变幅最大的出现在 s_2 样方，自此向南，空间结构稳定度变幅呈波动减小，到 n_4 样方，空间结构稳定度变幅为 0.08。总体来看，南北轴线各样方空间结构稳定度变幅城乡梯度分布特征并不明显。

东西轴线上，空间结构稳定度变幅大体呈"M"形特征。在 w_1 样方处，空间结构稳定度变幅有谷值 0.08；在 w_2 和 e_2 样方则有峰值。从整体上来看，南北轴线各样方空间结构稳定度变幅呈一定的城乡梯度分布特征。

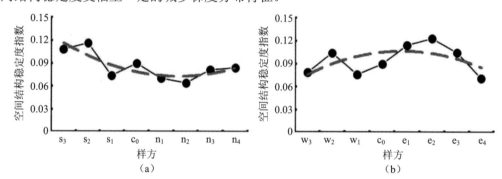

图 15-5　2002—2013 年北京市南北轴线（a）和东西轴线（b）各样方树冠覆盖空间
结构稳定度指数变幅

15.2.2　树冠覆盖斑块变化方向

15.2.2.1　稳定度

研究期内，北京市南北轴线和东西轴线各样方树冠覆盖稳定度表现出不一致的分布特征（图 15-6）。对于南北轴线，在 c_0 样方有稳定度谷值 48.51%；自此向南，到 s_1 样方，稳定度指数升高到 58.48%；自 s_1 样方向南，稳定度指数逐渐减小，到 s_3 样方，稳定度指数仅为 38.72%。自 c_0 样方向北，稳定度指数逐渐升高，到 n_2 样方，稳定度有峰值 57.33%；自 n_2 样方向外，稳定度指数逐渐减小，到 n_4 样方，稳定度指数仅为 42.40%。回归分析显示，南北轴线上各样方树冠覆盖斑块稳定度指数分布与二次曲线拟合程度较高（$R^2 = 0.69$），显示出较为显著的梯度分布特征。这种特征具体表现为市中心树冠覆盖稳定度较高，而市区外围稳定度较小。

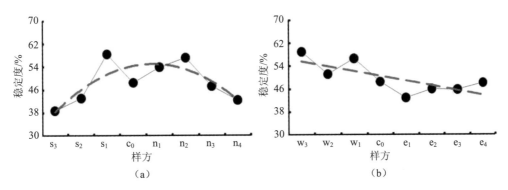

图 15-6　2002—2013 年北京市南北轴线（a）和东西轴线（b）各样方树冠覆盖斑块稳定度

对于东西轴线，稳定度指数的最小值出现在 e_1 样方，仅为 42.88%；从 e_1 样方向东，稳定度指数逐渐升高，到 e_4 样方，稳定度指数为 48.14%；从 e_1 样方向西，稳定度指数有所升高，到 w_1 样方，稳定度指数为 56.67%；自 w_1 样方向西，稳定度指数有所波动，在 w_3 样方稳定度指数则有轴线最大值 59.02%。回归分析显示，东西轴线上各样方树冠覆盖斑块稳定度指数分布与一次直线拟合程度较高（$R^2 = 0.54$），而与二次曲线的拟合程度较低。这表明研究期内东西轴线上树冠覆盖斑块的稳定度虽然表现为西段稳定度高于东段，但并无明显的城乡梯度分布特征。

15.2.2.2　流向百分比

（1）南北轴线。

☞ 转出：对于转出为草地的斑块见图 15-7（a），c_0 样方处流向百分比有最小值。自此向南，流向百分比逐渐增大，到 s_3 样方，流向百分比达 6.95%。
自 c_0 样方向北，流向百分比也逐渐增大，到 n_3 样方，流向百分比有最大值 11.44%；n_4 样方处流向百分比回落至 7.86%。回归分析显示，研究期内南北轴线各样方从树冠覆盖转出为草地的斑块流向百分比与二次曲线拟合度较高（$R^2 = 0.51$），显示转出为草地的斑块流向百分比呈市中心较小而城市外围较大的梯度分布特征。

对于转出为裸土地的斑块见图 15-7（b），s_1、c_0 和 n_1 样方流向百分比均在 0.7% 以下。自 s_1 向南，流向百分比逐渐增大，到 s_3 样方流向百分比有最大值 2.18%。自 n_1 向北，流向百分比大体维持在 0.8% 左右。回归分析显示，研究期内南北轴线各样方从树冠覆盖转出为裸土地的斑块流向百分比与二次曲线拟合度较高（$R^2 = 0.76$），显示转出为裸土地的斑块流向百分比呈市中心较小，而城市外围较大的梯度分布特征。

对于转出为不透水地表的斑块见图 15-7（c），s_1、c_0 和 n_1 样方流向百分比均在98%以上。自 s_1 向南，流向百分比逐渐减小，到 s_3 样方流向百分比仅为 89.53%。自 n_1 向北，流向百分比迅速减小到 n_2 样方的 82.12%；自 n_2 向北，流向百分比增大到 84%左右。回归分析显示，研究期内南北轴线各样方从树冠覆盖转出为不透水地表的斑块流向百分比与二次曲线拟合度较高（$R^2 = 0.61$），显示转出为不透水地表的斑块流向百分比呈市中心较大，而城市外围较小的梯度分布特征。

对于转出为水体的斑块见图 15-7（d），自 s_3 样方到 n_1 样方，流向百分比均维持在 0~1.17%；流向百分比最大值出现在 n_2 样方，其值达 6.96%；n_3 和 n_4 样方流向百分比逐渐减小。回归分析显示，研究期内南北轴线各样方从树冠覆盖转出为水体的斑块流向百分比与二次曲线拟合度较低，表明转出为水体的斑块流向百分比无明显的城乡梯度分布特征。

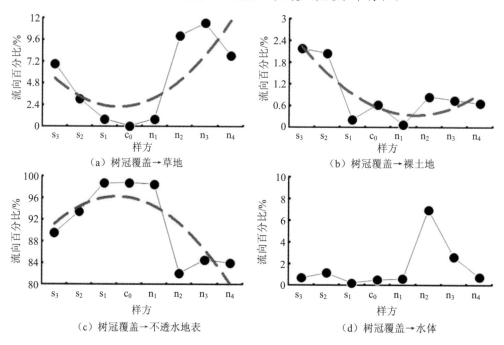

图 15-7　2002—2013 年北京市南北轴线各样方树冠覆盖转出斑块流向百分比

☞　转入：对于从草地转入的斑块见图 15-8（a），流向百分比最大值出现在 c_0 样方，其值达 9.27%。自此向南，流向百分比逐渐减小，到 s_3 样方处，流向百分比仅为 2.24%。自 c_0 样方向北，流向百分比逐渐减小，到 n_2 样方，流向百分比为 2.22%；自 n_2 样方向北，流向百分比又逐渐增加，到 n_4 样方，其值为 6.70%。回归分析显示，研究期内南北轴线各样方从草地转入的斑块流向百分比与二次曲线的拟合度较低，显示从草地转入的斑块流向百分比没有明显的城乡梯度分布特征。

对于从裸土地转入的斑块见图 15-8（b），流向百分比最小值分别出现 c_0 样方。自此向南，流向百分比逐渐增大到 s_2 样方的 29.96%；到 s_3 样方，流向百分比回落至 11.60%。自 c_0 样方向北，流向百分比逐渐升高到 n_3 样方的 42.78%；而后在 n_4 样方有所回落。回归分析显示，研究期内南北轴线各样方从裸土地转入的斑块流向百分比与二次曲线拟合度较高（$R^2 =$ 0.44），表明南北轴线从裸土地转入的斑块流向百分比有市中心较小，而城市外围较大的梯度分布特征。

对于从不透水地表转入的斑块见图 15-8（c），流向百分比最大值出现在 n_1 样方，其值为 88.11%；自此向南，流向百分比迅速降至 s_3 样方处的 48.09%。自 n_1 样方向北，流向百分比逐渐减小。回归分析显示，研究期内南北轴线各样方从不透水地表转入的斑块与二次曲线拟合度较高（$R^2 = 0.85$），表明从不透水地表转入的斑块流向百分比有市中心较大，而城市外围较小的梯度分布特征。

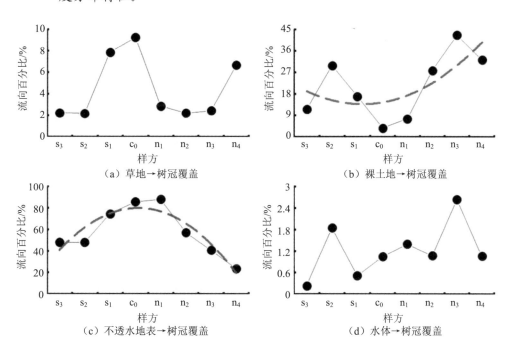

（a）草地→树冠覆盖　　（b）裸土地→树冠覆盖
（c）不透水地表→树冠覆盖　　（d）水体→树冠覆盖

图 15-8　2002—2013 年北京市南北轴线各样方树冠覆盖转入斑块流向百分比

对于从水体转入的斑块见图 15-8（d），s_3 样方流向百分比有最小值 0.24%。自此样方向北，流向百分比呈波动增加，到 n_4 样方，流向百分比为 1.06%。回归分析显示，研究期内南北轴线各样方从水体转入的斑块流向百分比与二次曲线拟合度较低，表明从水体转入的斑块流向百分比城乡梯度不明显。

（2）东西轴线。

☞ 转出：对于转出为草地的斑块见图 15-9（a），c_0 样方处流向百分比有最小值。自此向东西两侧，流向百分比均逐渐增大，到 w_3 和 e_4 样方，流向百分比分别为 3.05% 和 9.82%。回归分析显示，研究期内东西轴线各样方从树冠覆盖转出为草地的斑块流向百分比与二次曲线拟合度较高（$R^2 = 0.99$），显示转出为草地的斑块流向百分比呈市中心较小，而城市外围较大的梯度分布特征。

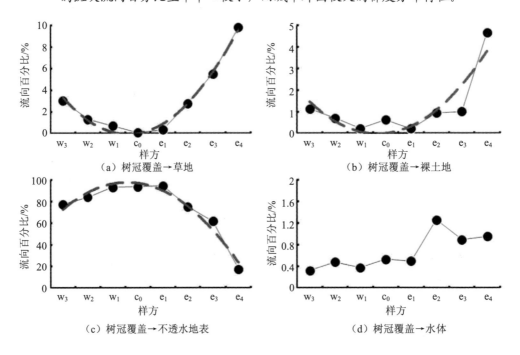

（a）树冠覆盖→草地　　　　　　　（b）树冠覆盖→裸土地

（c）树冠覆盖→不透水地表　　　　　（d）树冠覆盖→水体

图 15-9　2002—2013 年北京市东西轴线各样方树冠覆盖转出流向百分比

对于转出为裸土地的斑块见图 15-9（b），流向百分比的较小值出现在 w_1 样方和 e_1 样方，其值均为 0.23%。自 w_1 样方向西，流向百分比逐渐增加，到 w_3 样方处，流向百分比为 1.14%。自 e_1 样方向东，流向百分比呈阶梯状增加，到 e_4 样方处，流向百分比达 4.68%。回归分析显示，研究期内东西轴线各样方从树冠覆盖转出为裸土地的斑块流向百分比与二次曲线拟合度较高（$R^2 = 0.81$），显示转出为裸土地的斑块流向百分比呈市中心较小，而城市外围较大的梯度分布特征。

对于转出为不透水地表的斑块见图 15-9（c），流向百分比最大值出现在 e_1 样方，其值为 98.93%。自 e_1 样方向西，流向百分比逐渐变小，到 w_3 样方，流向百分比为 95.49%。自 e_1 样方向东，流向百分比逐渐减小，到 e_4 样方，流向百分比仅 83.47%。回归分析显示，研究期内东西轴线各样方从树冠覆盖转出为不透水地表的斑块流向百分比与二次曲线拟合度较高（$R^2 = 0.96$），显示转出为不透水地表的斑块流向百分比呈市中心较大，而城市外围较小的梯度分布特征。

对于转出为水体的斑块见图 15-9（d），流向百分比的最大值出现在 e_2 样方，其值为 1.26%。整体来看，流向百分比从 w_3 样方向东有逐渐增大趋势，回归分析也显示，研究期内东西轴线各样方从树冠覆盖转出为水体的斑块流向百分比与二次曲线拟合度较低，表明转出为水体的斑块流向百分比没有明显的城乡梯度分布特征。

☞ 转入：对于从草地转入的斑块见图 15-10（a），流向百分比最大值出现在 w_1 样方，其值达 11.74%。自此向西，流向百分比逐渐减小到 s_3 样方的 2.89%。自 w_1 样方向东，流向百分比逐渐减小到 e_2 样方的 1.27%；自 e_1 样方向东，流向百分比先增大到 e_3 样方的 1.64，而后减小到 e_4 样方的 0.85%。回归分析显示，研究期内东西轴线各样方从草地转入的斑块流向百分比与二次曲线的拟合度较高（$R^2 = 0.58$），显示从草地转入的斑块流向百分比呈市中心稍大，而城市外围稍小的梯度分布特征。

对于从裸土地转入的斑块见图 15-10（b），流向百分比的最小值分别出现在 c_0 样方。自 c_0 样方向西直到 w_3 样方，流向百分比逐渐增加到 35.10%。自 c_0 样方向南直到 e_3 样方，流向百分比逐渐增加到 31.29%；而后在 e_4 样方有所回落。回归分析显示，研究期内东西轴线各样方从裸土地转入的斑块流向百分比与二次曲线拟合度较高（$R^2 = 0.65$），显示从裸土地转入的斑块流向百分比呈市中心稍小，而城市外围稍大的梯度分布特征。

对于从不透水地表转入的斑块见图 15-10（c），流向百分比的较大值分布在 $w_2 \sim e_1$ 样方，其值均在 80% 以上。自 w_2 样方向西，流向百分比有所减小；而自 e_1 样方向东，流向百分比也逐渐减小到 e_3 样方的 47.36%。回归分析表明，研究期内东西轴线各样方从不透水地表转入的斑块流向百分比与二次曲线拟合度较高（$R^2 = 0.80$），显示从不透水地表转入的斑块流向百分比呈市中心较大，而城市外围较小的梯度分布特征。

对于从水体转入的斑块见图 15-10（d），流向百分比在 w_3 样方为 0.68%。自此向东，流向百分比呈波动增大，到 e_4 样方流向百分比为 2.71%。回归分析表明，研究期内东西轴线各样方从不透水地表转入的斑块流向百分比与二次曲线拟合度较低，表明从水体转入的斑块流向百分比无明显城乡梯度分布特征。

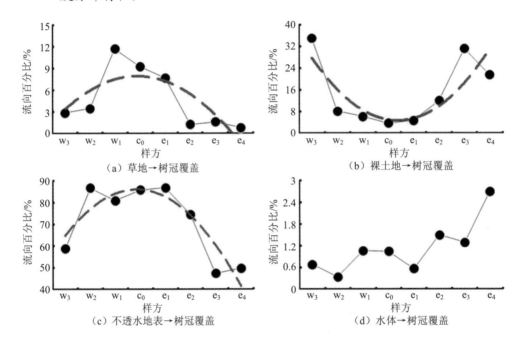

图 15-10　2002—2013 年北京市东西轴线各样方树冠覆盖转入流向百分比

15.2.3　树冠覆盖斑块空间变化方式

2002—2013 年，无论是沿南北轴线，还是沿东西轴线，树冠覆盖的变化方向均以不透水地表为主要方向。因此，在进一步探索沿北京市城市发展轴线的树冠覆盖变化规律时，本章仅针对从不透水地表转入为树冠覆盖，以及从树冠覆盖转出为不透水地表这两种变化类型进行研究。

15.2.3.1　树冠覆盖斑块扩张

（1）南北轴线。研究期内，南北轴线各样方树冠覆盖均以边缘扩张为主要形式，各样方边缘扩张斑块重要度均在 0.98 以上，而填充扩张和飞地扩张斑块的重要度则均分别在 0.90 和 0.35 以下。

边缘扩张的重要度最小值出现在 s_3 样方，自此向北，重要度逐渐升高，c_0 和 s_1 样方，重要度分别为 1.03 和 1.02。自 c_0 样方向北，重要度在 n_3 样方达到最大值 1.20 见图 15-11（a）。回归分析显示，研究期内南北轴线树冠覆盖边缘扩张斑块的重要度与二次曲线拟合度较低，没有明显的城乡梯度分布特征。

填充扩张的重要度最大值出现在 s_3 样方，其值为 0.84。而到 s_2 样方，重要度则仅有 0.57，达轴线各样方重要度最小值。自 s_2 样方向北，重要度逐渐增加到 n_1 样方的 0.70；而后则逐渐减少，到 n_3 样方重要度为 0.58。而在 n_4 样方，重要度又增加到 0.70 见图 15-11（b）。回归分析显示，研究期内南北轴线树冠覆盖填充扩张斑块的重要度与二次曲线拟合度较低，没有明显的城乡梯度分布特征。

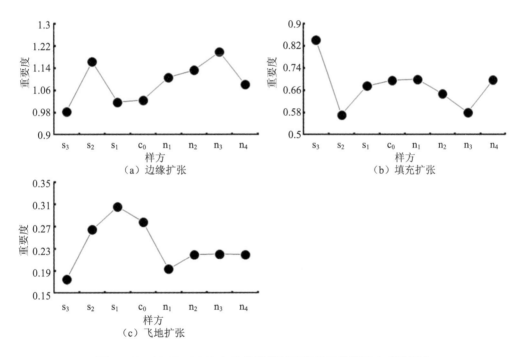

图 15-11 2002—2013 年南北轴线树冠覆盖斑块扩张方式重要度

飞地扩张的重要度最大值出现在 s_1 样方，其值达 0.31。自此向南，重要度逐渐减小，到 s_3 样方，重要度仅为 0.17。自 s_1 样方向北，重要度逐渐减小到 n_1 样方的 0.19；自 n_1 样方向北，重要度又有所增加，在 n_2 到 n_4 样方，重要度大体维持在 0.22 附近见图 15-11（c）。回归分析显示，研究期内南北轴线树冠覆盖飞地扩张斑块的重要度与二次曲线拟合度较低，没有明显的城乡梯度分布特征。

（2）东西轴线。边缘扩张的重要度较大值出现在 w_3、w_2 和 c_0 样方，大体在 1.0～

1.15 见图 15-12（a）。而东段重要度则较小，其值不足 0.1。回归分析显示，研究期内东西轴线树冠覆盖边缘扩张斑块的重要度并无城乡梯度分布特征。

与边缘扩张的重要度分布情况相反，填充扩张重要度在 w_3、w_2 和 c_0 样方有较小值，大体在 0.5～0.7。而东段重要度则较大，其值在 1.7～1.8 见图 15-12（b）。回归分析显示，研究期内东西轴线树冠覆盖填充扩张斑块的重要度并无城乡梯度分布特征。

飞地扩张的重要度在 c_0 样方有最大值 0.28 见图 15-12（c）。自此向东西两侧，重要度均呈波动变化。总体上来看，西段重要度大于东段。回归分析显示，研究期内东西轴线树冠覆盖填充扩张斑块的重要度并无城乡梯度分布特征。

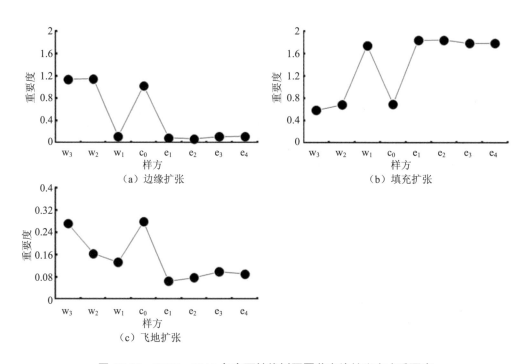

图 15-12　2002—2013 年东西轴线树冠覆盖斑块扩张方式重要度

15.2.3.2　树冠覆盖斑块消失

（1）南北轴线。研究期内，南北轴线各样方树冠覆盖消失方式以半岛消失为主。各样方半岛消失斑块重要度均在 1.18 以上，而内凹消失与完全消失斑块的重要度分别在 0.50 和 0.40 以下。

对于半岛消失的斑块，c_0 样方及南段各样方重要度较为一致，大体在 1.42～1.46。自 c_0 样方向北，重要度逐渐减小，到 n_2 样方，重要度为 1.31；而到 n_3 样方，重要度突然增加到 1.48，达轴线各样方最大值；到 n_4 样方，重要度减小到 1.18 见图 15-13（a）。回归分析显示，研究期内南北轴线树冠覆盖半岛消失斑块的重要度与二次曲线拟合度较高（$R^2 = 0.47$），表明半岛消失斑块的重要度呈市中心较大，而城市外围相对较小的城乡梯度分布特征。

对于内凹消失的斑块，c_0 样方处重要度为 0.40。自此向南，重要度逐渐减小，到 s_2 样方重要度有最小值；而在 s_3 样方，重要度又有所回升，其值为 0.33。自 c_0 样方向北，重要度逐渐增大，到 n_2 样方，重要度达 0.48；而到 n_3 样方，重要度突然减小，其值仅为 0.32；到 n_4 样方，重要度又回升到 0.44 见图 15-13（b）。回归分析显示，研究期内南北轴线树冠覆盖半岛消失斑块的重要度与二次曲线拟合度较高（$R^2 = 0.42$），表明半岛消失斑块的重要度呈市中心较大，而城市外围相对较小的城乡梯度分布特征。

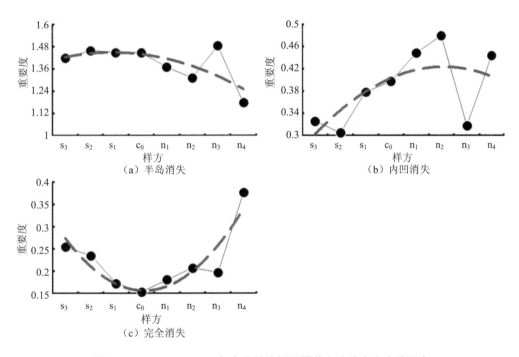

图 15-13　2002—2013 年南北轴线树冠覆盖斑块消失方式重要度

对于完全消失的斑块，c_0 样方有重要度最小值。自此向南，重要度逐渐增大，到 s_3 样方，重要度为 0.25。自 c_0 样方向北，直到 n_2 样方，重要度逐渐增大到 0.21；自 n_2 样方向北，重要度在 n_3 样方有少许减少，而后增大到 n_4 样方的 0.38 见图 15-13（c）。回归分析显示，研究期内南北轴线树冠覆盖半岛消失斑块的重要度与二次曲线拟合度较高（$R^2 = 0.82$），表明半岛消失斑块的重要度呈市中心较大，而城市外围相对较小的城乡梯度分布特征。

（2）东西轴线。对于半岛消失的斑块，c_0 样方重要度最大，达 1.45。自 c_0 样方向西，重要度逐渐减小，到 w_2 样方，重要度为 1.39；而到 w_3 样方，重要度增至 1.39。自 c_0 样方向东，重要度呈波动减小，到 e_4 样方重要度仅为 1.36 见图 15-14（a）。回归分析显示，研究期内东西轴线树冠覆盖半岛消失斑块的重要度与二次曲线拟合度较高（$R^2 = 0.57$），表明半岛消失斑块的重要度呈市中心较大，而城市外围相对较小的城乡梯度分布特征。

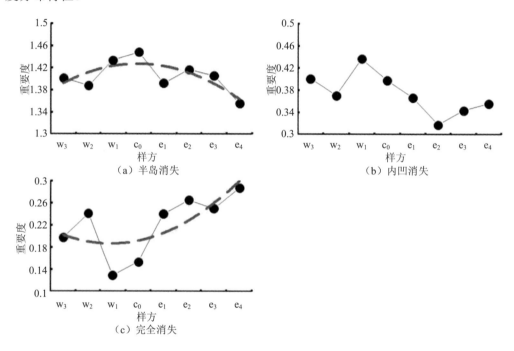

图 15-14　2002—2013 年东西轴线树冠覆盖斑块消失方式重要度

对于内凹消失的斑块，w_1 样方重要度最大，达 0.44。自 w_1 样方向西，重要度先减小到 w_2 样方的 0.37，再增加到 w_3 样方的 0.40。自 c_0 样方向东，重要度逐渐减小，到 e_2 样方，重要度仅为 0.32；自此向东，重要度逐渐增大，到 e_4 样方重要度达 0.36 见图 15-14（b）。回归分析显示，研究期内东西轴线树冠覆盖半岛消失斑块的重要度与二次曲线拟合度较低，表明内凹消失斑块的重要度无明显城乡梯度分布特征。

对于完全消失的斑块，w_1 样方重要度最小，仅为 0.13。自 w_1 样方向西，重要度先增大到 w_2 样方的 0.24，再减小到 w_3 样方的 0.20。自 c_0 样方向东，重要度呈波动增大，到 e_4 样方，重要度达 0.29 见图 15-14（c）。回归分析显示，研究期内东西轴线树冠覆盖完全消失斑块的重要度表现出一定的城乡梯度分布特征。

15.3 讨论

本章主要针对 2002—2013 年北京市城市发展的两条轴线沿线的树冠覆盖变化情况，分别选择综合动态度、单一动态度、稳定度、流向百分比、多度、重要度、分布重心以及景观扩张指数，分别从动态度、变化方向、空间分布变化以及空间变化方式 4 个方面对树冠覆盖变化情况进行了分析。

15.3.1 变化主要类型

一般而言，城市扩张，必然会侵占其他土地利用类型，如耕地或林地，从而造成树冠覆盖转出量较大。从各样方综合动态度、单一动态度以及各样方树冠覆盖变化的多度、流向百分比以及重要度指数来看，为不透水地表的确是树冠覆盖转出变化的主要类型。但同时，从不透水地表转入的树冠覆盖也是树冠覆盖转入的主要类型，这似乎与城市化地区土地利用的总体变化方向相反。其中的原因可能与北京城市发展轴线土地整理、绿地保护与建设等活动有关。

15.3.2 树冠覆盖稳定度

从稳定度指数分析表明，研究期内北京市南北轴线上市中心树冠覆盖稳定度高于城市外围。这是因为市中心地区城市建设业已成熟，各种土地利用类型相对固定；而在城市外围，由于建设用地扩张，以及绿地建设等，树冠覆盖变动程度较高。在对南京市景观变化的城乡梯度分布特征的研究中也发现，在城市化较早的地区，景观稳定度较大（陈皓等，2012）。2002 年，建设用地大多集中分布在四环以内，四环以外仅在大屯和东小口镇有较多的建设用地分布，其余地区则分布着相当数量的裸土地和耕地；而到 2013 年，在南北轴线裸土地和耕地则鲜有分布，而从洼里直到东小口镇则多为奥林匹克森林公园、东小口森林公园和东升文体公园。

但北京市南北轴线与东西轴线上树冠覆盖稳定度却有所差异，前者有较为明显的城乡梯度分布特征，而后者则没有。稳定度指数反映了树冠覆盖保留情况。在 w_3 和 w_1 样方，分布有八宝山、国际雕塑园、玉渊潭公园等，而在东段原先的公园绿地较少，位于 e_3 和 e_4 样方的常营回族乡内新建有三八国际友谊林和常营公园，东坝南部建有东坝郊野公园和京城槐园，平房乡建有京城梨园和石各庄公园，这些均为研究期内新建公园，因此东西轴线西段树冠覆盖的稳定度高于东段。另外，这也表明公园绿地对于城市树冠覆盖保持具有重要作用。

15.3.3 变化模式

从树冠覆盖斑块的变化模式来看，南北轴线和东西轴线都是以半岛消失为主要的消失模式，而在扩张类型方面，南北轴线主要以边缘扩张为主，在东西轴线的东段，填充扩张则是树冠覆盖增加的主要模式。一般认为，景观中的半岛多具有引导某种生物过程的作用，但在景观动态过程中，斑块要么沿半岛方向延伸，如城镇沿着道路扩张；要么从半岛处萎缩，如许多自然景观。本研究发现北京市两条轴线上的树冠覆盖斑块均以半岛消失为主要转出模式，这表明城市建设活动倾向于修正树冠覆盖边界形状，树冠覆盖似乎有更为规整的边界形状。

对于树冠覆盖消失的方式，其重要度存在城乡梯度分布差异，而扩张方式却没有这一分布特征，这表明在城乡梯度上绿地建设存在差异。市中心各绿地较为成熟，城市建设活动频率和强度也相对较弱，该地区的树冠覆盖多以局部的增减为主，大块移除的树冠覆盖较为少见。而树冠覆盖的扩张则与各样方的位置、绿地规划建设有关。

研究时段内，对北京市轴线树冠覆盖有影响的重要事件有 3 个：城市总体规划与 2008 年奥运会的绿色需求、城市公园建设和首都百万亩平原大造林（贾宝全、刘秀萍，2017）。2008 年奥运会对树冠覆盖最直接的影响表现为奥林匹克森林公园的建设。作为奥林匹克公园的终点配套建设项目之一，奥林匹克森林公园于奥运前建成。公园以乔灌木为主，占地 680 hm^2。两条轴线的两端均位于规划的北京城市一、二道绿化隔离带范围内（图 15-15）。n_2 样方、n_3 样方、w_3 样方，s_2 样方以及 e_2 样方、e_3 样方位于一道绿化隔

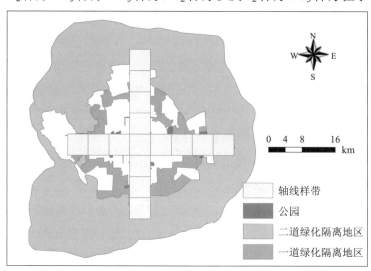

图 15-15 北京市城市发展轴线与绿化隔离带位置关系

离带，而 n_4 样方，s_3 样方以及 e_4 样方则位于二道绿化隔离带。隔离带主要通过新建公园绿地建设。2007—2012 年，在一道绿化隔离带内，先后建成 52 个郊野公园。此外，平原造林也可能对南北轴线两端的树冠覆盖有所影响。

15.4　结论

本章主要针对北京市南北轴线各样方树冠覆盖的变化斑块，从动态度、变化方向、空间分布位置变化以及变化模式 4 个方面进行了分析。目的在于通过以上分析，廓清北京市南北轴线树冠覆盖变化的梯度分异，分析发现树冠覆盖变化的规律，为今后城市绿化建设提供依据。其研究发现：

（1）2002—2013 年，北京市南北轴线和东西轴线综合动态度和单一动态度均呈明显的城乡梯度分布特征。市中心地区综合动态度较小，而城市外围综合动态度较大；其中，由于城市发展重心在城北，因此造成南北轴线北段树冠覆盖单一动态度高于南段。

（2）树冠覆盖稳定度在南北轴线上有明显的城乡梯度分布特征。具体表现为市中心稳定度较高，城市外围稳定度较低；而在东西轴线上则没有城乡梯度特征。这与各样方公园绿地等的分布有关。

（3）树冠覆盖与不透水地表之间的转换是两条轴线大多数样方，尤其是市中心样方的主要变化类型。市中心地区的土地整理等措施可能是其原因。而在城市外围，裸土地与树冠覆盖的转换，尤其是从裸土地转入这一情况渐趋普遍，表明是城市外围裸土地成为树冠覆盖的主要来源。

（4）南北轴线和东西轴线树冠覆盖均以半岛消失为转出的主要模式。半岛消失有明显的城乡梯度分布特征，较之于城市外围，市中心地区半岛消失更为普遍；南北轴线以边缘扩张为主，东西轴线东段以填充扩张为主，西段则以边缘扩张为主。

（5）相比于 2002 年，2013 年北京市中轴线连接度达到"高"和"非常高"等级的树冠覆盖斑块更多分布与城市外围，城市中心树冠覆盖斑块重要度有所降低。

参考文献

[1]　Forman R T T. Land mosaics：The ecology of landscape and region. Cambridge University Press，Cambridge，1995.

[2]　Liu X，Li X，Chen Y，et al. A new landscape index for quantifying urban expansion using

multi-temporal remotely sensed data . Landscape Ecology，2010，25（5）：671-682.

[3] McGarigal K，Cushman S A，Ene E. FRAGSTATS v4：Spatial Pattern Analysis Program for Categorical and Continuous Maps. Computer software program produced by the authors at the University of Massachusetts，Amherst，2012. Available at the following web site：http：//www.umass.edu/landeco/research/fragstats/fragstats.html.

[4] Moskal L M，Styers D M，Halabisky M. Monitoring urban tree cover using object based image analysis and public domain remotely sensed data. Remote sensing，2011，3（10）：2243-2262.

[5] Myeong S，Nowak D J，Hopkins P F，et al. Urban cover mapping using digital，high spatial resolution aerial imagery. Urban ecosystems，2001，5（4）：243-256.

[6] Uezu A，Metzger J P，Vielliard J M E. Effects of structural and functional connectivity and patch size on the abundance of seven Atlantic Forest bird species. Biological Conservation，2005，123（4）：507-519.

[7] 陈皓,刘茂松,徐驰,等. 南京市城乡梯度上景观变化的空间与数量稳定性. 生态学杂志,2012,31（6）：1556-1561.

[8] 陈杰,梁国付,丁圣彦. 基于景观连接度的森林景观恢复研究——以巩义市为例. 生态学报,2012,32（12）：3773-3781.

[9] 贾宝全,刘秀萍. 北京市第一道绿化隔离区树冠覆盖特征与景观生态变化. 林业科学,2017,53（9）：1-10.

[10] 贾宝全,王成,邱尔发,等. 城市林木树冠覆盖研究进展. 生态学报,2013,33（1）：23-32.

[11] 李传哲,于福亮,刘佳,等. 近20年来黑河干流中游地区土地利用/覆被变化及驱动力定量研究. 自然资源学报,2011（3）：353-363.

[12] 刘纪远，宁佳，匡文慧，等. 2010—2015 年中国土地利用变化的时空格局与新特征. 地理学报，2018，73（5）：789- 802.

[13] 刘纪远,张增祥,徐新良,等.21世纪初中国土地利用变化的空间格局与驱动力分析. 地理学报,2009，64（12）：1411-1420.

[14] 刘小平，黎夏，陈逸敏，等. 景观扩张指数及其在城市扩展分析中的应用. 地理学报，2009，64（12）：1430-1438.

[15] 蒙吉军，吴秀芹，李正国. 黑河流域 1988—2000 年土地利用/覆被变化研究. 北京大学学报（自然科学版），2004，40（6）：922-929.

[16] 全泉,田光进. 基于 GIS 的北京市城乡景观格局梯度时空变化研究. 生态科学,2008(4):254-261.

[17] 师满江，颉耀文，卫娇娇，等. 基于遥感和 GIS 的农村城镇化进程分析及模式探索. 农业工程学报，2015，31（5）：292-300.

[18] 史培军，陈晋，潘耀忠. 深圳市土地利用变化机制分析. 地理学报，2000，55（2）：151-160.

[19] 宋宜昊. 基于易康软件平台下的北京城区林木树冠覆盖解译与检验. 北京：中国林业科学研究院，2016.

[20] 王静爱，何春阳，董艳春，等. 北京城乡过渡区土地利用变化驱动力分析. 地球科学进展，2002（2）：201-208，304.

[21] 徐建华，艾南山，金炯，等. 西北干旱区景观要素镶嵌结构的分形研究——以黑河流域为例. 干旱区研究，2001，18（1）：35-39.

[22] 姚佳，贾宝全，王成，等. 北京的北部城市森林树冠覆盖特征. 东北林业大学学报，2015，43（10）：46-50，62.

[23] 赵娟娟，欧阳志云，郑华，等. 北京城区公园的植物种类构成及空间结构. 应用生态学报，2009，20（2）：298-306.

[24] 周亮，张志云，吴丽娟，等. 北京城市扩展轴上的绿地景观格局梯度分析. 林业资源管理，2006，5：47-52.

[25] 周翔，陈亮，象伟宁. 苏锡常地区建设用地扩张过程的定量分析. 应用生态学报，2014，25（5）：1422-1430.

[26] 朱会义，李秀彬. 关于区域土地利用变化指数模型方法的讨论. 地理学报，2003，58（5）：643-650.

[27] 朱会义，李秀彬，何书金，等. 环渤海地区土地利用的时空变化分析. 地理学报，2001，56（3）：253-260.

第16章

潜在林木树冠覆盖的区域分布、动态变化与评价研究

　　北京市是我国的首都，也是各种城市生态与环境问题表现最突出、最典型的城市。长期以来，生态用地的短缺及与其他用地的矛盾也最大，在经历了快速的城市化历程之后，面对快速经济发展背景下不断增长的居民生态福祉需求，如何尽快补足生态短板一直是北京市政府面临的最紧迫的问题之一，其中发展城市森林的路径无疑是最符合时代要求与特征的，"创建森林城市"也是目前我国加强城市生态基础设施建设的重要抓手。根据北京市园林绿化局的部署，除东、西城位于核心区不具备创建条件外，其他 14 区均要陆续启动创建工作。在森林城市的创建过程中，城市建成区的生态用地潜力一直以来都是"创建国家森林城市"过程中最重要的基础工作。本研究的主旨有二：一方面明确潜在生态用地的现状及其动态；另一方面通过对潜在林木树冠覆

盖空间优先度的分析，为未来生态建设空间优化选址提供科学依据。更重要的是由于北京市特殊的区位与代表性，以其为蓝本的相关研究工作成果将会极大地丰富我国的城市森林建设理论，并对我国的森林城市创建活动起到重要的引导作用。

16.1 潜在树冠覆盖分级及其评价方法

16.1.1 潜在城市林木树冠覆盖评价

潜在林木树冠覆盖评价是一项非常重要、非常具有实用性的基础性工作。国外评价大多以地籍单元或人口调查统计单元为单位进行评价。本次评价我们以研究区域内的1 767个村（街道）为统计单元，通过提取相应单元的潜在林木树冠覆盖面积信息，再计算相应研究单元区域内的潜在林木树冠覆盖率，最后再以村和街道为单元，对其潜在林木树冠覆盖率进行分级评价，共分为6个等级：≤1%为极低潜力区、1%～10%为低潜力区、10%～20%中潜力区、20%～30%为中高潜力区、30%～40%为高潜力区、>40%为极高潜力区。

16.1.2 林木树冠覆盖种植优先度评价

城市地区是各种用地矛盾最突出的区域，尤其是生态用地，因为其生态与社会效益的普惠性与外在性的存在，其在各土地使用方利益的博弈过程中，常常处于弱势地位。因此，如何通过有效的措施与方式，切实保护现有的UTC，并在未来的城市生态建设中能够制定切实可行的UTC建设目标，进而实现城市生态与经济社会发展的可持续性便成为关键之中的关键。这其中，以潜在UTC为目标的空间优化选址最为重要，它决定了城市未来新增UTC的空间分布及其生态效益的程度的最大化发挥。国际上，对潜在树冠覆盖区域及其优先度的研究被视为对城市森林建设具有重要意义的课题。这里我们使用Morani A等在Nowak D J等工作基础上（Nowak et al.，2009），提出的修正UTC种植优先度指数（Morani et al.，2011），并对其从3个方面做了修正：①将原来的权重值缩小100倍，这样所有权重之和为1，更符合目前学科上的应用实际；②将原来公式中的低现实树冠覆盖面积比例替换为现实树冠覆盖率，实际运算过程为了与人口密度和污染物具有相同的内涵取向，现实林木树冠覆盖率采用了"1-标准化后的UTCR值"；③考虑到污染物浓度数值变化的瞬时性大、目前空间监测点位稀疏、数据难以获取的实际，以及北京市最大的大气污染源为汽车尾气的现实（韩力慧、张鹏、张海亮等，2016），我们用道路密度替代大气污染浓度数值。

$$PI= 0.3 \times PD+0.4 \times RD+0.3 \times UTCR$$

式中，PI、PD、RD 和 UTCR 分别为优先度指数、标准化后的 2010 年人口密度指数、2013 年的道路密度和 2013 年的 UTCR 现实林木树冠覆盖率值，数值为权重值。评价单元与潜在城市林木树冠覆盖评价单元相同。之后对生成的栅格 PI 数据在 GIS 平台上采用自然断点分级方法，共划分了 4 个级别：低优先区（PI≤0.152 0）、中优先区（0.152 0＜PI≤0.265 8）、高优先区（0.265 8＜PI≤0.384 2）和极高优先区（PI＞0.384 2）。

16.2　研究结果

16.2.1　北京市潜在树冠覆盖的空间分布

从潜在林木树冠覆盖的 GIS 空间分布图来看（图 16-1），总体而言，随着时间的推移，研究区域的潜在林木树冠覆盖呈现了不断减少的变化过程，从空间分布看，2002年，潜在 UTC 主要分布在三环以外区域，三环以内区域分布较少，而到了 2013 年，则主要分布在了五环以外区域，五环以内分布较少，尤其是四环以内区域潜在林木树冠覆盖已经呈"极少"状态了。另外从类型来看，2002 年，基本上各种类型都有，呈现了空间斑块分布类型差别不大的状态，而到了 2013 年，则呈现了以荒草地类型绝对占优的格局，而其他则相对较少。

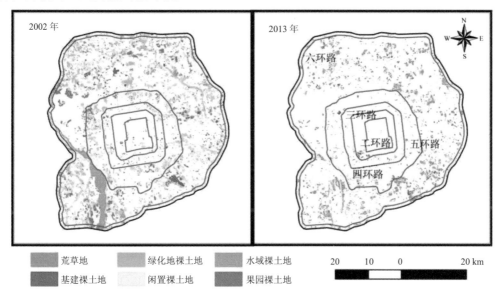

图 16-1　研究区 2002—2013 年潜在林木树冠斑块空间分布

16.2.2　2002—2013 年潜在树冠覆盖的总体数量变化

从遥感解译结果的统计来看（表 16-1），在 2013 年，整个研究区的潜在林木树冠覆盖区域的总面积为 18 845.82 hm^2，与 2002 年相比，总体减少了 22 036.36 hm^2；其中荒草地类型以总面积 14 166.20 hm^2、面积占比 75.17%的优势，成为了 2013 年潜在林木树冠覆盖斑块的构成主力，而水域裸土地和果园裸土地则分别以面积 434.88 hm^2 和106.41 hm^2，占比 2.31%和 0.56%分别成为该年度分布最低的两种类型。从 2002 年和2013 年的年度变化来看，除了荒草地类型呈现了大幅度的面积增加，其他类型的绝对面积都呈现了减少的变化过程，其中以绿化裸土地、水域裸土地和果园裸土地的面积减少最多，2013 年分别比 2002 年减少了 13 180.96 hm^2、10 816.02 hm^2 和 7 449.74 hm^2。

表 16-1　研究区 2002—2013 年潜在树冠覆盖面积的总体变化

项目	2002 年		2013 年		面积增（+）减（−）
	面积/hm^2	比例/%	面积/hm^2	比例/%	
荒草地	2 660.62	6.51	14 166.20	75.17	11 505.58
基建裸土地	3 240.86	7.93	1 255.20	6.66	−1 985.66
绿化地裸土地	14 322.70	35.03	1 141.74	6.06	−13 180.96
闲置裸土地	1 850.95	4.53	1 741.38	9.24	−109.57
水域裸土地	11 250.90	27.52	434.88	2.31	−10 816.02
果园裸土地	7 556.15	18.48	106.41	0.56	−7 449.74
合计	40 882.18	100.00	18 845.82	100.00	−22 036.36

16.2.3　研究区域不同环路间潜在树冠覆盖的数量变化

围绕城市的环路建设既是北京城市的典型标志，也是北京城市发展的直接见证。从 1992 年二环路建成通车到 2009 年的六环路全线贯通，在方便市民出行的同时，这些环路也见证了北京市"摊大饼式"的城市发展的历史印记。不同环路间的潜在林木树冠覆盖统计结果见表 16-2。

表 16-2　研究区不同环路间 2002—2013 年潜在树冠覆盖面积变化

项目	2002 年			2013 年		
	斑块数量/个	斑块面积/hm²	占环路区域面积比例/%	斑块数量/个	斑块面积/hm²	占环路区域面积比例/%
二环以内	1 512	191.72	3.05	16	19.91	0.32
二至三环	2 750	237.71	2.48	176	235.82	2.46
三至四环	18 492	994.65	6.92	420	340.47	2.37
四至五环	30 525	4 868.40	13.34	1 291	1 771.25	4.85
五至六环外 1 km	56 613	34 589.69	19.23	6 090	16 478.35	9.16
总计	109 892	40 882.18	16.58	7 993	18 845.82	7.64

从表 16-2 可以看出，以绝对数量而言，2013 年与 2002 年相比，呈现了两个最显著的变化过程：①各环路间呈现了与总体相同的变化趋势，即随着时间的延伸，无论是林木树冠覆盖斑块的数量还是面积，都呈现了双减少的变化过程；②潜在林木树冠覆盖斑块的数量与面积，在两个年份均呈现了沿环路梯度从内而外数量上绝对增加的梯度变化。以环路来看，无论是 2002 年还是 2013 年，研究区域的潜在林木树冠覆盖均以五至六环外 1 km 区域所占面积最大，2002 年，该区域有潜在林木树冠覆盖面积 34 589.69 hm²，占到了区域面积的 16.58%，到了 2013 年，该区域的林木树冠覆盖与 2002 年相比虽然减少了 18 111.34 hm²，但依然占到了五至六环外 1 km 区域总面积的 9.16%，从各环路的占比情况看，依然处于最高状态；北京的东、西城区，既是北京城市的中心地带，也是历次城市规划中延续确定的城市核心区，也是北京老城所在地，也还是北京老城传统空间的所在地，而二环以内区域则完全处于该核心区的范围以内，并占据了其绝大部分的面积比例，从表 16-3 可以看出，该区域是整个研究区潜在树冠覆盖最缺乏的区域，2002 年尚有 191.72 hm²，到了 2013 年则只留存了 19.91 hm²，11 年减少了 90%，这一方面说明该区域的生态建设的成效很大，另一方面也说明该区域未来生态建设面临的生态用地矛盾将会很大。从年际变化来看，二至三环区域相对比较特殊，2002 年其有潜在林木树冠覆盖面积 237.71 hm²，而到了 2013 年其依然还拥有 235.82 hm² 的潜在林木树冠覆盖面积，11 年中绝对面积仅减少了 1.89 hm²，从该区域两个年度土地覆盖的转移该矩阵来看，两个年度间潜在林木树冠覆盖保持不变的概率只有 3.3%，属于在变化的城市化环境中很难独处其身的斑块类型，其最大的转移源地

来自农田，其中 11 年中有 23.31%的农田转化为了潜在林木树冠覆盖斑块，我们据此认为该区域潜在林木树冠覆盖面积保持数量相对稳定的原因更多地来自偶然因素。

表 16-3　研究区二至三环间 2002—2013 年地类变化的转移概率矩阵

单位：%，hm²

项目	现实树冠覆盖	草坪	潜在树冠覆盖	不透水地表	水域	农田	2002 年面积合计
现实树冠覆盖	54.42	0.09	0.78	44.39	0.31	0.01	2 154.94
草坪	56.25	2.23	0.89	40.58	0.05	0.00	159.33
潜在树冠覆盖	33.06	0.61	3.30	62.80	0.23	0.00	237.71
不透水地表	13.84	0.09	2.82	83.09	0.14	0.02	6 804.31
水域	7.94	0.03	0.22	5.79	86.02	0.00	163.24
农田	23.18	0.75	23.31	43.31	0.00	9.45	76.08
2013 年面积合计	2 313.49	13.55	235.80	6 866.63	157.17	8.97	9 595.61

另外，从表 16-3 还可以看出，潜在林木树冠覆盖斑块的斑块数量在 2002—2013 年，在不同环路间也同步呈现了不断降低的变化过程，这表明，随着时间的推移，潜在树冠覆盖斑块的景观破碎化程度是在逐渐减弱的，由于其斑块面积构成变得相对较大，这对于该地类的未来生态开发利用是非常有价值的，非常有利于对生物多样性的保护与游憩旅游地规模化打造的开发格局的形成。

16.2.4　潜在树冠覆盖斑块的规模特征变化

斑块大小是一个很重要的景观格局量化参数，它直接影响着斑块内部与斑块之间的能量流、物质流与物种流。目前用于刻画斑块大小的参数有两个：一个是平均斑块面积；另一个是不同规模斑块的数量与空间分布。

从图 16-2 的潜在林木树冠覆盖斑块平均面积可以看出，2002 年，整个研究区域的潜在林木树冠覆盖斑块的平均大小只有 0.37 hm²，到了 2013 年，整个研究区的林木树冠覆盖斑块的平均大小达到了 2.36 hm²，整整翻了 6.4 倍，不同环路间的平均斑块大小也都呈现了与研究区总体相一致的时间变化特点，而且沿环路从内到外呈现了平均斑块不断增大的总体变化趋势，2002 年，二环以内的平均斑块大小为 0.13 hm²，到了五至六环的平均斑块大小递增到了 0.61 hm²，最外围是最内里的 4.7 倍；而到 2013 年，二环以内区域的潜在林木树冠覆盖斑块平均大小升高到了 1.24 hm²，五至六环平均斑块大小更是增加到了 2.71 hm²，虽然只增长了 2.17 倍，但因其基数很大，因此其生态与实践意义更大；在这一由内而外不断递增的梯度变化轴线上，唯一表现有异的是三至四环，在这一空间环节上，潜在林木树冠覆盖斑块的平均大小出现了略微的降低态势。

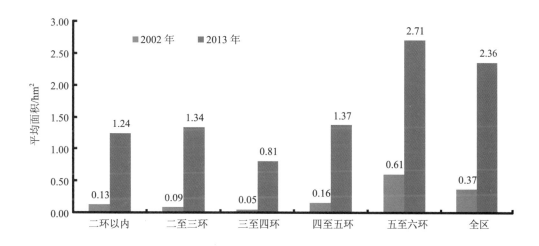

图 16-2　整个研究区及不同环路间潜在林木树冠覆盖斑块平均面积

根据吴泽民等以 5 级斑块分级标准所做的 2002 年和 2013 年研究区潜在林木树冠覆盖斑块分级分布情况来看（图 16-3、表 16-4），其斑块等级的分布规律还是非常明显的。

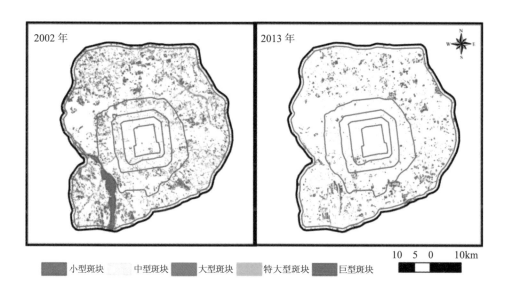

图 16-3　研究区潜在林木树冠覆盖斑块分级分布

从不同分级的斑块数量来看（表 16-4），2002 年，呈现了以小型斑块数量占优为主的分布格局，该年度的小型斑块数量达到了 92 570 个，占到了当年总斑块数量的84.48%，其他等级的斑块数量占比均在 7%以下；而到了 2013 年，则呈现出小型斑块、大型斑块和特大型斑块共同占优的特点，其占整年度斑块数量的比例均在 20%～25%，而中型斑块和巨型斑块的数量比例则分别为 14.01%和 12.21%。

表 16-4   不同斑块等级的数量与面积统计

	2002 年				2013 年			
	数量/个	数量比例/%	面积/hm²	面积比例/%	数量/个	数量比例/%	面积/hm²	面积比例/%
小型斑块	92 570	84.48	426.20	1.04	1 692	21.34	21.76	0.12
中型斑块	6 894	6.29	686.91	1.68	1 111	14.01	131.14	0.70
大型斑块	4 990	4.55	2 400.43	5.87	2 214	27.92	1 130.65	6.00
特大型斑块	3 438	3.14	8 026.35	19.63	1 944	24.52	4 533.75	24.06
巨型斑块	1 686	1.54	29 342.26	71.77	968	12.21	13 028.47	69.13
合计	109 578	100.00	40 882.16	100.00	7 929	100.00	18 845.77	100.00

从不同分级斑块的面积来看（表 16-4），虽然 2013 年度的总面积比 2002 年减少了22 036.39 hm²，但其在不同年度的不同斑块等级之间的分布比例则呈现了几乎完全一致的规律，即都是以巨型斑块面积占绝对优势，面积占比均在 70%左右，其次为特大型斑块，其面积占比在 2002 年和 2013 年分别为 19.63%和 24.06%，大型斑块的面积占比都在 6%左右，而中型斑块和小型斑块的面积比例均在 2%以下。

16.2.5   潜在树冠覆盖评价

根据在 1 767 个评价单元中的潜在林木树冠覆盖率 6 个分级斑块所做的研究区域潜在林木树冠覆盖评价结果见图 16-4。从图中可以看出，无论是 2002 年还是 2013 年，极低树冠分布区绝大部分都位于五环以内区域和西山一带山区，2002 年与 2013 年相比，城区的分布范围更窄，主要局限于四环以内区域，而西山一带则明显有所扩大，这表明这些区域未来通过潜在林木树冠区域增加城市森林的可能性极微；而低潜力和中潜力区虽然都分布在四至五环以外区域，但在两个年度中的分布格局则有明显差异，2002年两种类型宏观空间上的分布规模相差不大，空间分布上呈现交叉分布，到了 2013 年，则呈现低潜力区范围明显扩大，在空间上构成了主导的区域类型，中潜力反而呈现插花式的空间构型；中潜力以上类型区域在时间序列中，空间上明显呈现萎缩发展的态势，在 2003 年主要的分布区域为四环以外区域，到了 2013 年则明显退至五环以外区域。总的空间变化态势说明，北京六环外 1 km 以内范围区域，未来城市森林的建设潜力在明显萎缩，尤其在五环以内的城市规划区域，这一潜力更是微乎其微。

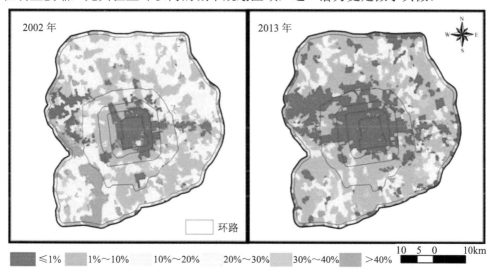

图 16-4　研究区潜在林木树冠覆盖评价

表 16-5　研究区域潜在林木树冠覆盖评价结果统计

评价等级	分级标准	2002 年		2013 年		增（+）减（−）	
		面积/hm²	比例/%	面积/hm²	比例/%	面积/hm²	比例/%
极低潜力	≤1%	27 538.80	11.17	63 701.44	25.83	36 162.64	14.67
低潜力	1%～10%	79 863.79	32.39	125 605.54	50.94	45 741.76	18.55
中潜力	10%～20%	71 092.49	28.83	36 035.26	14.61	−35 057.23	−14.22
中高潜力	20%～30%	39 068.08	15.84	13 268.42	5.38	−25 799.66	−10.46
高潜力	30%～40%	12 283.26	4.98	6 206.63	2.52	−6 076.63	−2.46
极高潜力	>40%	16 738.59	6.79	1 767.72	0.72	−14 970.87	−6.07
合计	—	246 585.01	100.00	246 585.01	100.00	0.00	0.00

根据图 16-4 数据所做的统计结果显示（表 16-5），除极低潜力和低潜力区域的面积与比例增加外，其他类型区域都呈现了缩小的变化趋势。在 2013 年，极低潜力和低潜力区域的面积分别达到了 63 701.44 hm² 和 125 605.54 hm²，分别占到了研究区域总

面积的 25.83%和 50.94%，与 2002 年相比，面积比例分别增加了 14.67%和 18.55%；而中潜力与中高潜力区域的面积在 2013 年分别为 36 035.26 hm² 和 13 268.42 hm²，面积比例分别为 14.61%和 5.38%，比 2002 年分别降低了 14.22 个百分点和 10.46 个百分点；高潜力与极高潜力区域在两个年度所占的份额都不大，2013 年其面积分别为 6 206.63 hm² 和 1 767.72 hm²，与 2002 年相比，面积比例分别降低了 2.46%和 6.07%。

16.2.6 林木树冠覆盖发展空间的优先度评价

潜在树冠发展的空间优先度评价结果见图 16-5。从图中可以看出，林木树冠覆盖发展空间的优先度也沿北京环路呈现了明显的梯级分布规律，即沿着环路从内而外的外扩过程，林木树冠覆盖发展的优先度需求呈现了逐步降低的变化过程，其中四环以内区域是林木树冠覆盖最缺乏、最应该优先发展的区域。

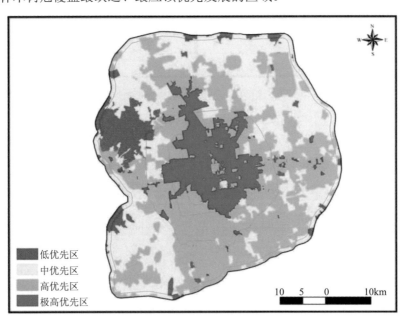

图 16-5　潜在林木树冠发展空间优先度分级

从图 16-5 的不同分区统计来看（表 16-6），整个研究区以低优先度区域所占比例最小，全部面积只有 16 960.12 hm²，只占整个研究区面积的 6.88%；其次为极高优先度区域，该区域总面积为 32 331.68 hm²，占到了全部研究区域的 13.11%；中优先度和高优先度区域所占面积比例相差不大，分别为 38.22%和 41.79%。对于低优先度区域而言，由于主要处在北京城西的西山山地一带，本身林木覆盖率就很高，通过多年来的山地造林与质量提升工程的实施，目前进一步营造城市森林的面积潜力极微，而极高优先度区域虽然面积占比也不算大，但是由于其主要集中分布在北京城的现状城市建成区范围内，尤其是其几乎涵盖了核心城区的东、西城区全部范围，这里也是目前北京市人口密度最大的区域，因此，虽然其面积占比不大，但其所在区位对于城市未来可持续性的维持意义非凡。

表 16-6　潜在林木树冠覆盖优先度分级区域及其所含潜在 UTC 斑块面积统计

分级区域	分区总面积		2013 年潜在林木树冠覆盖	
	分区面积/hm²	分区占比/%	潜在林木树冠覆盖面积/hm²	潜在林木树冠覆盖占比/%
低优先区	16 960.12	6.88	298.15	1.58
中优先区	94 244.52	38.22	7 543.92	40.03
高优先区	103 048.70	41.79	10 341.66	54.88
极高优先区	32 331.68	13.11	662.09	3.51
合计	246 585.01	100.00	18 845.82	100.00

不同优先度区域潜在林木树冠覆盖斑块总面积的大小，直接反映了相应区域未来城市森林建设的规模潜力。从不同优先度区域所含的潜在林木树冠覆盖斑块情况来看（表 16-6），其总体变化规律与不同优先度区域的总规律大致相同，其中以低优先度区域的潜在林木树冠覆盖面积最小，只有 298.15 hm²，仅占到 2013 年研究区域总潜在林木树冠面积的 1.58%，而极高优先度区域的潜在林木树冠面积虽然比低优先度区域有所增加，但总面积也只有 662.09 hm²，占总的潜在林木树冠面积的 3.51%。潜在林木树冠覆盖面积主要集中在中优先度区域和高优先度区域，分别占到了 2013 年潜在林木树冠总面积的 40.03% 和 54.88%，尤其是高优先度区域，由于其主要集中在四至五环的区域，而该区域又是目前北京城市化发展最快速的地区，高的潜在林木树冠覆盖面积对于该区域未来的城市生态建设具有极其重要的现实意义。

16.3　讨论

16.3.1　人口与现实树冠覆盖空间上的格局背离，制约了北京城市森林服务功能的高效发挥

城市森林的服务对象是人，越是人口聚集的地方理论上越应该拥有较大的城市森

林面积，这样才能将城市森林的生态服务功能以更便捷的方式提供给城市居民，以增强其健康福祉。从北京市的现实情况来看，人口与城市森林布局二者之间出现了明显的空间格局背离现象，越是人口密度高的地方城市森林的缺乏程度反而越高。从图 16-6（a）可以明显看出，北京市城区人口密度最高的地方主要集中在四环以内的城市建成区区域，其人口密度最高已经达到了 40 623 人/km²，作为城市森林主体服务对象的人口分布格局，客观上要求城市森林分布必须顺应这样的人口空间格局，但遗憾的是，现实林木树冠覆盖情况却呈现了与人口分布格局完全相反的空间格局，从图 16-6（b）可以明显看出，四环以内区域基本上都处于 15%～30%的中等覆盖率水平，同时也出现了大量散点状分布的林木树冠覆盖区域，仅在四至五环才出现了 30%～45%的高现实林木树冠覆盖率，整个四环以内区域，除了天坛公园附近以及东北角区域，全区没有极高林木树冠覆盖区域分布。根据最新的《北京城市总体规划（2016—2030 年）》显示，北京到 2050 年要全面建成国际一流的和谐宜居之都，这一现实格局背离情况的存在，将是北京市实现这一目标的最大瓶颈所在。虽然北京市政府在解决这一问题上也采取了不少的办法，已经完成的百万亩平原大造林一期和正在实施的二期工程，都是这一努力的集中体现，但问题是，由于工程实施地点主要位于五环以外的平原区域，对于改善区域生态环境质量的作用是显而易见的，但依然无法缓解目前的格局背离现状。因此，北京城市生态环境问题的解决还必须寻找新的突破口，以期从更高的城市管理视角解决这一问题。

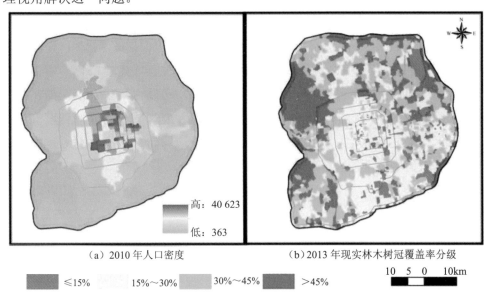

（a）2010 年人口密度　　　　　　（b）2013 年现实林木树冠覆盖率分级

≤15%　　15%～30%　　30%～45%　　>45%

图 16-6　研究区人口密度与现实树冠覆盖率空间分布

16.3.2　不透水地表潜在树冠覆盖开发是北京市建成区今后增加林木树冠覆盖的最主要途径

从图 16-7 和图 16-6（b）的情况来看，目前的五环以内区域，作为北京市城市建成区的最核心区域，其一方面面临着现实林木树冠覆盖严重不足的情况，另一方面也面临着潜在林木树冠覆盖面积严重不足的窘境。由于潜在林木树冠覆盖率绝大部分区域都处于≤1%的极低水平，这就决定了传统的林木树冠覆盖面积扩张策略对于改变目前的现实格局具有很大的局限性，因此该区域未来的生态环境建设必须另寻出路，其中目前最可行的途径有二：①充分利用城市拆迁、旧城改造等机遇，大力开发利用不透水地表的潜在树冠覆盖潜力；②挖掘草坪地向林木树冠覆盖土地转换的潜力；③加强屋顶绿化及垂直绿化的潜力。

过去的变化是未来变化的一面镜子，它可以在一定程度上揭示变化发生的概率与规模，从而服务于未来的定向管理。从表 16-7 的 2002—2013 年研究区土地覆盖转移概率矩阵可以看出，在过去的 11 年中，以裸土地和荒草地为主的潜在林木树冠覆盖斑块是向现实林木树冠覆盖转化的最主要力量，总计有 22 230.79 hm^2 潜在林木树冠覆盖斑块面积转化为了现实林木树冠覆盖斑块类型，平均每年的转化面积达到了 2 020.98 hm^2；

表 16-7　研究区 2002—2013 年土地覆盖转移概率矩阵　　单位：hm^2

分布类型	现实林木冠覆盖	草坪	荒草地	裸土地	道路不透水地表	其他不透水地表	水体	农田
现实林木树冠覆盖	29 730.07	395.22	1 640.32	491.25	743.43	15 601.70	372.97	1 143.49
草坪	407.84	685.94	4.64	0.78	16.05	279.29	15.71	1.42
荒草地	1 003.48	76.41	308.98	59.92	64.09	1 174.72	31.31	101.37
裸土地	21 227.31	1 305.57	2 900.17	1 153.92	755.81	9 226.50	1 501.16	2 439.81
道路不透水地表	1 166.25	1.28	27.06	24.68	2 936.07	914.52	3.61	5.86
其他不透水地表	19 823.22	499.12	4 804.37	1 099.98	2 219.04	51 862.79	298.20	719.17
水体	1 142.11	100.95	417.99	202.83	62.68	1 077.26	3 602.25	77.15
农田	20 354.60	1 075.23	4 912.09	1 926.78	1 187.23	15 406.97	402.60	13 370.42

其次为不透水地表，从该表的数据可以看出，11 年中，总计有 20 989.46 hm² 的不透水地表斑块面积转化为了现实林木树冠覆盖地类，年均转化率达到了 1 908.1 hm²，这其中以建筑等不透水地表类型的转移幅度最大，11 年总计转化了 19 823.22 hm²，年均转化面积达到了 1 802.11 hm²；第 3 个向现实林木树冠覆盖转化的最大土地覆盖类型为农田，从表 16-7 中可以看出，11 年共有 20 354.60 hm² 的农田斑块面积发生了转化，年均转换面积达到了 1 850.42 hm²，但需要说明的是，农田转化主要是农村产业结构调整后发生的农作物种植向林果产业转换的结果；而草坪等管理型草地 11 年也有 407.84 hm² 的面积转化为了现实林木树冠覆盖类型，年均转化面积虽然不大，只有 37.08 hm²，但由于林木树冠覆盖提供的生态服务远高于草坪草地，因此该转换仍然具有重要的现实意义。

从 2013 年这几类主要的转化类型的土地覆盖空间分布看（图 16-7），五环以内今后主要的挖掘潜力还在于不透水地表，一方面这里是北京城市的核心区域所在，现实林木树冠覆盖资源最为短缺；另一方面这里人口又最集中，对林木树冠覆盖资源的需求性也最大。由于农田主要集中在五环以外区域，因此农田产业结构调整仅具有区域上的生态意义，而对于解决城市建成区生态问题的作用不大；草坪草地与裸土地虽然也有一定的积极意义，但在五环以内其面积狭小，因此未来的转化潜力不大。

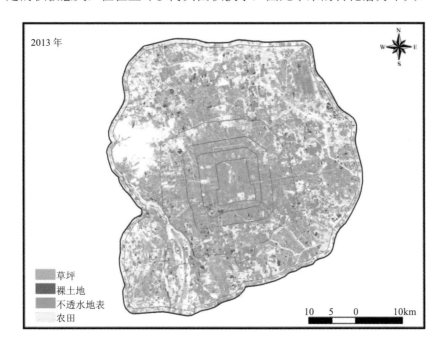

图 16-7　研究区最具转化潜力的几类土地覆盖类型的空间分布

16.3.3　强有力生态保护法律地位的缺失，将严重影响到未来城市林木树冠的可持续保护

城市的发展离不开城市规划的直接指导，在城市规划过程中，土地空间规划最为关键，它直接关联着城市每一寸土地的未来用途，并进而影响着城市的未来功能。城市林木树冠覆盖是城市最重要的绿色基础设施，在国外的城市规划中其占有非常重要的地位。然而在国内，城市建设用地的规划优先于城市绿地系统规划，作为城市规划中唯一的生态基础设施规划，一直没有得到高优先度的重视。纵观北京城市建成区目前存在的各类问题，绝大多数都与此因素有关。北京是一个典型的"同心圆"型外扩发展的城市，从 1993 年《北京市城市总体规划（1993—2010 年）》开始，北京的城市管理、规划与建设者们已经注意到了北京市城市生态问题，因此由市政府发布了"7号文件"，并开始规划实施了第一道绿化隔离区建设（图 16-8），但随后紧接着的城市三环、四环与五环道路建设，将城市建成区的范围进一步扩大，从而导致了该区域建设用地对生态用地的大量挤占，因此严重影响到了第一道绿化隔离区规划建设的预期成效。而从 2003 年开始实施并于 2010 年完成的第二道绿化隔离区建设，由于其主要集中于北京市的五环以外直至六环外 1 km 的范围内，受北京城市建设外扩的影响较小，从而保证了生态用地数量上的相对稳定。作为北京城市最重要的两道绿色屏障，从建

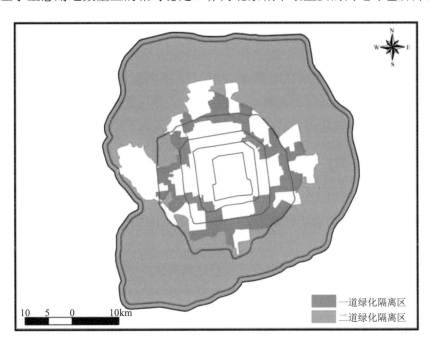

图 16-8　北京市第一和第二道绿化隔离区空间位置

设完成至今，也没有一个专门的地方性法规对其从法规层面予以保护，2018 年 7 月 6 日由北京市人民政府发布的《北京市生态保护红线》（京政发〔2018〕18 号）中，完全没有这两道生态绿化隔离区的任何内容，仅在《北京城市中心区绿线》中，才涉及这两个重要的生态绿带，但其划定的绿线在这两个区域中依然呈现孤立分散的团块状格局，依然没有将其作为一个统一整体予以考虑，从而大大降低了其保护的力度，也给以后这两个区域整体保护的法律地位留下了缺憾。

16.4　结论

（1）研究区域 2002 年和 2013 年的潜在林木树冠覆盖面积分别只有 40 882.18 hm^2 和 18 845.82 hm^2，仅占到研究区域总面积的 16.58%和 7.64%，这表明，随着时间的推移，研究区域的潜在林木树冠覆盖土地资源可利用潜力在急速降低。

（2）从潜在林木树冠覆盖斑块的空间分布看。2002 年，潜在 UTC 主要分布在三环以外区域，三环以内区域分布较少，到了 2013 年，则主要分布在五环以外区域，五环以内分布较少；从潜在林木树冠覆盖类型看，2002 年，虽然以绿化地裸土地和水域裸土地为主，各类型的面积比例虽有差别，但总体数值偏离不大，到了 2013 年，则呈现了荒草地类型"一枝独秀"的格局，其他的面积比例相对较少。

（3）从潜在林木树冠覆盖斑块的数量来看，11 年净减少了 101 899 个，斑块的平均面积则从 2002 年的 0.37 hm^2 增加到了 2.36 hm^2；从斑块大小分级变化来看，数量上 2002 年呈现出以小型斑块位于绝对优势的特征，其面积占比达到了 84.84%；2013 年时不同级别的斑块数量分布相对均衡，没有哪一个占绝对优势；在分级面积上，两个年度都呈现了巨型斑块占绝对优势、特大型斑块次优、其他斑块尺度类型占比极小的总体特征。

（4）以村（社区）为单元的区域潜在林木树冠覆盖评价结果显示，整个研究区域 2002 年低潜力和中潜力区域范围最大，分别占到了研究区域的 32.39%和 28.83%，2013 年潜力格局改变为以极低潜力和低潜力区域面积最大，分别占研究区域总面积的 25.83%和 50.94%。

（5）从研究区域潜在林木树冠覆盖种植空间的优先度评价结果看，极高优先度和高优先度区域应该是北京城市未来重点发展城市森林的区域，其面积占比分别达到了 13.11%和 41.79%,其中极高优先度区域主要分布在构成城市核心区的东城区和西城区，但该区域 2013 年的潜在林木树冠覆盖斑块面积仅占整个研究区域当年度潜在林木树冠覆盖总面积的 3.51%，因此北京城区未来的林木树冠发展策略应该走植被潜在斑块与不透水地表潜在斑块共同开发之路。

参考文献

[1]　Kadu S R，Hogade B G，Rizvi I. Urban Tree Canopy Detection Using Object-Based Image Analysis Approach for High-Resolution Satellite Imagery. In：Pawar P.，Ronge B.，Balasubramaniam R.，Seshabhattar S.（eds）Techno-Societal 2016. ICATSA 2016. Springer，Cham，2018：275-281.

[2]　Morani A，Nowak D J，Hirabayashi S，et al. How to select the best tree planting locations to enhance air pollution removal in the Million Trees NYC initiative. Environmental Pollution，2011，159（5）：1040-1047.

[3]　Moskal L M，Styers D M，Halabisky M. Monitoring urban tree cover using object-based image analysis and public domain remotely sensed data. Remote Sensing，2011，3（10），2243-2262.

[4]　National Urban and Community Forestry Advisory Council，2015，Ten-year urban forestry action plan：2016-2026.

[5]　Nowak D J，Greenfield E J. Urban and Community Forests of the Southern Atlantic Region：Delaware，District of Columbia，Florida，Georgia，Maryland，North Carolina，South Carolina，Virginia，West Virginia，2009：90.

[6]　USDA Forest Service：Urban Natural Research Stewardship. About the Urban Tree Canopy Assessment，2008.

[7]　Zemin Wu，Chenglin Huang，Wenyou Wu，et al. Urban forestry structure in Hefei，China，In：Margret M. Carreiro，Yong-Chang Song，Jianguo Wu editors，Ecology，Planning，and Management of Urban Forests，Springer，2008：279-292.

[8]　韩力慧，张鹏，张海亮，等. 北京市大气细颗粒物污染与来源解析研究. 中国环境科学，2016，36（11）：3203-3210.

[9]　宋宜昊. 基于易康软件平台下的北京城区林木树冠覆盖解译与检验. 北京：中国林业科学研究院，2016.

第 17 章

北京公园绿地冷岛效应及其主要影响因素分析

相对于其他绿地而言，公园具有其特殊性。首先，公园绿地具有更高的稳定性，公园一旦建成，在相当长的时间内可一直存在，较少受到城市建设用地扩张的影响；其次，公园内部景观组成多样，公园内可同时存在植被、不透水地表、水体，甚至裸土地，景观类型多样；最后，公园也是城镇居民休闲娱乐较为集中的场所，利用程度较高。因此，开展公园冷岛效应研究，对提升城市公园生态系统服务功能具有重要意义。但目前仅有少量的研究涉及公园绿地冷岛效应（Cao et al.，2010；Chang et al.，2007）。对于公园内外景观组成与格局对冷岛效应的影响还不明确，导致城市公园规划、设计与建设缺少科学依据。

公园冷岛效应的观测，可沿用城市热岛效应的观测方法。城市热岛研究多采用实地定点观测（Chang et al.，2007；Zhang et al.，2013）、遥感反演的方法。但实地定点观测方法效率较低，难以针对多个公园样本开展研究。而遥感反演方法则具有多尺度分析研究的优点。自 Rao（1972）首次应用遥感方法检测城市热环境以来，遥感与 GIS 相结合的方法被广泛应用到地表温度的反演与分析研究中。

17.1 研究方法

17.1.1 公园概况

根据最新的公园建设情况，北京市平原区共有 266 个公园。其中，50 个公园为郊野公园。郊野公园多分布在北京市第一道和第二道绿化隔离区内。在西北部地区，公园绿地分布面积较大，分布有颐和园、圆明园、西山国家森林公园、八大处公园等大型公园绿地。北京市六环内公园分布见图 17-1。

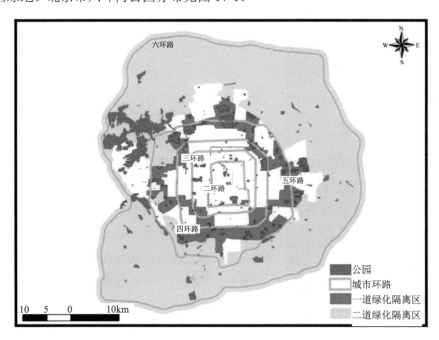

图 17-1　北京市六环内公园分布

17.1.2 数据来源及处理

本章所采用的数据主要包括遥感影像数据和土地利用数据两种。遥感影像数据采用 2013 年 8 月 30 日北京市 Landsat 8 TIRS 数据，卫星影像轨道号分别为 123-32 和

123-33。在 ERDAS 软件平台上，对其进行几何校正、正射校正之后，又利用 ERDAS 2014 上配套的 ARTCOR2 对其进行了大气校正。

土地覆盖采用面向对象的分类技术（Myeong et al.，2001；Moskal et al.，2011），基于 eCongnition Developer 9.0 解译平台，对 2013 年 WorldView2 卫星影像进行了城市地表覆盖分类解译，分类结果总体精度为 96.02%，Kappa 系数为 0.9231（宋宜昊，2016；贾宝全等，2017）。城市植被分为林木树冠覆盖、草地、不透水地表、农田、水体和裸土 6 个一级类（贾宝全等，2013，2017；宋宜昊，2016）。

17.1.3 冷岛效应指标

选取地表温度（LST_{park}）、降温幅度（ΔT_{max}）和降温范围（$L_{\Delta max}$）3 个指标对公园绿地的冷岛效应进行度量（图 17-2）。地表温度为公园内部地表平均温度，根据公园边界内地表温度计算得到。降温幅度、降温范围和降温效率均针对单个公园及其外围环带内的地表温度确定。分别提取各个公园外各条环带缓冲区的地表平均温度，以环带作为横坐标，以地表平均温度作为纵坐标制作曲线图（图 17-2）。将公园外地表温度达到第一个拐点时的温度作为拐点温度，达到拐点温度时的环带距离即为降温距离，单位为 m；拐点温度与公园内部地表温度的差值即为降温幅度，单位为℃。

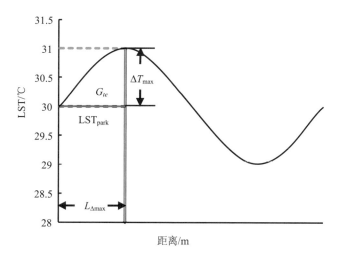

图 17-2 公园冷岛效应相关指标

17.1.4 景观组成特征分析

根据研究，城市地表温度主要与不透水地表、植被和水体的面积有关。因此，本章将地类归并为不透水地表、树冠覆盖、草地和水体 4 类。而耕地和裸土地不予考虑，这是由于城区农田和裸土地分布较少，仅在城市外围有零星分布，对此进行城市热场的分析，其结论并不能对今后的城市建设提供指导，因此本章并不对此两类进行分析。

对于公园园内及外部缓冲区内的景观组成特征，本章选取土地覆盖类型面积百分比（percentage of landscape，Pland）、斑块密度（patch density，PD）、平均斑块大小（mean patch size，MPS）和最大型斑块指数（largest patch index，LPI）对主要土地覆盖类型的面积、形状、破碎化程度等进行度量（表 17-1）。上述指数均在类型水平进行计算。具体计算采用 Fragstats 软件（McGarigal et al.，2012）。

表 17-1　土地覆盖格局指数

景观指数	简写	定义	单位	取值范围
景观类型百分比	Pland	景观中各土地覆盖类型的面积百分比	%	0～100
斑块密度	PD	单位面积上的斑块数量	个/km^2	>0
最大型斑块指数	LPI	某一土地覆盖类型最大型斑块面积在景观总面积中的百分比	%	0～100
平均斑块大小	MPS	某一土地覆盖类型面积与斑块的比值	hm^2	>0

17.1.5　缓冲区分析

采用缓冲区分析方法，探讨城市公园外围景观对公园地表温度的影响，以确定对公园地表温度有显著影响的空间范围。建立 100 m、200 m、300 m、400 m、500 m、600 m、700 m、800 m、900 m 和 1 000 m 宽度的缓冲区，以分析公园外围景观与公园冷岛之间的关系变化。

针对 ΔT_{max} 和 $L_{\Delta maxp}$，鉴于地表温度数据分辨率为 30 m，本章按照 30 m 间隔建立缓冲区（Bao et al.，2016）。缓冲区最大宽度设置为 2 000 m，因此，在每个公园外围，建立 0～30 m、30～60 m、60～90 m、…、1 770～1 880 m 共 60 条环带缓冲区。

一般而言，公园外地表温度的变化大体有如下 3 种类型：温度下降、温度保持不变、温度上升，其中温度上升型又可分为温度持续上升、温度先上升后下降、温度先上升后保持不变 3 种类型。

目前，针对 ΔT_{max} 和 $L_{\Delta max}$ 的分析方法还未统一。一些研究中采用人工选择的方法，根据公园外各环带的拐点地表温度确定（Du et al.，2016），但这种方法主观性较大，而且在公园样本数量较多时难以适用。还有一些研究采用特定函数对各缓冲区地表温度进行拟合。这些函数具体见表 17-2。本章选择函数拟合的方法确定 $\Delta T_{\max}$ 和 $L_{\Delta\max}$。

表 17-2　公园冷岛效应拟合函数

研究对象	函数形式	参考文献
遥感地表温度	$\Delta T = A \times \text{distance}^3 + B \times \text{distance}^2 + C \times \text{distance}$ 2 倍公园宽度 因变量为各环带与公园内温度的差值	Chen et al.，2012 Jaganmohan et al.，2016
站点空气温度	$\Delta T = a + br^{\text{distance}}$ 0～250 m 因变量为各站点与参考站点之间温度的差值	Vaz Monteiro et al.，2016
遥感地表温度	$\gamma(h) = \dfrac{1}{2N(h)}\sum_{i=1}^{N(h)}\left[Z(x_i) - Z(x_i+h)\right]^2$ 0～300 m 因变量为各环带平均地表温度	Bao et al.，2016

采用上述函数对绿地外缓冲区温度进行拟合，容易受到外围缓冲区距离的影响。较为理想的情况是：自公园绿地边界向外，随着距离的增加，温度逐渐增高，并在一定距离外保持不变。但实际上，公园绿地边界外温度却又受到此范围内地表覆盖及周边环境的影响，因此相对于公园绿地内地表温度而言，其变化形式多样，按照函数进行温度—距离关系拟合，可能会影响函数形态及参数值。因此，本章采用 LOESS（locally estimated scatterplot smoothing）局部加权非参数回归方法，一方面保留局部温度变化的大体趋势，另一方面减少尾部形态对函数拟合整体的影响。参照 Jaganmohan 等（2016）的研究，将最大距离设置为公园宽度的两倍。其中，公园宽度按照同等面积下正方形的边长计算，计算方法为

$$\text{WDTH} = \sqrt{A}$$

式中，WDTH 为最大距离（m）；A 为公园面积（m²）。

LOESS 分析显示，共计 47 个公园，其外围缓冲区温度未呈增加变化。其中，外围温度先下降后上升，且在最大距离内出现峰值的公园共计 19 个，包括皇城根遗址公园、海淀公园、北京植物园、北焦公园、北京朝来农艺园、和谐广场、黑塔公园、会城门公园、金海御园温泉度假村、金盏郁金香公园（度假村）、京城梨园、南湖公园、寿宝庄公园、桐城公园、万泉文化公园、西直河休闲健康园、榆树庄公园、双榆树公园和中科院植物园；外围温度先下降后上升，且在最大距离内出现峰值的公园共计 18

个，包括北坞公园、金港汽车公园、北京龙韵国际公园、碧水风荷公园、滨河公园、长春园、福海公园、后海公园、华汇紫薇公园、174、双龙公园、顺城公园、王城公园、望和公园、西单文化广场、月季园、长辛店公园、稻香湖公园；外围温度持续升高且在最大距离范围内无峰值点的公园共计 8 个，包括明城墙遗址公园、翠芳园、宝联体育公园、崔各庄银河草原文化公园、大景体育公园、看丹公园、四季青镇群众文化公园和小红门体育公园；外围温度持续降低的公园共计 2 个，包括香河园公园和姚家园公园。因西山森林公园（疗养区）面积显著大于其他公园，因此不对其进行降温效应分析。综上可知，用于后续分析的公园共计 218 个。

17.1.6 统计分析

本章采用简单线性分析法，判定公园园内地表温度与公园园内以及园外各宽度缓冲区范围内的景观组成特征之间的关系；采用逐步回归分析方法确定对园内地表温度有显著影响的园内及园外景观组成特征。统计分析在 R 3.2.3 软件平台中完成。

17.2 公园面积分布特征

北京市六环内公园绿地以小型绿地为主（图 17-3）。0～10 hm² 的公园个数最多，达 103 个。其中，面积最小的是知春公园，公园面积仅为 0.39 hm²。随着公园面积增大，公园个数逐渐减少；但在 100～300 hm² 的公园个数分别为 14 个和 6 个。面积最大的是西山国家森林公园（疗养区），面积为 5 654 hm²。

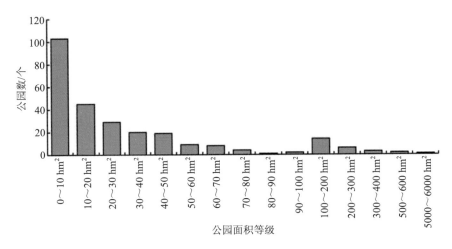

图 17-3　北京市六环内公园绿地面积等级分布

17.3　LST$_{park}$ 分析

17.3.1　LST$_{park}$ 特征

2013 年，平原区地表平均温度为 28.85℃，而五环内地区地表平均温度则高达 30.67℃。其中，高温区主要分布在六环以内地区，尤以南城为主要集中地区见图 17-4（a）。四至六环间的南偏西地区，以及三至五环间东南地区，地表温度可达 30℃；而六环外地区地表温度则较低，地表温度多在 26～30℃。而市内主要公园的地表平均温度为 29.23℃，略高于整个平原区的地表平均温度，但低于五环内，表明了公园具有较强的城市冷岛效应。

各公园地表温度分布见图 17-4（a）。整体来看，北京城区西北和东部地区，公园地表温度较低，颐和园和圆明园两处，地表温度分别仅有 25.8℃和 27.8℃；而南部和西南地区公园地表温度则较高，如石榴庄公园和世界公园，其地表温度分别达 30.1℃和 29℃。

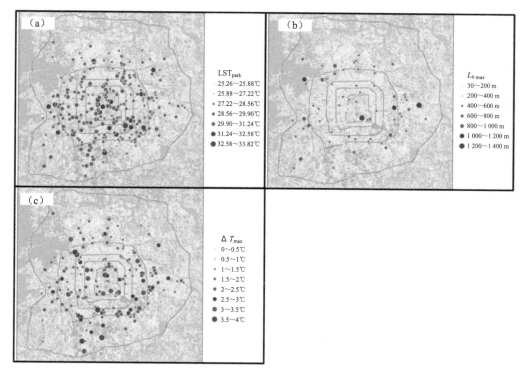

图 17-4　北京市六环内公园绿地 LST$_{park}$（a）、$L_{\Delta max}$（b）和 ΔT_{max}（c）空间分布

17.3.2 公园边界特征对 LST$_{park}$ 的影响

17.3.2.1 公园面积

从公园地表温度与面积之间的关系来看见图 17-5（a），公园地表温度与公园面积之间有极显著的幂指数关系（$y = 38.141x^{-0.022}$，$R^2 = 0.45^{**}$）。在公园面积较小时，公园地表温度随面积变化较为明显；随着公园面积增加，公园地表温度降低不明显。由此可见，公园面积大小对公园地表温度有显著影响。影响地表温度的公园面积拐点范围大致在 $30\sim50$ hm^2。

17.3.2.2 公园形状

从公园地表温度与面积之间的关系来看见图 17-5（b），LST$_{park}$ 与周长面积比之间有极显著的幂指数关系（$y = 35.407x^{0.044}$，$R^2 = 0.44^{**}$）。在公园周长面积比较小时，LST$_{park}$ 随周长面积比变化较为明显；随着公园周长面积比增加，LST$_{park}$ 增势渐缓。由此可见，公园面积大小对公园地表温度有显著影响。影响地表温度的公园周长面积比拐点范围大致在 0.01 左右。

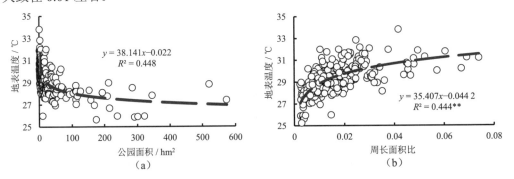

图 17-5　北京市六环内公园绿地内部地表温度与公园面积（a）和周长面积比（b）的关系
注：因面积异常偏大，图中不包括西山国家森林公园（疗养区）。

17.3.3 公园内部特征对 LST$_{park}$ 的影响分析

17.3.3.1 公园内部土地覆盖组成对 LST$_{park}$ 的影响

公园绿地内土地覆盖对 LST$_{park}$ 的影响不同（图 17-6）。公园绿地内部地表温度与内部树冠覆盖比重之间的线性斜率为–0.016，有较为显著的负相关关系（$P < 0.01$）。这

说明随着公园内部树冠覆盖面积的增大，公园内部地表温度呈直线降低，表明公园内部树冠覆盖对于公园内部地表温度有较为显著的影响。

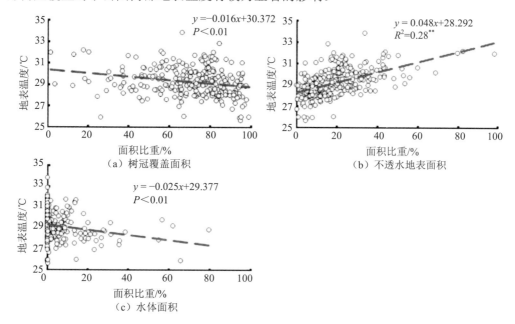

图 17-6　北京市六环内公园绿地内部地表温度与各土地覆盖类型关系

注：地表温度与草地覆盖关系中剔除无草地覆盖的公园，共 168 个；地表温度与水体关系中剔除无水体的公园，共 114 个。

公园绿地内部地表温度与内部不透水地表比重之间的线性斜率为 0.048，有较为显著的正相关关系（$P<0.01$）。这说明随着公园内部不透水地表面积的增大，公园内部地表温度呈直线增加，表明公园内部不透水地表对于公园内部地表温度有较为显著的影响。

虽然公园绿地内部地表温度与内部水体面积比重之间的线性斜率为-0.025，有较为显著的负相关关系（$P<0.01$）。这表明水体面积比重对公园内部地表温度无显著影响。

以上分析表明，树冠覆盖、不透水地表和水体面积对 LST_{park} 影响较大，此 3 种覆盖类型斑块面积比重增加 10%，LST_{park} 的变化分别为$-0.16℃$、$0.48℃$和$-0.25℃$，可见树冠覆盖面积比重对 LST_{park} 的影响最小，而不透水地表对 LST_{park} 的影响最大。

17.3.3.2　公园内部土地覆盖格局对 LST_{park} 的影响

（1）树冠覆盖。树冠覆盖斑块的分布格局对公园内地表温度有较为显著的影响见图 17-7（a）、图 17-7（d）、图 17-7（g）。LST_{park} 与公园内树冠覆盖 PD 之间有极显著的对数函数关系（$y=0.727\ln(x)+25.869$，$R^2=0.299^{**}$），随着 PD 的增大，LST_{park} 迅速升高；当 PD 超过 100 个/km² 后，LST_{park} 增势渐缓。LST_{park} 与公园内树冠覆盖 LPI 之间有极显著线性关系（$y=-0.013x+30.028$，$R^2=0.063^{**}$），随着 LPI 增大，LST_{park} 逐渐降低，LPI 每增大 10%，LST_{park} 升高 0.13℃。LST_{park} 与公园内树冠覆盖 MPS 之间有极显著的幂指函数关系（$y=28.958x^{-0.019}$，$R^2=0.267^{**}$），随着 MPS 增大，LST_{park} 先迅速降低，而后降幅趋缓，LST_{park} 趋缓时的 MPS 在 2～3hm^2。LST_{park} 与公园内树冠覆盖 PARA_AM 之间亦有极显著的幂指函数关系（$y=23.319x^{0.0331}$，$R^2=0.291^{**}$），随着树冠覆盖 PARA_AM 的增大，LST_{park} 也逐渐增大，但增幅逐渐较小。LST_{park} 与公园内树冠覆盖 AI 之间存在极显著的线性关系（$y=-0.547x+83.274$，$R^2=0.165^{**}$），公园内树冠覆盖 AI 每增加 1%，LST_{park} 则减小 0.55℃。综上可知，LST_{park} 与公园内树冠覆盖之间关系较为明显，公园内树冠覆盖斑块的 PD、LPI、MPS、PARA_AM 以及 AI 均对 LST_{park} 有显著影响，但从 R^2 和回归直线的斜率来看，LPI 的影响相对较弱。以上分析表明，公园内树冠覆盖单个斑块面积越大、斑块密度越小、斑块形状越紧凑、各斑块之间集聚程度越高，公园内部地表温度越低。

（2）不透水地表。不透水地表各格局指数中，PD、LPI、MPS 与 LST_{park} 之间有显著关系见图 17-7（b）、图 17-7（e）、图 17-7（h）。其中，LST_{park} 与 PD 之间有极显著的对数关系 [$y=0.833\ln(x)+24.436$，$R^2=0.271^{**}$]，PD 每增大 10%，LST_{park} 升高 0.8℃。LST_{park} 与 LPI 之间有极显著的幂指函数关系（$y=28.255x^{0.0199}$，$R^2=0.305^{**}$），随着 LPI 增大，LST_{park} 迅速增大，在 LPI>10% 后，LST_{park} 增幅减小。LST_{park} 与 MPS 之间有极显著的线性关系（$y=1.916x+29.108$，$R^2=0.039^{**}$），MPS 每增加 1 hm^2，LST_{park} 升高 1.92℃；但与 PD 和 LPI 相比，MPS 对 LST_{park} 的影响较小。而 PARA_AM 和 AI 与 LST_{park} 之间无显著关系。以上分析表明，公园内不透水地表斑块 PD、LPI 和 MPS 均对公园内部温度有显著影响，公园内不透水地表斑块越多、单个斑块面积越大，公园内地表温度则越高。而不透水地表斑块的 PARA_AM 和 AI 与 LST_{park} 之间无显著关系，则与公园内建筑物等形状较为规则，一般分布较少且较为集中有关。

（3）水体。在公园内水体斑块各格局指数中，PD 和 MPS 与 LST_{park} 之间有显著关系见图 17-7（c）、图 17-7（f）、图 17-7（i）。其中，PD 与 LST_{park} 之间有极显著的线性关系（$y=0.006x+28.681$，$R^2=0.096^{**}$），水体 PD 每增加 100 个/km^2，LST_{park} 升高 0.6℃。MPS 与 LST_{park} 之间存在较为显著的线性关系（$y=-0.15x+28.985$，$R^2=0.035^{*}$），MPS 每增大 1 hm^2，LST_{park} 降低 0.15℃。而 LPI、PARA_AM 及 AI 则与 LST_{park} 之间无显著关系。以上分析表明，公园内部水体斑块越多、斑块平均面积越大，公园内部地表温度越低。

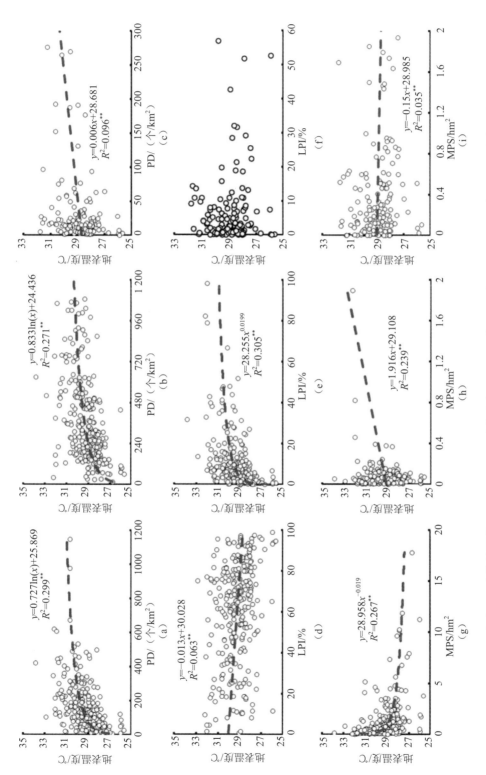

图 17-7　北京市公园内植被覆盖（a、d、g）、不透水地表（b、e、f）和水体格局（c、g、i）与 LST$_{park}$ 之间的关系

17.3.4 LST$_{park}$影响因素

逐步回归分析结果显示，影响公园绿地 LST$_{park}$ 的因素主要有公园内部树冠覆盖 PLAND、水体 PLAND、树冠覆盖 PD 以及不透水地表 PD。这 4 个因子可解释公园绿地 LST$_{park}$ 变化的 23.5%，模型达到显著度 $P<0.01$ 水平（表 17-3）。其中，树冠覆盖 PLAND 与水体 PLAND 回归系数均为负值，表明随着公园内部树冠覆盖和水体面积比重增加，公园绿地 LST$_{park}$ 有所降低；树冠覆盖 PD 和不透水地表 PD 回归系数均为正值，表明随着公园树冠覆盖和不透水地表斑块密度增大，公园绿地 LST$_{park}$ 也有所升高。

表 17-3　北京市公园绿地 LST$_{park}$ 逐步回归结果汇总

	回归系数	标准误	T 值	P 值
常数项	29.534	0.461	64.061	<0.01
PLAND_in_1100	−0.018	0.005	−3.386	<0.01
PLAND_in_4000	−0.032	0.007	−4.360	<0.01
PD_in_1100	0.002	0.001	2.569	<0.05
PD_in_3000	0.001	0.000	3.721	<0.01
回归模型	R^2	0.386	P	<0.01

从决定系数来看，公园内部土地覆盖组成与格局特征可解释 LST$_{park}$ 变化的 38.6%，稍低于公园面积（44.8%）和公园形状（44.4%）。这表明对于 LST$_{park}$，公园面积及形状等几何特征影响稍大。

17.4　$L_{\Delta max}$分析

17.4.1　$L_{\Delta max}$总体特征

北京市六环内 218 个公园绿地平均 $L_{\Delta max}$ 为 313 m。$L_{\Delta max}$ 最小的为知春公园，为 30 m；$L_{\Delta max}$ 最大的为三八国际友谊林，为 1 320 m。其中，降温距离的频数随着降温距离的增大而减少。$L_{\Delta max}$ 在 0～200 m 范围内的公园最多，共 88 个；$L_{\Delta max}$ 在 200～400 m、400～600 m、600～800 m、800～1 000 m 范围内的公园逐渐减少，其个数分别为 67 个、44 个、9 个和 6 个。$L_{\Delta max}$ 在 1 000～1 200 m 和 1 200～1 400 m 范围内的公园个数最少，均只有 2 个。

从空间分布来看，$L_{\Delta max}$ 较大的公园主要出现在五至六环，较小的公园则集中分布在五环内，在东西长安街、北五环及南五环外偏西位置也有一定分布见图 17-4（a）。东北、东南、西南和西北 4 个方向上公园的 $L_{\Delta max}$ 分别为 317 m、362 m、295 m 和 297 m，但并无显著差异（$P=0.49$）。

17.4.2　公园边界特征对 $L_{\Delta max}$ 的影响分析

公园边界与形状均对 $L_{\Delta max}$ 有显著影响见图 17-8（a）。其中，公园边界与 $L_{\Delta max}$ 之间存在极显著的幂指函数关系（$y=1.510x^{0.419}$，$P<0.01$），公园面积可解释变化的 61.7%。随着公园面积增大，$L_{\Delta max}$ 也逐渐增大，这表明公园面积增大，公园的降温距离越远，公园冷岛效应的影响范围越大。

公园形状与 $L_{\Delta max}$ 之间也存在极显著的幂指函数关系（$y=7.469x^{-0.785}$，$P<0.01$），见图 17-8（b），公园形状可解释变化的 54.3%。但与公园面积的影响不同，随着公园周长面积比增大，$L_{\Delta max}$ 逐渐减小，这表明公园形状渐趋狭长，公园的降温距离则越小，公园冷岛效应的影响范围则越小。

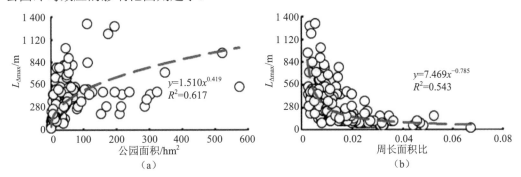

图 17-8　北京市公园绿地 $L_{\Delta max}$ 与形状关系

17.4.3　公园内部特征对 $L_{\Delta max}$ 的影响分析

17.4.3.1　公园内部土地覆盖组成对 $L_{\Delta max}$ 的影响

公园内部土地覆盖组成对 $L_{\Delta max}$ 的影响较小（图 17-9）。回归分析显示，公园内部 PLAND_1100、PLAND_4000 与 $L_{\Delta max}$ 之间无显著关系（$P>0.05$），表明公园内部树冠覆盖与水体对 $L_{\Delta max}$ 没有显著影响。公园内部 PLAND_3000 与 $L_{\Delta max}$ 之间有显著的负指数关系（$y=333.44e^{-0.017x}$，$P<0.01$），随着公园内部 PLAND_3000 增大，$L_{\Delta max}$ 呈指数减小，但公园内部 PLAND_3000 仅可解释 $L_{\Delta max}$ 变化的 9.3%，这表明公园内部不透水地表面积比重对 $L_{\Delta max}$ 有影响，但影响较小。

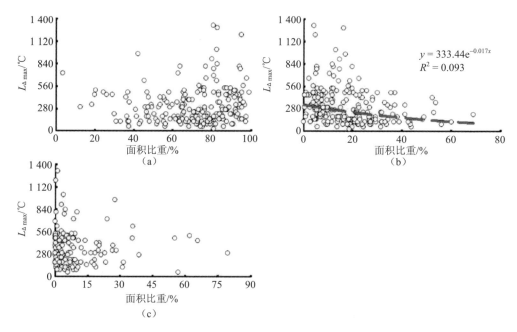

图 17-9 北京市公园绿地 $L_{\Delta max}$ 与公园内部树冠覆盖（a）、不透水地表（b）和水体（c）面积比重关系

17.4.3.2 公园内部土地覆盖格局对 $L_{\Delta max}$ 的影响

（1）树冠覆盖。公园内部树冠覆盖格局指数与 $L_{\Delta max}$ 之间的关系不同见图 17-10（a、d、g）。回归分析显示，在 PD、LPI 和 MPS 3 个格局指数中，PD 与 MPS 与 $L_{\Delta max}$ 之间有极显著关系（$P<0.01$），而 LPI 则与 $L_{\Delta max}$ 无显著关系（$P>0.05$）。其中，公园内部树冠覆盖 PD 与 $L_{\Delta max}$ 之间有负指数关系，公园内部树冠覆盖 PD 每增加 10%，$L_{\Delta max}$ 则减小约 3%；公园内部树冠覆盖 PD 可解释 $L_{\Delta max}$ 变化的 19.5%。

与公园内部树冠覆盖 PD 的作用相反，MPS 则与 $L_{\Delta max}$ 之间有正指数关系，公园内部树冠覆盖 MPS 每增大 10%，$L_{\Delta max}$ 则增大 2%。公园内部树冠覆盖 MPS 可解释 $L_{\Delta max}$ 变化的 12.9%。

（2）不透水地表。公园内部不透水地表 PD、LPI 与 MPS 均与 $L_{\Delta max}$ 有极显著关系 $P<0.01$，见图 17-10（b）、图 17-10（e）、图 17-10（h）。公园内部不透水地表 PD、LPI 均与 $L_{\Delta max}$ 呈负指数关系，不透水地表 PD 和 LPI 每增大 10%，$L_{\Delta max}$ 分别减小 5% 和 2%；其中，不透水地表 PD 对 $L_{\Delta max}$ 的解释程度较高，决定系数达 0.33；而不透水地表 LPI 仅能解释 $L_{\Delta max}$ 变化的 10%。

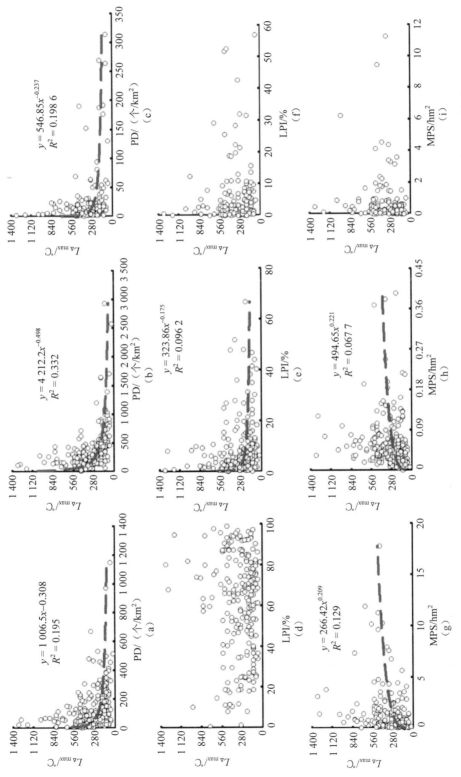

图 17-10　北京市公园内树冠覆盖（a、d、g）、不透水地表（b、e、h）和水体（c、f、i）格局特征与 $L_{\Delta max}$ 关系

不透水地表 MPS 与 $L_{\Delta max}$ 之间存在正指数关系，MPS 每增大 10%，$L_{\Delta max}$ 增加 2%。但不透水地表 MPS 对 $L_{\Delta max}$ 的解释程度较低，决定系数仅为 0.07。

（3）水体。在公园水体格局指数中，仅 PD 与 $L_{\Delta max}$ 之间有极显著关系（$P<0.01$），见图 17-10（c）、图 17-10（f）、图 17-10（i），LPI 和 MPS 则与 $L_{\Delta max}$ 无显著关系（$P>0.05$）。随着公园内部水体 PD 增大，$L_{\Delta max}$ 呈指数减小，公园内部水体 PD 每增大 10%，$L_{\Delta max}$ 则减小 2.3%，公园内部水体 PD 可解释 $L_{\Delta max}$ 变化的 19.9%。

17.4.4　公园外部特征对 $L_{\Delta max}$ 的影响分析

17.4.4.1　公园外部土地覆盖组成对 $L_{\Delta max}$ 的影响

公园外部土地覆盖组成均对 $L_{\Delta max}$ 有显著影响（图 17-11）。回归分析显示，公园外围 PLAND_1100 与 $L_{\Delta max}$ 之间呈幂指函数关系（$P<0.05$），幂指数为正值，表明公园外围树冠覆盖对 $L_{\Delta max}$ 有显著影响，且随着树冠覆盖面积增大，$L_{\Delta max}$ 有所增加。公园外围 PLAND_3000 和 PLAND_4000 与 $L_{\Delta max}$ 之间有显著负指数关系（$y=423.42\mathrm{e}^{-0.01x}$，$P<0.01$；$y=331.1\mathrm{e}^{-0.015x}$，$P<0.05$），这表明随着公园外围不透水地表和水体面积增大，$L_{\Delta max}$ 呈指数减小。

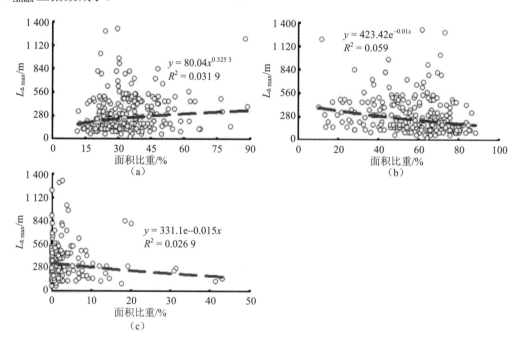

图 17-11　北京市公园外部树冠覆盖（a）、不透水地表（b）和水体（c）面积比重与 $L_{\Delta max}$ 关系

17.4.4.2　公园外部土地覆盖格局对 $L_{\Delta max}$ 的影响

（1）树冠覆盖。公园外围树冠覆盖格局指数与 $L_{\Delta max}$ 之间的关系不同见图 17-12（a）、图 17-12（d）、图 17-12（g）。回归分析显示，在 PD、LPI 和 MPS 3 个格局指数中，PD 与 MPS 与 $L_{\Delta max}$ 之间有极显著关系（$P<0.01$），而 LPI 则与 $L_{\Delta max}$ 无显著关系（$P>0.05$）。其中，公园外围树冠覆盖 PD 与 $L_{\Delta max}$ 之间有负指数关系（$y = 490.9e^{-0.002x}$），公园外围树冠覆盖 PD 可解释 $L_{\Delta max}$ 变化的 34.1%。

与公园外围树冠覆盖 PD 的作用相反，MPS 则与 $L_{\Delta max}$ 之间有正幂指函数关系（$y = 553.73x^{0.3636}$），公园外围树冠覆盖 MPS 每增大 10%，$L_{\Delta max}$ 则增大 4%。公园外围树冠覆盖 MPS 可解释 $L_{\Delta max}$ 变化的 20.5%。

（2）不透水地表。公园外围不透水地表格局指数与 $L_{\Delta max}$ 之间的关系不同见图 17-12（b）、图 17-12（e）、图 17-12（h）。回归分析显示，PD、LPI 和 MPS 均与 $L_{\Delta max}$ 之间有极显著关系（$P<0.01$）。其中，公园外围不透水地表 PD、LPI 均与 $L_{\Delta max}$ 之间有负指数关系（$y = 445.64e^{-0.005x}$，$y = 307.7e^{-0.004x}$），但公园外围不透水地表 PD 可解释 $L_{\Delta max}$ 变化的 30.6%，而 LPI 仅能解释 $L_{\Delta max}$ 变化的 1.9%。

与公园外围不透水地表 PD 和 LPI 的作用相反，MPS 则与 $L_{\Delta max}$ 之间有正幂指函数关系（$y = 298.41x^{0.2784}$），公园外围不透水地表 MPS 每增大 10%，$L_{\Delta max}$ 则增大 2.7%。公园外围不透水地表 MPS 可解释 $L_{\Delta max}$ 变化的 8.1%。

（3）水体。公园外围水体格局指数与 $L_{\Delta max}$ 之间的关系不同见图 17-12（c）、图 17-12（f）、图 17-12（i）。回归分析显示，PD、LPI 和 MPS 均与 $L_{\Delta max}$ 之间有极显著关系（$P<0.01$）。其中，公园外围水体 PD 与 $L_{\Delta max}$ 之间有负幂指函数关系（$y = 551.13x^{-0.331}$），随着公园外围水体 PD 增大 10%，公园 $L_{\Delta max}$ 减少 3.1%；公园外围水体 PD 可解释 $L_{\Delta max}$ 变化的 28.9%。

公园外围水体 LPI 则与 $L_{\Delta max}$ 呈负指数关系（$y = 332.45e^{-0.025x}$），外围水体 LPI 每增加 10%，$L_{\Delta max}$ 则减少 2%；公园外围水体 LPI 可解释 $L_{\Delta max}$ 变化的 5.5%。

与公园外围水体 PD 和 LPI 的作用相反，MPS 则与 $L_{\Delta max}$ 之间有正幂指函数关系（$y=367.29x^{0.1151}$），公园外围水体 MPS 每增大 10%，$L_{\Delta max}$ 则增大 1.1%；公园外围水体 MPS 可解释 $L_{\Delta max}$ 变化的 7.7%。

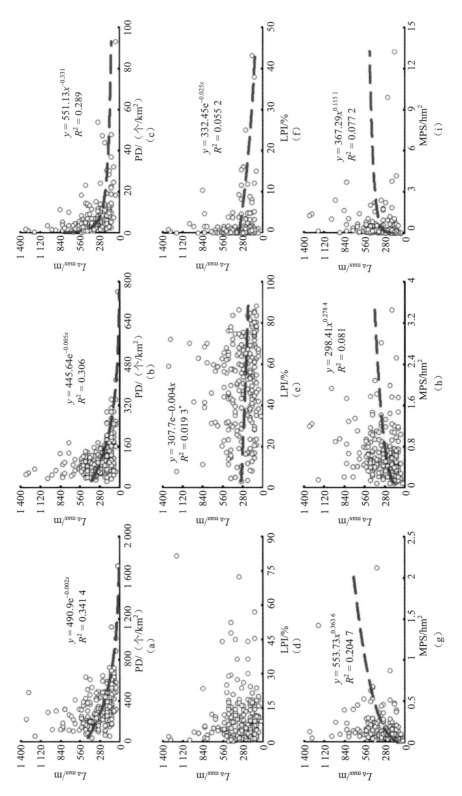

图 17-12 北京市公园绿地外树冠覆盖（a、d、g）、不透水地表（b、e、h）和水体（c、f、i）格局与 $L_{\Delta max}$ 关系

17.4.5 $L_{\Delta max}$ 影响因素

逐步回归分析结果显示，影响公园绿地 $L_{\Delta max}$ 的因素主要有公园内部不透水地表 PD 与 LPI，以及公园外围树冠覆盖 PD。这 3 个因子可解释公园绿地 $L_{\Delta max}$ 变化的 23.5%，模型达到显著度 $P<0.01$ 水平（表 17-4）。其中，公园内部不透水地表 LPI 未通过 Ward 检验（$P=0.066$）。其余两个因子回归系数均为负值，表明随着公园内部不透水地表 PD 增加，LPI 增大，公园绿地 $L_{\Delta max}$ 有所减小；随着公园外围树冠覆盖 PD 增大，公园绿地 $L_{\Delta max}$ 也有所减小。

表 17-4 北京市公园绿地 $L_{\Delta max}$ 逐步回归结果汇总

		回归系数	标准误	T 值	P 值
	常数项	553.442	36.677	15.089	<0.01
内部	PD_in_3000	−0.265	0.104	−2.550	<0.05
	LPI_in_3000	−3.043	1.641	−1.855	0.066
外围	PD_1100	−0.274	0.137	−1.999	<0.05
回归模型		R^2	0.235	P	<0.01

从决定系数来看，公园内部土地覆盖组成与格局特征可解释 $L_{\Delta max}$ 变化的 23.5%，低于公园面积的 61.7%，以及公园形状的 54.3%。这表明对于 $L_{\Delta max}$，公园面积及形状等几何特征影响较大。

17.5 ΔT_{max} 分析

17.5.1 ΔT_{max} 总体特征

北京市六环内 218 个公园绿地平均 ΔT_{max} 为 1.71℃。ΔT_{max} 最小的是安乐林公园，为 0.02℃；ΔT_{max} 最大的是柳浪庄公园，为 3.94℃。其中，降温幅度随着降幅增大呈先增多后减少的变化（图 17-13）。ΔT_{max} 在 1～1.5℃ 的公园个数最大，达 46 个；ΔT_{max} 在 1.5～2℃、0.5～1℃、2～2.5℃、2.5～3℃、0～0.5℃ 和 3～3.5℃ 的公园个数逐渐减少，公园个数分别为 42 个、38 个、35 个、20 个、15 个和 15 个；ΔT_{max} 在 3.5～4℃ 的公园最少，仅 7 个。

从空间分布来看，ΔT_{max} 尚无明显的空间分布特征，大体在西北、东北和西南 3 个方向上的公园 ΔT_{max} 较大（图 17-4C）。东北、东南、西南和西北 4 个方向上公园的 ΔT_{max} 分别为 1.61℃、1.97℃、1.80℃ 和 1.57℃，但并无显著差异（$P = 0.11$）。

17.5.2　公园边界特征对 ΔT_{max} 的影响分析

公园边界与形状均对 ΔT_{max} 有显著影响见图 17-13（a）。其中，公园边界与 ΔT_{max} 之间存在极显著的对数函数关系 [$y = 0.322\ln(x) - 2.212$，$P < 0.01$]，公园面积可解释 ΔT_{max} 变化的 21.7%。随着公园面积增大，ΔT_{max} 也逐渐增大，公园面积每增大 10%，ΔT_{max} 升高 0.03℃。这表明公园面积增大，公园的降温幅度越大，公园冷岛效应越强。

公园形状与 ΔT_{max} 之间存在极显著的负指数关系（$y = 2.271e^{-33.71x}$，$P < 0.01$），见图 17-13（b），公园形状可解释 ΔT_{max} 变化的 20.4%。但与公园面积的影响不同，随着公园周长面积比增大，ΔT_{max} 逐渐减小，这表明公园形状渐趋狭长，公园的降温幅度则越小，公园冷岛效应的强度越小。

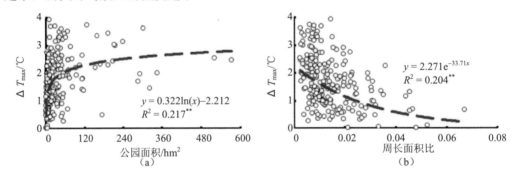

图 17-13　北京市公园绿地 ΔT_{max} 与面积（a）、形状（b）关系

17.5.3　公园内部特征对 ΔT_{max} 的影响分析

17.5.3.1　公园内部土地覆盖组成对 ΔT_{max} 的影响

公园内部树冠覆盖、不透水地表及水体面积比例与 ΔT_{max} 均有极显著的线性关系（$P < 0.01$，图 17-14）。其中，ΔT_{max} 与树冠覆盖和水体面积比重呈正相关，公园内部树冠覆盖和水体面积比重每增多一倍，ΔT_{max} 分别升高 0.008℃ 和 0.015℃。而 ΔT_{max} 与不透水地表面积比重呈负相关，公园内部不透水地表面积比重每减少一倍，ΔT_{max} 则升高 0.022℃。但公园内部树冠覆盖、不透水面积及水体面积比重对 ΔT_{max} 的解释程度较小，分别仅能解释 ΔT_{max} 变化的 2.83%、9.89% 和 5.58%。

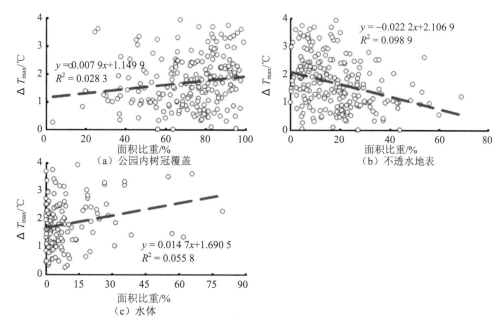

图 17-14　北京市公园绿地 $\Delta T_{\max}$ 与公园内树冠覆盖（a）、不透水地表（b）

和水体（c）面积比重关系

17.5.3.2　公园内部土地覆盖格局对 $\Delta T_{\max}$ 的影响

（1）树冠覆盖。公园内部树冠覆盖 PD、LPI 及 MPS，均对 $\Delta T_{\max}$ 有显著影响（$P <$ 0.01），见图 17-15（a）、图 17-15（d）、图 17-15（g）。其中，树冠覆盖 PD 与 $\Delta T_{\max}$ 之间存在负指数关系，随着树冠覆盖面积比重增大，$\Delta T_{\max}$ 逐渐降低。树冠覆盖 LPI 与之间则呈线性相关关系，随着树冠覆盖 LPI 增大，$\Delta T_{\max}$ 也逐渐增加。树冠覆盖 MPS 与之间呈对数关系，随着树冠覆盖 MPS 每增大 10%，$\Delta T_{\max}$ 增加 0.027。从决定系数来看，公园内部树冠覆盖 PD、MPS 对 $\Delta T_{\max}$ 变化的解释程度较高，分别达 17.7% 和 14%，而树冠覆盖 LPI 解释程度较低，仅为 2%。

（2）不透水地表。公园内部不透水地表 PD 及 LPI 与 $\Delta T_{\max}$ 有极显著关系（$P <$ 0.01），见图 17-15（b）、图 17-15（e）、图 17-15（h），而不透水地表 MPS 与 $\Delta T_{\max}$ 无显著关系（$P >$ 0.05）。其中，公园内部不透水地表 PD 与 $\Delta T_{\max}$ 呈线性关系，随着公园内部不透水地表 PD 增大，$\Delta T_{\max}$ 逐渐减小。不透水地表 LPI 则与 $\Delta T_{\max}$ 呈对数关系，随着不透水地表 LPI 增大，$\Delta T_{\max}$ 有所减小。从决定系数来看，公园内部不透水地表 PD 与 LPI 对 $\Delta T_{\max}$ 变化的解释程度相近，均在 10% 左右。

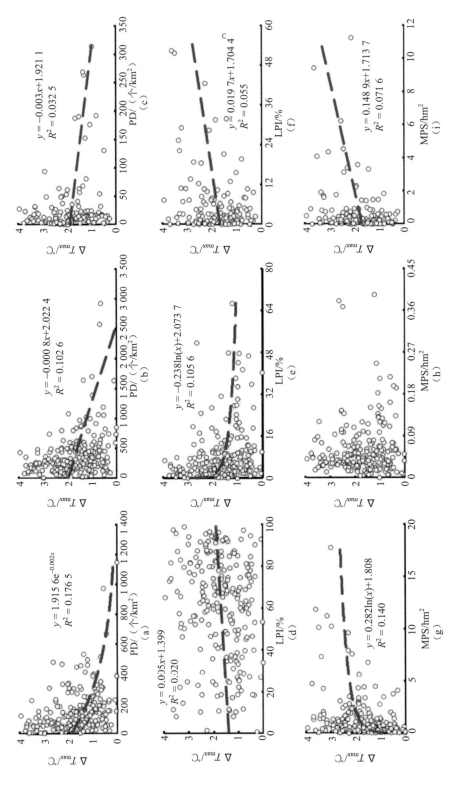

图17-15 北京市公园内树冠覆盖（a、d、g）、不透水地表（b、e、h）和水体（c、f、i）格局特征与 ΔT_{max} 关系

（3）水体。公园内部水体 PD、LPI 及 MPS 均与 ΔT_{max} 呈极显著的线性关系（$P <$ 0.01），见图 17-15（c）、图 17-15（f）、图 17-15（i）。其中，水体 PD 与 ΔT_{max} 之间呈负相关，PD 增大 10 个/km^2，ΔT_{max} 减小 0.03℃。水体 LPI、MPS 均与 ΔT_{max} 之间呈正相关，随着 LPI 增大 10%，ΔT_{max} 增加 0.002℃；随着 MPS 增大 1 hm^2，ΔT_{max} 增加 0.15℃。从决定系数来看，公园内部水体 PD、LPI 和 MPS 对 ΔT_{max} 的解释程度减低，分别仅为 3.25%、5.50% 和 7.16%。

17.5.4　公园外部特征对 ΔT_{max} 的影响分析

17.5.4.1　公园外部土地覆盖组成对 ΔT_{max} 的影响

公园外部土地覆盖组成均对 ΔT_{max} 的影响不同（图 17-16）。回归分析显示，公园外围 PLAND_1100 与 ΔT_{max} 之间呈对数关系（$y = 0.541\,1\ln(x) - 0.170\,9$，$P < 0.05$），随着 PLAND_1100 增大，$\Delta T_{max}$ 也逐渐增加。公园外围 PLAND_3000 则与 ΔT_{max} 之间有显著负相关关系（$y = -0.013\,4x + 2.456\,2$，$P < 0.05$），这表明随着公园外围不透水地表面积增大，$\Delta T_{max}$ 有所减小。公园外围 PLAND_4000 则与 ΔT_{max} 之间无显著关系（$P > 0.05$）。

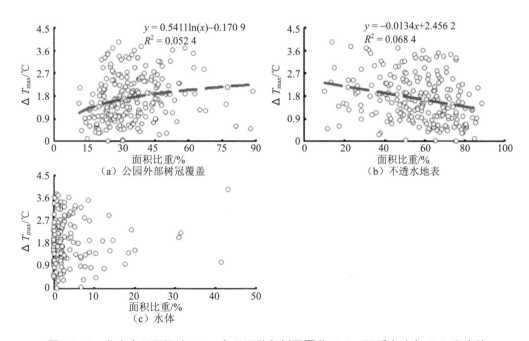

图 17-16　北京市公园绿地 ΔT_{max} 与公园外部树冠覆盖（a）、不透水地表（b）和水体（c）面积比重关系

17.5.4.2　公园外部土地覆盖格局对 ΔT_{max} 的影响

（1）树冠覆盖。公园外围树冠覆盖格局指数与 ΔT_{max} 之间的关系不同见图 17-17（a）、图 17-17（d）、图 17-17（g）。回归分析显示，公园外围树冠覆盖 LPI 与 ΔT_{max} 无显著关系（$P > 0.05$），PD 和 MPS 均与 ΔT_{max} 之间有极显著关系（$P < 0.01$）。其中，公园外围树冠覆盖 PD 与 ΔT_{max} 之间有负指数关系（$y = 2.115\ 3e^{-0.001x}$），随着公园外围水体 PD 每增大 100 个/km²，公园 ΔT_{max} 减少 9.5%；公园外围树冠覆盖 PD 可解释 ΔT_{max} 变化的 10.6%。

与公园外围水体 PD 的作用相反，MPS 则与 ΔT_{max} 之间有对数关系（$y = 0.320\ 5\ln(x) + 2.416\ 7$），公园外围水体 MPS 增大 10%，$\Delta T_{max}$ 则升高 0.03℃；公园外围树冠覆盖 MPS 可解释 ΔT_{max} 变化的 9.5%。

（2）不透水地表。在公园外围不透水地表格局指数中，PD 与 LPI 与 ΔT_{max} 之间的关系相似，而 MPS 与 ΔT_{max} 无显著关系见图 17-17（b）、图 17-17（e）、图 17-17（h）。回归分析显示，PD 和 LPI 均与 ΔT_{max} 之间有极显著线性关系（$y = -0.002\ 1x + 1.962\ 2$，$P < 0.01$；$y = -0.010\ 2x + 2.203\ 4$，$P < 0.01$）。随着公园外围不透水地表 PD 每增大 100 个/km²，公园 ΔT_{max} 减少 0.2℃；随着公园外围不透水地表 LPI 每增大 10%，公园 ΔT_{max} 减少 0.1℃。公园外围树冠覆盖 PD 和 LPI 可解释 ΔT_{max} 变化的 3.4%和 6.0%。

（3）水体。公园外围水体格局指数中，仅 MPS 与 ΔT_{max} 有显著关系，PD 与 LPI 与 ΔT_{max} 之间无显著关系见图 17-17（c）、图 17-17（f）、图 17-17（i）。回归分析显示，公园外围水体 MPS 与 ΔT_{max} 之间有显著的对数关系（$y = 0.132\ 7\ln(x) + 2.046\ 7$）。随着公园外围水体 MPS 每增大 10%，公园 ΔT_{max} 增大 0.01℃。公园外围水体 MPS 可解释 ΔT_{max} 变化的 4.7%。公园外围水体面积增大，会导致外围温度降低，从而使降温幅度有所减小，但此处却发现 MPS 的增大，却可导致 ΔT_{max} 的增大，这可能跟水体 MPS 与其他因素之间的共线性有关。

17.5.5　ΔT_{max} 影响因素

逐步回归分析结果显示，影响公园绿地 ΔT_{max} 的因素主要有公园内部树冠覆盖面积比重、水体面积比重、树冠覆盖 LPI、不透水地表 PD 以及水体 MPS。这五个因素可解释公园绿地 ΔT_{max} 变化的 31.2%，模型达到显著度 $P < 0.01$ 水平（表 17-5）。这 5 个因子中，公园内部树冠覆盖 LPI 与公园内部水体 MPS 未通过 Ward 检验（$P = 0.094$ 和 $P = 0.103$）。其余 3 个因子中，公园内部树冠覆盖 PLAND、水体 PLAND 回归系数

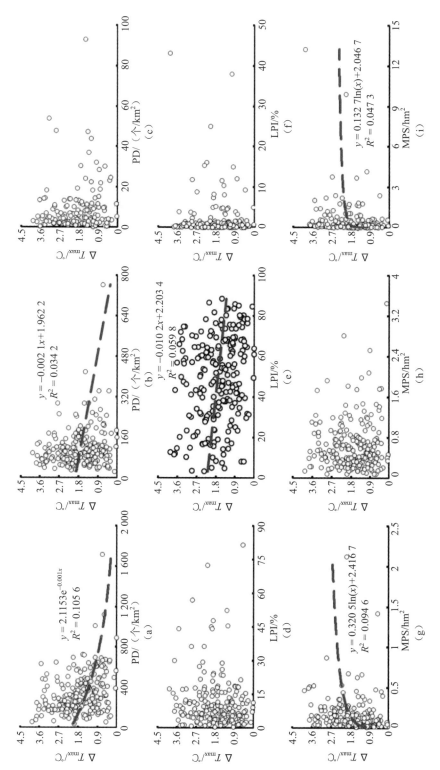

图 17-17　北京市公园绿地外部树冠覆盖（a、d、g）、不透水地表（b、e、h）和水体（c、f、i）格局与 ΔT_{max} 关系

均为正值，表明随着公园内部树冠覆盖面积比重、水体 PLAND 增加，公园绿地 ΔT_{max} 有所增大；公园内部不透水地表 PD 回归系数为负值，随着公园内部不透水地表 PD 增大，公园绿地 ΔT_{max} 也有所减小。

表 17-5　北京市公园绿地 ΔT_{max} 逐步回归结果汇总

		回归系数	标准误	T 值	P 值
内部	常数项	0.075	0.352	0.215	0.830
	PLAND_in_1100	0.032	0.007	4.468	<0.01
	PLAND_in_4000	0.030	0.007	4.083	<0.01
	LPI_in_1100	−0.009	0.005	−1.689	0.094
	PD_in_3000	−0.001	0.000	−2.548	<0.05
	MPS_in_4000	0.089	0.054	1.643	0.103
	回归模型	R^2	0.312	P	<0.01

从决定系数来看，公园内部土地覆盖组成与格局特征可解释 ΔT_{max} 变化的 31.2%，高于公园面积的 21.7%，以及公园形状的 20.4%。这表明对于 ΔT_{max}，公园内、外土地覆盖组成与格局影响较大。

17.6　讨论

17.6.1　主要土地覆盖类型的影响

一般认为，不透水地表较高的地表温度是城市热岛增强的主要原因（Sun and Chen，2017）。公园内不透水地表覆盖面积增加，公园内部地表温度升高，公园冷岛效应减弱，相应地，降温距离、降温幅度以及降温效率也减小。而如果公园外围不透水地表覆盖增加，公园外围地表温度则升高，公园降温距离、降温幅度以及降温效率也将减小（Ghosh and Das，2018）。也就是说，不管是在公园内部，还是公园外围，不透水地表增加，必然导致公园冷岛效应减弱。针对水体冷岛效应的研究显示，水体周边不透水地表面积比重增加，水体的降温距离与降温幅度均减小（Du et al.，2016）。本研究也发现，不透水地表 PD 与 LST_{park} 呈正相关，PD 与 $L_{\Delta max}$、ΔT_{max} 呈负相关。

格局指数的研究显示，PD 可表征景观类型的破碎化程度，PD 越大，显示单位面积上分布的斑块越多，景观类型也就更破碎，相应地，景观类型对应的生态功能也相对减弱。对于可降低公园地表温度的树冠覆盖：在公园内部，其 PD 与 LST_{park} 呈正相关；而在公园外围，其 PD 与 $L_{\Delta\text{max}}$ 呈负相关。这是因为树冠覆盖斑块密度增大，反映了区域内树冠覆盖斑块破碎化的分布特征，树冠覆盖斑块的破碎分布，制约了其降温功能的发挥。

但对于不透水地表 PD，其对公园绿地的冷岛效应的作用则较为特殊。不透水地表导致公园内部地表温度升高，而斑块密度增大，不透水地表破碎化程度增加，则应该可降低公园温度。但本章的研究与此推论不同，具体表现为：公园内部不透水地表 PD 与 LST_{park} 呈正相关，与 $L_{\Delta\text{max}}$ 和 ΔT_{max} 呈负相关。这可能与公园内部不透水地表斑块的分布形式有关：公园内部景观基质，不透水地表斑块原先即以斑块散布为主要分布形式，不透水地表面积增加，以斑块数量增多为主要形式。

而对于水体，在水体面积一定的条件下，几个小型水体的冷岛效应强于仅有少数大型水体的冷岛效应（Sun，2012）。本研究发现，水体 LPI 和 PD 均可提高公园降温效率；而 PD 升高则可减小降温幅度和降温距离，而 LPI 和 MPS 升高则可增大降温幅度。由此可见，水体 PD 对降温效率的作用，可能在于其对降温距离减小的影响强于对降温幅度降低的影响；而与水体斑块面积及集聚度有关的 LPI，则通过增大降温幅度而影响公园降温效率。这一结果与 Sun（2012）的研究结果不同。

17.6.2　公园边界几何特征

绿地面积对降温也有显著影响，绿地面积越大，越容易形成内部环境，冷岛效应也就越明显（Yu et al.，2018）。研究显示，城市森林斑块在大于 9 800 m^2 时可形成内部环境（吴泽民等，2003），而城市绿地面积大于 1.5 hm^2 可发挥其降温作用（贾刘强、邱建，2009），绿地面积在 4～5.6 hm^2 时，才能发挥降温作用（陈辉等，2009；Jaganmohan et al.，2016；Yu et al.，2018）。随着绿地面积增大，绿地冷岛效应便不再增强（Mikami，Sekita，2009）。本研究中，公园面积越大，公园地表温度越低，降温距离越大，降温幅度越大，并且公园面积对冷岛效应的影响并非线性，与以往研究结果一致（Chang et al.，2007）。

绿地斑块形状越狭长，1℃降温距离将增大，显示降温效率有所减小（Ghosh，Das，2018），但针对水体冷岛效应的研究发现，水体形状越复杂，降温距离与降温幅度越小；反之，降温距离与降温幅度越大（Du et al.，2016）。本研究发现公园形状，降温距离和降温幅度均减小。

17.6.3　城市公园绿地及其附近土地规划设计的启示

本研究发现，植被降温作用稍弱于水体，如对 LST_{park} 影响方面。虽然植被降低公园内部地表温度的能力不及水体，但在如北京这样的缺水城市，绿地建设是减轻城市热场的有效途径。当前，城市森林、屋顶绿化等方式的植被建设越来越普遍，这些植被斑块除可减轻局地热场外，也可为城镇居民提供娱乐休闲和美学价值。而且在城市绿地类型中，公园绿地相对较为固定，可持续为城镇居民提供多样生态服务功能。

研究也表明，公园外围植被、水体覆盖状况对公园绿地的降温效果有显著影响。这表明在实际的公园绿地规划设计过程中，可采用大陆-岛屿绿地配置以使公园绿地降温效应达到最佳结果。具体来说，公园外部树冠覆盖斑块密度需要小一些，尽可能保留或建设一些面积较大的斑块，水体斑块也可以大一些。

对于公园内部设计而言，虽然面积比较小且形状较为狭长的公园，其地表温度高于其他公园，但其可与城市步道等相结合（Jim et al.，2018），通过局部设计，营造出"步移景换"的适宜步行的景观，改善城市居民的身心健康，缓解在城市面积城市中生活的紧张感。

17.6.4 本研究不足

对于公园外围的树冠覆盖，也有同样的情况。虽然公园是树冠覆盖集中分布的地点，但在本研究中尚需在如下几方面进行考量：①各个公园降温距离范围内可能覆盖其他公园，因此，其他公园内较低的地表温度，可能会引起降温距离减小；②除公园外，还存在道路绿地、居民区绿地等不同类型的树冠覆盖形式，这些绿地的冷岛效应可能会影响公园绿地的降温距离，但本研究仅就公园绿地的冷岛效应进行研究。因此，今后需在如下两方面加强公园冷岛效应的研究：①加强公园间距离与冷岛效应之间关系的研究，探索分析公园冷岛效应最大化目标下公园及树冠覆盖空间分布的阈值研究；②针对城市其他类型绿地冷岛效应进行研究。

参考文献

[1] Bao T，Li X，Zhang J，et al. Assessing the Distribution of Urban Green Spaces and its Anisotropic Cooling Distance on Urban Heat Island Pattern in Baotou，China. ISPRS International Journal of Geo-Information，2016，5（2）：12.

[2] Cao X，Onishi A，Chen J，et al. Quantifying the cool island intensity of urban parks using ASTER and IKONOS data. Landscape & Urban Planning，2010，96（4）：224-231.

[3] Chang C R，Li M H，Chang S D. A preliminary study on the local cool-island intensity of Taipei city parks. Landscape & Urban Planning，2007，80（4）：386-395.

[4] Chen X，Su Y，Li D，et al. Study on the cooling effects of urban parks on surrounding environments

using Landsat TM data: a case study in Guangzhou, southern China. International Journal of Remote Sensing, 2012, 33 (18): 5889-5914.

[5] Du H, Song X, Jiang H, et al. Research on the cooling island effects of water body: A case study of Shanghai, China. Ecological Indicators, 2016, 67: 31-38.

[6] Ghosh S, Das A. Modelling urban cooling island impact of green space and water bodies on surface urban heat island in a continuously developing urban area. Modeling Earth Systems & Environment, 2018: 1-15.

[7] Gunawardena K R, Wells M J, Kershaw T. Utilising green and bluespace to mitigate urban heat island intensity. Science of the Total Environment, 2017, 584: 1040.

[8] Jaganmohan M, Knapp S, Buchmann C M, et al. The bigger, the better? The influence of urban green space design on cooling effects for residential areas. Journal of Environmental Quality, 2016, 45 (1): 134.

[9] Jim C Y, van den Bosch C K, Chen W Y. Acute challenges and solutions for urban forestry in compact and densifying cities. Journal of urban planning, 2018, 114 (3). doi: 10.1061/(ASCE)UP.1943-5444. 0000466.

[10] Maimaitiyiming M, Ghulam A, Tiyip T, et al. Effects of green space spatial pattern on land surface temperature: Implications for sustainable urban planning and climate change adaptation. ISPRS Journal of Photogrammetry and Remote Sensing, 2014, 89: 59-66.

[11] Manley G. On the frequency of snowfall in metropolitan England. Quarterly Journal of the Royal Meteorological Society, 1958, 84 (359): 70-72.

[12] McGarigal, K., Cushman S A, Ene E. 2012. FRAGSTATS v4: Spatial Pattern Analysis Program for Categorical and Continuous Maps. Computer software program produced by the authors at the University of Massachusetts, Amherst. Available at the following web site: http://www.umass.edu/landeco/research/fragstats/fragstats.html.

[13] Mikami T, Sekita Y. Quantitative evaluation of cool island effects in urban green parks. In: The seventh International Conference on Urban Climate. Yokohama, Japan, 2009.

[14] Moskal L M, Styers D M, Halabisky M. Monitoring urban tree cover using object based image analysis and public domain remotely sensed data. Remote Sensing, 2011, 3 (10): 2243-2262.

[15] Myeong S, Nowak D J, Hopkins P F, et al. Urban cover mapping using digital, high spatial resolution aerial imagery. Urban ecosystems, 2001, 5 (4): 243-256.

[16] Rao P K. Remote sensing of urban "heat island" from an environmental satellite. Bulletin of the American meteorological society, 1972.

[17] Monteiro M V, Doick K J, Handley P, et al. The impact of greenspace size on the extent of local nocturnal air temperature cooling in London. Urban Forestry & Urban Greening, 2016, 16: 160-169.

[18] Sun R. How can urban water bodies be designed for climate adaptation? . Landscape & Urban Planning, 2012, 105 (1-2): 27-33.

[19] Sun R, Chen L. Effects of green space dynamics on urban heat islands: Mitigation and diversification. Ecosystem services, 2017, 23: 38-46.

[20] Weng Q, Lu D. A sub-pixel analysis of urbanization effect on land surface temperature and its interplay with impervious surface and vegetation coverage in Indianapolis, United States. International Journal of Applied Earth Observation & Geoinformation, 2008, 10 (1): 68-83.

[21] Yu Z, Guo X, Zeng Y, et al. Variations in land surface temperature and cooling efficiency of green space in rapid urbanization: The case of Fuzhou city, China. Urban Forestry & Urban Greening, 2018, 29: 113-121.

[22] Zhang Y, Murray A T, Ii B L T. Optimizing green space locations to reduce daytime and nighttime urban heat island effects in Phoenix, Arizona. Landscape & Urban Planning, 2017, 165: 162-171.

[23] Zhang Z, Lv Y, Pan H. Cooling and humidifying effect of plant communities in subtropical urban parks. Urban Forestry & Urban Greening, 2013, 12 (3): 323-329.

[24] 陈辉, 古琳, 黎燕琼, 等. 成都市城市森林格局与热岛效应的关系. 生态学报, 2009, 29 (9): 4865-4874.

[25] 贾宝全, 刘秀萍. 北京市第一道绿化隔离区树冠覆盖特征与景观生态变化. 林业科学, 2017, 53 (9): 1-10.

[26] 贾宝全, 王成, 邱尔发, 等. 城市林木树冠覆盖研究进展. 生态学报, 2013, 33 (1): 23-32.

[27] 贾刘强, 邱建. 基于遥感的城市绿地斑块热环境效应研究——以成都市为例. 中国园林, 2009, 25 (12): 97-101.

[28] 宋宜昊. 基于易康软件平台下的北京城区林木树冠覆盖解译与检验. 北京: 中国林业科学研究院, 2016.

[29] 吴泽民, 吴文友, 高健, 等. 合肥市区城市森林景观格局分析. 应用生态学报, 2003 (12): 2117-2122.

[30] 郑秋萍, 刘红年, 陈燕. 城市化发展与气象环境影响的观测与分析研究. 气象科学, 2009, 29 (2): 214-219.

第18章

北京市平原百万亩大造林工程降温效应及其价值分析

北京是我国乃至世界的著名大都市，占全市面积约 1/3 的平原区域承载了绝大部分的首都功能，但随着人口与经济的高密度聚集，以及中心城区的持续性外扩，该区域面临的生态与环境问题日趋严重。为了加强北京市的大气治理、改善区域生态环境，根据平原区林少、生态与环境问题严重的现实，北京市委、市政府规划并启动了平原区造林工程，规划在 2012—2014 年的 3 年时间内，在平原区新增森林面积 66 666.7 hm^2（100 万亩）。截至 2014 年年底，全市已完成平原造林 68 050.98 hm^2，植树 5 000 余万株，平原地区的森林覆盖率净增 9.65 个百分点。因其造林规模巨大、分布区又位于中心城区以外的广大城乡平原，这给我们深入探讨城市森林绿地"冷岛效应"的相关问题，提供了绝好的研究样本。

18.1 研究数据与研究方法

18.1.1 卫星影像数据

北京市域面积为 1.641×10^4 km²，因此我们选择中尺度的 Landsat TM 卫星影像作为本研究工作的唯一信息源（卫星影像数据轨道号分别为 123/32、123/33）（图 18-1）。由于北京市的造林工程以春、秋两季造林施工为主，所以在卫星影像的时间上，我们选择了 2014 年 9 月 4 日的 Landsat-8 卫星影像作为基本的分析数据源。自美国地质调查局（USGS）网站（http://glovis.usgs.gov/）下载了相关分幅的 L1T 级影像数据之后，再从中国科学院遥感与数字地球研究所的对地观测数据共享服务网（http://www.geodata.cn/）上下载同期同景数据（该网上数据都是进行过正射校正的 L4 级产品，但因缺乏 band10 和 band11 故无法直接用来做热场反演）对其进行了几何校正，校正精度保持在 1 个像元之内，之后再在 ERDAS2014 软件平台上的 ATCOR2 模块下对影像进行大气校正。另外，为了对比造林前后林地斑块所在空间的地表亮温差异，我们还选择了 2004 年 9 月 8 日的 TM 影像（轨道号 123/32）作为辅助信息源。

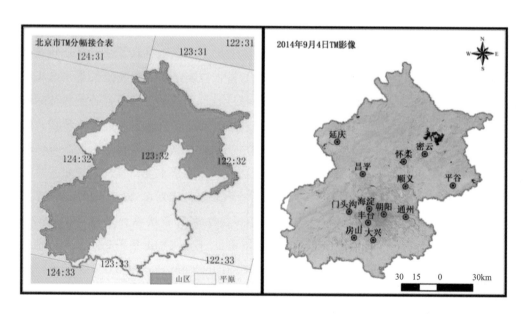

图 18-1 北京市 TM 卫星影像接合表与 2014 年 9 月 4 日影像

18.1.2　平原造林数据

平原造林地块数据来源于北京市林业勘察设计研究院，该数据是在航片基础上通过野外调绘而成（图 18-2）。根据 GIS 统计，3 年来新造林图斑共 10 648 个，最小的造林地斑块面积为 5.25 m²，最大的林地斑块面积为 323.08 hm²。造林过程均采用大苗造林方式，乔木的平均胸径 8.13 cm、树高 5.09 m。造林地主要来源于农耕地、腾退的建设用地、沙荒地等类型。

18.1.3　地面亮温反演

利用第 2 章 2.5.7 节中的地面亮温反演方法，通过相关步骤反演的 2014 年 9 月 4 日北京市地面亮温分布状况见图 18-2。

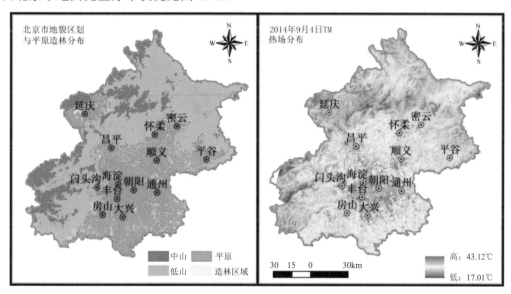

图 18-2　北京市平原造林分布与热场分布

18.1.4　景观斑块分级

景观斑块的大小不同，其生态学意义差别很大。大量的国内外研究结果表明，植被与水体斑块的大小对于城市热岛效应的减弱或冷岛效应的发挥具有重要意义（陈朱等，2011；葛伟强等，2006；Fanghua Kong et al.，2014）。目前对于斑块大小的划分，不同学者之间因为研究区域、研究对象、研究目标的不同而存在很大差异。考虑到平原大造林的目标不同于传统的城市园林绿化，其营造与后续经营均是按照森林生态系统的经营目标与规范进行的，故这里的斑块大小规模，我们参照郭晋平在研究山西省关帝山的森林群落时所提出的标准进行划分（郭晋平，2001）（表 18-1）。

表 18-1　林地斑块规模划分等级标准

斑块规模名称	小型斑块	中型斑块	中大型斑块	大型斑块	超大型斑块	巨型斑块
斑块规模范围/hm²	≤10	11～30	31～50	51～100	101～200	≥201

18.1.5　研究区域空间尺度的划分

北京市域面积 16 410 km²，其中平原面积 6 338 km²，占全市面积的 38.6%，主要集中分布于市域范围的东南部（图 18-3），为了突出平原区热场的时空分异特征，同时也为了更好地研究林地降温效应的空间分布特点，我们根据平原区地貌分布差异、人类活动强度以及城市建设用地的空间扩展特点等，将整个平原区划分为延庆盆地、六环以内、六环以北平原、六环以南平原（六环以北和六环以南以通州和顺义的行政边界为限）4 个区域单元。

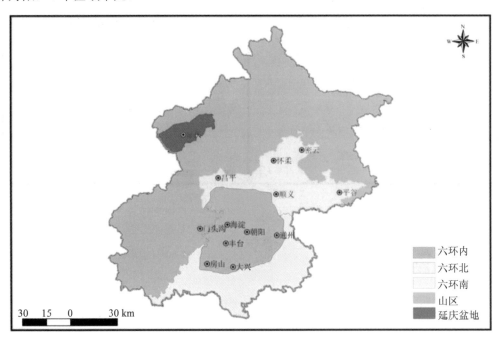

图 18-3　北京市平原区分区

18.2　结果与讨论

18.2.1　造林前后林地斑块所在空间的亮温差异

在北京开始大规模的平原百万亩造林之前，平原地区的植被格局及相应的温度反演结果如何，与造林之后该地区的温度是否有差异，这也是我们开展此项研究工作之前所必须考虑的问题。为了便于对比分析，我们必须选择距离开始造林的 2012 年时间点最近的造林前可用 TM 卫星影像来开展相关的研究工作。通过检索发现，距离开北京市平原区百万亩大造林工程实施起始点的 2012 年最近的、具有质量保障的可用 TM 卫星影像，只有 2004 年 9 月 8 日的 123/32 一景可用。该景影像覆盖了平原造林区域 93.47% 的范围，因此利用其结果对相关问题进行分析，其代表性应该是足够的，以其为基础反演的地表亮温和 2014 年 9 月 4 日相同区域地表亮温结果见图 18-4。

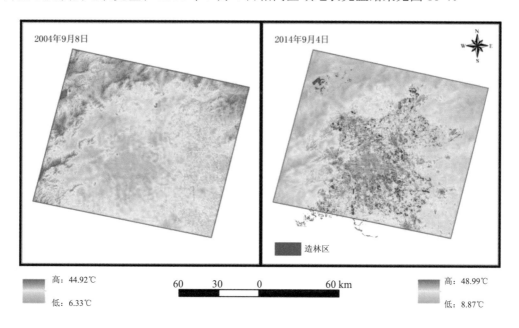

图 18-4　造林前后的 2004 年和 2014 年区域地表亮温对比

从图 18-4 可以看出，造林后的 2014 年 9 月 4 日的地表亮温空间分布格局差异不大，方形影像区域内的最高和最低温度都有所下降，2014 年与 2004 年相比，分别降低了 4.07℃ 和 2.54℃，当从区域平均温度来看（表 18-2），却呈现从 2004 年的 26.1℃ 升高到了 27.04℃，升温幅度达到了 0.94℃ 的现象；如果从方形区域的平原区范围内的温度统计来看，无论是全部平原区域，还是延庆盆地以及华北平原的北京部分，都呈现了最低温度升高、最高温度降低、平均温度升高的变化特点，以整个平原区来看，最低温度从 2004 年的 8.87℃升高到了 2014 年的 15.67℃，增幅达 6.8℃，最高温度则从 2004 年的 48.99℃降到了 44.4℃，降幅为 4.54℃，区域的平均亮温则从 28.08℃升高到了 28.33℃，增幅较小，只有 0.25℃。这一变化趋势表明，2004—2014 年的 10 年中，北京及其周边区域的地表亮温呈现了缓慢增温的变化过程。

从实际的造林区域范围来看（表 18-2），2004 年 9 月 8 日的造林区域平均亮温为 26.93℃，而 2014 年 9 月 4 日的造林区域平均亮温为 25.99℃，与区域平均亮温普遍升高的大的背景趋势不同，造林区域呈现了地表亮温降低的变化过程，2014 年与 2004 年相比，同期亮温降低了 0.931℃。这充分说明，植树造林等生态工程措施，确实可以起到降低局地地表亮温的生态效应。

表 18-2　林地斑块规模划分等级标准

年份	区域范围	面积	最低温	最高温	亮温极差	平均亮温	变差
2004	方形区域	15 741.76	8.87	48.99	40.12	26.10	3.22
2014	方形区域	15 741.76	6.33	44.92	38.59	27.04	2.45
2004	北京平原	5 788.93	10.35	48.99	38.64	28.53	2.56
2014	北京平原	5 788.93	15.67	44.40	28.72	28.63	2.10
2004	延庆盆地平原	524.44	8.87	33.95	25.09	23.05	1.49
2014	延庆盆地平原	524.44	20.07	32.26	12.19	24.98	1.24
2004	全部平原	6 313.37	8.87	48.99	40.12	28.08	2.91
2014	全部平原	6 313.37	15.67	44.40	28.72	28.33	2.28
2004	造林区域	635.52	19.80	40.31	20.51	26.93	2.56
2014	造林区域	635.52	21.06	34.91	13.84	25.99	1.27

18.2.2　总体亮温变化

林地斑块的冷岛效应空间包括了两个部分：林地斑块本身所占据的地表区域以及紧靠林地斑块外围一定距离范围内的非绿色植被空间范围。文献资料表明，绿地降温效应的最大外围边界距离在 200～500 m，超过 500 m 之后就没有直接关联了（Shuko Hmada，Takeshi Ohta，2010），基于此，我们利用 GIS 的缓冲区分析功能，以现有的百万亩平原造林地斑块为主体,在其外围 0～500 m 范围内,以 50 m 为基础做缓冲区,通过比较不同缓冲区林地斑块的平均温度,一方面显示林地斑块的冷岛效应强度大、小,另一方面也可以反映林地斑块的降温效应随林地斑块外围距离逐渐变化的变化特征,相关的统计结果见图 18-5。

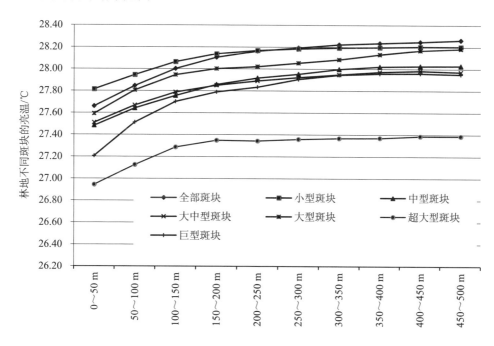

图 18-5　平原造林地斑块降温效应的缓冲区分析

从图 18-5 可以看出,无论是全部还是不同等级的造林地斑块,在其边界之外,随着与林地斑块距离的逐渐增大,林地斑块的降温效应呈现了逐步衰减的变化过程。以全部斑块的平均状况而论,至 350 m 以外的缓冲区范围内,其温度变化几近饱和,据此可以初步认为,林地斑块降温效应的最大边界距离在其边界之外 350 m 左右,若以 350～400 m 缓冲区距离内的平均温度 28.237℃作为本底背景温度,将其与林地斑块本身的平均温度 27.213℃相比,则全部林地斑块本身的降温幅度可达 1.023℃,如果以 2004 年 9 月 8 日作为造林前的林地斑块范围内的平均温度,以 26.922℃做背景参考,则新造林地斑块的降温效应可以达到 1.954℃;在林地斑块外围的有效降温距离内,以最靠近林地斑块的 0～100 m 的缓冲区距离范围内的降温效果最大,达到 0.392～0.577℃,随着距离林地边缘距离的逐步递增,其降温效果在逐渐减弱,在林地斑块外 150～200 m 的范围内降温效果尚可达到 0.123℃,而到了 300～350 m 的距离范围内,降温幅度仅有 0.014℃。

另外从图 18-5 还可以看出，不同级别的林地斑块其降温效应也存在很大差异。①斑块规模越大，相同外围距离处的温度就越低，以林地斑块外 0～50 m 距离缓冲区为例，小型斑块、中型斑块、大中型斑块、大型斑块、超大型斑块和巨型斑块的温度分别为 27.81℃、27.48℃、27.51℃、27.59℃、26.94℃和 27.21℃，巨型斑块的影响温度比小型斑块整整低了 0.6℃，其他缓冲区也有相同的变化趋势；②斑块规模越大，其温度影响的距离效应越大，小型斑块和中型斑块对其外围温度影响的最大距离在林地斑块外围 350～400 m，大中型斑块、大型斑块、超大型斑块和巨型斑块的外围影响距离都在 400～450 m。

由于林地斑块外 500 m 缓冲区范围内的土地覆盖情况差异较大，这种环境背景会对研究结果造成一定的影响。2010 年土地利用的分析结果表明（表 18-3），500 m 缓冲区范围内的土地利用类型以耕地（占 69.2%）和农村居民点建设用地（占 24.5%）为主，其他地类的占比都很小，因此这两种土地利用类型对研究结果影响较大，由于百万亩平原造林地大多是在耕地、未利用地、水域边缘、草地等的基础上建成的，因此，这些地类对研究结果的影响可以作为背景忽略不予考虑，但农村居民点建设用地的影响较大，由于居民点建设用地的热效应为正向效应，其对本研究的冷岛效应起削减作用，目前从技术上很难将这种影响完全去除。但由于农村居民点一般是单个斑块面积不大，且空间分布比较零散，因此目前的研究结果可以作为冷岛效应的低限来看待。

表 18-3　林地斑块外 500 m 缓冲区内土地利用

	耕地	林地	草地	水域	农村居民点用地	未利用地
面积/hm^2	220 909.7	11 169.0	6 628.1	2 629.4	78 113.8	0.9
比例/%	69.2	3.5	2.1	0.8	24.5	0.0

18.2.3　不同区域造林地斑块的亮温差异

根据前面的平原分区方案，对各区域内林地斑块 2014 年 9 月 4 日的亮温所做统计结果见图 18-6。从图中看出，不同区域的平原造林地块，其温度差异明显，其中以延庆盆地的造林地斑块的温度最低，平均为 24.718℃，比北京市造林地斑块的平均温度整整低了 2.5℃，冷岛效应幅度可以达到 3.519℃，这可能与延庆盆地地处燕山山脉包围之中，且其海拔平均较高的地势条件有关。而在最大的北京平原区，以六环以内的新造林地块的温度最高，达到了 28.126℃，比全市造林地的平均温度还高出了 0.913℃，受强烈的城市化过程的影响，其冷岛效应强度只有 0.111℃；而六环以南和六环以北两个区域的的造林地斑块平均温度相差不大，但均比全部造林地斑块的平均温度略高，其冷岛效应强度分别为 0.967℃和 0.883℃。而从亮温温度极差来看,其区域差异要比平均亮温的变化明显许多,总体呈现了沿延庆盆地六环以北—六环以南—六环以内这一梯度逐步扩大的规律。

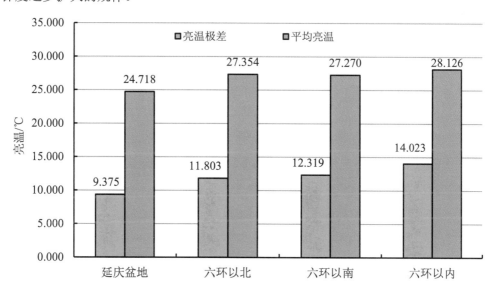

图 18-6 北京市平原造林不同区域的林地斑块亮温比较

18.2.4 不同造林年份的森林景观斑块的亮温差异

北京市的平原造林工程开始实施于 2012 年,截至 2014 年,共完成了平原造林任务 63 333 hm^2,由于不同造林地块的造林年份不同,这势必会在造林林地的降温效应上有所反映,为量化这种差异,我们也对不同造林年份的林地斑块的平均亮温进行了统计(图 18-7)。

从图 18-7 可以看出,不同年份的造林地斑块的亮温温度差异还是客观存在的,但其绝对差异的幅度较小,介于 0.05~0.13℃,其中 2012 年和 2013 年造林地斑块的平均亮温要大于区域林地整体的平均亮温。尤其值得注意的是,统计结果显示,越是造林晚的林地斑块,其降温效果似乎越明显,这与我们一般的认识有所差异。一般而言,造林地的时间越长,其系统的稳定性相对而言越高、植物的生长发育状况越好,因此其降温效果越明显。之所以会出现这种反常变化,我们认为,主要有两方面的原因:

(1)林地斑块的景观格局的差异。国内外的相关研究结果表明,景观格局对于绿色植被的降温效果有很大的影响,其中,绿色植被斑块的周长-面积比率与其表面亮温成正比，而斑块的总面积和平均面积与其表面亮温成反比（孟丹等，2010；Ailian Chen et al.，2014）。从相关年份林地斑块的相关格局指数来看（表 18-4），按照 2012—2014 年的时间序列，其周长-面积比率呈现出了逐步缩小的变化过程，而平均面积与林地总面积则都呈现逐步增大的变化趋势，这一切都预示着其林地斑块的亮温会逐年降低，这一实际变化结果既进一步印证了相关文献中的结论，也从景观格局方面说明了上述不同年限造林地块温度随时间序列逐步降低的内在原因。

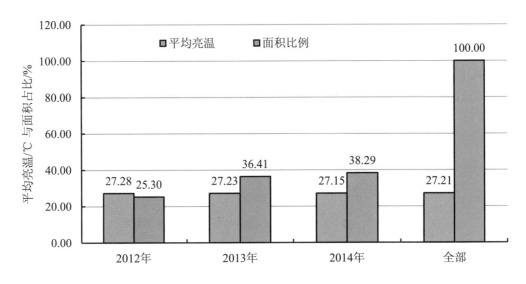

图 18-7　不同造林年份林地斑块的平均亮温

表 18-4　平原造林地斑块的景观格局指数

年份	周长-面积比率	平均斑块大小/hm²	斑块数量/个	面积/hm²
2012	1 169 971.26	5.69	3 023	17 192.08
2013	11 675.14	6.21	3 947	24 721.30
2014	7 904.22	7.11	3 678	26 137.60
全部	28 431.15	6.39	10 648	68 050.98

（2）与工程造林类型中的湿地保护与建设有一定的关系。在平原造林工程的实施过程中，共包括了景观生态林、绿色通道和湿地保护与建设等三大类型（表 18-5），以三大类型工程的总体情况看，平原造林以景观生态林建设和绿色通道建设为核心，两者合计的工程量占到了工程总量的 98%以上，从年度推进情况来看，这两类工程的推

进情况虽然与 2012 年其他两个年份有一定的差异，但与 2013 年和 2014 年两年的推进幅度与比例相差不大，年度推进中幅度变化最显著的是湿地保护与建设工程，2012 年实施的该工程面积仅占 3 年来该类工程实施总量的 7.94%，2013 年实施的该工程面积占 22.88%，2014 年的实施面积占到了工程总实施量的 69.17%。Xiuzhi Chen 等在广州公园绿地降温效应的研究中发现（Xiuzhi Chen et al.，2012），当公园绿地中的水体面积大于 12.89 hm² 时，公园的降温效果会更加明显，也就是说林水的有效结合可以增强绿地的降温效果，从不同工程类别土地的地表亮温情况看，湿地保护与建设工程造林地块的平均亮温为 26.93℃，分别比绿色通道和景观生态林工程造林区的平均亮温低了 0.41℃ 和 0.31℃。2012—2014 年平原造林地块的温度变化的年际差异也可能与此有很大的关系。

表 18-5　平原造林地不同工程类型统计

工程类型	2012 年		2013 年		2014 年		合计		平均亮温/℃
	面积/hm²	比例/%	面积/hm²	比例/%	面积/hm²	比例/%	面积/hm²	比例/%	
景观生态林	12 392.92	25.62	17 691.88	36.57	18 292.53	37.81	48 377.33	71.09	27.24
绿色通道	4 697.03	25.54	6 735.16	36.63	6 955.57	37.83	18 387.76	27.02	27.34
湿地保护与建设	102.13	7.94	294.26	22.88	889.50	69.17	1 285.89	1.89	26.93

18.2.5　造林地斑块尺度大小与降温效应

18.2.5.1　斑块大小的构成分析

根据景观生态学理论，景观斑块的大小不同，其内部包含的物质与能量有差异，因此会影响景观斑块的一些功能特征。根据郭晋平的林地斑块划分标准对 3 年来北京平原造林地块的斑块尺度所做的统计结果见图 18-8。

从图 18-8 可以看出，在林地景观斑块数量上，以小型斑块占绝对优势，其数量比例占到了全部斑块数量的 83.64%，其次为中斑块类型，但其数量比例只有 11.82%，其他的斑块类型的数量比例均在 3% 以下。

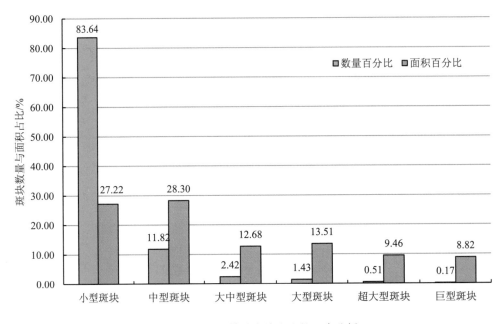

图 18-8　平原造林地斑块大小的尺度分析

　　从林地景观斑块的分级面积来看，斑块面积与斑块数量变化具有相同的变化趋势，但变化的剧烈程度有很大缓和。大致可以分为 3 个量级：中型、小型斑块为第一级，其所占的面积比例都在 25%以上；中大型斑块与大型斑块为第二级，所占面积比例在 10%～15%；超大型斑块与巨型斑块为第三级，面积比例均在 10%以下。

18.2.5.2　不同等级斑块的亮温分析

　　不同规模大、小的林地斑块的亮温统计结果见图 18-9。从图中看出，斑块大、小对亮温的影响总体来说是斑块面积尺度越大，降温效应越明显。例如，面积小于 10 hm² 规模的小型斑块，其平均亮温为 27.48℃，比林地斑块的平均温度 27.21℃高出了 0.27℃，中型斑块、大中型斑块和大型斑块类型的亮温情况与小型斑块类似，其平均温度也都高于全部林地斑块的平均亮温，只有超大型斑块和巨斑块的平均亮温分别比全部林地斑块的平均亮温分别低了 0.43℃和 0.42℃，如果以全部林地斑块外围 350～400 m 缓冲区距离内的平均温度 28.237℃作为不受林地影响的参考背景温度，则其冷岛效应强度分别达到了 1.457℃和 1.449℃。

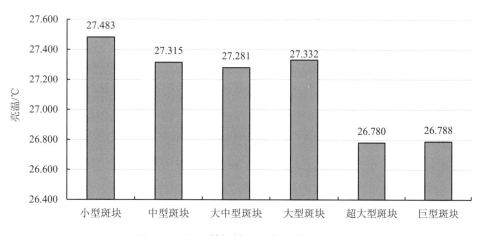

图 18-9　不同等级林地斑块的亮温分布

18.2.6　平原造林工程降温效应的价值评价

对于植被降温效应的价值评估，国内外都做了大量的工作，其基本流程是：首先计算植被蒸腾所吸收的热量；之后再在温度降低的能量被全部用于植被蒸腾作用的假设前提下，将温度降低的数值转换为植被蒸腾消耗的热量值；其后通过电能节约环节，再将热量值转换成电能；最后通过居民用电电价就可以将夏季林地的降温功能转化成以货币量化的生态价值。

参照相关案例的研究方法及其在北京计算时的有关参数（杨士弘，1994；Wenqi Lin et al.，2011；Biao Zhang et al.，2014），按照每年 90 天的高温期计算，计算结果见表 18-6。

表 18-6　北京市平原造林降温功能评估

	项目	面积/hm²	降温值/℃	每天蒸腾吸热*	90天高温期蒸腾吸热*	降温价值/10⁸ 元
核心降温区	林地缓冲区距离/m	68 050.98	1.023 3	209 912.48	18 892 123.18	2.626 0
外围降温区	0～50	46 890.95	0.576 9	81 543.70	7 338 933.33	1.020 1
	50～100	39 653.72	0.391 5	46 796.84	4 211 715.73	0.585 4
	100～150	37 088.18	0.235 4	26 317.39	2 368 565.07	0.329 2
	150～200	34 841.10	0.131 6	13 821.29	1 243 916.15	0.172 9
	200～250	32 551.24	0.073 4	7 202.19	648 197.00	0.090 1
	250～300	30 535.51	0.043 3	3 985.60	358 704.19	0.049 9
	300～350	28 652.19	0.013 5	1 165.98	104 938.54	0.014 6

*单位为 10⁸J。

从表 18-6 可以看出，平原造林地块除其自身 68 050.98 hm² 的降温面积之外，通过冷岛效应向周边的辐射作用，形成的降温面积总计可达 250 212.88 hm²，其中降温辐射较强的 0～100 m 边界外围范围即达到了 86 544.66 hm²，已经高于造林工程本身所覆盖的地表面积。从其蒸腾降温所消耗的热能来看，每年林地本身降温节能 209 912.48×10⁸J；外围间接降温节能总计 180 833×10⁸J，其中 0～100 外围边界范围内降温消耗的热量占到了 70.97%。

按照居民用电价格 0.5 元/kW·h 计算，平原大造林形成的降温效应总价值为 4.888 2×10⁸元，其中林地本身的降温价值达到了 2.626×10⁸元，占总价值的 53.72%，通过本身冷岛向周边辐射引起的间接降温效应的价值为 2.262 2×10⁸元，这其中紧靠林地斑块外围 0～100 m 范围内的间接降温价值达到了 1.605 5×10⁸元。

18.3 结论

（1）2012—2014 年的 3 年，北京市的平原大造林工作累计造林 68 050.98 hm²，形成新的林地景观斑块 10 648 个。从其斑块构成看，在林地景观斑块数量上，以小型斑块占绝对优势，其数量比例占到了全部斑块数量的 83.64%，其次为中型斑块类型，但其数量比例只有 11.82%，其他的斑块类型的数量比例均在 3% 以下；从林地景观斑块的分级面积来看，斑块面积与斑块数量变化具有相同的变化趋势，但变化的剧烈程度有很大缓和，其中型、小型斑块所占的面积比例都在 25% 以上；中大型斑块与大型斑块所占面积比例在 10%～15%，而超大型斑块与巨型斑块的面积比例均在 10%以下。

（2）从 2014 年 9 月 4 日 Landsat-8 所反演的地表亮温来看，北京市平原区百万亩大造林工程，其区域降温效果与效益都是非常显著的。平均而言，林地本身的降温效果可以达到 1.023℃，林地的降温辐射范围可以到达林地外围 350 m 的距离。从斑块尺度对亮温降低的效应看，不同级别的林地斑块其降温效应差异很大，其总体趋势是，斑块规模越大，相同外围距离处的温度就越低，同时斑块规模越大，其温度影响的距离效应越大，但其降温效应的影响范围与已有文献的结论类似，均未超出林地斑块边缘外 500 m 的距离范围。

（3）平原造林地块除其自身 68 050.98 hm² 的降温面积之外，通过冷岛效应向周边的辐射作用，形成的降温面积总计可达 250 212.88 hm²。初步的价值估算表明，平原大造林形成的降温效应总价值为 4.888 2×10⁸元，其中林地本身的降温价值占总价值的 53.72%，通过本身冷岛向周边辐射引起的间接降温效应的价值为 2.262 2×10⁸元，这其中紧靠林地斑块外围 0～100 m 范围内的间接降温价值达到了 $1.605\ 5 \times 10^8$ 元。

（4）有关研究的结果表明，当公园面积大于 $12\ hm^2$ 之后，随着公园面积的进一步扩大，公园的冷岛效应会加强（Lu Jun et al.，2012），本次研究的结果也显示，面积在 $100\ hm^2$ 以上的超大林地斑块和巨型林地斑块的降温效应最为突出。这启示我们，在今后的平原人工造林与平原人工林的后续经营中，在工程设计之初就应该注意到林地斑块大、小的设计问题，尽量利用地形与地势，建立大的林地斑块，这样有助于增强所建林地的降温效应，另外，设计较大面积的林地斑块，也更有利于后续以郊野公园等形式为主体的林地生态效益的深度开发利用。

参考文献

[1]　Ailian Chen，X. Angela Yao，Ranhao Sun，et al. Effect of urban green patterns on surface urban coo islands and its seasonal variations. Urban Forestry & Urban Greening，2014，13（4）：646-654.

[2]　　Akio Onishi，Xin Cao，Taknori Ito，et al. Evaluating the potential for urban heat-island mitigation by greeening parking lots. Urban Forestry & Urban Greening，2010，9（4）：323-332.

[3]　Biao Zhang，Gaodi Xie，Jixi Gao，et al. The cooling effect of urban green spaces as a contribution to energy-saving and emission-reduction：A case study in Beijing，China. Building and Environment，2014，76：37-43.

[4]　Chi-Ru Chang，Ming-Huang Li，Shyh-Dean Chang，A preliminary study on the local cool-island intensity of Taipei city parks. Landscape and Urban Planning，2007，80（4）：386-395.

[5]　Fanghua Kong，Haiwei Yin，Philip James，et al. Effects of spatial pattern of greenspace on urban cooling in a large metropolitan area of east China. Landscape and Urban planning，2014，128：35-47.

[6]　Junxiang Li，Conghe Song，Lu Gao，et al. Impacts of landscape structure on surface urban heat island：A case study of Shanghai，China.Remote Sensing of Environment，2011，115：3249-3263.

[7]　Lu Jun，Li Chundie，Yang Yongchang，et al. Quantitative evaluation of urban park cool island factors in mountain city，J. Cent. South Univ. 2012，19：1657-1662.

[8]　Rizwan A M，Dennis L Y，Liu C. A review on the generation，determination and mitigation of urban heat island. Journal of Environment Science，2008，20（1）：120-128.

[9]　Shuko Hmada，Takeshi Ohta. Seasonal variations in the cooling effect of urban green area on surrounding urban area，Urban Forestry & Urban Greening，2010.9（1）：15-24.

[10]　Wang Jian-qiang，Wang Zhi-tai. Mountain urban ecological plaques based on relieving heat island effect，Journal of Northwest Forestry University，2014，29（2）：232-236.

[11] Wenqi Lin，Tinghai Wu，Chengguo Zhang，et al. Carbon savings resulting from the cooling effect of green areas：A case study in Beijing. Environmental Pollution，2011，159（8-9）：2148-2154.

[12] Xiaoma Li，Weiqi Zhou，Zhiyun Ouyang，et al. Spatial pattern of greenspace affects land surface temperature：evidence from the heavily urbanized Beijing matropolitan area，China. Landscape Ecology，2012，27（6）：887-898.

[13] Xiuzhi Chen，Yongxian Su，Dan Li，et al. Study on the cooling effects of urban parks on surrounding environments using Landsat TM data：a case study in Guangzhou，southern China. International Journal of Remote Sensing，2012，33（18）：5889-5914.

[14] Zhang Z，Lu Y，Pan H. Cooling and humidifying effect of plant communities in subtropical urban parks. Urban Forestry & Urban Greening，2013，12（3）：323-329.

[15] Zhibin Ren，Xingyuan He，Haifeng Zheng，et al. Estimation of the relationship between urban park characteristics and park cool island intensity by remote sensing data and field measurement. Forests，2013，4（4）：868-886.

[16] 陈朱，陈方敏，朱飞鸽，等. 面积与植物群落结构对城市公园气温的影响. 生态学杂志，2011，30（11）：2590-2596.

[17] 冯晓刚，石辉. 基于遥感的夏季西安城市公园"冷效应"研究. 生态学报，2012，32（23）：7355-7363.

[18] 冯悦怡，胡潭高、张力小. 城市公园景观空间结构对其热环境效应的影响. 生态学报，2014，34（12）：3179-3187.

[19] 高玉福，李树华，朱春阳. 城市带状绿地林型与温室效应的关系. 中国园林. 2012（1）：94-97.

[20] 葛伟强，周红妹，杨引明，等. 基于遥感和 GIS 的城市绿地缓解热岛效应作用研究. 遥感技术与应用，2006，21（5）：432-435.

[21] 郭晋平. 森林景观生态研究. 北京：北京大学出版社，2001：170-178.

[22] 胡嘉骢、魏信、陈声海. 北京城市热场时空分布及景观生态因子研究. 北京：北京师范大学出版社，2014：1-6.

[23] 黄良美，邓超冰，黎宁. 城市热岛效应热点问题研究进展. 气象与环境学报，2011，27（4）：54-58.

[24] 李东海，艾斌，黎夏. 基于遥感和 GIS 的城市水体缓解热岛效应的研究——以东莞市为例. 热带地理，2008，28（5）：414-418.

[25] 刘娇妹，李树华，杨志峰. 北京公园绿地夏季温湿效应. 生态学杂志，2008，27（11）：1972-1978.

[26] 马雪梅，张友静，黄浩. 城市热场与绿地景观相关性定量分析. 国土资源遥感，2005，（3）：10-13.

[27] 孟丹，李小娟，宫辉力，等. 北京地区热力景观格局及典型城市景观的热环境效应. 生态学报，2010，30（13）：3491-3500.

[28] 王鹏龙，张建明，吕荣芳. 基于空间自相关的兰州市热环境. 生态学杂志，2014，33（4）：1089-1095.

[29] 闫伟姣，孔繁花，尹海伟，等. 紫金山森林公园降温效应影响因素. 生态学报，2014，34（12）：3169-3178.

[30] 杨士弘. 城市绿化树木的降温增湿效应研究. 地理研究，1994，13（4）：74-80.

[31] 岳文泽，徐丽华. 城市典型水域景观的热环境效应. 生态学报，2013，33（6）：1852-1859.

[32] 周东颖，张丽娟，张利，等. 城市景观公园对城市热岛调控效应分析. 地域研究与开发，2011，30（3）：73-78.

[33] 周雅星，刘茂松，徐驰，等. 南京实施与热场分布与景观格局的关联分析. 生态学杂志，2014，33（8）：2199-2206.

第 19 章

北京市生态系统服务功能价值及其时空动态变化

　　生态系统服务功能是自然生态系统对人类社会的直接和间接的贡献（Farley，2012），与人类生活质量密切相关（Millennium Ecosystem Assessment，2005）。而生态系统服务功能价值的估算，则是直观展示该类生态系统服务功能的重要方法，对城市管理决策，以及公众生态环境意识提升均有重要作用。生态系统服务功能价值估算，有基于单位服务功能价格和基于面积价值当量因子两种方法。前一种方法按照各项生态系统服务功能的物理量及相应生态系统服务功能的单价确定。但各项生态服务功能的物理量测度较为复杂（赵涛等，2009；孔东升等，2015）。在城市森林生态系统服务功能价值估算研究中，Citygreen 和 itree 等模型虽有所应用，但均受制于高分遥感影像获取及自动化解译程度。因此，该方法不能快速得到区域生态系统服务功能的价值。而基于面积价值当量因子的方法直到 Costanza 等（1997）年提出具体算法后才得以实现。该方法通过构建的各项生态服务功能的价值当量，结合生态系统面积进行估算。谢高地依据 Costanza 所提出的计算方法，系统估算了中国生态系统的生态服务价值，并提出适用于中国各类生态系统的单位面积生态服务价值（谢高地等，2003，2005，2008a，b）。马中华等（2011）也将此法应用到疏勒河中游的生态系统服务功能价值估算研究中。

但构建准确的价值当量因子的方法较多。潘影等采用区域NPP与全国NPP的比值，以及 NDVI 作为景观质量差异指数，对区域生态服务价值的单价进行修正（潘影等，2011）。段锦等采用植被 NPP 调整单位面积生态系统服务价值，以更加准确地反映各生态系统内部单位面积生态服务价值的空间异质性（段锦等，2012）。张明阳在估算桂西北喀斯特地区生态服务功能价值时，将像元 NPP 作为像元调整因子参与生态系统服务功能价值估算（张明阳等，2011）。谢高地等（2015）针对全国各生态系统的生态服务价值估算提出将生态价值时空变化差异因素考虑在内的方法，针对 Costanza 提出的11 项生态服务功能，采用降雨、NPP 及土壤保持三项调节因子对各生态系统类型的生态服务功能基础当量进行调节。但这些修正模型较多，其结果之间的可比性也较差。谢高地等（2015）在对基础当量进行修正时，采用 CASA 模型法对 NPP 进行修正，采用 USLE 法对土壤保持进行修正，建立了适用于不同生态系统类型、不同生态服务功能价值的时空动态评估方法。但在 NPP 遥感反演和土壤流失量计算方面，均有多种方法，且这些方法的估算结果及简便程度均有所不同。NPP 遥感方面，除 CASA 模型外，尚有 VPM 模型（Xiao et al.，2004）、EC-LUE 模型（Li et al.，2013）等；而在土壤流失的计算方面，除 USLE 法外，还有定性的三因子综合评判法，且 USLE 法主要针对水蚀情况。考虑到生态系统服务功能的价值估算，应当具有为城市管理决策提供支持，以及为城市公众展示生态环境的重要性，从而提高公众生态意识两方面的功能，生态系统服务功能的价值估算除了追求准确性，还应注重估算方法的简便性，以及估算结果的即时性。因此，寻求在 NPP 反演和土壤流失计算方面较为简便，且受到普遍认可的方法成为准确估算生态系统服务功能价值的重点。因此，本章基于时间分辨率较高、在地表过程（王海波等，2014）、植被的研究（马新萍等，2015）中应用普遍的 MODIS 数据产品，采用谢高地等（2015）所提出的方法，对北京市的生态系统服务功能价值当量进行修正，并估算北京市的生态系统服务功能价值量，分析北京市生态服务价值的时空变化特征。

19.1　研究区概况及研究方法

19.1.1　研究区分区

北京市分区采用自然和社会经济相结合的方法进行划分。首先，根据北京市地形地貌特征，将市域分为平原区、山地区和盆地区。其次，针对山地区，依据地质、植被和人为干扰强度等特征将其分为西部的太行山区和北部的燕山山区两个区域；平原区则根据城市的功能分区，分为中心城区，即五环内及外围功能区；再依据城市发展的特征，将外围区域分为五至六环、六环北和六环南 3 个区域。基于此，本章将北京市划分为太行山区、燕山山区、延庆盆地区、五环内、五至六环、六环北、六环南 7 个子区域（图 19-1）。

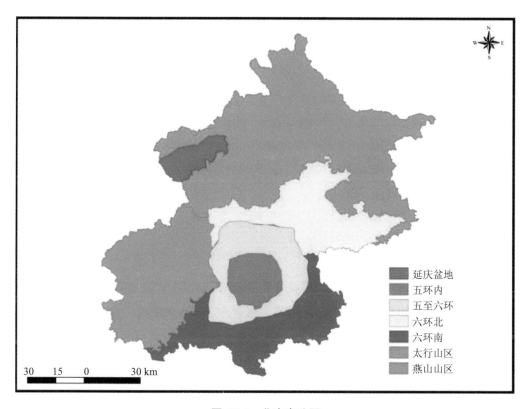

图 19-1　北京市分区

19.1.2　数据获取

　　土地利用数据为 2001 年和 2013 年 1：1 万比例尺北京市土地利用。该数据采用刘纪远（1996）的分类系统，将地表土地利用类型分为耕地、林地、草地、水体、建设用地和未利用地 6 个一级类，包括水田、旱地等在内的 22 个二级类。

　　其他数据还包括北京市区划数据、2001 年和 2013 年全国 753 个气象站点的年降雨量数据、2001 年和 2013 年 MOD17A3、MOD12Q1 和 MOD13A3 数据和全国 1 km 的 DEM 数据。这些数据只在计算各项生态服务功能价值的调整因子时使用。其中，2001 年和 2013 年气象站点的年降雨量数据来源于国家气候数据中心，MOD17A3、MOD12Q1 和 MOD13A3 数据均为 MODIS 的数据产品，分别为逐年 NPP、逐年土地利用类型和逐月植被指数。MOD17A3 和 MOD13A3 空间分辨率均为 1 km，MOD12Q1 的空间分辨率为 500 m。在提取全国土地利用类型时，采取 IGBP 分类系统。该分类系统将土地利用类型分为水体、常绿阔叶林、常绿针叶林、落叶阔叶林、落叶针叶林、混交林、郁闭灌丛、开放灌丛、多树草原、稀树草原、草原、永久湿地、作物、城市和建成区、作物和自然植被的镶嵌体、雪与冰、裸地等 16 类。MOD17A3 由蒙大拿大学 NTSG 提供，而 MOD12Q1 和 MOD13A3 则由 USGS 提供。

　　中分辨率城乡光谱仪（moderate-resolution imaging spectroradiometer）是搭载在 Terra 和 Aqua 卫星上的传感器。光谱范围宽，光谱波段达 36 个，尽管其空间分辨率较低，但其光谱分辨率和时间分辨率较高，此外，还有多种 MODIS 数据产品对外免费发布，在对地表过程（王海波等，2014）、植被的研究（马新萍等，2015）中应用普遍。

19.1.3　研究方法

19.1.3.1　标准当量确定方法

　　谢高地等（2015）按照稻谷、小麦以及玉米这 3 种农产品的净利润作为计算生态服务价值标准当量的参数。本章也采用该方法。由于每年的农产品净利润不同，因此分别采用 2001 年和 2013 年的农产品净利润作为标准当量的计算参数，则计算结果并不只反映土地利用变化所引起的生态服务价值变化，其中有一部分必然包括农产品净利润变化的影响。因此，考虑到本研究的目的，本章采用 2001—2013 年稻谷、小麦及玉米的平均净利润作为计算标准当量的参数。2001 年和 2013 年北京市生态服务价值的标准当量分别为 1 752.37 元/hm^2 和 1 884.94 元/hm^2。计算结果见表 19-1。

表 19-1　2001 年和 2013 年北京市稻谷、小麦和玉米播种面积及标准当量

农产品	面积/10³hm²		净利润均值/	标准当量/（元/hm²）	
	2001 年	2013 年	（元/亩）	2001 年	2013 年
稻谷	6.8	0.19	208.573 8	118.52	3.94
小麦	72.6	36.22	73.468 46	445.72	264.52
玉米	100.1	114.49	142.036 9	1 188.13	1 616.48
总面积	179.5	150.9	—	1 752.37	1 884.94

注：稻谷、小麦及玉米的面积来自国家统计局分地区统计年鉴，农产品净利润来于《全国农产品成本收益汇编》
2005 年、2008 年和 2014 年。

19.1.3.2　基础当量

假定北京市各生态系统诸项生态服务功能与农地的粮食生产功能之间的相对关系与全国水平一致，本研究中的基础当量采用谢高地（2015）给定的数值。

19.1.3.3　调整因子

但由于土地利用分类系统不一致，在对北京市 2001 年和 2013 年土地利用类型给定基础当量之前需对土地利用类型进行归并（表 19-2）。共有如下类型：

由于尺度的问题，全国尺度土地覆盖中部分地类在北京市范围内无分布，但在北京市土地利用数据中却有分布，对于这部分数据，考虑到数据尺度，其调整因子沿用全国平均值。这部分地类主要为未利用地。

同样由于尺度问题，全国尺度土地覆盖中仅有北京市土地利用分类中的一级类，而无二级类，其调整因子则不再区分二级类，仅用一级类的调整因子进行修正。这部分地类主要为农地。如对于林地，全国尺度土地覆盖中分为常绿阔叶林等 5 种类型，而北京市土地利用数据中的林地二级类与此不对应，因此，将北京市土地利用数据中的有林地、疏林地作为林地处理，采用全国土地覆盖中五种森林类型调整因子的均值进行修正；高、中、低 3 种覆盖度草地及人工草地均归为草地类。

对于 NPP 调整因子涉及的 9 种生态服务功能，由于 NPP 数据无法计算水体 NPP 值，因此对北京市水体涉及此 9 种生态服务功能的 NPP 调整因子沿用全国平均值。

对于建设用地，谢高地（2015）并未将其当量值列出，因此可见，在生态服务价值估算过程中建设用地被视为无法提供上述九项服务功能。依据研究（蒋晶等，2010），本章将建设用地的基础当量设置为 0。

表 19-2   调整因了计算时 IGBP 土地利用分类系统与谢高地采用的土地
利用分类系统间的对应关系

IGBP 类型	类型	IGBP 类型	类型
作物	耕地	多树草原	草地
作物和自然植被镶嵌体		稀树草原	
常绿阔叶林	林地	草原	
常绿针叶林		水	水体
落叶阔叶林		永久湿地	湿地
落叶针叶林		城市和建成区	建设用地
混交林		雪、冰	未利用地
郁闭灌丛	灌木林	裸地	
开放灌丛			

NPP 调整因子：采用 MOD17A3-NPP 数据产品，计算 2001 年和 2013 年北京市各土地利用类型相关生态系统服务功能的 NPP 调整因子。按照北京市内某类土地利用类型的年 NPP 与全国该类土地利用类型的年 NPP 均值之间的比值确定。其计算方法为

$$B_i = \frac{X_i}{\overline{X}}$$

式中，B_i 表示某种土地利用类型；X_i 表示北京市该地类的年 NPP（kg/m^2）；X 表示全国范围内该地类的年 NPP（kg/m^2）。

降水调整因子：采用全国 752 个气象站点的年降水量数据，通过 Kriging 插值生成全国范围 1 km 分辨率的年降水量空间分布数据。提取北京市和全国各土地利用类型的平均年降水量，并通过北京和全国某土地利用类型的平均年降水量的比值确定。其计算方法为

$$R_i = \frac{Y_i}{\overline{Y}}$$

式中，R_i 表示某种土地利用类型；Y_i 表示北京市内该种土地利用类型的平均年降水量（mm）；Y 表示全国范围内该种土地利用类型的平均年降水量（mm）。

土壤保持调整因子：本研究采用三因子定性土壤侵蚀等级划分方法 ［中国水利部《土壤侵蚀分类分级标准》（SL190—2007）］，取轻度侵蚀以下面积比重为指标，按照该

比重的相对大小确定北京地区的土壤保持调整因子。其计算方法为

$$S = \frac{1 - p_{ij}/P_{ij}}{1 - a_{ij}/A_{ij}}$$

式中，S 表示土壤保持调整因子；i 表示某地类，本研究中为耕地、林地、灌木林地和草地；j 表示年份，本研究中为 2001 年和 2013 年；p 和 P 分别表示北京市地类 i 轻度侵蚀及以上面积和该地类总面积；a 和 A 则分别表示全国地类 i 轻度侵蚀及以上面积和该地类总面积。

结合谢高地等（2015）给定的全国主要土地利用类型生态服务价值的基础当量值，得到北京市 2001 年和 2013 年 NPP、降水量及土壤保持的调整因子表（表 19-3）。

表 19-3　2001 年和 2013 年北京市 NPP、降水量及水土保持调整因子

	NPP 调整因子		降水量调整因子		土壤保持调整因子	
	2001 年	2013 年	2001 年	2013 年	2001 年	2013 年
作物	0.911	0.882	0.715	0.712	1.015	1.023
林地	0.120	0.223	0.423	0.495	1.011	1.009
灌木林	0.530	0.592	0.742	0.841	1.155	1.045
草地	0.902	0.821	0.915	0.939	1.169	1.212
水体	*	*	1.012	0.890		
湿地	0.542	0.610	0.788	0.802		
建设用地	*	*	0.521	0.676		
未利用地	—	—	—	—		

注：—表示在土壤侵蚀等级分类划分方法中没有涉及此种地类的等级，从而使用全国当量值；*表示 MOD17 数据中 NPP 数据质量较差而无法使用，从而采用全国当量值；空白则表示基于全国土地覆盖数据，北京没有的土地覆盖，其基础当量参照全国平均值确定。

19.1.3.4　空间分析方法

生态服务价值分布的空间变化也是生态服务价值变化研究的主要内容之一（Grêt-Regamey et al.，2013，2015）。传统的研究多针对某一区域进行，最终的结果仅能表示区域整体情况，而不能显示空间分布状况。近年来，生态服务价值的研究出现以生态系统和网格为单元，分别估算各土地利用类型和各网格的生态服务价值这两种方法（潘影等，2011；胡和兵等，2011；阳文锐等，2013）。本章采用网格法表征生态

服务价值的空间分布特征。网格大小为 1 000 m×1 000 m。

为分析各类型生态系统服务功能价值量及生态系统服务功能总价值量的空间分布特征，本研究采用全局和局部 Moran'I 指数进行度量。Moran'I 指数可表征地理要素的空间集聚特征，在土地利用（谷建立等，2012）、景观（刘吉平等，2010）等领域均有广泛应用。Moran'I 的计算方法为

$$Moran'I = \frac{n}{\sum_{i=1}^{n}(X_i - \bar{X})^2} \times \frac{\sum_{i=1}^{n}\sum_{j=1}^{n}W(X_i - \bar{X})\ (X_j - \bar{X})}{\sum_{i=1}^{n}\sum_{j=1}^{n}W_{ij}}$$

式中，X_i 和 X_j 分别表示位置 i 和 j 处的生态系统服务功能价值；$\bar{X}$ 表示生态系统服务功能价值的均值；W_{ij} 表示位置 i 和 j 间的权重，由位置 i 和 j 之间的距离确定。

高—高集聚表征生态系统服务功能价值的高值区呈集聚分布特征，反之，低—低集聚则低值区呈集聚分布特征，这两种表征了生态系统服务功能价值空间分布在局部的同质化特征；高—低则表示较高的生态系统服务功能价值区被较低的价值区所包围，反之，低—高则表示较低的生态系统服务功能价值区被较高的价值区所包围，这两种则表征了生态系统服务功能价值空间分布在局部的异质化特征。Moran'I 指数的计算在 Geoda 中计算。

19.2　结果分析

19.2.1　生态服务总量

2001 年和 2013 年，北京市生态服务价值总量分别为 302.67 亿元和 329.70 亿元。同期，北京市 GDP 分别为 3 707.96 亿元和 19 800.81 亿元。2001 年和 2013 年北京市生态服务价值总量约占同期 GDP 总量的 8% 和 2%。

2001 年和 2013 年，北京各区生态服务价值总量及其变化存在分异（图 19-2）。燕山区、六环北和五至六环 3 个地区的单位面积生态服务价值总量较高，每平方千米价值量可达 200 万元；而五环内单位面积生态服务价值总量则最低，每平方千米价值量仅 73 万元。从时间变化来看，2013 年，北京各区单位面积价值总量均有所增加，增幅较大的地区为燕山山区和太行山区，增幅均在 20 万元/km^2 以上。

在 2001 年和 2013 年北京市各项生态服务类型中，水文调节的价值量最大，2001 年和 2013 年其价值量均达 150 亿元；土壤保持、气候调节、生物多样性维持、净化环

境、气体调节、水资源供给、景观美学、食物供给及原材料供应诸项价值量依次减小，维持养分循环的价值量最小，大体在 1.5 亿～1.8 亿元（图 19-3）。

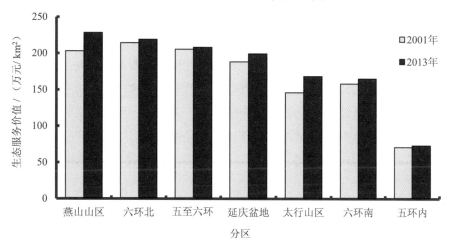

图 19-2　2001 年和 2013 年北京市不同分区生态服务价值总量

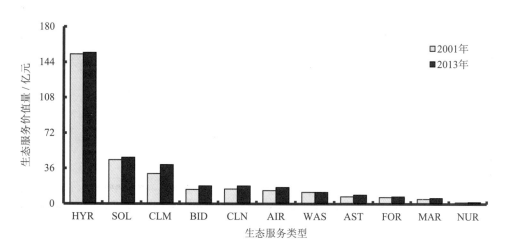

注：HYR 表示水文调节；SOL 表示土壤保持；CLM 表示气候调节；BID 表示生物多样性维持；CLN 表示净化环境；AIR 表示气体调节；WAS 表示水资源供给；AST 表示景观美学；FOR 表示食物供给；MAR 表示原材料供给；NUR 表示养分循环维持。

图 19-3　2001 年和 2013 年北京市各项生态服务价值变化

　　2001 年和 2013 年，水文调节、土壤保持和气候调节 3 种生态服务价值在价值总量中的占比均超 70%，表明此 3 种生态服务是北京市生态服务价值的主要组成。由于采取的方法不同，以及计算的生态服务功能的差异，其计算结果没有可比性。因此，就生态服务价值量构成特征来看，本研究结果与谢高地的研究类似。

19.2.2 生态服务空间分布

19.2.2.1 总量空间分布

2001 年和 2013 年,北京市生态服务价值较高的地区主要出现在河流两岸及水库周边,山区生态服务价值较高,其中,燕山山区大于太行山区,城区的生态服务价值最小。而平原区,尤其是城区,生态服务价值较小。这表明,有植被生长和水体分布的地区,其生态系统服务价值量大(图 19-4)。

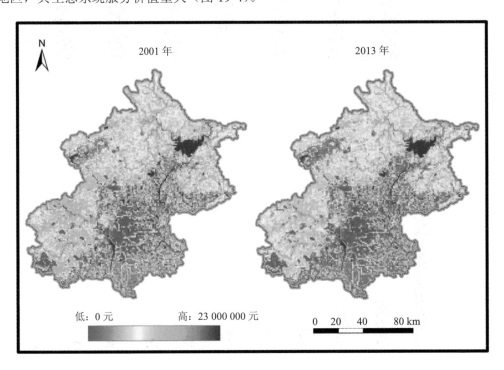

图 19-4　2001 年和 2013 年北京市生态服务价值总量空间分布

2001 年和 2013 年北京市生态服务价值总量的空间分布特征较为类似(图 19-5)。2001 年和 2013 年,北京市生态服务价值总量的全局 Moran'I 指数分别为 0.684 和 0.683($P<0.01$)。从局部 Moran'I 指数来看,2001 年和 2013 年,生态服务价值总量的高—高集聚地区主要分布在密云水库、延庆西部、南部永定河沿岸及东部平原等地,而低—低集聚地区则主要分布在五环内、延庆盆地及太行山区西南部。低—高集聚则主要出现在高—高集聚区的周边,而高—低集聚则多在低—低集聚区周边。

在 4 种变化类型中,低—低集聚区面积从 2 376 km² 增加至 2 576 km²,变幅较大;

分布在低—低集聚区周边的高—低集聚区面积也从 99 km² 增加至 126 km²，而高—高集聚和低—高集聚区面积则保持持平或有少许减小（表 19-4），这表明虽然北京市生态服务价值总量空间分布特征变化较小，但生态服务价值总量的低值区有所扩大。

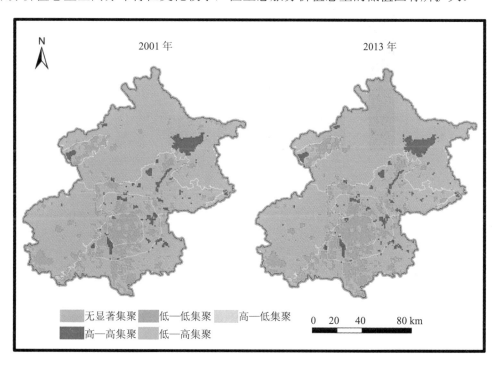

图 19-5　2001 年和 2013 年北京市生态服务价值总量空间集聚特征

表 19-4　2001 年和 2013 年北京市生态服务价值总量空间集聚特征面积统计

单位：km²

地区	2001 年	2013 年
高高集聚区	606	608
低低集聚区	2 376	2 576
低高集聚区	149	137
高低集聚区	99	126

2001—2013 年，北京市生态服务价值总量变化也有明显的空间分异特征（图 19-6）。平原地区及延庆盆地多以减少及稍许增加为主要变化类型，太行山区及燕山区则以增加为主。单位面积生态服务价值总量的统计结果也显示，燕山区和太行山区增幅超 20 万元/km²，五环内和五至六环间增幅较小，其值均在 5 万元/km² 以下。

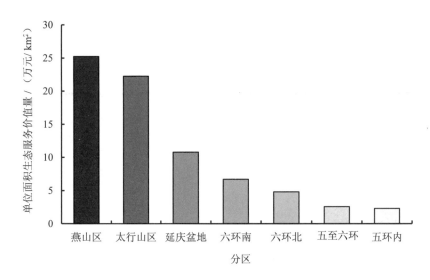

图 19-6　2001 年和 2013 年北京市各区单位面积生态服务价值总量变化

19.2.2.2　各项生态服务价值空间分布

（1）供给功能。2001 年和 2013 年，北京市供给功能价值量大体呈现平原及盆地区较大，而山区较小的分布特征。从单位面积供给功能价值量来看，六环北和延庆盆地最大，两者均达 20 万元/km²，六环内、五至六环、燕山山区和太行山区依次减小，五环内单位面积供给功能价值量最小，仅不足 6 万元/km²。由此可见，供给功能价值量主要位于非城市密集分布的平原地区，山地区供给功能价值较小 [图 19-7（a）]。2001—2013年，生态系统调节功能价值量增加较为明显的地区主要分布在燕山山区和太行山区，此两区单位面积生态系统供给功能分别增加了 15 040 元/km² 和 13 294 元/km²[图 19-8(a)]。

（2）调节功能。2001 年和 2013 年，北京市供给功能价值量的空间分布，大体呈现水体河谷，以及山区较大，而城区较低的分布特征 [图 19-7（b）]。生态系统调节功能价值量增加较为明显的地区主要分布在燕山山区和太行山区，2001—2013 年上述两区单位面积调节功能价值量增加均达 16 000 元；而五至六环单位面积生态系统调节功能的价值量却有所减小，其降幅达 6140 元/km² [图 19-8（b）]。

（3）支持功能。2001 年和 2013 年，北京市支持功能价值量的高值区出现在燕山山区和太行山区，而低值区则主要分布在城区 [图 19-7（c）]。单位面积生态系统支持功能价值量增幅较大的地区主要分布在燕山山区，其增幅达 55 585 元/km²，而五环内增幅最小，仅不足 11 000 元/km² [图 19-8（c）]。

（4）文化功能。2001 年和 2013 年，北京市文化功能价值的高值区主要分布在水体及山区，而低值区则主要出现在城区［图 19-7（d）］。单位面积生态系统文化功能价值量增幅较大地区主要分布在燕山山区和太行山区，两者增幅分别为 14 543 元/km² 和 10 833 元/km²，而增幅较小的地区则主要分布在五环内，其增幅仅 2720 元/km²［图 19-8（d）］。

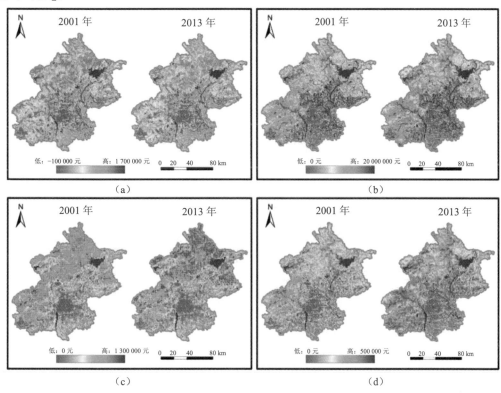

图 19-7　北京市供给功能（a）、调节功能（b）、支持功能（c）和
文化功能（d）价值量空间分布

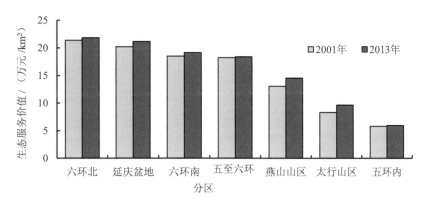

（a）

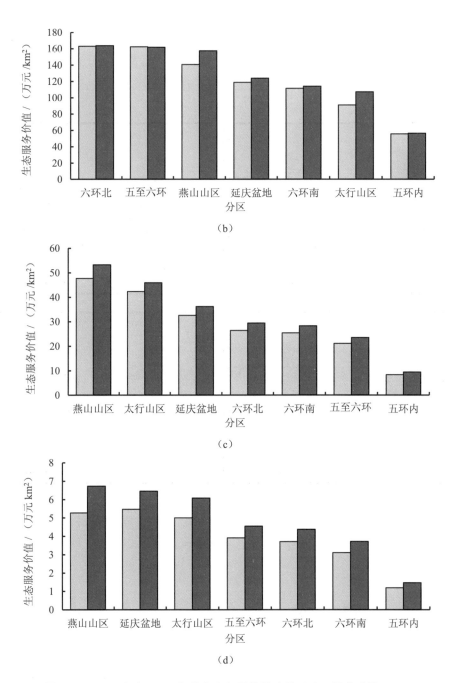

图 19-8　2001 年和 2013 年北京市各区供给功能（a）、调节功能（b）、
支持功能（c）和文化功能价值量变化（d）

19.3　讨论

本研究探讨了应用遥感数据产品,基于土地利用数据快速计算区域生态系统服务功能价值的方法。谢高地等(2015)虽然确定了生态系统服务功能价值计算的技术路线和参数化方法,但其中关于调整因子的计算较为复杂,本研究结合 MODIS 数据产品,以及能够表征本底状况以及土壤侵蚀状况的土壤侵蚀综合评判法对基础当量进行调整。

19.3.1　生态系统服务功能价值变化原因

除通货膨胀或紧缩所引起的单价变化等经济因素外,引起生态服务价值变化的因素主要在于区域生态系统的变化方面。而区域生态系统的变化,又包括数量变化和质量变化两方面。其中,数量变化主要体现在各土地利用类型的转化上。城市化地区林地转为城市建设用地,则生态服务价值有所减少(潘影等,2011),而农地转为林地,则区域粮食生产生态服务价值有所减少(段瑞娟等,2006)。质量变化主要体现在生态系统的结构优化和健康状况改善等方面。林地垂直结构形成、病虫害程度减弱等均能提高林地 NPP,从而提升区域生态服务价值量。一般在研究中,生态系统质量变化所引起的生态服务价值的变化,多被归为单位面积生态系统生态服务价值量的变化,如潘影等(2011)、段锦等(2012)和谢高地等(2015)的研究。

19.3.2　与其他研究结果比较

到目前为止,针对北京市域的生态系统服务功能的价值估算研究还较少。与已有的研究比较(表 19-5),本章的估算结果较高。生态系统服务功能的价值计算较为复杂,受到地理位置、相对人类需求的紧缺程度以及文化背景等因素的影响(Braat et al.,2012)。Costanza 等(1997)也指出,基于这种方法计算得到的生态系统服务功能价值,其误差主要来源于生态系统服务功能的类型,以及空间异质性程度。

表 19-5　北京市生态系统服务功能价值研究结果

文献来源	生态系统服务功能价值	主要项目	数据来源	研究方法
段瑞娟等 (2016)	1996 年　145 亿元 2003 年　37.5 亿元	未标明具体项目	土地利用类型	意愿支付法

文献来源	生态系统服务功能价值	主要项目	数据来源	研究方法
余新晓等（2002）	167.78 亿元	北京山区 林产品、游憩、水源涵养、净化水质、保持土壤、净化环境、固碳释氧	"九五"二类资源清查结果	肖寒等（2000）
潘影等（2011）	1999 年 115.06 亿元 2007 年 78.76 亿元 1998 年 281.84 亿元	北京平原区	基于 TM 的土地利用分类数据	谢高地 2003 年、段瑞娟 2006 年
蒋晶等（2010）	1995 年 282.55 亿元 2000 年 282.11 亿元 2005 年 277.59 亿元	9 种生态服务	基于 TM/ ETM 的土地利用分类数据	谢高地 2008 年

（1）单价是生态系统服务功能价值估算的主要难点。人们对某类生态系统服务功能的先验价值判断（Raymond et al.，2016）、经济发展水平会影响生态系统服务功能价值单价。本章所采用的标准当量，其净利润为 2001—2013 年的均值。实际上，每年的农作物净利润不同，如果对多年的生态系统服务功能进行比较分析，则可能受到农作物净利润变化的影响。但对于这个问题，谢高地等（2015）并未说明，因此本章仅采用研究时段内农作物净利润的年均值进行计算。至于是否有其他的参数化方法，则有待更深入的研究。

（2）在基础当量方面。本章假定北京市各生态系统诸项生态服务功能与农地的粮食生产功能之间的相对关系与全国水平一致，因此其基础当量仍可沿用谢高地（2015）所确定的数值。不过，不同地区，由于自然条件及社会经济发展水平的差异，其生态系统生态服务价值不同（李博等，2013），其各项生态服务相对关系也有差异。但考虑到采用全国平均的基础当量值，可得到在全国范围内可与其他地区相比较的生态服务价值量，其结果似乎更可信。

（3）表 19-5 的文献所计算的生态系统服务功能与本章中的有所不同。本章估算的是 11 项生态系统服务功能，而这些文献仅涉及少数几项生态系统服务功能。估算项目组成的不同，也对最终的结果有所影响。

北京市生态系统服务功能价值只占同期 GDP 的 8% 和 2%，低于其他研究结果。陈仲新等（2000）所估算的全国生态系统服务功能价值占同期全国 GDP 的 1.73%，谢高地等（2015）的估算结果显示，全国生态系统服务功能价值占同期全国 GDP 的 93%。但根据蒋晶等（2010）的研究结果，北京市生态系统服务功能价值在同期 GDP 中所占比重则在 4%~18.7%，本章的研究结果与蒋晶等（2010）的类似。究其原因，这可能与北京市 GDP 组成有关。北京市 GDP 中，三产所占比重最大，2001 年和 2013 年分别达 67%和 78%；而全国 2001 年和 2013 年三产所占比重则分别仅有 41.2%和 46.7%。北京市科技、文化等产业对 GDP 的贡献也较大，这些高附加值产业对生态系统服务功能价值的影响较小，因此造成本章计算结果在同期 GDP 中所占比重较小。

（4）从单位面积生态系统服务功能价值量来看，全国均值在 58.44 万~79.38 万元/km²（陈仲新等，2000；谢高地等，2015），而北京市单位面积生态系统服务功能价值量则在 184.44 万~200.91 万元/km²，明显高于全国水平。同样，福州市单位面积生态系统服务功能价值在 606.215 万元/km² 左右（胡喜生等，2013）。可见，北京、福州等东部地区单位面积生态系统服务功能价值量高于全国平均水平，这可能与东部地区优越的自然条件有关。

19.3.3　未来研究方向

本研究仅利用 MODIS 数据产品对 NPP 和土壤保持进行基础当量的调整因子计算。MODIS 数据产品空间分辨率较低，混合像元在一定程度上对数据结果有所影响。今后，随着高分遥感影像应用的普遍化，生态系统服务功能价值估算中基础当量的调整因子计算可基于高分影像进行。

不同的土地利用分类系统对生态系统服务功能价值估算也有影响。本研究中北京市土地利用采用刘纪远（1996）的分类体系，而谢高地等（2015）则采用自然生态系统类型进行地类划分，而对基础当量调整因子的计算则采用 IGBP 分类体系。尽管对各分类系统中的地类进行归并，但其不确定性依然存在。

但本研究所采用的计算方法并不能表征城市土地利用空间分布格局对区域生态系统服务功能价值量的影响。阳文锐等（2013）在考虑生态系统生态服务的正功效和负功效的前提下，采用层次分析法，采用 NDVI、湿地面积等度量指标，对常州市涵养水源、气候调节、生物质生产、城市景观美学、边缘效应、水土保持、污染物扩散、城市热岛、景观破碎以及能源消耗等功能进行价值估算。尽管该方法最终并未实现生态服务的价值化，但其考虑的指标则可能对城市生态系统服务功能价值估算有启示意义。只是其中采用基于专家打分的层次分析法，受到的主观意愿影响较大。

19.4　结论

本章基于谢高地等提出的生态系统服务功能计算方法，结合遥感数据产品，确定

了北京市各土地利用类型的诸项生态系统服务功能的调整因子，估算并分析了北京市
2001 年和 2013 年生态系统服务功能的总价值量及其空间分布，以及供给、调节、支持
和文化 4 项服务功能的价值量及其空间分布状况。得到结论如下：

（1）2001 年和 2013 年北京市生态系统服务功能总价值量分别为 302.67 亿元和
329.70 亿元，分别约占同期 GDP 总量的 8%和 2%。

（2）从总价值的空间分布来看，燕山区、六环北和五至六环 3 个地区的单位面积
生态服务价值总量较高，每平方千米价值量可达 200 万元；而五环内单位面积生态服
务价值总量则最低，每平方千米价值量仅为 73 万元。

（3）从时间变化来看，2013 年，北京各区单位面积价值总量均有所增加，增幅较
大的地区为燕山山区和太行山区，增幅均在 20 万元/km^2 以上。

（4）从各类型生态系统服务功能的空间分布来看，山区供给功能价值量低于平原
地区，而山区的调节、支持和文化功能价值量高于平原地区。

参考文献

[1] Braat L C，de Groot R. The ecosystem services agenda：bridging the worlds of natural science and economics，conservation and development，and public and private policy. Ecosystem Services，2012，1（1）：4-15.

[2] Costanza R，d'Arge R，De Groot R，et al. The value of the world's ecosystem services and natural capital. Nature，1997，387：253-260.

[3] Farley J. Ecosystem services：The economics debate，Ecosystem Services. 2012，1（1）：40-49.

[4] Grêt-Regamey A，Brunner S H，Altwegg J，et al. Integrating expert knowledge into mapping ecosystem services trade-offs for sustainable forest management. Ecology and Society，2013，18（3）：34.

[5] Grêt-Regamey A，Weibel B，Kienast F，et al. A tiered approach for mapping ecosystem services. Ecosystem Services，2015，13：16-27.

[6] Li X，Liang S，Yu G，et al. Estimation of gross primary production over the terrestrial ecosystems in China. Ecological Modelling，2013，261：80-92.

[7] Millennium Ecosystem Assessment，2005（www.maweb.org）.

[8] Raymond C M，Kenter J O. Transcendental values and the valuation and management of ecosystem services. Ecosystem Services，2016（available on line）.

[9] Xiao X，Zhang Q，Braswell B，et al. Modeling gross primary production of temperate deciduous

broadleaf forest using satellite images and climate data. Remote Sensing of Environment，2004，91（2）：256-270.

[10] 陈仲新，张新时. 中国生态系统效益的价值. 科学通报，2000，45（1）：17-19.

[11] 段锦，康慕谊，江源. 东江流域生态系统服务价值变化研究. 自然资源学报，2012，27（1）：90-103.

[12] 段瑞娟，郝晋珉，张洁瑕. 北京区位土地利用与生态服务价值变化研究. 农业工程学报，2006，22（9）：21-28.

[13] 谷建立，张海涛，陈家赢，等. 基于 DEM 的县域土地利用空间自相关格局分析. 农业工程学报，2012，28（23）：216-224.

[14] 胡和兵，刘红玉，郝敬锋，等. 城市化对流域生态系统服务价值空间异质性的影响——以南京市九乡河流域为例. 自然资源学报，2011，26（10）：1715-1725.

[15] 胡喜生，洪伟，吴承祯. 福州市土地生态系统服务与城市化耦合度分析. 地理科学，2013，33（10）：1216-1223.

[16] 蒋晶，田光进. 1988—2005 年北京生态服务价值对土地利用变化的响应. 资源科学，2010，32（7）：1407-1416.

[17] 孔东升，张灏. 张掖黑河湿地自然保护区生态服务功能价值评估. 生态学报，2015，35（4）：972-983.

[18] 李博，石培基，金淑婷，等. 石羊河流域生态系统服务价值的空间异质性及其计量. 中国沙漠，2013，33（3）：943-951.

[19] 刘吉平，吕宪国，刘庆凤，等. 别拉洪河流域湿地鸟类丰富度的空间自相关分析. 生态学报，2010，30（10）：2647-2655.

[20] 刘纪远. 中国资源环境遥感宏观调查与动态研究. 北京：中国科学技术出版社，1996.

[21] 马新萍，白红英，贺英娜，等. 基于 NDVI 的秦岭山地植被遥感物候及其与气温的响应关系——以陕西境内为例. 地理科学，2015，35（12）：1616-1621.

[22] 马中华，张勃，张建香，等. 疏勒河中游生态服务价值对土地利用变化的响应. 生态学杂志，2011，30（11）：2584-2589.

[23] 潘影，张茜，甄霖，等. 北京市平原区不同圈层绿色空间格局及生态服务变化. 生态学杂志，2011，30（4）：818-823.

[24] 王海波，马明国. 基于遥感和 Penman-Monteith 模型的内陆河流域不同生态系统蒸散发估算. 生态学报，2014，34（19）：5617-5626.

[25] 肖寒，欧阳志云，赵景柱. 森林生态系统服务功能及其生态经济价值评估初探——以海南岛尖峰岭热带森林为例. 应用生态学报，2000，11（4）：481-484.

[26] 谢高地，鲁春霞，冷允法，等. 青藏高原生态资产的价值评估. 自然资源学报，2003，18（2）：

189-196.

[27] 谢高地，肖玉，甄霖，等. 我国粮食生产的生态服务价值研究. 中国生态农业学报，2005，13（3）：10-13.

[28] 谢高地，甄霖，鲁春霞，等. 生态系统服务的供给，消费和价值化. 资源科学，2008a，30（1）：93-99.

[29] 谢高地，甄霖，鲁春霞，等. 一个基于专家知识的生态系统服务价值化方法. 自然资源学报，2008b，23（5）：911-919.

[30] 谢高地，张彩霞，张雷鸣，等. 基于单位面积价值当量因子的生态系统服务价值化方法改进. 自然资源学报，2015，30（8）：1243-1254.

[31] 阳文锐，李锋，王如松，等. 城市土地利用的生态服务功效评价方法——以常州市为例. 生态学报，2013，33（14）：4486-4494.

[32] 余新晓，秦永胜，陈丽华，等. 北京山地森林生态系统服务功能及其价值初步研究. 生态学报，2002，22（5）：783-786.

[33] 张明阳，王克林，刘会玉，等. 桂西北典型喀斯特区生态服务价值的环境响应及其空间尺度特征. 生态学报，2011，31（14）：3947-3955.

[34] 赵涛. 城市森林生态服务价值评估研究进展. 生态学报，2009，29（12）：6723-6732.